U0289154

# 显微时刻

光学显微镜

电子显微镜

原子力显微镜

扫描隧道显微镜

超高压像差校正透射电镜，当前最高分辨率记录0.44埃，日立公司（Hitachi，日本） 2015

像差校正扫描透射电镜商业产品，克里法奈 （Ondrej L. Krivanek，美国，NION公司） 2000

球差校正透射电镜问世，罗斯、海登和厄本（Harald Rose，Max Haider and Knut Urban，德国） 1997-1998

突破衍射极限分辨率的超高分辨率荧光显微术之STED方法，赫尔（Stefan W. Hell，德国），获2014诺贝尔化学奖 1994
及1995/2006年之PALM方法，贝齐格（Eric Betzig，美国），获2014诺贝尔化学奖
及2006年之STORM方法，庄小威（美国）

发现纳米碳管，饭岛澄男（Sumio Iijima，日本），使用透射电镜之高分辨电子显微术 1991

操纵原子，埃格勒（Donald Eigler，美国，IBM实验室），使用扫描隧道显微镜 1990

原子力显微镜问世，宾尼希（Gerd Binnig，瑞士，IBM实验室） 1986

扫描隧道显微镜诞生，宾尼希和罗雷尔（Gerd Binnig and Heinrich Rohrer，瑞士，IBM实验室），两人共享1986年诺贝尔物理学奖 1981

场发射枪透射电子显微镜商品问世，日立公司（Hitachi，日本） 1978
电子全息场发射枪透射电镜研制成功，日立公司（Hitachi，日本）

扫描透射电子显微镜商业化，Vacuum Generators公司（简称VG，英国） 1971
原子分辨率电子显微术，考利和饭岛澄男（John Cowley and Sumio Iijima，美国），使用透射电镜 1971

单原子电子显微像，克鲁（Albert V. Crewe，美国），使用自制扫描透射电子显微镜 1970

扫描电子显微镜商业化，奥特利（Charles Oatley，英国）和剑桥科学仪器公司（Cambridge Scientific Instrument Company，英国） 1965

中国仿制成功第一台透射电镜，黄兰友、姚俊恩等人，长春光机所（中国） 1958

扫描电子显微镜的设计与样机，RCA公司（美国） 1941-1942

扫描/扫描透射电子显微镜设计和样机，阿登纳（Manfred von Ardenne，德国） 1937

相位衬度光学显微术，泽尔尼克（Frits Zernike，荷兰），获1953年诺贝尔物理学奖 1930-1933

透射电子显微镜问世，诺尔和鲁斯卡（Max Knoll and Ernst Ruska，德国） 1931
鲁斯卡获1986年诺贝尔物理学奖

电子衍射，戴维森（Clinton J. Davisson，贝尔实验室，美国），获1937年诺贝尔物理学奖 1927
G.P. 汤姆孙（George P. Thomson，英国），使用阴极射线管，获1937年诺贝尔物理学奖 1928

电子波粒二象性理论，德布罗意（Louis De Broglie，法国），获1929年诺贝尔物理学奖 1923

光学显微镜分辨率极限的阿贝公式，阿贝（Ernst Karl Abbe，德国） 1872-1873

消色差及消球差显微镜，李斯特和罗斯 1832
（Joseph Jackson Lister and Andrew Ross，英国）

光学显微镜球差校正 1826
李斯特（Joseph Jackson Lister，英国）

无色差显微镜商品 1807
德吉尔（Harmanus van Deijl，荷兰）

光学透镜色差校正用于望远镜 1758
杜兰（John Dollond，英国）

1984 准晶的确认
谢赫特曼（Daniel Shechtman，美国）
郭可信（中国）等人
使用透射电镜之电子衍射
谢赫特曼获2011年诺贝尔化学奖

1972 场发射枪扫描电子显微镜商品问世
日立公司（Hitachi，日本）

1967 同轴电子全息显微术实现
外村彰（Akira Tonomura，日本 Hitachi，日立公司）
1968 实现离轴电子全息显微术
曼伦斯德（Gottfried Möllenstedt，德国）

1955 金属中位错的确认
惠兰和杭内（Michael J. Whelan and R.W. Horne，英国）
使用透射电镜

1948 全息成像理论，盖博（Dennis Gabor，英国），获1971年诺贝尔物理学奖

1947 电镜球差校正理论，谢雷兹（Otto Scherzer，德国）

1936 透射电子显微镜商业产品，Metropolitan-Vickers公司（英国）

1926 电子波在电磁场中的运动规律之薛定谔方程
薛定谔（Erwin Schrödinger，奥地利），获1933年诺贝尔物理学奖
1926 电磁场对电子束的透镜效应
布施（Hans Walter Hugo Busch，德国），使用阴极射线管

时间线

2010年 2000年 1990年 1980年 1970年 1960年 1950年 1940年 1930年 1920年 1910年 1900年 1800年 1700年 1600年 1500年

1cm 1mm 200nm 100nm 10nm 1nm 0.1nm(1Å) 0.01nm

1897 电子的发现，J.J.汤姆逊（Joseph John Thomson，英国），使用阴极射线管，获1906年诺贝尔物理学奖

1590 光学显微镜问世，
詹森（有争议，
Zacharias Jansen，荷兰）

1673-1676，发现并陆续报道微生物世界，列文虎克（Antonie van Leeuwenhoek，荷兰），使用单透镜简式**显微镜**

1665 专著《显微图像学》（Micrographia）出版，胡克（Robert Hooke，英国）

1621 光折射定律之数学公式，斯涅尔（Willebrord Snell，荷兰）

1611 光透镜成像理论，开普勒（Johannes Kepler，德国）

1608 望远镜问世，汉斯（有争议，Hans Lippershey，荷兰）；及1609年大幅改良望远镜并用于天文研究，伽利略（Galileo Galilei，意大利）

1284 眼镜问世，阿玛提（有争议，Salvino D'Armato degli Armati，意大利）

1267 科学百科巨著Opus Majus问世，论述透镜放大作用及其光线折射之根源，预言透镜可用于视力矫正，培根（Roger Bacon，英国）

11世纪初 光反射定律、光折射规律，哈桑（Abu Ali Hasan Ibn al-Haytham，伊拉克和埃及）

~前4世纪到前5世纪 发现光线直射传播及反射现象等，墨子（中国）； ~前3世纪 光的入射角、反射角等概念，欧几里得（Euclid，希腊）

注：
所注国家
均为技术发明或产品问世地点
并非发明者国籍

插图设计：颜青青

# 显微传

## 清晰的纳米世界

章效锋　著

清华大学出版社
北京

## 内容简介

这本书讲述的是关于人类打开微观世界大门，探索纳米世界，并最终将视野和触角延伸进原子世界的千年历程。故事从人类最先认识光的传播开始，历经光的反射与折射现象、图像放大作用的发现、改善视力的眼镜的问世；光学显微镜的开发与完善、光的波动研究、打破经典显微分辨率极限；电子显微镜的诞生、争论、贡献，电子显微术和门派的发展；一直讲到既可观察原子又可移动原子，还能制作原子小人视频的扫描隧道显微镜家族的问世。伴随着显微镜发展历史时间线的是各个时代物理大师们的奋斗经历与传奇，体现了人类对不可知的微观乃至原子世界的不懈探索精神。在以显微手段拓展历史为主线的同时，本书兼对物理原理、应用范围及其他相关的主要发明创造也作了简单介绍，力图使读者对显微科学的历史原貌和发展时间脉络了然于胸，并对相关的科学或技术概念有概括的了解，最终目的是向读者展现人类在“眼见为实”的信条下，对显微术终极目标不懈追求的历史足迹和所取得的辉煌成功。



**图书在版编目 (CIP) 数据**

显微传：清晰的纳米世界 / 章效锋著. —北京：清华大学出版社, 2015(2019.6重印)
ISBN 978-7-302-41316-5

Ⅰ. ①显…　Ⅱ. ①章…　Ⅲ. ①显微术 - 普及读物　Ⅳ. ①TN27-49

中国版本图书馆CIP数据核字(2015)第195614号

**责任编辑：**宋成斌
**装帧设计：**罗　岚
**责任校对：**赵丽敏
**责任印制：**李红英

**出版发行：**清华大学出版社
**网　　址：**http://www.tup.com.cn, http://www.wqbook.com
**地　　址：**北京清华大学学研大厦A座　　**邮　　编：**100084
**社 总 机：**010-62770175　　**邮　　购：**010-62786544
**投稿与读者服务：**010-62776969, c-service@tup.tsinghua.edu.cn
**质量反馈：**010-62772015, zhiliang@tup.tsinghua.edu.cn
**印 装 者：**山东润声印务有限公司
**经　　销：**全国新华书店
**开　　本：**165mm × 235mm　　**印　张：**26　　**插　页：**1　　**字　　数：**337千字
**版　　次：**2015年10月第1版　　**印　　次：**2019年6月第2次印刷
**定　　价：**98.00元

---

产品编号：064150-02

# 序

每个人的人生就是一个故事。故事从母亲怀抱中开始，并伴随着我们多彩的一生。世上有形形色色的故事，便形成了人类的历史。故事记录了人类文明的脚步，也编织着对未来的美好憧憬。有时候我想，所谓梦，也许就是没有实现的故事。梦想一旦成真，也就成了真的故事，可以讲给未来有梦想的孩子们的故事。我听过很多的故事，读过更多的故事，也经历过很多现在年轻人听不懂的故事，但真正令我惊讶的是，我的师弟章效锋博士在这本书里讲的显微学的故事。

这是一部记载了关于显微学一系列科学发明、发现的著作，然而透过那些高深莫测的科学发明和发现，其背后真正讲述的却是活生生的人亲身经历的故事。它讲述了人类从对“千里眼”的梦想开始，如何从光学显微镜到电子显微镜的神奇创造，经过高压、透镜、像差、球差、透射、扫描、原位等一系列的专业术语的魔变，制造出一类神奇的科学仪器的发明进步史。故事里还讲述了使这些神奇成为可能的那些不可思议的人们，其中既有创造各种神奇并因此获得诺贝尔奖桂冠的几位幸运儿，更有众多把毕生献给了追求神奇之梦的科学家，其中有我国电子显微学的鼻祖——钱临照先生，还有我国近代电子显微学的代表人物、我的导师郭可信先生，等等。传奇的人物、精彩的故事、生涩的术语、神秘的微观世界……这一切的娓娓道来，便是这本书的神奇之处。

我认识本书作者是从他那一口字正腔圆的京味开始的。我过去熟知的老北京味都是我父辈亲戚中的通州味。我在我国东北沈阳念研究生时，第一次听到这纯正的京腔，就连本书中的文字，仍然能辩出那京韵来。效锋是我国显微学鼻祖钱临照先生的外孙，敢为国际显微学写传，也算师出有名。其实，作者的老父亲，北大物理系的章立源教授当年写的关于超导的科普书，也是我辈当年尝试理解超导物理的入门，可谓子从父业，孙从祖训，真传也。相信这部关于显微学的高级科普，会为我国凝聚态物理、材料科学的研究生们，特别是热心于先进材料优异性能与显微结构间关系研究的人们，有根本性的启发。除此之外，推而广之，还有更多学科的学生和老师，如化学、医学、生物学、矿物学，等等，他们在探索微观世界的时候，也一定会从本书中受益。

本书通俗的语言、趣味的情节和引人入胜的故事，都令人回味和深思。能应邀为此作序，吾人生之幸也。

张　泽

2015 年孟秋于西子湖畔

---

张泽：材料科学晶体结构专家，中国科学院院士，浙江大学材料系教授，中国电子显微镜学会理事长，中国物理学会、中国材料研究学会副理事长，亚太显微学会理事长。

# 前言

距离2005年出版《清晰的纳米世界——显微镜终极目标的千年追求》一书已经10年了。承蒙读者抬爱，评论还算可以。很多学校的老师都将那本书指定为必读参考书，也经常有不认识的读者在各种场合突然趋近打招呼或者索要存书，这才知道那本书挺热门但却早已脱销了。屡次向出版社要求再版无果，以致每逢有人求书，必面现赧颜一个劲儿地道歉。好在责任编辑宋成斌老师一直对该书十分夸赞，近年来不断相邀，力劝将此书内容扩充后重新出版。宋老师的盛情难却，也怕违了读者们的企盼，所以回炉加工，着重增添了一些以前未涉及或未详谈的内容以及近年的新发展，希望能用更丰富的内容以飨读者。

这本书肯定好看，阅读的趣味性和包罗万象的内容保证其远胜教科书。正因为它并不是教科书，所以只在关键的技术领域简单介绍了基本原理。读者对技术和原理方面感兴趣的话，还请参考相关的正式教科书或者文献资料。这本书也不是关于科研新进展的总结，而只专注于溯本求源，重点是对技术或发明源头以及初始贡献者的考察。写此书的主要目的是串历史，讲故事，说名人，做科普。由远古的光线反射镜，到16世纪的眼镜、17—19世纪的光学显微镜，再到20世纪的电子显微镜、扫描隧道显微镜和原子探针显微镜。一镜接一镜，一镜更比一镜妙，更难得的是镜镜出故事，代代有能人。遂发愿著书，畅论古今，美其名曰《显微传》。有诗为赞：

上下千年贯通，纵横南北西东。

谁将秋毫立现，还看显微英雄。

谨以此书献给将我送进电子显微学之门的外公钱临照先生。外公与我闲话科学的情景至今历历在目，那一口带有无锡乡音的普通话音犹在耳。更犹记1990年出国前夕，外公送给我一本他珍藏的赫什（Peter Hirsch）等人写的原版《薄晶体电子显微学》，那时候这本黄封面的原版书国内根本无处可买，上面还有外公他老人家的签名，殷殷叮嘱要我一生多读书。此书至今还在手边，此话也从不敢稍忘，所有这些都将是我永远的怀念。也以此书的写作和出版纪念引领我在电子显微领域探索的最敬爱的恩师郭可信先生。还记得2005年《清晰的纳米世界》出版时，郭先生一如既往地给予学生最大的支持，亲自提笔作序。十年后的今天，本书即将完成，惜已无缘再聆听恩师教诲，惟愿以此书表达对恩师与师恩永远的纪念。

作　者

2015年夏

# 目录

# 第1章 往事越千年

## 人类视觉的延伸

眼镜的主体不过是两个玻璃片，但简简单单的一对镜片却使人们的生活变得更轻松和多姿多彩。眼镜的发明带给我们的启发是，人类可以通过智慧的发明克服生理上的一些缺陷。正因为如此，普普通通的眼镜在 21 世纪初被一些学者评为人类两千年来十一项“超级”发明之首，比排在第二、第三及第十一位的原子弹、印刷术和电脑更为重要。但眼镜的出现也并非偶然，很多对光的认知和巧妙运用早在眼镜被发明之前很早就出现了。

自公元前 1500 年开始，人类即对光的折射现象有了初步的认识，此后经历了漫长的近三千年的缓慢发展，终于在公元 13 世纪发明了眼镜，迈出了制造光学工具的第一步。

## 1.1 古人眼里的光

人类对于宏观现象的探索一直是人类社会发展的一部分。应该说自有人类文明以来，这种探索就没有停止过。对于肉眼所能观察到的一切自然现象，人类从来都抱有极大的兴趣去探索及理解。研究的方法一般而言包括了观察、思考、实验、总结等步骤，其中又以对现象的观察为第一根本。如公元前中国战国时期墨翟（墨子，前 468—前 376）的《墨经》（涉及光学和力学），古希腊哲学家阿基米德（Archimedes，前 287—前 212）著名的阿基米德定理，公元后的意大利科学家伽利略（Galileo Galilei，1564—1642）的 *Eppur Simuove**，英国科学家牛顿（Isaac Newton，1642—1727）的《自然哲学和宇宙体系的数学原理》**，凡此种种对自然规律的高度总结，无不是以对现象的反复观察为基础。这种“眼见为实”的基础在带给人类丰富知识的同时，也将人类早期对自然规律的研究活动限制在了肉眼可辨的范围之内。

在正常情况下，可被人的裸眼辨识的两点间最小距离大约是 50 微米（即 0.05 毫米）。若两点间的距离小于 50 微米，则两点不能够被眼睛分辨开来，所见仅是一个笼统的较大的点而已。50 微米是多小呢？它大概相当于人的头发丝的二分之一粗细。在我们常说的“明察秋毫”一词中的“秋毫”，泛指动物的纤毫，比人的头发丝更细数倍。但是自然界之奥妙无穷远非只限于人类目力所及的范围。不用说遥远宇宙中数不清的星辰，单说我们身边的，人类

---

* 英文意为 still it moves，伽利略因这部否认地心说的著作而受到罗马天主教会迫害。

** 简称“原理”，*Principia*, 1687。

凭肉眼所能见到的世界实在非常有限。图 1-1 给出了一个尺度表，标明了从毫米往下的尺寸度量衡，包括了微米（$10^{-6}$ 米），纳米（$10^{-9}$ 米），一直到埃（$10^{-10}$ 米）。图中同时列举了各个尺度范围内存在的典型物质个体以及要想看到它们所需要借助的显微镜种类。可以说，仅凭肉眼，人类将永远无法获得对我们周围世界甚至我们自己身体的全面认知。从这个意义上讲，谁又能在真正意义上不借助任何工具做到“明察秋毫”呢？

这里所说的工具范围很广，但最简单、最普遍也是最基本的就是我们今天使用的放大镜和显微镜。这些工具的核心部分都是由具有凸起或凹陷表面的玻璃透镜制成的。从物体传来的光线穿过透镜时会改变传播方向，称为折射，从而产生对被观察物体的放大成像作用。

说起人类对光的传播现象的最初认识和利用，可以追溯到 3500 年前。例如考古发掘殷墟妇好墓时发现了四面铜镜，为目前所见中原文化中最早的铜镜，背面铸有花纹，镜面抛光发亮，显然是用来反射光线的。但对于光本质的系统著述，中国战国时期的墨翟当为第一人。对此，我国著名物理学前辈钱临照先生在 1942 年对墨子论著中的科学研究部分详加考证并著《释墨经中光学力学诸条》一文。

墨翟出生于木工世家，是战国百家争鸣时期一位伟大的思想家、政治家、教育家和社会活动家，在鲁国与孔子和公输般（鲁班）齐名，是墨家思想的创立人。墨家学派集 71 篇论文于《墨子》一书传留后人，经过两千多年坎坷，现在只得其中 53 篇。其中的《墨经》四篇（《经·上》、《经·下》、《经说·上》、《经说·下》）是墨子学术思想的中坚，是对当时由实践中获取的科学知识的总结，讨论的自然及社会科学问题涉猎广泛，包括有名学、形学、光学、力学及经济学，其中光学部分共有 8 条论述。经钱临照先生详细解说，使我们得窥全貌[1]。光学 8 条依次详细阐明了阴影的定义与生成，阴影与光的关系，光的直线传播性，光的反射性，物影大小与光源的关系，平面镜反射成像、凹面镜反射成像，以及凸面镜反射成像之物像关系。既有对现象的观察，又有设计的实验佐证，前后连贯，循序渐进，已隐具现代几何光学之雏形。

例如一个很著名的光学实验颇类似于现今针孔照相盒装置：在一个暗室的一面墙上开一小孔，另一人在暗室外对小孔而立，在阳光照射下，会在暗室内与小孔对立的墙上呈现倒立的人影，并由此现象得出“光之入照若射”的结论，即光线直线传播如射出的箭。此外，人对着镜子站立，如果镜子里的人影是颠倒的，而且大的东西在镜子里看起来变小了，就说明镜面小而且有一定的凹度。所有这些都与后来我们熟知的光学理论是一致的，但墨子是在约 2400 年前做的这些实验并得出结论，是很了不起的。墨子的科学知识不仅使他与同为鲁国人的鲁班并列战国时期的顶级能工巧匠，同时还拓宽了他的思路，使他作为思想家，常能提出人所不及的见解。

战国时期有诸子百家，杰出的思想家很多。思想家一多就喜欢辩论。当时宋国的思想家惠施，就是跟庄子说“子非鱼焉知鱼之乐”的那位，曾经抛出一个著名的思辨命题“飞鸟之影未尝动也”。这其实是个悖论，就是说飞鸟的影子不是具体的物体所以是不会移动的。这里的思辨陷阱是，由飞鸟的影

| 尺度与观察工具 | 物质个体 | 尺寸 |
| --- | --- | --- |
| 毫米<br>人眼 | 跳蚤 |  1 毫米=$1\times10^{-3}$ 米 |
| | 头发 |  100 微米=0.1 毫米 |
| 微米<br>普通光学显微镜<br>（极限 0.2 微米） | 红血细胞 |  10 微米 |
| | 细菌 |  1 微米=$1\times10^{-6}$ 米 |
| | 病毒 |  100 纳米=0.1 微米 |
| 纳米<br>电子显微镜扫描<br>隧道显微镜 | DNA | 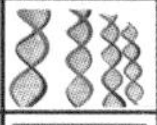 10 纳米 |
| | 分子 |  1 纳米=$1\times10^{-9}$ 米 |
| | 原子 | 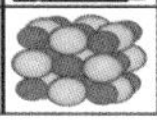 1 埃=$1\times10^{-10}$ 米 |

图 1–1

举例说明毫米至埃的尺度范围内存在的物质个体，以及观察所需的工具，此图说明，如果不借助显微镜等工具，单凭肉眼，人类将永远无法获得对微观世界的全面认识。

子不动可推论飞鸟也是不动的。此题一出，引得很多思想家加入辩论。墨子身为当时著名的思想家之一，焉能只作壁上观。他因为对光线与物影的关系了然于胸，遂提出巧辩“景不徙，说在改为”，也就是说影子虽然不动，但可用变化来解释。具体可理解为由于光线的照射出现影子，影子本身并不能移动，但却会改变。旧影子消失，新影子出现，如此往复，结果就是影随鸟动。这个加了科学知识的答辩比起一般的哲学思辨来说更易服人，被后人赞为“杰出之辩”。各位可以试一试看能否提出比墨子之说更好的答案。

如上所说，《墨经》中总结了不少与光线传播和反射有关的现象，但却未能明确提出如今所知的光学反射定律。虽然令人稍觉遗憾，但在距今约 2400 年前即对光的本质有如此独到的钻研与见解，《墨经》中与光学相关的部分堪称为世界上最古老的光学典籍。

与墨子同列春秋战国时代诸子百家的韩非也在其《外储说左上》中记载了应算是世界上最早的幻灯光学实验——豆荚映画。故事说的是周国国君重金礼聘了一位可以在豆荚内极薄的薄膜上作画的高手，历时三年终于完成一幅画。可是国君却在豆荚薄膜上看不到任何画面，颇为不爽。画家提示寻一暗室，在朝阳的一面墙上凿一小孔，然后把薄膜拿到小孔处迎着阳光观看，赫然呈现五彩缤纷活龙活现的龙蛇鸟兽和车水马龙，博得龙颜大悦。唐太宗在《贞观政要》卷一有云：“未有身正而影曲，……。”此言虽然是讨论明君之道，但道理上也反映出中国古人对光和影的正确认知。

古时候在中国之外研究光线的也不少，比如说与墨子大约同时代的古希腊哲学家柏拉图（Plato，前 427—前 347）就研究过视觉，认为是从眼睛里发出的光使人能够看见东西，这当然是不对的。武侠小说中常说武林高手双眼精光四射，其实也都是白天眼睛对外部光线的反射，并非自发的。最早系统地谈论光学的则首推公元前 3 世纪的古希腊数学家欧几里得（Euclid，墨子之后

100 年左右）。他著有 *Optics*（《光学》）一书，汇集并详论当时古希腊人所知的光学知识。虽然他认同现在已知并不正确的眼睛自发光之说，但也由此说正确提炼出了光的入射角与反射角概念，可是最终也没有明确涉及反射定律。欧几里得其实最著名的著作是《几何原本》，当代的初等几何学乃源于此。而光学的反射定律则是迟至公元 11 世纪由伊拉克人、阿拉伯学者哈桑（Abu Ali Hasan Ibn al-Haitham，又名 Alhazen，965—1040）在其光学著作中首次明确提出的，他也在书中否定了眼睛自发光之说，通过实验证明了物体本身反光入眼才产生的视觉。那时距墨子时代已经过了 1500 年左右。

反观中国自墨子时代之后，废黜百家，独尊儒术，使得在儒学当道的千余年间，光学研究方面基本上一片荒芜。迟至明、清两代才陆续出现如明末清初德国教士汤若望（Johann Adam Schall von Bell，1592—1666）所著的《远镜说》，清朝道光年间（1821—1850）郑复光的《镜镜詅痴》及清朝咸丰年间（1850—1861）张福喜协助翻译的《光论》等光学专著。郑复光在《镜镜詅痴》一书中对于光的性质、透镜原理作出了论述并且还介绍了一些光学仪器的制造方法，比如说由一个平面镜和一个凸透镜组成的显微镜的制作方法。彼时中国在光学方面的研究多受西方影响，自明朝万历（1572）始至清朝年间，西方基督教传教士开始进入中国传教并带给中国丰富的西方科技知识及光学仪器。另外，清朝盛世之时已然开始派遣留学生远赴西洋学习，乾隆十六年（1751），有留学生赴法国留学，学习物理学、化学、博物学等，法王路易十五还赐给他们显微镜和望远镜。所有这些都促进了明末至清朝时期中国在光学学术与技术方面的发展小高潮。但显然这些晚期著作主要是对中国更早时期积累的光学知识的总结和对西方传播过来的知识的消化与传播，未能再有如墨子般的独创成就。

光线除了反射性外，另一大传播特性就是折射性，这在前面已经提及。

然而《墨经》在折射性方面完全没有涉及，可能的原因是光线折射现象在日常生活中的呈现多与透明玻璃载体如盛水的器皿有关。玻璃的使用虽可追溯至公元前4500年，但多在古埃及、古希腊等地使用。在出土的战国时代遗物中，也发现过一些玻璃珠制品和玻璃容器，不透明或半透明，是早期的铅钡玻璃。但估计当时产量稀少，民间罕见，而且透明性也差。因此墨子虽可借青铜镜等研究光的反射现象，但因日常生活中鲜有透明容器可用，使得光的折射现象未能被及时认知。

光的折射现象可说是大大造福于人类社会，在这方面人类受益最大的莫过于因光的折射而产生的放大作用。读者可以自己做些小实验，例如透过小玻璃球或盛水的玻璃杯来观看小物体如字体等，可以发现小物体被放大了。人类对于光折射而产生放大作用的初级认知可推至公元前1500年。那时的古埃及人就已经对放大现象有了些感性认识，原因当然与古埃及人会制造透明玻璃有关。但是在当时的古文明社会，无论是古埃及人、古希腊人，还是古代中国人都未能对光线折射引起的放大现象有进一步的认识。现存最著名的古代透镜称为“兰亚德透镜”（Lanyard Lens），它是由一个叫兰亚德（Lanyard）的人在一个叫尼姆罗（Nimrod）的地方发掘出来的，经鉴定，它大约于公元前721年至公元前705年制成。这是一个石制的凸透镜，石材里面有美丽花纹。在很长一段时间里，兰亚德透镜被认为是已发现的世上第一例平凸透镜(一面是平面，另一面为凸面)。但后来的研究表明，兰亚德透镜的凸面是由许许多多的小平面组合而成的，并不具备放大镜所需的光滑凸面。另外石材里的天生花纹也使透镜的放大功能不佳。因此现在一般认为该透镜原本仅是从某物品上脱落下来的装饰品，而并非是用来作放大镜用的。

关于光的折射现象的记载最早可见于公元2世纪，古希腊数学家托勒密（Claudius Ptolemy，90—168）曾描述将一根直棍的一部分插入水中，棍体在水面内及水面外的部分看起来像是相互弯折了一个角度。他并由此正确地估算了水的折射系数（关于折射系数的概念，在第 2 章会介绍）。托勒密虽未进而揭示出光的折射定律，却在历史上首开对光折射现象的系统研究。公元 1 世纪罗马哲人、古罗马末代皇帝的宫廷教师、西班牙人塞尼卡（Lucius Annaeus Seneca，前 4—65）也曾描述过装满水的球体所具有的放大作用，他发现透过水球可将小字母放大到清晰可读的程度。其实光通过水球而折射成像与人眼视物的原理密切相关。这之后欧洲文明史进入了几百年的发展缓慢时期，就是所谓的中世纪的黑暗期。好在西方不亮东方亮，繁荣的阿拉伯世界为世界继续带来科学的发展。到公元 11 世纪左右，阿拉伯学者哈桑根据他的实验、思考以及当时阿拉伯人已经大大领先于世界的光学知识积累撰写了一部重要的光学著作 *Opticae Thesaurus*[*]，洋洋洒洒七大卷。

出生在伊拉克巴士拉的哈桑是位了不起的学者和哲学家，自幼接受过良好的教育。当时伊斯兰帝国为世界超级强权，统治着幅员辽阔的国土甚至远达印度和西班牙。后来又征服埃及，在开罗建法蒂玛（Fatimid）王朝，最高统治者称哈里发（Caliph），类似于中国的皇帝之称。哈桑因为聪明过人，在伊斯兰大帝国被委以官职也不奇怪。但他却偏偏不爱做官，屡次推辞不果，于是开始装疯，终于被免去官职。那时埃及的开罗河经常河水泛滥，法蒂玛王朝的哈里发征召能人治河。哈桑觉得有把握在开罗河上建坝治水，于是去埃及见哈里发提出他的建议。哈里发很高兴，委任哈桑全权负责治理尼罗河。但工程正式开始后，哈桑发现尼罗河太大了，超出了他的想象，他的建坝计划根本就无法完成。几经拖延，最后向哈里发坦承无法完成任务，也有传说是这时候开始装疯以推卸责任。哈里发大怒，认为受了欺骗，同时也浪费了很多时间，于是把哈桑关进了监狱（一说是软禁）。正当年富力强之年却失去人

---

* 英译 *Book of Optics*，中文可译为《光学》。

身自由达十年之久虽属人生之大不幸，但也正好给了哈桑思想上的自由和静心写作的时间。他深思了很多事情，主要是光学方面的，同时开始写作他那部巨著《光学》。就这样，哈桑一直被关到哈里发驾崩才于 1021 年重获自由。

已经 56 岁的哈桑，没有耽误任何时间，马上把过去 10 年里所思所想的光学问题付诸实验加以验证和推敲，连续进行了一系列的细致而深入的视觉方面的光学实验，并将新的结果用于巨著第 4 卷到第 7 卷的写作。在哈桑的这部教科书式的大作中，他详细描述了眼睛的解剖学构造，说明了眼球是怎样将所见物体成像于视网膜上的，讨论了包括光的反射定律在内的光学原理、光的速度是有限的、光在高密度介质中传播速度较慢等现象，并且提到了透镜成像是有像差的。书中对光的折射现象也有所涉及，甚至还探讨了从其他天体来的光线经过地球大气层时发生的折射现象。可见至公元 11 世纪，即距今 1000 年前，人类已充分了解了眼球作为一种天然透镜对光的折射及对物体成像的功能。科学史学家公认哈桑是第一位采用现代科学方法进行研究的学者，也有人认为哈桑是光学之父。哈桑还有很多其他的贡献，甚至提出物体在不受外力的条件下会持续运动之说，与我们现在所知的牛顿第一定律基本相同，但比牛顿在 1687 年出版的《自然哲学和宇宙体系的数学原理》一书中提出的定律早了 700 年左右。

哈桑的这本巨著《光学》在 12 世纪末到 13 世纪初被翻译成拉丁文，英国哲学家兼科学家 R. 培根（Roger Bacon，1214—1294）为该书写了英文的摘要，使得该书在欧洲开始广泛传播。这里的 R. 培根是另一个培根，不是留下“知识就是力量”名言的那位弗朗西斯 · 培根。在 R. 培根 1267 年发表的他本人所撰的 840 页的科学百科巨著 *Opus Majus** 一书的光学知识部分，R. 培根不仅总结了哈桑在光学方面的研究成果而且还加以发扬光大，提出借助于透明

---

* 拉丁文，可理解为《重要的工作》。

玻璃球或水晶球可将书中小字或其他微小物体放大，并进一步阐明了放大作用乃是由于光线折射而造成的。R. 培根也预言了透镜可能可以应用于对视力的矫正。至此，光的折射性与透镜放大功能之间的关系已被窥破。许多那时和之后的知名学者都曾得益于培根的这本巨著，比如说伽利略、开普勒、牛顿等，也包括意大利文艺复兴时期的艺术家们。

虽然 R. 培根成功揭示了透镜的放大功能及其光的折射性根源，但我们今日所熟知的光的折射定律公式（Snell’s Law）则是又过了 300 多年后由荷兰数学家和天文学家斯涅尔（Willebrord Snell，1591—1626）于 1621 年最终确立。实际上斯涅尔是在研究了哈桑的光学实验数据和对折射现象的解释之后，采用了几何学方法推导出了光折射规律的数学公式。可是直到 1626 年因病去世，斯涅尔的这项工作一直没有被公开发表，可能是没来得及。但现存于荷兰阿姆斯特丹大学图书馆的斯涅尔的手稿证明了他推导折射定律公式的工作以及推导方式。从历史的角度看，有人认为哈桑是折射定律的第一发现者，斯涅尔是再发现者并以数学公式的形式确立了折射定律。

由上述简要介绍可知，从公元前 1500 年，经历漫长的近 3000 年的探索，人类于公元 11—17 世纪完全破解了光折射现象及其与透镜放大成像间的奥秘。这一奥秘的发现最先受益的当然也是人类自身，那就是可以解决近视眼问题的眼镜的发明。

## 1.2 受欢迎的眼镜

眼镜的发明正是 R. 培根在他书中预言透镜对视力有矫正作用后的 20 年间。在那以前，人类对透镜的光学成像的研究与认识都还只停留在对现象的观察与描述上，且这些活动也只局限在小部分学者范围，并没有任何实际应用方面的努力。当然随着光学知识的日渐丰富及著述的发表，想到在眼睛前面加一片透镜以矫正视力也就是迟早的事了。关于具有视力矫正作用的眼镜的零星记录最早的始于公元23年至公元79年。古罗马的末代皇帝尼禄（Nero，37—68）使用过绿宝石制的凹透镜片，成为有记载使用眼镜的第一人。但这段记载并没有在当时及其后的200年间引起多少注意，所以这种古老的眼镜只不过是昙花一现而已。现代意义上的眼镜则起源于1280—1289年的意大利佛罗伦萨。眼镜的发明人究竟是谁尚无确切考证，一些人将发明权归于当时一位叫阿玛提(Salvino D'Armato degli Armati)的贵族人士。据说他当时发明了眼镜，并告诉了他的一些好友。很快地，眼镜就在佛罗伦萨广泛地使用起来。这种观点遭到了不少质疑，但反对方也不能提出更可能的人选。所以眼镜的发明人问题现在存疑，但出现的年代大致不差。那时的眼镜只是能够架在鼻子上的镜片，用手举着的眼镜架60多年后才出现。随着为数众多的近视的人们欣喜于使用眼镜后的较清晰视力，眼镜的使用在几年之间即广泛传至世界其他地方。

其实早在西方人不知眼镜为何物时，古代中国人就曾使用过眼镜。只是后来考古研究显示这种眼镜的透镜都只是平面的(类似现代的平光镜)，因此并不具备矫正视力的功能，可能只是起装饰作用。因为当时中国人还没有掌握玻璃制造之术，所以镜片都是用宝石做的，色彩斑斓，倒有点像现代的太阳镜。因此眼镜在中国古称"叆叇"，乃彩云遮月之意。马可·波罗似乎提到过中国的眼镜（有待考证），很可能就是这类装饰性眼镜。西方的眼镜流入中国的时间可能是在15世纪初的明朝时期，明代小说家罗懋登所著百回本《三宝太监西洋记》一书的第50回"女儿国力尽投降，满剌加诚心接待"中描述道："永乐八年，满剌加国王朝贡叆叇十枚。"永乐八年是1410年，满剌加就是现在的马六甲，满剌加国国土范围覆盖现今的泰国南部至苏门答腊西南部，由此可推测眼镜东进的时间和路径。中国历史博物馆收藏有一幅长卷《南都繁会景物图卷》，描绘的是明朝永乐年间南京秦淮河两岸三月庆春游艺活动的盛况，其中有个老大爷貌似戴着一副眼镜，见图 1-2，说明早在明朝永乐年间（1403—1424）中国就有眼镜出现于民间了。更晚一些的明朝万历年间（1572—1620）田艺蘅著 39 卷笔记小说《留青日札》讲述明朝社会风俗、艺林掌故，其中卷二记有《叆叇》：“每看文章，目力昏倦，不辨细节，以此掩目，精神不散，笔画信明。中用绫绢联之，缚于脑后，人皆不识，举以问余。余曰：此叆叇也。”这里除了明确说出眼镜（叆叇）的用途是改善视力，还说了用布条把镜片绑在眼睛前面，可见那时只有镜片，没有镜架。

## 1.3 本章结语

简简单单的一对镜片却使人们的生活变得更加轻松和多姿多彩。眼镜给我们的启发是，人类可以通过智慧的发明克服生理上的一些缺陷。正因为此，普普通通的眼镜在 21 世纪初被一些学者评为人类两千年来 11 项“超级”发明之首，比排在第二、第三及第十一位的原子弹、印刷术和电脑更为重要。需要指出的是，眼镜虽可矫正视力，但并不能使人类看到超乎人眼分辨能力的小物体，没见过谁戴上眼镜就能看到细菌的。所以，尽管眼镜的使用是人

图 1-2

《南都繁会景物图卷》描绘的是明朝永乐年间南京街市三月庆春游艺活动场面，这里展示的是该图卷的局部，图中右下角老者鼻梁上似架着一副眼镜。

类利用光学知识制造工具辅助视力的第一步，但真正将人类的视野伸展到无限风光的微观世界的，却是眼镜之后的显微镜的发明。显微镜在现代当然可谓无人不知，但究竟是谁出于什么目的发明的显微镜，荷兰的个体户怎么当上了大英帝国的皇家学会会员，一个德国小作坊凭借着什么变成了家喻户晓，是什么高人想出了解决显微镜像差的妙法，显微镜为什么会有个分辨率极限又是谁不服不忿地非要打破这个极限，诺贝尔奖委员会三中选二为何漏掉中国人……让我们继续走进历史，去追寻重重谜底。

# 第2章 风景这边独好

## 突破微米极限的光学显微镜

为了眼见为实，英国皇家学会派了一个学术考察团来荷兰亲自验证列文虎克的观察结果。考察团到那儿一瞧，可了不得，估计得有上百个小显微镜一字排开，样品都留在显微镜上原封没动，您各位请随便看吧。列文虎克的规矩是，样品看完了向来都不取下来，再做一个新的显微镜就是了。英国人举着小显微镜一瞧，全看见了，比纸上画的还生动，那可真是一花一世界，滴水纳乾坤。这下没啥可说的，事实胜于雄辩，英国人心服口服，立马承认列文虎克的所有报告讲的都是事实。列文虎克就此被公认为发现微观世界的第一人。

在眼镜发明之后，人类又用了约300年时间，于公元16世纪末期发明了光学显微镜，迈出了光学仪器制造的第一步。至19世纪末，光学显微镜的分辨率被推至极限的0.2微米，实现了真正意义上的“明察秋毫”。光学显微镜使人类有史以来第一次发现了丰富多彩的微观世界，可以说光学显微镜的发明和使用打开了人类通往微观世界的大门。风景这边独好。

## 2.1 光学显微镜的发明

尽管使用眼镜的历史始于13世纪末，但眼镜可能还不能被称为真正意义上的光学仪器，眼镜的作用仅在于矫正视力。在眼镜发明后约300年时间里，光学透镜的应用都还没能进一步发展到制造光学仪器的程度。其中一个可能的原因是眼镜片是磨制出来的，尺寸大且焦距长（10厘米以上），放大倍数仅为2倍左右，所以容易制作。而显微镜透镜尺寸小、焦距短（曲率大），放大倍数可大于100倍，中世纪的工艺水平很难满足这样的要求。然而随着人们对于透镜放大作用的认识逐渐深入，用两片或多片透镜组合成光学仪器也就为期不远了。

1611年，德国天文学家开普勒（Johannes Kepler，1571—1630）在一本小册子《折光的研究》中首先阐述了对于光线透过透镜成像的理论研究，但开普勒是否在此之后自制望远镜观测天象并无记载。倒是同在16世纪初，一位荷兰的眼镜制造商利伯希（Hans Lippershey，1570—1619）利用一个凹透镜（目镜）和一个凸透镜（物镜）组合制成了一种光学仪器，绝大多数人认为，这就是第一架人类发明的望远镜。发明人声称这种装置能够将一定距离的物体看起来如同就在身边，这就是最早记录的望远镜概念。1608年，荷兰政府曾反复思考是否应该授予专利给这项发明。最后决定不授予专利。原因是同时期、同地区有多家眼镜商宣称发明权，加上制作这种“千里镜”（spy-glass）的技术门槛不高，当时已经有人批量自制拿到集市上卖，所以专利保护也就没什么实际意义了。我们熟知的意大利科学家伽利略于1609年得知荷兰“千里镜”的事，他很快就自制了一台，并且对设计和制作进行大幅改良，加大镜筒和镜片的口径，最后做出可放大10倍的双筒望远镜。在威尼斯港湾风和日丽的一天，伽利略向市议员们及公众公开展示“千里镜”的魔力，它可令人远望到肉眼看似空阔的海面上两个小时以后才会驶入港湾的商船，引起空前的轰动*。

伽利略后来进一步改进望远镜使得放大倍数提高至20倍、30倍甚至40倍，并用它开启了对月球及银河星球的观察和天文学研究。伽利略的这些天文观测用无可辩驳的事实肯定了哥白尼（Nicolaus Copernicus，1473—1543）和布鲁诺（Giordano Bruno，1548—1600）的日心学说，但伽利略自己也因此受到坚持地心说的罗马天主教会的迫害。由于伽利略对望远镜的改良，使得人类的目光第一次有能力从我们身边的环境伸展到了遥远的星际天空，伽利略因此被公认为天文望远镜的发明人。1611年，希腊数学家乔凡尼（Giovanni Demisiani）为伽利略制造的“千里镜”推荐了一个官名Telescope（望远镜），望远镜之名得以流传至今。那么如果将望远镜的光学系统反其道而行之，就成为显微镜的光学系统，所以望远镜和显微镜的发明几乎是在同一时期的同一地点。

关于显微镜的发明人，历史上有多种传说。很多文献认为是伽利略发明了望远镜和显微镜，这实际上并不符合事实。也有一些人认为是荷兰人列文虎克（Antonie van Leeuwenhoek，1632—1723）发明了显微镜。列文虎克的确自制了许多简式显微镜，并用它们作出了卓越的研究成果。正是列文虎克对他所称之为“小动物”（little animal）的微生物所作的轰动一时的发现，把显微镜从仅供上层社会把玩的玩具变成了进行自然科学研究的有效工具。然而，在列文虎克自制显微镜时，更加精致的显微镜早已被用于作出一些重大的发

---

* 记于1609年8月29日伽利略致妹夫郎德西（Benedetto Landucci）的信中。

现了。

那么到底是谁发明的显微镜呢？这一点现在还有争论，但比较占上风的观点将显微镜发明第一人的荣誉给予荷兰眼镜制造商詹森（Zacharias Jansen，1585—1632），也可能是詹森的父亲制作了第一台显微镜的雏形，儿子后来将之发展为成品。这詹森家正是声明发明了望远镜的那位利伯希的邻居，两家都是眼镜制造商。据说在他们那地方有几十家制造眼镜的，很多人都声称是显微镜或望远镜的发明人。所以到底谁是真正的第一人，很难说清楚，甚至连发明年代的说法也很混乱。望远镜的1608年之说，是由于有荷兰政府的记录，就算是个比较可靠的证据。但詹森家曾号称他家1590年就有此发明，还在同一年发明了显微镜。结果后人也莫衷一是，最后将功劳给平分了。把望远镜的发明按照荷兰政府考虑专利的年代定为1608年，专利申请人利伯希为发明人，尽管专利申请其实没被批准。而显微镜的发明人，则定为詹森，时间上就按他家声称的定为1590年。当然这种功劳评分和年份考证的做法都谈不上严格，但聊胜于无。况且两家确实都有实物来证明其技术贡献，也可算当之无愧。但关于这段历史就留下了个尾巴，以后一直争议不断，比如伽利略也一直被一些人认为是显微镜和望远镜的发明人。

最初出现的显微镜外观是一个直筒形，由两个透镜组成，一个是物镜，一个是目镜，放大倍数最大可至9倍。詹森家虽然发明了显微镜，但将之命名为显微镜（microscope）的却还是那位给望远镜命名的意大利科学院会员乔凡尼。詹森家做显微镜其实并非想用于什么研究，只是当个新奇物件售卖或送人而已，当时他家还做了几款装饰得很漂亮的显微镜赠送给奥地利皇室。从那时起一直到19世纪，显微镜一直比较低调，主要是上流社会的娱乐玩具，这与望远镜一出现就直接被拿来当研究工具的情形完全相反。望远镜在发明后马上造成轰动以及在实际应用及天文研究中取得重要位置，主要是因为望远镜被用来观察已知的事物，如伽利略用来向人们展示如何能够瞭望到尚未驶入港湾的船只以及用来观探太空中的星星等，使用望远镜使人类能够看到更远处的物体而倍感惊喜。对于显微镜而言，情况就大不一样了。显微镜是往小了看的，观察的是极小的、肉眼难以分辨的物体或微生物。这些物质的存在及其结构对当时的人类来说是前所未知的，所以人类当时并未有意识地用显微镜寻找微生物，因此也就没有认识到显微镜的真正价值所在。另外，发现微观物质，正确记录这些发现及解释所看到的为何物在当时很困难。尤其是在1840年照相技术出现以前，通过显微镜所观察到的现象主要是通过纸笔记录下来，非常麻烦，同时还影响记录的精确性。这些困难都延迟了17—19世纪显微镜在自然科学研究中的使用，使得在问世之后200多年里显微镜的玩具成分一直大于科学工具成分。

在整个17世纪及18世纪初，木材、象牙和纸板是制造显微镜体的主要材料。镜体外覆以皮子、羊皮纸或鱼皮等，再加上金饰。黄铜也偶尔使用于部分部件。但是到18世纪中叶之后，黄铜则代替了木材和纸板被普遍使用于镜体。黄铜外壁可精细雕出花纹，具有很好的观赏性。更便宜的铸铁的使用则始于19世纪末至20世纪初，那时显微镜已完全摆脱了玩具的形象而成为不折不扣的可批量生产的科学工具了。图2-1是一台17世纪80年代英国产显微镜。所用材料为铁梨木、纸板，而且有饰金、覆皮，观赏性很强。

在詹森的双透镜显微镜发明之后几年，也就是17世纪初期，显微镜的光路设计由玻璃双透镜改为三透镜，除了原有的目镜和物镜外，增加了一个场镜（Field Lens），见图2-2。这样不仅增加了显微镜的总体放大倍数，也使得显微镜可以更好地接收由物体反射过来的光线而不必使用很大直径的目镜（目镜的直径越大，加工越难，且大目镜需要观察者将眼睛离开目镜一定距离而造成观察上的不方便）。这种三透镜式的光路设计一直沿用至今（甚至包括电子显微镜），只是在现代显微镜中上述三透镜中的每一透镜其实都是一个透镜组，以求得到最佳分辨率。

上面所说的二至三个透镜在一个直筒中按一定间距共轴排列所制成的显微镜称为复式显微镜（Compound Microscope）。与其相对的是简式显微镜（Simple Microscope）。顾名思义，简式显微镜只有一个玻璃物镜，通常只是用一个透明玻璃珠作为物镜，夹在金属板上的一个孔中，放大倍数可达 10 倍或更高。在显微镜发展史上，简式显微镜曾与复式显微镜并存了近 200 年时间，直到 19 世纪初期之后，复式显微镜的分辨率大大提高，简式显微镜才因其使用上的不便而退出舞台。

图 2-1

17 世纪 80 年代的显微镜，具有很高的观赏价值。

## 2.2 惊见微观世界

自 16 世纪末发明显微镜至 17 世纪初，陆续有人报道了使用显微镜得到的一些研究成果。但使用显微镜作为科学研究工具在当时仍属凤毛麟角。原因是当时很多人认为用显微镜虽然能做些趣事诸如看清楚跳蚤或昆虫腿外，不会有什么新的发现。然而事实证明，正是显微镜的发明，开启了人类走进微观世界的第一扇大门。

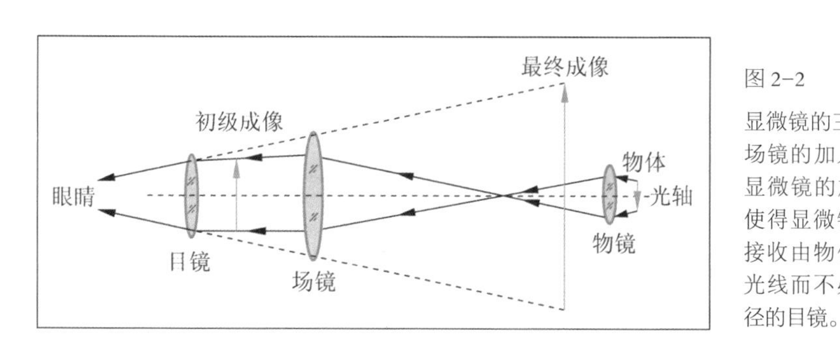


图 2-2

显微镜的三透镜光路图，场镜的加入不仅提高了显微镜的放大倍数，也使得显微镜可以更好地接收由物体反射过来的光线而不必使用很大直径的目镜。

在显微镜研究史上最早的重大发现或当首推 1660 年意大利生理学家、显微学家马尔比基（Marcello Malpighi，1628—1694，图 2-3）对血液循环理论的证实。马尔比基 25 岁就获得医学学位，之后科研教学并重，40 岁时获聘成为英国皇家学会外籍会员，充分说明了他在科学领域的建树之丰。在他那个年代以前大约 1500 年的时间里，医学界都相信史上权威希腊医师盖仑（Claude Galien，131—201）的观点，即血液是在小肠里制造的，经动脉和静脉血管流向肝脏、心脏，进而扩展至全身。那时还没有血液循环的概念。在那样一个没有显微镜而只靠解剖分析的年代，这样的错误观点的长期存在并不奇怪。

1628 年，英国皇家顶级医师哈维（William Harvey，1578—1657）出版了一本震惊医学界的书 *Exercitatio Anatomica De motu Cordis et Sangiunis in Animalibus**。这本共有 17 章 72 页的书一举推翻了盖仑的理论，清晰地说明了心脏跳动与血液流动的关系，并且阐述了血液循环的理论，认为血液实际上是从心脏开始经过全身循环后又回到心脏。尽管哈维的尊崇地位以及他精确的理论及逻辑证明使当时的医学界没有对这一新理论强烈反对，但是要想彻底说服别人，新的理论需要的是证据。要想完全解释血液循环，必须假设动脉和静脉血管之间存在某种连通渠道，而在当时尚无人用肉眼发现过这种渠道的存在。

就在哈维去世后三年的 1660—1661 年，这种设想中的连通渠道被马尔比基证实了。他在用显微镜观察青蛙的肺部组织时发现，除了大量的肺纤维外，还有一种由薄壁微管组成的网络，他给这些薄壁微管起名叫毛细管，并且认为这就是接通动脉与静脉血管的极微细的血管，现在称为毛细血管。马尔比基的惊人发现开启了自那以后 200 年之久的、对活鱼尾部血液循环的显微研究。

---

* 拉丁文，英文可译为 *Exercised Anatomy on the Motion of the Heart and Blood in Animals*，中文可译为《关于动物心脏和血液运动的实验解剖研究》。

除此之外，马尔比基还用显微镜研究了大脑、肝、肾、脾、骨和皮肤，皮肤的层状结构“Malpighian”就是以他的名字命名的。马尔比基也首次发现血红细胞并确认血液的红颜色就是血红细胞引起的。他还对蚕蛹的发育以及动植物的解剖结构进行过大量的显微研究，比如说发现蚕没有肺，是靠皮肤上的气孔呼吸，而这些气孔又与体内的气管相连通。他还发表过鸡胚胎发育的系列图，这些都是当时前所未有的研究成就。在那个时代，显微学的关注重点主要是人体和动物器官，马尔比基的关注重点也不例外。但他并未局限于此，率先开拓了对植物的显微研究，比如说首次发现叶子上存在气孔。他后来将十年的研究成果集成出书 *Anatomia Plantarum*（《植物解剖学》），成功引领了其他科学家对植物显微学的关注与跟进。马尔比基的一生研究成果辉煌，在显微学上的众多研究成果都成为动物生理学和植物显微学史上的重要里程碑，被誉为是胚胎学、早期发育学以及动植物微观解剖学之父。毫无疑问，马尔比基是史上最伟大的显微学家之一。

上面提到马尔比基对于毛细血管的发现揭开了其后 200 年时间里用显微镜研究活鱼尾部血液循环的热潮。而这一研究所以能成为热潮，还得益于新型的侧立柱复式显微镜设计。这里就必须提到在显微镜发展初期的另一位英

图 2–3

意大利生理学家、显微学家马尔比基。他用显微镜发现了动物的毛细血管、皮肤的层状结构、血红细胞和植物叶子上的气孔等。

国科学家罗伯特·胡克（Robert Hooke，1635—1703，图 2-4）。胡克毕业于英国牛津大学，在他近 40 年的研究生涯中，作出过为数众多的发明，是一位机械方面的天才。年轻时曾参与发明著名的“空气泵”，也就是现在所说的“真空泵”。而学习过初级物理学的人所熟知的关于弹簧所受拉力与伸展量成正比的胡克定律（Hooke's Law）就是他在 1678 年发现的。胡克在显微学上的贡献主要源于他 1665 年出版的专著 *Micrographia*（《显微图像学》），这本专著详述了显微镜的设计与使用，推出了一些极具前瞻性的设计。其中之一即为前面所说的变双透镜为现今仍在沿用的三透镜光路系统，另一项沿用至今的设计就是侧立柱式设计。

当时的多数直筒复式显微镜都是以显微镜所立平台为样品台，显微镜的支架限制了镜头下的空间，使得显微镜底部没有足够的空间放置较大样品。而胡克的设计增加了一个侧立柱，显微镜筒悬固在侧立柱上，从而使显微镜下方有很大自由空间放置样品。图 2-5 为胡克设计的、由伦敦显微镜制造商库克（Christopher Cock）制造的、悬固在一个侧立柱上的显微镜。镜筒下方有足够的空间可悬挂一个托盘，将活鱼固定其中就可以研究鱼尾部的血液循环。照明系统则由一盏油灯和一个水瓶组成，能够在样品上得到较明亮均匀的光照。胡克的其他贡献还包括帮助显微镜制造商将显微镜商品化等。

虽然胡克在光学及重力方面的研究被同时期的英国大科学家牛顿抢了风头，但牛顿在其《谈论颜色》（*Discourse on Color*，1675）一文中也承认胡克在光学方面的卓越贡献，而且胡克在科学仪器发明及设计方面在当时可谓独占鳌头。胡克的专著使得显微镜大大地被普及，除了因为上述那些革命性的新设计外，更主要的是专著中还描述了大量的利用显微镜所取得的研究成果，非常引人入胜。最著名的工作之一是他对软木（用于酒瓶塞等）的微观结构的研究。为了弄清为何软木具有极其特别的特征，如很轻、结实，但却能被挤压缩，胡克进行了细致的显微镜研究。他惊奇地发现，原来软木具有一种网状的结构，内含许许多多微小的充气孔，因此在软木中含有大量的空气，使软木轻且可被压缩（图 2-6（a））。为了精确描述这种结构，胡克发明了“cell”一词，后来被生物学采用来称呼细胞，这个词也因而成了胡克最著名的发明之一。胡克在显微学研究上的另一项著名工作是他绘制的跳蚤图像，见图 2-6(b)，当真是细致入微，纤毫毕现，观察之仔细，手绘之精美，不知耗费多少精力，令人叹为观止。

图 2-4　17 世纪英国显微学家胡克

胡克在他利用显微镜所做的研究工作中，基本上一直都使用复式显微镜。但后人根据他所留下的手绘精美

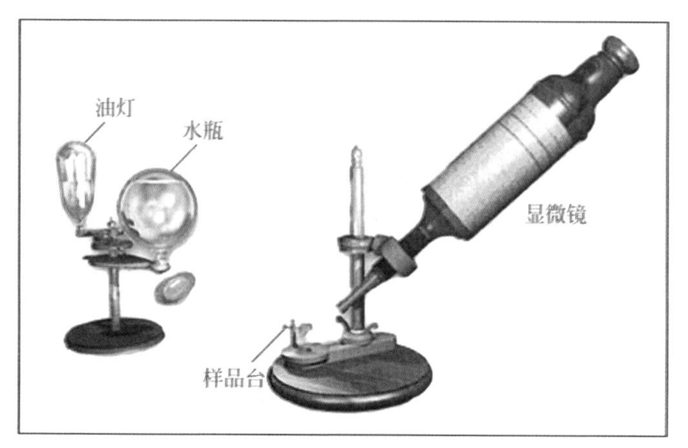


图 2-5

17 世纪晚期胡克设计的悬固于一个侧立柱上的显微镜，可用来研究尺寸较大的活的生物样品。

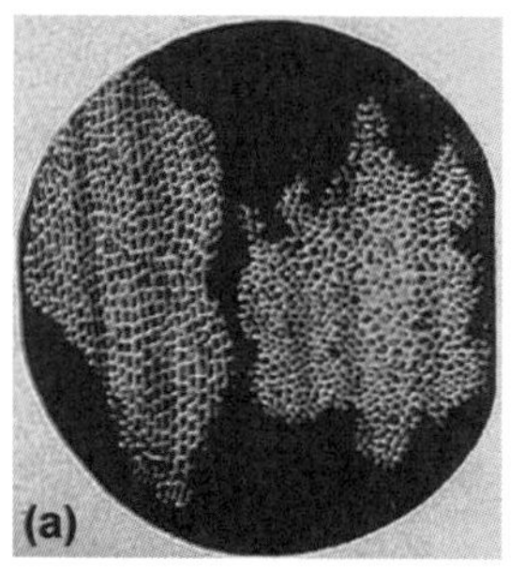


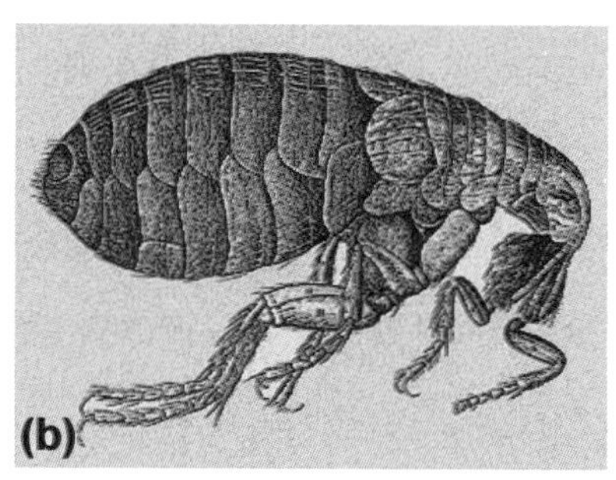


图 2-6

（a）胡克根据他的显微观察绘制的软木的网状结构图。
（b）胡克根据他的显微观察绘制的跳蚤图。

显微图，例如图 2-6（b）所示的跳蚤图，考证出胡克肯定也使用了简式显微镜，因为那时候的复式显微镜分辨率尚未达到能够分辨出胡克所绘显微图中的很多细节的程度。但毋庸置疑，胡克更喜欢使用复式显微镜。他在 1679 年的一次题为“Microscopium”（显微学）的讲座中解释了他的理由：“我发现使用简式显微镜对眼睛伤害很大，损害视力，这就是我一直不使用简式显微镜的原因。尽管它的确具有与复式显微镜相仿的放大功能，并且能提供比复式显微镜更清晰可辨的成像。如果观察者的眼睛受得了的话，用简式显微镜能做出比复式显微镜更好的发现。因为比起复式显微镜，简式显微镜的色差小。”这段话里点出了一个重要的事实，即在胡克所处的 17 世纪末，多透镜的复式显微镜在成像上并不比单透镜的简式显微镜更好，甚至反倒更差。胡克也提到了原因，是透镜色差在作怪。事实上，玻璃透镜的色差与球差是历史上曾经阻碍显微镜技术发展的两大拦路虎。显微镜发展史的一个重要部分就是克服色差与球差，这一点我们将在下一节介绍。胡克这段话还提到了用简式显微镜可以做出很好的发现，他的话是有所指的，指的就是同时期的荷兰人列文虎克自 1673 年开始的一系列使用简式显微镜所做出的非比寻常的发现。

列文虎克（Antonie van Leeuwenhoek，1632—1723，荷兰，图 2-7）1632 年出生于荷兰代尔夫特（Delft）的一个手工业者家庭。他没怎么受过正规的科学教育，年轻时做过布店学徒，后来自己开店经营布料生意，以后还在市里兼任过职员，收入倒是有保障，吃喝不愁。业余时间里，他逐渐对制作放大镜和显微镜产生了兴趣。但直到他快 40 岁时，才开始真正加入显微研究领域。

他使用自己制造的简式显微镜进行微观研究，首先研究了兔子耳朵及青蛙腿部的血管网络并肯定了意大利人马尔比基的血液循环发现。在他的观察过程中，他总是将样品固定在显微镜上，一天之内，每隔一段时间观察一遍，一星期后，再观察有何变化，一个月后再观察。因为要观察样品持续的变化，所以每个样品一旦固定在显微镜上之后，就不再取下，为此要再制造一个新显微镜用来研究新样品。所以他一生中制造的显微镜片达500个之多。

列文虎克喜欢自己闷头钻研，独享微观乐趣，基本不与他人谈论他在这方面的惊人发现。但他却告诉了他的一位朋友，荷兰生殖生物学专家、解剖学家德格拉夫（Reinier de Graaf）。这位朋友看到他的惊人发现后很是震惊，也很受鼓舞，居然写信给英国皇家学会说你们杂志上刊登的那些显微镜和研究结果比我朋友列文虎克的差远了。他这么一说，英国人怎会服气，要他拿出东西来看看，于是德格拉夫就鼓动列文虎克亮出结果震震英国人。

图2-7
列文虎克一生制造的显微镜达500个之多。

对此事列文虎克并不太乐意，自忖自己就是一个荷兰个体商户，没上过几天学，哪敢跟赫赫声威的大英帝国皇家学会叫板呢。但他最后实在架不住德格拉夫的撺掇，在1673年给英国皇家学会写了第一封信，描绘了他对霉菌、蜜蜂和虱子的显微研究。注意这里说的是写了封信而不是说文章投稿。为什么？别忘了列文虎克没上过多少学，不会写正儿八经的科学文章。英文也不会，他只用荷兰家乡话写信。所以他一生寄给英国皇家学会的数百封信都得靠别人翻译。翻译虽然有些麻烦，但对英国人来说那不是问题，真正重要的是列文虎克所带来的震撼。他在一系列的信中所详细描绘的显微观察细节，大都是当时人类还根本不知道的微观世界，令英国人目瞪口呆。列文虎克看过的东西不计其数，比如说1674年精确表述的血红细胞、1682 年发现的植物及动物的肌肉纤维里的带状结构，他还研究过蚂蚁的生命周期等。

在这些信中，他仔细地描述了他采用简式显微镜进行观察的实验方法，并仔细地绘出了他所观察到的微生物图像。因为他自认绘图技术及写作能力不佳，有时还特意雇了人帮他绘制观察到的物体及进行文字描述。他在历史上首次发现并描述了水塘的水中、雨水中及人的唾液中观察到的原生动物( protozoa )和细菌，以及昆虫及人类的精虫，并昵称他们为“animalicules”( little animals，小动物 )。

图 2-8(a) 显示的是列文虎克在 1674 年 9 月 7 日记录的用显微镜观察到的一种绿色海藻的结构。每一根绿色条带都是由绿色小球组成，绿色条带的周长与人类头发丝的周长相仿。图 2-8(b) 显示的则是列文虎克在 1679 年 4 月 25 日描述的用显微镜观察到的兔子精液中的游动精子，这是人类首次记录下来的传宗接代的小精灵的图像。所有他的这些发现都在当时造成了极大的轰动。不仅因为这是人类首次亲眼看到前所未见的微生物，也因为发现这些微生物的还是一位业余科学家，而且他所使用的不过是看起来极普通、一点也不复杂的简式显微镜。

列文虎克所用的简式显微镜都是他自己制造的，形状如图 2-9 所示。一个小小的平凸或双凸透镜被夹在两个金属片之间，要观察的物体固定在一个金属棍尖上，金属尖可通过螺旋控制而使被观察的对象处于或离开透镜观察点。整个显微镜的尺寸大约只有普通的钥匙大小，使用时用手拿着凑到眼前，用一只眼睛通过透镜进行观察，有点像现在使用的放大镜，但比使用放大镜困难得多。可以想象使用者必须用单眼观察且需以极大耐心使手持的小小显微镜保持稳定。

由于需要将所见绘制下来，眼睛还必须从纸面到显微镜不断变换聚焦，长时间的观察和记录会使眼睛非常疲劳及损害视力，正如胡克在讲座中所说的那样。然而令人惊讶的是列文虎克凭着自制的透镜，以及他的实验技术和耐心，取得了当时职业科学家都未能达到的成就。他绘制的显微组织以现在的标准来看相当于将微生物放大了 50~300 倍，并且其显微镜透镜的分辨率达到了令人吃惊的 2 微米。这毕竟是 1673 年左右的事。而直到 100 多年以后的 1800 年左右，复式显微镜的分辨率也才不过 5 微米。

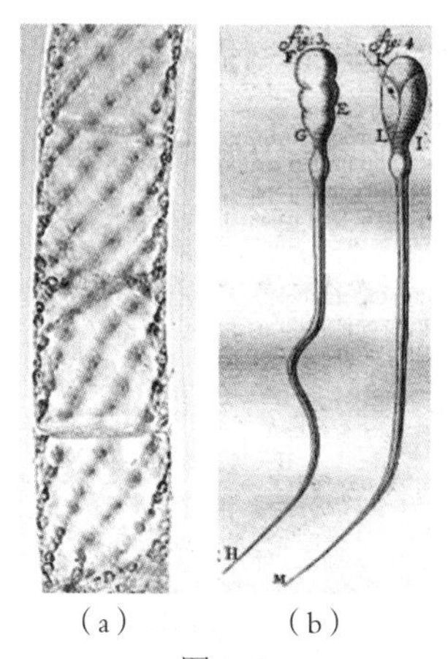

图 2-8

（a）列文虎克用显微镜观察到的一种绿色海藻的结构；每一根绿色条带都是由绿色小球组成，绿色条带的周长与人类头发丝的周长相仿。
（b）列文虎克用显微镜观察到的兔子的精子。

取得如此高的分辨率，除了列文虎克的实验技术和耐心外，他还有密不示人的制作透镜的窍门。他确实刻意保守秘密直到去世，以使自己的显微镜制造和显微研究工作能够一直独领风骚。这一点其实不难理解，科研也是一种竞争，正如同体育运动一样，大家都是只认第一忽略第二的。更何况列文虎克并非专业科学家，科研底子薄，本身就有心理和知识弱势，必须依靠超乎寻常的技术手段才能保持领先。

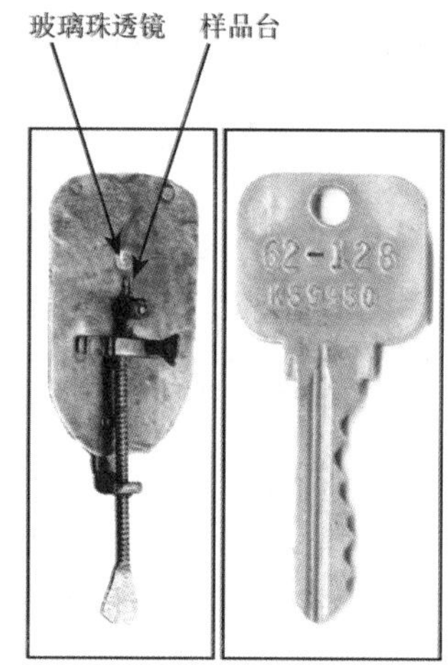


图 2-9

列文虎克制造的筒式显微镜，看上去只有普通的钥匙大小。

后人研究列文虎克的显微镜后发现，上面的平凸玻璃小透镜有些是磨制的，但具有最好分辨率的透镜是用吹玻璃技术吹出的玻璃珠。列文虎克当时肯定发现在吹起一个玻璃泡后，会在玻璃泡底部留有一个厚壁的玻璃珠。冷却下来后，仔细地打碎没用的玻璃泡而取下小玻璃珠，即可用作显微镜的透镜。还有一招是拉玻璃丝，然后将细玻璃丝的一端放在火上加热，也会形成一个小玻璃珠。相比磨制透镜，玻璃珠的制作更简便易行，属于窍门。这些窍门列文虎克一直都秘而不宣，并让人们错误地以为他一直利用所有的业余时间手工打磨玻璃镜片。

列文虎克去世后将所有自制的显微镜留给了女儿。他的女儿去世两年后，有超过500个这种小显微镜被拍卖，另有26个银制显微镜被赠送给英国皇家学会。目前已知硕果仅存的列文虎克显微镜只有9个，均保存在博物馆或私人手中，都是无价之宝。列文虎克因为自制了为数众多的简式显微镜，并用这些显微镜取得了辉煌的研究业绩，致使后世许多人误以为他是显微镜的第一发明人。尽管这一看法与历史有出入，但列文虎克的卓越成就使得简式显微镜在当时声誉隆盛，与复式显微镜并驾齐驱，互为补充，这种状况一直延续到19世纪初。

前面说的胡克是17世纪英国最杰出的科学家之一，被誉为是英国皇家学会的“双眼和双手”，他的卓著功勋和显赫身份自不必提。他所设计和发明的科学仪器包括显微镜被认为在当时无出其右者。而列文虎克只是个荷兰个体户，开始时名不见经传，顶多算是显微镜的业余爱好者，但偏偏却默默无闻地开启了微观世界之门。可能由于列文虎克在作出这些发现前名不见经传，所以得以有不少闲暇时间可以不受外界干扰地玩儿他的爱好。没什么显赫的身份也使他比较接地气，估计没事儿的时候就房前屋后地转悠，拿着他的小显微镜找东西看，水塘里、动植物中精彩的微观世界也就首先选择对他开放。身在英国皇家学会的胡克肯定就没有这个自由了，地位高事情就多，人聪明兴趣就广，一心多用之下，即便聪明如胡克者也有落下风的时候。可以想象当年荷兰那位列文虎克一封封地往英国皇家学会寄信的时候，英国人心里那个酸劲儿就甭提了。

平心而论，斜刺里杀出列文虎克这匹显微黑马真让一些英国人心里不大受用。就在1676年，也就是列文虎克给英国皇家学会第一次写信报告他的研究成果的三年后，随着大量令人震惊的微生物特别是闻所未闻的单细胞生物被报道，英国开始有人怀疑列文虎克是在造假数据骗人，也有人开始讥讽他这个小商人怎么可能有这种本事。原因其实很容易理解，当时列文虎克报道的结果无人能够重复，别忘了列文虎克对自己的高质量显微镜玻璃珠镜头的制造技术是严格保密的。而当时英国制造的显微镜在分辨率方面差得多，所以根本看不到列文虎克所说的那些“小动物”。这事要是发生在现代，也会同样招疑。试想如果某人连续三年在《自然》或《科学》这类顶级杂志上发表一连串的前所未闻的研究成果而别人一直无法重复他的实验结果，焉能不遭质疑？从另一个角度看，这件事也表明了保持技术领先的威力，能人所不能，不亦乐乎？科研领域如此，其他领域也是同样；国家如此，行业如此，个人也如此。

面对强烈的质疑，列文虎克还是不肯抖落出他的秘密，只是坚持要求英国皇家学会派人来荷兰亲自验证他的观察结果。结果英国皇家学会真派了四个人去。这事还惊动了荷兰政府，派出了三位大臣做监督，实则估计是给列文虎克撑腰的。就这样组成了一个学术考察团，亲赴代尔夫特来它个眼见为实。考察团到那儿一瞧，可了不得，上百个小显微镜一字排开，样品都留在显微镜上原封未动，请各位随便“考察”。列文虎克的规矩是，样品看完了都不取下来，再做一个新的显微镜。英国人举着小显微镜一瞧，全看见了，比纸上画的还生动，别忘了里面还有活物呐，纸上画的根本就无法传神。那可真是一花一世界，滴水纳乾坤。

这下没什么可说的，事实胜于雄辩，英国人心服口服，立马承认列文虎克的所有报告讲的都是事实，也终于承认自身的知识有限需要更新，列文虎克就此被公认为发现微观世界的第一人。1680 年列文虎克更被接纳为英国皇家学会外籍会员，从这件事上也可见英国人倒是少有门户之见，只要真有本事，就算是个卖东西的外国个体户也能当令人尊重的英国皇家学会会员。这放到现在可能就显得有点传奇，就好比现在您家楼下那家布店的掌柜的忽然当选为中科院院士，您早上一看报纸，下巴都得惊掉喽，这不是那谁吗，院士啦，不可能吧？就因为这事确实罕见，胡克曾感叹说："现在整个显微领域全成他一个人的了。"直到近几年听说还有些英国人在搞揭秘考察，说列文虎克曾于 1668 年去过英国伦敦，有机会读到胡克的 *Micrographia* 一书，才知道了显微镜这东西及其制作技术。那心情，把李清照的词改改正合用：这次第，怎一个"酸"字了得。

其实酸归酸，但揭秘考察的结果可能也不假，毕竟大英帝国的科学家还不至于信口雌黄。科学和技术的发展本就是有积累和传承的。胡克在传播显微镜科学技术方面确实功不可没。也许真可以这么说，没有胡克著书也就没有列文虎克的成功。但是后浪推前浪的列文虎克的确技高一筹，于无声处来了个先看先说。列文虎克的成就如此惊人，过去和现代的英国人考察加考古后都没能否定一个事实，那就是列文虎克的简式显微镜在当时确实比胡克的复式显微镜分辨率高，并且认为称列文虎克为"外行"其实是不恰当的。列文虎克微观世界"叩玉扃"的历史地位稳固至今。

没有书香门第的家传渊源，也没受过什么高等教育，更没有什么科研训练的列文虎克这位半路出家的显微学爱好者是凭借的什么创下了青史留名的研究成就呢？其内在因素就是他对知识的强烈渴望。他在 84 岁高龄时写的一封信中清楚地说明了这一点："我的这些已经从事了很长时间的工作，并非是为了追求我现在所获得的赞誉，而主要是因为我对知识的异乎常人的渴望。因为这种渴望，使我无论何时观察到什么不寻常的东西，都认为有责任把它们记录在纸上，以便让所有有创造才能的人知道。"回顾历史，我们可以发现，对知识的强烈渴望显然是杰出科学家们所具备的共同特点之一。

当列文虎克在 1673 年开始报告他用自制显微镜所发现的那些令人叹为观

止的微观生物时，在中国正好是康熙十二年。发源于欧洲的制作精美的显微镜不久就经由来华的传教士带到了中国。那时的中国正逐步进入历史上又一个鼎盛时期，泱泱大国，挟上千年的文明传承，宝物无数，什么好东西没见过？所以有人从欧洲来华，必得挖空心思带来些东方没有的西方宝物才能人前显贵，当时在欧洲方兴未艾的显微镜自然就是非常珍贵的礼品之一。王士祯的《池北偶谈》和屈大均的《广东新语》均有这方面的记载。但毕竟由欧洲来华万水千山，一次无法携带太多东西，所以“进口”的显微镜数量极为有限，主要是作为贡品进了皇宫，也有些落到王公贵人之手，作为把玩的西洋玩艺儿。

爱作诗的清朝乾隆皇帝还写过一首《咏显微镜》收录于《清高宗御制诗集二集》卷六五：“玻璃制为镜，视远已堪奇。何来僾逮器，其名曰显微。能照小为大，物莫遁毫厘。远已莫可隐，细有鲜或遗。我思水清喻，置而弗用之。”大清皇帝是这么说的，朕现在有显微僾逮（显微镜），能看见清水里还有小东西（微生物），所以我看“清水”这词以后最好还是别用了。传位嘉庆帝，随他老父皇凑趣也作诗一首：“西洋多巧思，制镜显纤微。贯虱车轮巨，雕猴棘刺肥。邻虚清眼界，纳芥妙天机。心鑑悬丹陛，无形烛九围。”

到了晚清，出国考察之风日盛，显微镜那时在西方已日臻完美，常被用来招待“孤陋寡闻”的客人。出洋大臣志刚在纽约见识了显微镜而且还颇有所悟，他记录道：“人在镜前观之，则陈面糊中，有寸许及尺许大之虫，如蜿蜒而行，或蠕蠕而动。盖一切食物及汤水中，皆有生机之动，动而为生物居其中。故冷水及隔宿有汤水之物，皆不可食。”志刚算是有头脑的人，通过显微镜观察到面糊中蠕动的寄生虫，从而悟出了隔夜剩汤饭不能吃的道理。清末大儒康有为就更能悟了：“因显微镜之万数千倍者，视虱如轮，见蚁如象，而悟大小齐同之理”。这话引申解释就是同一个物体用显微镜看就大，不用显微镜看就小，所以说世间之事本无大小之分，或者说同一件事可大可小，取决于怎样去看它。从显微镜引申出的这个哲理，其实适用于生活中的方方面面。经历多的人一般都会有类似的领悟，早领悟早受益。

## 2.3 显微镜光学

上一节提到在16、17世纪时使用简式显微镜可以得到比复式显微镜更好的观察结果，是因为简式显微镜的色差比复式显微镜的多透镜所造成的色差小得多，那么什么是色差呢？它对显微成像有什么影响？还有什么其他因素影响显微镜的成像品质呢？这就需要简单介绍一下显微镜光学中的一些基本概念。

### 2.3.1 透镜及折射率

用于显微镜或其他光学仪器的透镜基本都是用玻璃圆片磨制并抛光而成的。玻璃表面成弧形，如果弧形向外凸出，称为凸透镜，向内凹陷则为凹透镜。透镜分为双凸、双凹、平凸（一面平，一面凸）、平凹（一面平，一面凹），及凸凹（一面凸，一面凹）等，如图2-10所示。

光线从空气进入玻璃透镜时会发生传播方向的改变，称为折射，如图2-11所示。折射的程度用折射率来描述，与光入射玻璃时的方向和在玻璃中传播时的方向有关，光的传播方向由光与玻璃面垂直线所夹角度决定，入射角和折射角如图2-11所示。折射率实际上也取决于光在空气中的传播速度和在玻璃中的传播速度。因在玻璃中光的传播受一定的阻碍，故传播速度慢，根据玻璃折射率公式：

$$n=\frac{\sin i}{\sin r}=\text{空气中光速}/\text{玻璃中光速} \tag{2-1}$$

因为空气中光速大于玻璃中光速，所以玻璃折射率应大于1，一般来说玻璃折射率约为1.5。

### 2.3.2 透镜焦距

光线穿过玻璃透镜时发生折射，以双凸透镜为例，一束远处而来的平行于透镜中轴的光在穿过透镜后会聚于透镜后面的位于中轴上的一个点，称为焦点，如图 2-12 所示。这个聚焦点到透镜中心点的距离称为像方焦距，透镜的像方焦距与透镜的曲率半径成正比。

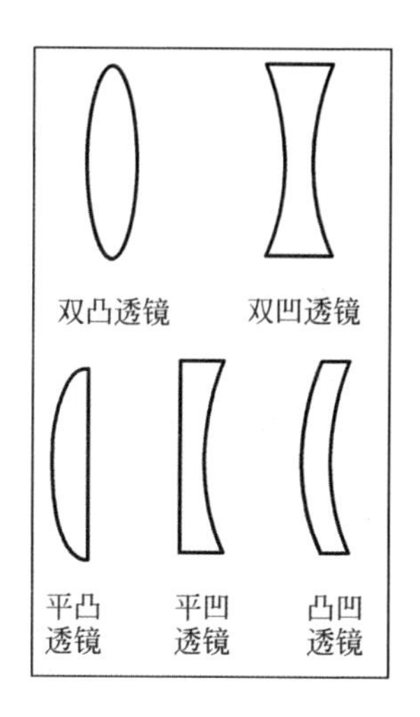


图 2-10
一些基本的透镜形状。

### 2.3.3 透镜色差

人眼看到的日光呈白色，但实际上日光是由赤、橙、黄、绿、青、蓝、紫七色光组成的，光的本质实际是电磁波，不同颜色的光对应的是不同的电磁波波长范围。大致来说红光的波长平均为 700 纳米左右，蓝光的波长要小得多，平均大约是 470 纳米，所以红光波长近似为蓝光波长的 1.5 倍。由于波长的不同，光波的传播速度和透过传播介质（如空气和玻璃）时被散射的程度也有所不同。例如红光在空气中被散射的程度较低，所以穿透力强，传播较远，距离远时也能看见，这就是警示灯一般采用红灯的道理。相反地，波长较短的蓝光在空气中易被散射，阳光照射大气层后我们看到的蓝色天空就是因为日光中的蓝色光波被气体分子大量散射所造成的结果。显微镜发明之初，多使用自然日光作为照明光源，特别是简式显微镜更是如此。照明光源中不同波长的光

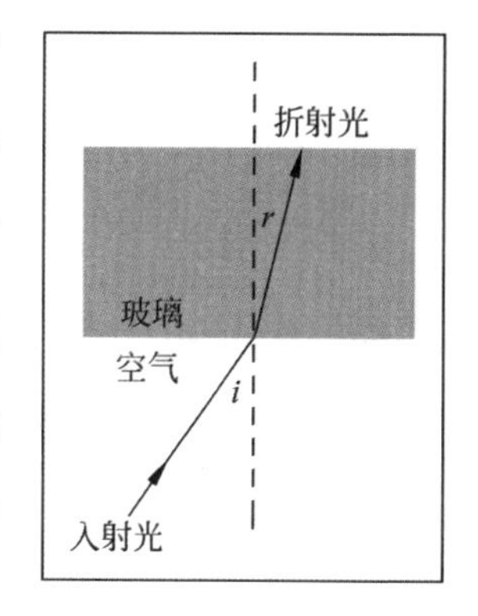


图 2-11
光线从空气进入玻璃的折射光路图。

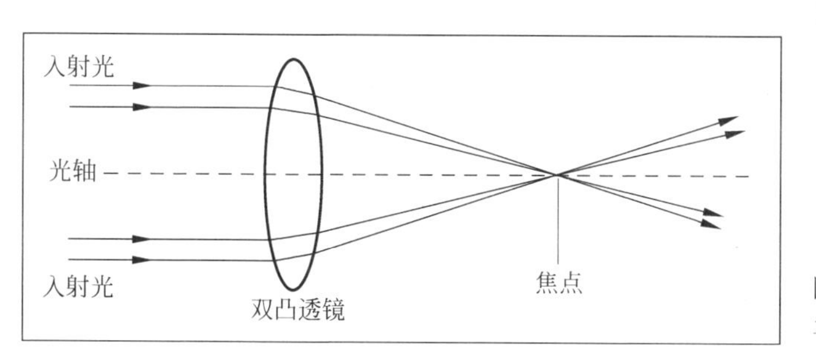


图 2-12
平行光线在双凸透镜后面聚焦。

波透过玻璃透镜时的不同传播表现正是造成显微镜成像色差的根源。但是在17世纪以前，人们并不晓得日光其实是包含多种颜色的，是英国科学家牛顿首先通过科学实验于1666年揭示了日光分七色的事实。他总结道：正是这些赤（红）、橙、黄、绿、青、蓝、紫基础色有不同色谱，才形成了看上去颜色单一的白光。如果你深入地看看，会发现白光是非常美丽的。牛顿是历史上首先使用光谱这个词的科学家。

事实正如牛顿所说。他使用如图2-13所示的三角形玻璃棱镜，将日光从棱镜一侧入射。根据上文已知，光在玻璃棱镜中的折射率与光在玻璃中的传播速率有关，而光的传播速率又与光波的波长有关。一般说，蓝光的折射率大于红光，换句话说蓝光的折射角大于红光的折射角。所以入射时看似为一束白光的太阳光，经棱镜折射后，红光与蓝光会截然分开，其他颜色的光也是如此，从而形成美丽的七色光谱，这就是白光的光谱图。而这种折射现象的形成就是因为棱镜色散的存在。这种色散现象与我们日常所见的雨后彩虹的形成异曲同工。当日光穿过雨后的大气层时，仍悬浮于大气层的无数小水珠构成了不同于空气的光线传播介质，对日光具有折射作用。因为组成日光的七色光有不同折射率（或折射角），因而各色光折射后分开，形成七色彩虹。而天气晴朗时大气层中多为空气，因此不具有这种分光效果，所以美丽的彩虹只在雨后方可见到。

在显微镜中所用的透镜，一般为凸透镜或凹透镜。现以前面所介绍的双凸透镜为例，如果将双凸透镜近似理解为由图2-13所示的两个三角棱镜的各一个侧面互贴在一起组合而成，则不难理解当光线射入这样的双凸透镜后，即会出现色散现象，如图2-14所示。由于色散现象，使各色光在透镜后面的聚焦点不一样，即焦距不同。蓝光焦距最短，红光焦距最长，其他光对应的焦距按顺序排列其间。这种色散效应对透镜成像的影响可想而知，所得到的像将不止一幅，而是分别由七色光聚于不同焦点而成的七幅像叠加在一起。

叠加起来的像具有七色的光边，虽然色彩斑斓，但由于各色光焦距不同，使得无法精确将七幅像完全一一对应地叠加，这就造成叠加像的模糊，光学上称为透镜的色差效应。图 2-15 中的照片显示木屋顶漏洞处出现的青色边缘轮廓就是从屋顶漏洞射入的阳光经由照相机透镜的色差效应造成的。色差现象的消除，是得到清晰显微像的至关重要的一环。显微镜透镜色差问题的解决有一段曲折的插曲，本书后面会讲到。

图 2-13

日光通过三棱镜后发生的色散现象。

2.3.4　透镜球差

如前所述，具有放大作用的透镜都有弯曲的弧形表面。弧形的弯曲程度通常用曲率来描述。曲率越大说明

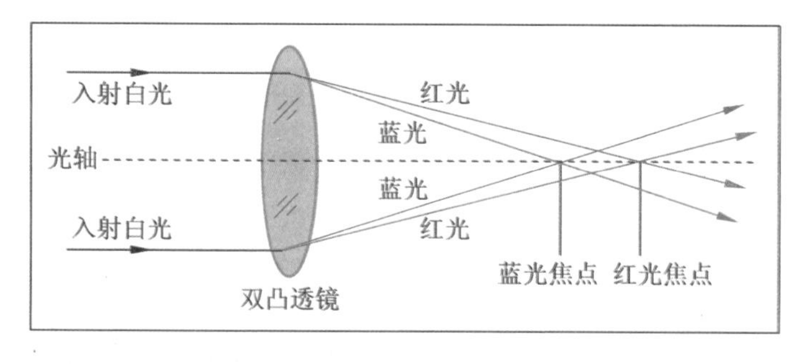


图 2-14

双凸透镜色散现象光路示意图，入射白光经过透镜后分散成不同波长的光，分别聚焦于不同焦点。

图 2-15

照片显示木屋顶漏洞处出现青色边缘轮廓，这是由照相机透镜的色差造成的。

弧形弯曲得越厉害，透镜的焦距也越短，放大倍数也越大。前文已讲过，一束平行透镜光轴的入射光，穿过透镜后会聚焦于透镜后方的一个点，即焦点上。不幸的是，那些远离透镜中心光轴的光束，在透镜后方会聚的焦点与近轴光线的焦点不一样。仍以双凸透镜为例，同一透镜之远光轴光线的焦距要小于近光轴光线的焦距，如图 2-16 所示，这种现象称为透镜的球差效应，是球形表面造成的光路差。曲率越大的透镜，虽然放大倍数越大，但球差效应也越大。由于球差的存在，从被观察物体而来的光在经过透镜的各个部分时，会在透镜后方有不同聚焦点，使得无法精确对物体聚焦成像。在显微镜发明与使用的初期，降低球差的办法是牺牲放大倍数。这里顺便提到显微镜的放大倍数即是人眼从显微镜目镜所见的被观察物之尺寸与原物尺寸的比值。从光学上说显微镜的放大倍数定义为人眼近点距离除以物镜焦距，这里人眼近点距离是指普遍接受的人眼正常视物距离，光学上定为 250 毫米。多透镜组合的总放大倍数等于各透镜放大倍数的乘积。

### 2.3.5 显微镜分辨率和阿贝公式

显微镜的功能是帮助人眼识别相距很近的两点或两条平行直线。能辨识的两点或两线间的距离，即成为衡量显微镜功能的一个重要标准，称为分辨率。分辨率越高，能分辨的两点或两线之间的距离就越小。当两点或两线彼此靠近到超出显微镜分辨率的距离时，人眼通过显微镜也不能辨出两点或两线，只能看到一个由两点或两线组合成的一个较大的点或较宽的线。在 1800 年左右，复式显微镜的分辨率大约为 5 微米，而现代的光学显微镜分辨率已达到光学显微镜分辨率的理论极限，即 0.2 微米。那么理论分辨率是如何计算的呢？它的计算公式是由德国物理学家和数学家阿贝（Ernst Karl Abbe，1840—1905）于 1872 年推导出来的，所以称为阿贝公式，其数学表达式为

$$d=\frac{\lambda}{2n\sin Q} \tag{2-2}$$

式中，$d$ 为两个物点的间距，$\lambda$ 为照明光波波长，$n$ 为透镜与物体之间的介质对光的折射率，$Q$ 为由物体到物镜的入射光圆锥的半角。光学上也使用 $NA=n\sin Q$，记为数值孔径。从式（2-2）可见，要想取得最高分辨率，即最小 $d$ 值，在入射光及介质折射率选定后，入射圆锥的半角 $Q$ 起关键作用。在此公式推出以前的 1840 年左右，已有显微镜制造商凭经验摸索出了相同的道理，即尽量将被观察物体放在靠近物镜的地方以使 $Q$ 增大而减小 $d$。但直到阿贝公式问世后，人们才清楚地明白了这样做的理论意义。同时，人们也看到了当照明光源的波长 $\lambda$ 和显微镜入射光圆锥半角 $Q$ 固定后，增大介质的折射率 $n$ 也可降低 $d$，即提高分辨率。因此人们想到在透镜与样品间充满油。相比于光在空气里的折射率 $n=1$，光在油中的折射率为 $n=1.4\sim1.6$。现代显微镜的最大分辨率为 0.2 微米，即是用油浸式透镜取得的。

这里还必须说明一个重要的事实，就是从阿贝公式可知显微镜的分辨率与显微镜的放大倍数并无直接关联。这一点与人们的一般感觉不同。粗略地想来，似乎显微镜的放大倍数越大，就越能分清距离越近的两点或两条平行线，因而分辨率也就越高。而阿贝公式纠正了这一错误想法。事实也的确表明，高放大倍数是有用的，但不是决定显微镜分辨率的因素。例如在现代显微镜物镜上经常标有放大倍数和数值孔径 $NA$，而且放大倍数至少达到 $NA$ 值

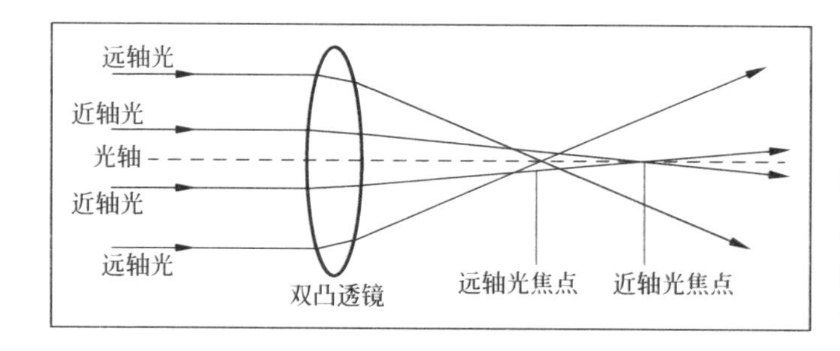


图 2-16

双凸透镜球差光路示意图，远轴光与近轴光分别会聚于光轴上不同的焦点。

的 265 倍以保证显微镜能达到所设计的最高分辨率。但远高于 265 倍 *NA* 值的放大功能并不能进一步提高显微镜的分辨率。

## 2.4 渐入佳境的光学显微镜

### 2.4.1 18—20 世纪显微镜设计制造的演变

自从 17 世纪末期第一台显微镜问世后，显微镜的发展从初期的观赏性逐渐演变为实用性。在实用性方面的改善包括设计、制造及光学原理等诸多方面。例如前文所说的侧立柱式设计，使显微镜可用于研究较大样品。此外，在镜架的材料选用方面，也从最开始的纸板、皮革、木料等发展为 18 世纪末到 19 世纪的更耐久美观的黄铜，最后于 19 世纪末到 20 世纪初发展到便宜且耐久的铸铁。在显微镜的主体设计方面，1746 年首次出现了轮盘式更换透镜装置。不同放大倍数的透镜被装在一个轮盘上，通过转动轮盘，使用者可容易地更换所需透镜，这与现代显微镜的设计类似。另一项在现代显微镜中仍保留的设计就是双目镜。

早期的复式显微镜都是单目镜，使用者只能使用单眼观察，简式显微镜更是如此。双目镜设计在显微镜发明不久的 17 世纪末也曾有人提出过，但因无人重视而自行湮灭。到 1851 年，美国新奥尔良大学的一位教授瑞得（J. A. Riddell）再次发明双目镜显微镜，于 1853 年传到法国和英国后使双目镜的分光系统得到不断改进。在此过程中，法国人还进一步发展出了三筒、四筒甚至五筒显微镜，可容多人同时观察同一样品。另外，19 世纪中期以前，绝大部分非英国制显微镜的镜筒都是竖直的，使立直腰板端坐于显微镜前的使用者易于疲劳，而可调节镜筒至任何角度的显微镜设计首次于 1746 年由英国仪器制造商亚当斯（George Adams，1709—1773）在其 *Micrographia Illustrata* 一书中提出，从那以后这样的设计就一直为多数英国显微镜制造商所采用。可调节镜筒角度的英式显微镜在 1862 年第二届伦敦国际科技大展中受到好评。

图 2-17 显示的是一台 1870 年英国制显微镜，镜体为黄铜材料制成，配备双目镜及倾斜式镜筒。

原始显微镜的照明系统一般是使用油灯或汽灯照明，再用充满水的球或其他透镜将灯光聚到样品上。也有人用一面小镜子将阳光反射到样品上照明。到 18 世纪末，则一般是使用镜子反光，再由一个透镜将光线聚于样品上。至 19 世纪，一般是专门设计一套无色差透镜组用于聚光照明，当时最为著名的是前面所提到的德国人阿贝于 1872 年设计的具有两至三个透镜的系统，称为阿贝照明灯（Abbe Illuminator）。显微镜的另一重要部分是样品及样品载片。

图 2-17

1870 年英国制黄铜显微镜，当时价值约为 125 英镑。

我们在本章 2.2 节中曾提到胡克在 17 世纪初设计了侧立柱式显微镜（图 2-5）。物镜下方放样品的空间被大大增加，使得显微镜下方可固定放活鱼或活蛙的托盘以研究血液微循环。自那以后的显微镜大多装备有悬空的样品台，样品台下方是用来反射照明光的小镜子。有些样品台上还装有夹子，以固定样品载台。但是这些样品台还都只是固定的，不能在观察中移动。

1738 年，英国制造商马丁（Benjamin Martin，1704—1782）发明了可以移动的样品台，类似于现代的光学显微镜上的样品台。最早有记载的显微镜样品载片制于 1691 年左右，载片由象牙制成，呈长条片状，上有四个孔，从那时起到 19 世纪中叶，象牙载片都是各类显微镜的标准配备。载片一般为 80~110 毫米长，12 毫米宽，有三到五个孔或更多。在孔里的样品用两片透明的石英片夹住。18 世纪末又出现用杨木、黑檀木或红木制的载片。而 18 世纪常见的用于显微研究的样品包括跳蚤、虱子、鼠毛、鱼鳞、皮肤、种子、木头切片等，见图 2-18。

除了以上所述的显微镜设计与制造方面的演变，在整个 17—20 世纪，显微镜在平滑聚焦方面、操作稳定性方面和便于携带方面也都有很大的改进。这里就不一一详述了。因为显微镜演变历史的核心在于光学系统方面的改良，可以说显微镜的演变史就是克服透镜色差、球差及提高分辨率的历史，所以我们着重介绍这方面的历史进程。

### 2.4.2 消除色差

17 世纪初的复式显微镜已经由双透镜发展成为三透镜的组合，这在本章 2.1 节即已提到。三透镜组合体自然使得显微镜的放大倍数成倍地提高，但矛盾的是只有一个透镜的简式显微镜却在微生物研究方面拔得头筹（见本章 2.2 节列文虎克部分）。这其中的原因在前面其实已经略有提到，即在当时的显微镜成像中普遍存在色差与球差的问题。由于 17 世纪所制的玻璃透镜工艺粗糙，存在严重的色差与球差，多个透镜的组合反而更加重了这些成像缺陷，限制了复式显微镜的表现。反观简式显微镜，其单一透镜使得色差及球差较小，加上放大倍数也可达到 50~100 倍，所以简式显微镜一时之间风头甚健。当然，尽管使用单透镜，简式显微镜成像仍存在色差与球差问题，因而影响了放大倍数的进一步提高。因为提高放大倍数需要增加透镜弧形表面的曲率，但曲率的增加却进一步增大成像缺陷。

历史上有不少人在改进单透镜成像缺陷及提高放大倍数及分辨率方面做过努力。例如沃拉斯顿（W. H. Wollaston）于 1812 年提出将传统的双面凸透镜改为两个平凸透镜的组合，组合采用平面对平面的方法，中间垫上一层膈膜，这样的设计可以减小色差和球差并提高透镜的分辨率。另一种提高分辨率的解决办法于1813年由布儒斯特（David Brewster）提出，并于1824年被普里查德（Ardrew Pritchard）采纳，使用较玻璃折射率更大的宝石如红宝石或金刚石来制作透镜。因为透镜材料的折射率越高，放大倍数越大，但不会提高色差及球差。但是宝石不仅价格昂贵而且加工困难，所以这个办法未能推广至商用。以上这些努力虽然取得了一些效果，但并未从根本上消除显微成像的色差与球差问题。问题的最终解决反而得益于对复式显微镜的光路设计。

说起消除玻璃透镜色差的历史，不免要先介绍一下用于制造显微镜透镜的玻璃及其制造工艺。我们所熟知的玻璃在室温下很硬（比钢还硬），但却不具有晶体结构。非晶的结构使得玻璃不像金属那样有固定的熔点。当加热玻璃时，玻璃会在750~1200摄氏度范围内逐渐变软最后成为像糖浆似的液体。此时采用吹玻璃技术可把玻璃吹成各种形状或通过旋转产生的离心力将玻璃散开成面，冷却后即成平面玻璃。前面所讲列文虎克自制的玻璃透镜有些就是用吹玻璃技术做成的。在光学应用方面，一般要求玻璃要无色且质地均匀，这一点说起来容易做起来难。少量的金属杂质一般就能使玻璃呈现颜色，例如铁杂质就使玻璃呈绿色或琥珀色，欧洲国家到处可见的大教堂的窗户所用的彩色玻璃就是掺入纳米颗粒制成的。另外若加热玻璃的炉温不够高则使制造玻

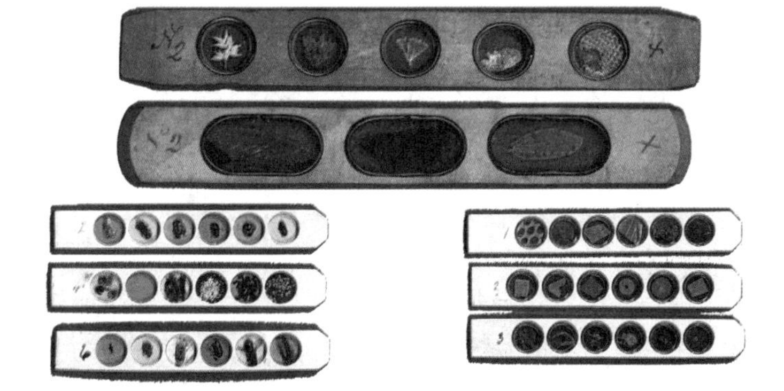

图2-18

1800—1830年间典型的、木制和象牙制的显微镜样品载片。

璃过程中玻璃浆黏度太大，不易搅拌均匀，使得制成的玻璃中有条纹，且折射率不均匀。符合要求的炉子直到 19 世纪才出现。

19 世纪初（1806—1809）德国人夫琅禾费（Joseph von Fraunhofer，1787—1826）与一家瑞士玻璃商联手开发出均匀无瑕的玻璃，用以制作望远镜及显微镜的透镜，使得同期的德国制显微镜在成像质量方面迅速赶上主要对手英国，甚至比英国显微镜要先进一步（夫琅禾费也以其光学研究著称，最著名的就是夫琅禾费衍射）。英国在制造玻璃方面逐渐落后的部分原因是当时伦敦市场上对显微镜的旺盛需求导致制造商满足现状不思进取，这种事在商业历史上比比皆是。另一部分原因则是英国始于 1695 年的繁琐的玻璃税。税务官们整天泡在作坊里调查收税的各个环节，因而干预到了玻璃制作的几乎所有细节。在夫琅禾费开发优质玻璃半个世纪之后的 1875—1886 年，还是德国，一位不到 30 岁的年轻玻璃化学家与著名显微镜制造商蔡司及前文所介绍的阿贝公式发明人阿贝联合，制作出品质更为上乘的光学玻璃，为奠定蔡司显微镜的领先地位作出了重要贡献。这是后话，稍后再详细介绍。

玻璃的制作原料就是我们常见的沙子，实际上就是二氧化硅（$SiO_2$），并加入石灰石（$CaCO_3$）和苏打（$Na_2CO_3$）帮助固型及熔化。这种玻璃叫做无铅玻璃，在光学玻璃工业中称为碱石灰玻璃，或称冕玻璃。冕玻璃的名称来源于 19 世纪因制造玻璃技术工艺较差，造出的平面玻璃中间有一凸起，英文称为 crown，也是冠冕的意思，故译为冕玻璃。令人惊奇的是，这种玻璃的成分历史久远，竟然始于公元前三四千年，所发现最早的制作配方是公元前 900 年左右的事。另一种常用玻璃则是用新配方制作，产品称为火石玻璃（flint glass），属含铅玻璃，发明于 17 世纪，是由打火石及氧化铅为原料制成，具有分量重、无色及高色差的特性，其分色本领比冕玻璃高出近 2 倍。

17 世纪发明的这种具有高色差的火石玻璃使得透镜色差问题的解决方案

终于露出了端倪。在火石玻璃问世不久的 1733 年，一位叫 C.M. 霍尔（Chester Moore Hall）的英国律师即注意到了这种新玻璃的色散效果比传统的冕玻璃来得大。此人因为钻研人眼的视觉机制所以对欧拉（Euler）1730 年发表的推测相当熟悉，欧拉认为眼睛成像之所以没有色差可能是因为眼睛组织中含有不同的光线传播媒质。根据这种猜测，C.M. 霍尔聪明地想到如果用传统的冕玻璃做成凸透镜，再在其后同轴排列一个用火石玻璃制成的凹透镜（见图 2-19），这样前级的凸透镜产生的色散将由后面的色散能力更强的凹透镜产生的反向色散加以校正，其综合结果就等于被凸透镜分散的各色光又被后级凹透镜拉回原路，于是所有颜色的光最后都聚于一点，即整个透镜组无色差，但却能保持原有透镜的放大倍数。

在产生了这个设想后，作为职业律师的 C.M. 霍尔意识到如果这个设想可行的话，将会是望远镜制造业的一项重大发明，但凡事需谨慎。于是他秘密开始了他的试验。为了保密，他特意分别委托了两家玻璃行制造透镜。一家用传统的冕玻璃制造凸透镜，另一家用新的火石玻璃做凹透镜，两家玻璃行都互不知底。然而人算不如天算，两家玻璃行却正巧都把加工任务转包给了同一个玻璃透镜制造商巴斯（George Bass）。巴斯在完成了两块透镜之后，把它们摆在一块儿，很快便琢磨出了其中的奥秘。

据说 C.M. 霍尔后来做出了无色差的望远镜，但奇怪的是他既没有发表，

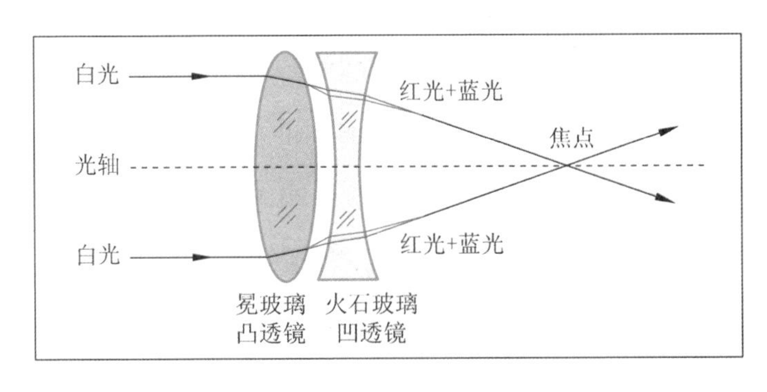


图 2-19

利用不同材料所制的凸凹透镜前后排列来校正光学显微镜色差的光路示意图。不同波长的光束经两透镜后会聚于相同的焦点。

也没申请专利，没有留下什么可信的记录。这倒是大大便宜了一位英国望远镜制造商杜兰（John Dollond，1706—1761，图 2-20）。

事情缘于那位透镜制造商巴斯，虽然机缘巧合地参透了律师先生的无色差透镜的奥妙，但却从未公开此秘密达 20 年之久。1750 年左右，望远镜制造商杜兰获得一份订单，于是来到巴斯这里买透镜。本来他想买火石玻璃透镜，但巴斯告诉他冕玻璃透镜的色差要小一些，效果应该会更好。然后据说两个人聊起不同玻璃所制透镜的色差问题，巴斯聊得兴起，可能（注意是可能）便谈到了他保密 20 年之久的两块透镜的故事。其实那之前杜兰一直在为减小望远镜的色差而努力，为此甚至钻研过牛顿的光学著作，仔细研究了不同透镜的折射率差别。他一直认为把具有不同折射率的透镜组合在一起应该有希望解决色差问题，为此他还做过不少实验，比如说将玻璃透镜与水透镜组合在一起，但是一直没有找到正确的方案，就差那临门一脚。

与巴斯聊完后，他回家与儿子讨论了从巴斯那里听来的关于火石玻璃透镜和冕玻璃透镜折射率的说法，然后开展了一系列的实验来检验这两种透镜组合消色差的效果和不断优化透镜组合，这些工作又花了杜兰 8 年左右的时间。最后于 1758 年，杜兰在英国皇家学会宣布他的成功方法，同一年里又正式发表文章。之后，他用他的无色差透镜组合做了一架消色差望远镜送交英国皇家学会立此存照，再进一步申请了无色差透镜专利。机遇总是青睐有准备的人。杜兰的发明和英国巨大的望远镜市场使他在几年之间暴富，英国皇家学会还授奖表彰他的贡献并在 1761 年增选他为皇家学会会员。可惜杜兰功成名就却无福消受，风光了 3 年就于 1761 年 55 岁时去世。他的儿子小杜兰（Peter Dollond）子承父业，继续制造消色差望远镜，成为 18 世纪后期著名的光学仪器制造商。

这段故事历史主要事实比较清楚，但是杜兰是否先从巴斯那里听到过

C.M. 霍尔的发明才据此研发成功消色差透镜，当时双方说法相反。巴斯说是他告诉杜兰的，但杜兰家却不这么认为。据儿子小杜兰后来因为打官司在 1789 年所写的一封陈述文件中说，巴斯曾给 C.M. 霍尔律师写信告知杜兰已经知晓了这个方法，于是 C.M. 霍尔在 1758 年找上了杜兰家，那时杜兰的消色差正式文章还未发表。C.M. 霍尔对杜兰说他 30 年前就发现了这个原理，但当时却很难找到符合他所提标准的透镜。再加上忙于法律的学习，所以就把这项发明放到一边了。现在知道杜兰正在做同样的事感到很高兴，终于能够有人使这项技术造福于人类了。

图 2-20　英国望远镜制造商杜兰

在同一文件中，小杜兰还指出，巴斯当时只是告诉了父亲杜兰关于两种玻璃透镜有不同的色差，并未提及 C.M. 因霍尔之名及 C.M. 霍尔的发现。只是在 8 年后 C.M. 霍尔找上门来之时杜兰家才知晓此人。但确实从巴斯那里获得的关于两种玻璃透镜有不同色差这一信息使得老杜兰加快进行了透镜组合方面的实验，最终取得了成功。小杜兰的这些陈述并非无的放矢，巴斯强调是他把 C.M. 霍尔的发明告诉了杜兰也自有深意，两者其实都是因为同一场专利官司。

当时的英国望远镜制造商们曾对要付专利费给杜兰家那是一百二十个不高兴，一听说这一发明乃是出于杜兰之前的 C.M. 霍尔，于是有多达 35 家光学仪器制造商联名签署了一份起诉书，对杜兰家的专利权群起而攻之闹上法庭，这其中也包括那位透镜制造商巴斯。那时老杜兰已经去世，小杜兰被迫捍卫专利权，写了很多资料来证明他父亲早在那次与巴斯的谈话之前很多年就已经在这个方向上钻研甚深，同时他还举出证人说明巴斯当时并没有向父亲杜兰提过 C.M. 霍尔及 C.M. 霍尔的发明。针对巴斯宣称说他自己也早知这一技术这一事实，小杜兰则指出，巴斯和其他几个人可能确实早就知道两块透镜组合可以消除色差的事，但他们只是光学工匠，希图用这种方法增加眼镜的销量，仅此而已。但父亲杜兰却从理论的高度认识到这种方法的优越性和普适性并把它优化后用于其他光学仪器，所以在贡献上有着本质的区别。最后法庭判决杜兰家获胜，专利权继续有效。有好几家财力较弱的小制造商因这起官司败诉而破产。当时的裁决也发人深省，法庭认为，尽管 C.M. 霍尔可能是这一技术的最初发明人，但他秘而未宣，因此不会对世界有什么贡献，而杜兰却把该技术公开推广以造福世界，所以授予他专利权是恰当的。这个故事对我们来说是不是也有警训意义呢，研究成果只有被广泛共享才能最大限度地发挥效益和服务人类。

至此，长期存在的望远镜中的透镜色差问题终于在 1758 年解决了。但是相同的无色差透镜设计用于望远镜的同族兄弟——显微镜中却又是半个世纪以后的事了。原因是当时的制造工艺可以保证在制造尺寸较大的望远镜透镜时，使前级凸透镜和后级凹透镜一对一地相互配合，达至消色差的目的，但对于尺寸小得多的显微镜透镜，制造工艺就无法保证后级凹透镜与前级的凸透镜完全配合以完全消除色差。当时的工艺水平仅能造出直径为十几毫米的双级透镜，对显微镜所需的 3 毫米左右直径还是太大了。最后的成功是在 1807 年，荷兰阿姆斯特丹的光学仪器制造商德吉尔（Harmanus van Deijl，1738—1809）终于制造出了商品化的无色差显微镜并推向市场，这种显微镜的无色差物镜是由一个前级双凸冕玻璃透镜加上一个后级平凹火石玻璃透镜组合而成，放大倍数超过 100 倍，分辨率达到 2 微米。至此，复式显微镜终于可以与同期的筒式显微镜在分辨率上不分伯仲了。

在此后的19世纪20年代，欧洲仍有多名学者及光学仪器制造商致力于进一步改进显微镜光学系统，包括研究用其他方法消除色差。例如采用凹面镜来代替透镜组而制成的反射式显微镜，这种方法解决色差的关键在于来自样品的光线经凹面镜反射而放大，因为光线的反射角严格等于入射角，与什么颜色的光线无关，所以也就不存在色差问题。一台1822年荷兰制造的反射式显微镜分辨率曾达到1.7微米。但因制作方面的困难，这类显微镜数量很少，未能普及。

### 2.4.3 减小球差

显微镜透镜的色差问题在1800年左右得到圆满解决之后，下一个拦路虎便是球差问题了。由于复式显微镜采用的是透镜光路，各个透镜的球差相叠加，后果更加严重。这一问题终于由英国酒商、业余显微学家李斯特（Joseph Jackson Lister，1786—1869）解决了。经过多年的实验研究，他于1826年3月设计了一款新的显微镜。根据他的设计，伦敦光学仪器制造商图利（William Tulley）帮他制造了一台显微镜样机，见图2-21。在他的光路设计中，采用多

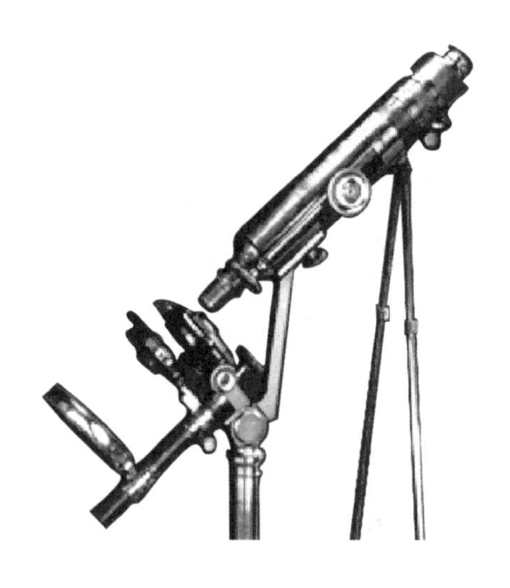

图2-21

由李斯特于1826年设计、伦敦光学仪器制造商图利制造的显微镜样机。色差及球差像畸变都被大大减小，可获得那个时代最清晰的显微照片。

个低倍无色差透镜，并且它们是按照特定的距离进行精确的同轴排列，精确的排列距离使得整套光路的放大倍数可以达到相当高。由于光路中每一个组成单元都是低倍透镜，尤其是第一级透镜可以做得曲率很小以保证只存在很小的球差，这一小小的球差并不会被后面的其他低倍透镜过分放大，所以整套系统的放大倍数虽然很高，但球差却很小。这台显微镜由于首次达到极小的色差和球差，所以可获得当时世界上最清晰的显微照片。因此这台显微镜在显微镜发展史上被认为是最重要的显微镜。不过，直到 1830 年 1 月，李斯特才在英国皇家学会的 *Philosophical Transactions* 杂志上发表文章正式宣布他的这一解决方案，在文章中他还用数学证明了他凭经验做出的这项发明。李斯特的巧妙构思大大降低了显微镜的球差，使得无色差、小球差的复式显微镜千呼万唤始出来，终于有机会登上历史舞台，并从观赏性玩物转变为科学工具。

不过当时的情形倒也并不完全是那么乐观。李斯特在 1830 年发表了文章后，一直坐等英国的显微镜制造商们用他的发明来大批制造他所希望见到的高质量显微镜，然而一等两年却都没有动静。1832 年，当时英国最好的三大显微镜制造商之一的 A. 罗斯（Andrew Ross）才制造了具有李斯特设计光路的显微镜。同年，李斯特当选成为英国皇家学会会员，李斯特和 A. 罗斯都是伦敦显微镜学会（1866 年改为皇家显微镜学会）的奠基人。此后两人又一起合作设计显微镜透镜，使得显微镜整体球差被消除到很小的程度。但是整个成像系统的稳定性倒成了问题。不稳定的显微镜不能保证各透镜所需的精确距离。为此，除了增加稳定设计外，也增加了透镜间距离的调节装置。到了 19 世纪中叶，英国的显微镜制造技术被认为是世界上最高的，这一领先地位很大程度上应当归功于李斯特的消除球差设计。实际上，A. 罗斯与李斯特合作设计并制作的一系列高质量透镜，数值孔径 *NA* 值达到 0.996，已是在空气中使用的透镜所能达到的极限值。A. 罗斯在 1833—1851 年期间所制的透镜分辨率甚至高于现代批量生产的透镜的分辨率。在 A. 罗斯及其合作者于 1840 年间研发新式透镜的过程中，曾经发现来自样品并入射至透镜的光所组成的光锥与透镜的分辨率有密切关系，光锥角度越大，分辨率越高。显然在显微镜的色差与球差都解决了之后，人们开始关注显微镜的终极目标——分辨率。

### 2.4.4 显微镜分辨率与蔡司公司的崛起

显微镜的分辨率实际上一直是决定显微镜功能的重要标志。在显微镜发明初期的 17 世纪，列文虎克之所以在微生物研究方面独领风骚，固然是依赖于他的高超实验技术和惊人的耐心，而更重要的是他拥有自制的、具有可称当时最高分辨率（2 微米）的显微镜。关于显微镜分辨率的测定，早在 18 世纪初显微镜制造商们即已发展、制定了标准方法来比较透镜的分辨能力。测定分辨率所采用的样品都是一些具有周期性排列结构的自然物质，如硅、藻等。这些物质结构的重复排列周期与当时显微镜物镜的分辨率相仿。用不同的物镜观察这类周期结构，即可比较哪些透镜具有较好的分辨率。这种测量光学显微镜分辨率的方法一直沿用至今，并延伸至测量诸如电子显微镜等更高层次仪器的分辨率。当然所采用的样品的特征结构周期也变得越来越小，例如常用的纯金 (111) 晶面间距为 0.235 纳米，纯铝 (111) 晶面间距为 0.234 纳米，或硅 (111) 晶面间距为 0.314 纳米。

有了这种标准测试手段，制造商们在没有多少理论基础的年代，凭借反复的实验，倒也逐渐摸索出一些提高分辨率的方法。如上节所说的兴起于 19 世纪 30 年代的伦敦大制造商 A. 罗斯，在与李斯特及其他人的合作研究透镜设计的过程中就已发现，取得较高分辨率的方法之一就是让物镜所接收到来自样品的光锥张角越大越好。通过在这方面的努力并对所得产品优胜劣汰，使得在克服了色差与球差之后的 19 世纪 50 年代，显微镜的分辨率已至少达到了 0.28 微米。这一分辨率已非常接近 0.2 微米的光学显微镜分辨率的理论极限。但是如果没有蔡司与阿贝的合作，人们对于分辨率的理论意义的了解至少会被推迟。而摘下分辨率的理论极限这一皇冠上的明珠的时间甚至可能会被推迟很久。

1846 年 5 月 10 日，正值 30 岁而立之年的蔡司（Carl Zeiss，1816—1888，德国，图 2-22）向其出生地州政府德国魏玛（Weimar，今属德国图林根州）递交了开办一个手工作坊的申请。经过半年的等待后，蔡司的个人作坊终于在魏玛以东 20 公里的耶纳市（Jena）开张了。

这位并没正式上过大学、但实践经验颇丰的年轻人，终于拥有了属于自己的、只有他自己一个员工和最基本工具的小小作坊，尽管为了这些最基本的设施他还不得不借了一些钱。单枪匹马的他，借助于昏暗的油灯，为当地大学制作眼镜、放大镜，以及制作或修理物理或化学仪器等。由于他充满活力，头脑灵活，并有决断力，使得生意逐渐起步，一年之后有能力换了一个大点儿的地方，也雇用了第一位雇员。也就在那一年，他以前当学徒时的师傅去世了。蔡司就秉承师傅的事业，转向他自当学徒以来一直感兴趣的显微镜制造。

蔡司最先从制造单透镜简式显微镜入手（图 2-23），第一年就卖掉了 23 台，充分说明蔡司产品具有较强的竞争力。期间，蔡司作坊制造了一种显微镜，它的三个放大镜和可拆开的镜架可以收在硬木盒中。受到初战告捷的鼓舞，富有进取心的蔡司决定开始钻研更有市场潜力的复式显微镜的制造，这一钻研就是 10 年之久。蔡司的第一台复式显微镜终于在 1857 年走入市场。

长期不懈的钻研与改进开始给蔡司的产品带来了荣誉。1861 年蔡司显微镜在本州的工业展上荣获金奖，并被誉为德国生产的最好的仪器之一。蔡司的车间也扩大了，雇用人员达到了 20 多名。图 2-24 显示的是 1864 年时的蔡司的第三个车间。

蔡司卓越的制造技术、丰富的想象力和实践经验是他十几年间研发并改良显微镜的积累。所有的成功靠的是反复试验，并无任何理论基础。而蔡司超越前人及同期显微镜制造商之处，恰恰就是意识到理论对于显微镜发展的重要性。用他自己的话说就是“人工作业的唯一目的，即在于精准地完成设计理论所要求的所有部件的样式及尺寸”。他的追求目标是精确的光学设计和可以预测的显微镜质量。这一思路与当时普遍流行的摸着石头过河式的经验型研发方式有着根本的不同，也直接导致了蔡司在以后的事业中领先群伦的巨大成功。

有了理论指导实践的宗旨，蔡司也曾身体力行，试图在理论上有所突破，却未果。但永不放弃的精神使他的努力终于获得了强助。1866年，正是蔡司的车间卖掉第一千台显微镜的一年，仍为在理论上无法突破而烦恼的蔡司结识了年仅26岁的耶纳大学讲师、物理学家及数

图2-22 蔡司

图2-23

蔡司1847年产的第一台显微镜。

图2-24

1864年时蔡司的第三个车间，此时的蔡司，雇用的人员已经达到了20多位。

学家阿贝（Ernst Karl Abbe，1840—1905，图 2-25）博士。如此年轻即做到大学讲师，已见此人不一般。然而更不一般的还在后面。蔡司与阿贝可谓英雄识英雄，从此携手努力做出一番前无古人的事业。

两人的合作研究是很艰苦的，目标瞄准了光学系统设计与生产的理论基础。他们为此进行了大量的理论研究，发明了许多测试方法将理论与仪器进行实验验证，其中多有失败的苦恼，终于在合作三年后的 1869 年牛刀小试，以理论为依据，生产出了一种全新的显微镜照明装置，并迅即在显微镜制造领域得到普遍的采纳，被誉为阿贝照明灯。

又过了三年，真正里程碑式的突破发生了。那是 1872 年，阿贝在研究将透镜浸于水中以利用水比空气更高的折射率来提高显微镜分辨率的过程中获得灵感，终于发展出了他的显微成像波动理论。这个理论中最著名的就是显微镜领域划时代的阿贝公式，发表于 1873 年[2]。在这篇长达 56 页的文章中阿贝指出，光学仪器中两线之间最小可分辨间距有一个物理理论极限而不受制于制造技术。这一物理极限仅受制于光波的衍射，与所用照明光波的波长和光在仪器中的角分布有关。不论光学仪器制造得多么精密，其分辨率也不可能突破这一物理极限。当然，法国物理学家维德特（Émile Verdet）在此之前的 1869 年就已经指出了光波衍射对分辨率有限制作用，但给出的是对望远镜光学系统的研究结果。关于阿贝公式的表述已在本章 2.3 节介绍过，这里不再详述。阿贝公式与 50 年后德国量子物理学家海森堡（Werner Heisenberg）发现的海森堡测不准原理成为物理学上两大著名的物理极限定理。

1872 年是蔡司公司，也是显微镜历史上光辉的一年。当时蔡司公司生产的 17 种显微镜透镜都是以理论为基础设计出来的。用阿贝的话说：“根据对所用材料的透彻研究，透镜本身的每一个细节诸如曲率、厚度、口径等无不经过理论计算设计。因此彻底排除了摸索式的设计方法。”在阿贝的理论指导下，新的蔡司显微镜以质量和革新开始享誉国际。阿贝除了学术厉害，公司管理方面也很有天赋。1888 年蔡司去世后阿贝接管公司的管理工作。为了提高工作效率、改善工作条件、提高工作积极性，他采取了不少当时属于创新的管理机制，比如说 8 小时工作制、带薪休假、带薪病假，以及退休金制度等，这些机制后来被全世界大多数工作单位广泛采用。

但是，阿贝理论的精确性也开始在生产设计中遇到麻烦。原因是当时制作透镜所使用的玻璃的质量不能满足阿贝理论所提出的要求。解决这一难题的重任就落在了另一位年轻人身上。1881 年阿贝初识了不到 30 岁的玻璃化学家肖特（Friedrich Otto Schott，1851—1935），并极力游说他研发符合阿贝理论要求的光学玻璃。当时阿贝已成为蔡司公司的拥有者之一，因此他在蔡司公司为肖特建立了一个玻璃制造实验室。这之后，年轻的肖特花费了大量的时间及金钱做了无数试验。肖特的努力及所耗费的时间与金钱投资终于获得了回报。5 年后的 1886 年，蔡司公司推出了全新的无色差透镜，完全做到了在整个显微镜观察视野范围无任何色差，从而使这种新型玻璃成为制作高品质现代显微镜不可或缺的材料。在同一年，蔡司公司雇员达到 250 人，并生产出第一万台显微镜。同时，在 19 世纪 80 年代，光学显微镜的分辨率也终于在使用了油浸式透镜设计后，达到了阿贝理论所给出的 0.2 微米的光学显微镜分辨率极限。

图 2–25　阿贝

在此之后，另一位年轻人，27 岁的 A. 科勒（August Köhler，1866—1948）又于 1893 年解决了阿贝理论所要求的显微镜照明问题，使得照明样品的光线极为均匀，从而可以产生最好的像衬度。就这样，以阿贝理论为基础的显微镜设计制造在几乎所有方面都大功告成。19 世纪末的蔡司显微镜抢尽风头，与德国另一个大制造公司雷兹（Leitz）公司的显微镜产品并称德国双雄。值得一提的是，在蔡司显微镜的发展过程中，所有的突破性进展都是由 30 岁左右的年轻人做出的。从创始人蔡司，到阿贝，到肖特，再到 A. 科勒，无不是在而立之年闯出自己的一片天地，正是自古英雄出少年的真实写照。

蔡司公司的崛起与巨大的成功，除了上面说过的创办人蔡司的远见卓识导致在理论和实践各方面的种种突破外，也与蔡司本人在产品质量方面的严格监督不无关系。据说蔡司经常手执一把锤子巡视他的车间，对于不能通过他检验的产品当即砸毁，可谓“一锤定音”。无独有偶，笔者在师从我国电子显微镜巨匠郭可信院士从事电子显微术研究期间，也曾亲见郭可信先生巡视实验室，对学生们的一些不符合他所制定的高标准的显微照片当场撕掉，这与蔡司真是英雄所见略同。郭可信先生的严格要求使得学生们兢兢业业，先生与学生们所取得的出色成就也在国际电子显微界屡获殊荣，后面会再提及。

## 2.5 20 世纪显微镜的发展

经过整个 17—19 世纪的努力，特别是 19 世纪英、德、法等国的如 A. 罗斯及蔡司等各大制造商与理论家、显微学家如阿贝、李斯特等的技术攻关，使得至 19 世纪末，显微镜制造完全克服了色差、球差及不稳定性等干扰，分辨率达到了 0.2 微米的理论极限。简式显微镜因而默默退出历史舞台。复式显微镜能轻易给出大而清晰的放大图像，使得光学显微镜彻底摆脱了长期以来扮演的欣赏品角色，成为了名副其实的科学工具。日臻完善的显微镜在医学、药学、地质学、矿物学、生物学、农业、植物学、材料科学、冶金学、食品检验、犯罪检验，以及其他有关学科的创立与发展过程中都起到了不可替代的作用。例如岩相学就是英国的索尔比（Henry Clifton Sorby，1826—1908）用显微镜研究岩石而于1850年年仅24岁时创立的[3]。同样是使用显微镜对钢铁进行显微研究，索尔比发现了钢铁中的铁素体、渗碳体、珠光体、石墨等各种相，并弄清楚了钢铁的基本显微组织及热处理过程中的相变以及钢铁中晶粒再结晶，形变中晶粒变化等，创立了材料科学中延续超过百年、沿用至今的金相学。

在微生物领域，法国化学家巴斯德（Louis Pasteur，1822—1895）凭借光学显微镜发现微观世界中除了美丽的微生物外，也有可致人死命的细菌。巴斯德因而在1862年创立了细菌理论，造福了千万人类。正是巴斯德的牛奶消毒法使得自那时起人们所喝的牛奶都要先加热以消灭细菌。值得注意的是显微镜（及望远镜）的研发，也与光学的发展相辅相成。同期的光学方面的发展十分引人注目。如英国牛顿的光的微粒本质理论（1675—1704）及色散理论（1672），荷兰人惠更斯（Christiaan Huygens，1629—1695）的光的波动本质理论（1678,1690），还有已提到的阿贝的显微成像波动理论，英国的T. 杨（Thomas Young）的杨氏干涉条纹实验（1801），夫琅禾费于1823年提出的光学衍射理论，及法国人菲涅耳（Augustin Jean Fresnel）1816年的衍射及相干实验，1899年英国瑞利（Lord Rayleigh，1842—1919）解释大气层散射阳光造成蓝色天空等，在此不一一赘述。

进入20世纪，显微镜仍保持了快速发展势头并至少延续到20世纪30年代。20世纪20年代开始，显微镜在手术室中的普及使得外科医生可以在修复血管和人体组织方面达到前所未有的精密度。由于显微镜的分辨率已达到使用普通光源及用油浸透镜的极限，进一步提高分辨率需要用其他特殊的光源（如紫外线）及浸泡透镜的液体，这些已非普通显微镜所能办到，因此显微镜在20世纪的发展多从增加功能上着手，出现了许多各具特殊功能的显微镜品种，如立体视场显微镜、相位衬度显微镜（观察生物）、暗场显微镜（生物研究）、偏光显微镜（研究岩浆、岩石）、附带照相机（后来发展成摄像机）的显微镜、激光扫描显微镜、共焦显微镜、声波显微镜、附有冷冻样品装置的显微镜、近场显微镜（高分辨率）等。光学显微镜的外观也发展到我们今天所熟知的样子，如图2-26所示。

关于相位衬度光学显微镜，因其在显微镜家族中的独特地位以及其原理的广泛应用，所以有必要特别介绍一下。19世纪末期蔡司与阿贝的合作而发现阿贝成像原理，使得光学显微镜的发展无论是在理论上及光学设计上已趋于完美。但是任何事物都不可能十全十美，即使天才的阿贝理论也不例外。根据阿贝理论，当光线照射到样品时，因为样品物质对光线的阻挡或透射，使得观察者能够感觉到样品与其周围背景的光线强度不同，从而辨别出样品的成像。这道理就如同将手摆在灯前，由于手挡住了光线，所以我们能在墙上看到手的影子。被手挡住了灯光的部分在墙上留下手形的暗区，未被手挡住的灯光照在墙上形成亮区。这种明暗反差，就是我们所说的像的衬度，是可见像的必备条件。但是我们如果换一块透明的薄玻璃放在灯前，在墙上就很难看到玻璃的影子。原因是透过玻璃的光线和那些玻璃周围的光线强度没有明显的差别，因此不能在墙上产生玻璃片的像衬度，我们也就几乎看不到玻璃片的成像。

将这个现象套用在显微镜观察上，如果被观察的样品是透明的，那么就很难产生足够的衬度而呈现可见像。阿贝成像理论中对于这种很透明物体如何在显微镜中成像没有讨论到，是理论上的一个盲区。那么到底有没有这类很透明的样品而造成显微成像上的困难呢？有，而且还很多，那就是生物样品，如细胞、细菌等。它们几乎透明且无颜色，很难用显微镜放大成像，人们尝试过很多方法如给这类样品染色，或使用特殊的显微镜照明系统（所谓的暗场照明），但并不适用于每一类样品并容易造成对于成像的错误解释，而且给生物样品染色的方法只适合于死的样品，与显微术追求的三大目标之一的活体观察要求相差甚远。但这一难题最终被荷兰科学家泽尔尼克解决了。

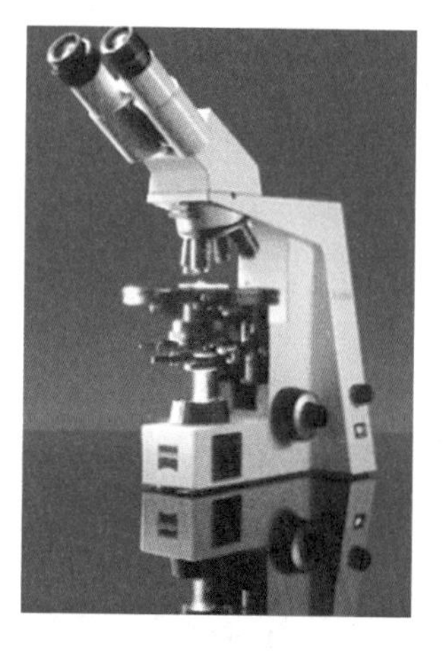

图 2-26　现代光学显微镜

泽尔尼克（Frits Zernike，1888—1966，图 2-27）1888 年出生于荷兰阿姆斯特丹市，父母都是数学老师，他父亲还撰写过多部数学及物理方面的书籍。出生于这样一个书香门第，小泽尔尼克对科学问题十分着迷，他的几乎所有业余时间都被用来尝试各种试验。他曾将一架照相机与一个小型天文望远镜组合起来，拍摄到彗星的相片。1913 年泽尔尼克受聘到荷兰格罗宁根（Groningen）大学做助教，并在 7 年后升为该大学正教授。在那里，他的研究兴趣主要集中于物理光学，特别是对光学衍射有深入研究。

图 2-27　泽尔尼克

在 1930 年的一个夜晚，泽尔尼克教授在其格罗宁根大学的一间墙壁都被漆成黑色的光学实验室里，用一架小型光学望远镜观察一个六米远的玻璃光栅。当他将望远镜聚焦在光栅表面时，发现光栅的条形衬度全部看不到了。通过一系列实验和现象观察，他意识到光通过透明的物体后，强度改变极小，因而不能形成衬度。但是光波通过物体后，其相位总会有稍微的改变，虽然这种相位上的改变并不能直接被人眼辨别（人眼只能辨别光波强度的变化），但如果通过某种手段使得光波相位上的改变转变为某种人眼可识别的光强度上的变化，不就可以使透明物体成像了吗？通过光路分析，泽尔尼克知道通过透明物体的光束（称为透射光束），与周围不穿过物体的光束（称为直射光束），是经由不同的途径最终会合到像面上的。泽尔尼克因此想到既然光束透过物体会改变相位，那么可以在透射光束的途中再增加一个物体来进一步改变透射光波的相位，使其与直射光波的相位差增大或缩小，这个附加的物体后来被称为“泽尔尼克相位板”。

这种相位板实际上就是一个圆形透明板，例如玻璃片，中间滴上一小滴液体，见图 2-28 左图，这一小滴液体可以使透射光束的相位增加。光学的干涉理论告诉我们，当某一光波透射过样品后又途经相位板，使得最终与折射光波的相位差为 0 或 $2\pi$ 时，两束光的光强就相互叠加。这时肯定还有另一光波穿过样品不同部位，如果经相位板调整后它与直射光波的相位差为 $\pi$，这个光波就与直射光波的光波强度干涉后相互抵消，见图 2-28 右图。在最后形成的光波干涉图案中，那些叠加的光强造成亮点，抵消的光强则造成暗点，因此构成了可为人眼所辨别的黑白衬度图像，这就是相位衬度成像，它将光波的相位差异转变为人眼可视的振幅差异（光强度差异），是与一般的光学显微镜光强衬度成像原理完全不同的另一种成像方法。这种构思既简单又巧妙地解决了看似复杂的难题，具有经典的物理之美。

作为一名对光学有深入研究的物理学家，泽尔尼克不费吹灰之力就把他的这套相位板理论引申到显微镜设计中并于 1933 年开始公布他的想法。他的目标很明确，就是要通过在显微镜光路中加入相位板来使几乎透明的生物样品产生显微像衬度。泽尔尼克成功了，他解决了长久以来光学显微镜难以用来研究透明物体的难题。用这种方法产生的像衬度，又被称为泽尔尼克相位衬度。图 2-29 为泽尔尼克等人拍摄的人类细胞显微像，左、右图对比可见使用泽尔尼克相位衬度技术后像衬度明显提高。

但是泽尔尼克 1930 年的发明实际上只是给出了解决的办法，最终的成功则有赖于真正制造出相位衬度成像显微镜，这在当时可并不是一帆风顺的。原因是泽尔尼克的发明在一段相当长的时间受到了当时如日中天的显微镜制造业龙头蔡司公司的贬抑，可能是相位衬度原理挑战了蔡司公司引以为自豪的阿贝成像原理。一直到第二次世界大战（1939—1945）爆发，德国纳粹军队侵占了邻国荷兰，开始疯狂掠夺一切可能用于战争的发明创造，相位衬度显微镜设计也在被掠夺之列，并直接导致了第一台相位衬度显微镜于 1941 年问世。德国对荷兰的侵略导致了荷兰人民的巨大损失，却也直接催生了相位衬度显微镜，使得这一长期被显微镜工业忽视的技术得到发展和应用。战后，数以千计的相位衬度显微镜由多个公司制造出来并在医药学等科学研究上发挥了巨大作用。使得不用经过杀死、固定及染色等过程就可对活体细胞进行直接的显微观察，显微术的三大目标终于得以完全实现。泽尔尼克也因这项

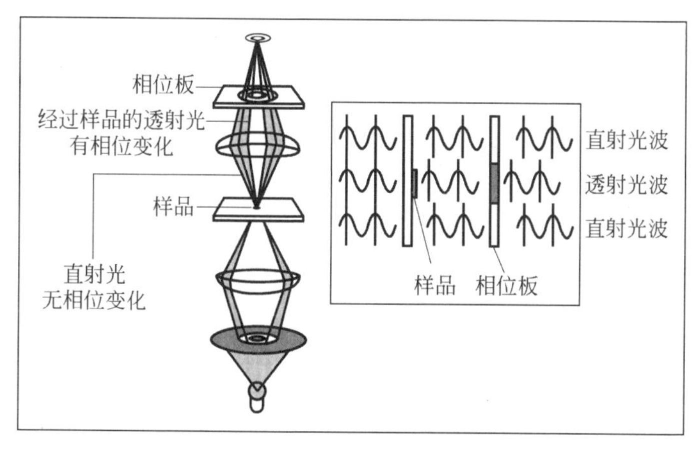


图 2-28

左图为相位衬度显微镜光路图。右图说明从样品透射而出的透射光波经过相位板调节后与直射光波的相位差扩大。

图 2-29

泽尔尼克等人拍摄的人类细胞显微像。左图为普通的明场显微像，右图为相位衬度像，样品衬度比左图中有明显提高。

成就荣获 1953 年诺贝尔物理学奖。

至于说中国的显微镜制造领域，起步就较晚了，可能是因为清朝后期的闭关锁国的政策以及后来军阀时期及抗日战争时期的国家动乱所致。中国开始制造光学显微镜大约是在抗日战争期间的 1938 年左右，时间比欧洲晚几个世纪。战争时期创业之艰难，在显微镜发展史上也算绝无仅有了。这里必须再次提到我国卓越的物理学家、教育家钱临照教授（1906—2000，图 2-30）。钱临照先生 1930 年大学毕业一年后，来到沈阳由张学良任校长的私立东北大学物理系任教，后因 1931 年日本在沈阳发动的"九・一八"事变，于 1931 年底转至北平（今北京）研究院物理研究所，任助理研究员。在物理研究所工作期间，钱临照经常需要自己动手磨玻璃来装配仪器，久而久之，对应用光学及磨制光学仪器零件产生了浓厚兴趣。他在自 1934 年起公费留学英国伦敦大学的三年期间，充分利用业余时间进一步学习应用光学、磨玻璃和透镜设计，还趁暑假到伦敦一家名为 Adam Hilger 的著名光学仪器厂实习，苦练磨玻璃技术，并深入车间掌握了该厂绝活之一的使用干涉仪来辅助修补不合格的光学玻璃的技术。

1937 年，因抗日战争需要，北平研究院物理研究所所长严济慈电召钱临照回到国内，肩负起从日本控制下的北平将留在北平研究院物理研究所的仪器运至大后方云南昆明的重任。1938 年夏季，他不顾艰险，将仪器转运至昆明后，为了进一步为抗战出力，填补国家空白，准备自制光学显微镜，提供给战地医院及后方作教育之用。说干就干，当年钱临照即同两三个伙伴在昆明组建了一个小型光学车间并设法筹措到有限的经费，买了七八台玻璃加工机器，后又招了几名青年学徒，研制显微镜的工作就在这样险恶的环境和简陋的条件下上马了。当时显微镜的镜头由钱临照等人自己设计制造，金属架则由外厂加工。由于钱临照有过去磨制光学玻璃、特别是留学英国期间在光学仪器厂实习的经验，所以以钱临照为主的小车间在设计及制作低放大倍数普通显微镜时非常顺利。但他们在生产放大倍数达 1000 倍的高倍显微镜时却遇到了困难，颇费了一番周折，原因是高倍显微镜的光学设计比较复杂。当时因为参考资料极为有限，所以设计困难很大。后经在英国帝国学院从事过应用光学研究的梁伯先帮忙，他们才逐一攻克难关，但接下来生产过程中又遇到更为棘手的问题。起因是高倍显微镜的物镜曲率半径很小，仅有几毫米，在生产中要求很高的测量精度。而在当时的简陋条件下，没有高精密的曲率球径仪。对这个问题就连留学英国及德国的应用光学专家也苦无良策。这时钱临照再次发挥他勤于思考、勇于创新的精神，采用物理学上的自准直原理，利用当时的一架普通游动读数显微镜成功地设计出满足要求的精确测量设备，解决了这个困扰很久的难题。以此原理设计的测微球径仪在中国后来成立的

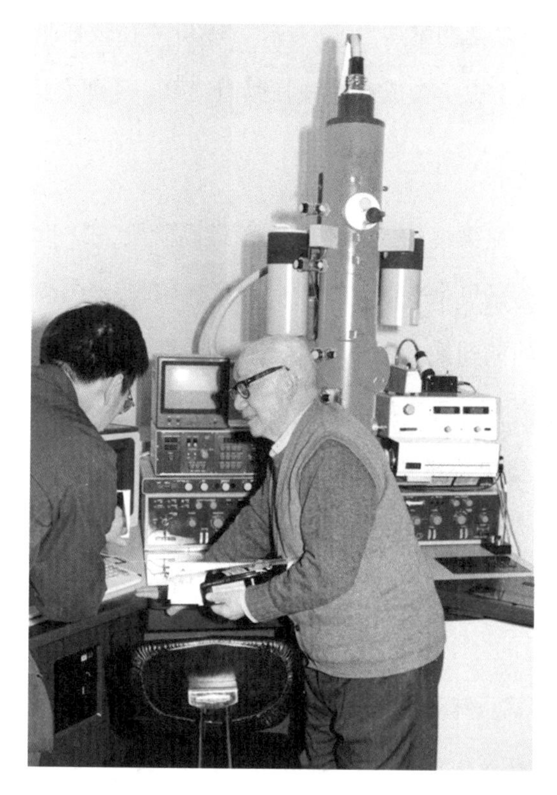

图 2-30

钱临照，1955 年当选第一批中国科学院院士（学部委员），1980—1984 年任中国科学技术大学副校长，1980 年与郭可信及柯俊等 31 人发起成立中国电子显微镜学会并当选首任理事长。图为 1989 年钱临照（右）在北京电子显微镜实验室与科研人员交流。

众多光学仪器厂被广泛采用。在战争岁月，钱临照等人前后共自制了数百台显微镜，首次实现了中国显微镜的批量生产。1955年，钱临照当选第一批中国科学院院士（那时叫学部委员），1980—1984年任中国科学技术大学副校长，1980年与郭可信及柯俊等31人发起成立中国电子显微镜学会并当选首任理事长。

不仅在物理科学方面卓有建树，钱临照还热衷考察物理学史。也是在避难昆明期间，钱临照完成了第1章所提及的对《墨经》的注释，发表了《释墨经中光学力学诸条》，开始了他持续毕生的科学史方面的钻研。1943年英国学者李约瑟博士来华，由缅甸入昆明，在黑龙潭与钱临照相见。李约瑟博士有志从事中国科学技术史研究，两人相谈甚欢。钱临照告以《墨经》中科学技术资料，使李约瑟博士惊叹不已，两人遂成文字之交。1990年底，年过80岁的钱临照还专程赴上海主持庆贺李约瑟博士90寿辰。1980年在钱临照、柯俊、郭可信等人的倡议下中国科学史学会成立，钱临照当选第一任理事长。

## 2.6 超高分辨荧光显微术

本章到这里已近尾声，光学显微镜的发展也进入了最高阶段，21世纪的超高分辨率荧光显微术刚刚成为诺贝尔奖新宠，咱们也趁热聊聊。2014年10月，一年一度的诺贝尔奖季节如期到来。金榜揭开，显微镜再一次绽放光芒。化学奖获奖者竟是三位物理学家，所做贡献为超高分辨率荧光显微术的发明。所谓超分辨率是指用来看纳米级单分子的，那么问题来了，能够用光学显微镜看到单分子的意义是什么呢？在诺贝尔奖公布当天，诺贝尔化学奖委员会主席利丁（Sven Lidin）利用《科学美国人》杂志的采访机会做出了解释。他说："传统上的化学是研究很大数量的分子及其宏观效应。现在我们能够看到单个分子在化学系统里的活动，这就意味着罕见的事件现在可以用一种非常不同的方式来研究。化学反应可以在发生的过程中就被研究，而不是只能看到最终产物。”想来世人对这种解释也可以接受，反正显微镜的历史趋势就是分辨率不断提高而且越高越好。不过中国人对诺贝尔奖敏感，一夜之间还出了微词。也可以说是“威”词，庄小威之名被媒体和互联网论坛瞬间抛上了风口浪尖。庄小威是谁？哈佛大学教授。获诺贝尔奖了吗？差点儿但是没有。微词就是因为这个。要离获奖差出去几光年的距离才不会有人说短论长，这其中到底是什么缘由呢？盐从哪儿咸糖从哪儿甜，要究根源，咱们还得先从获奖的超级荧光显微术说起。

先说说这次是哪几位搞物理的高人抢了人家化学家的风头。2014 年诺贝尔化学奖获奖的三位是赫尔（Stefan W. Hell）、贝齐格（Eric Betzig）和莫纳（William E. Moerner）。赫尔是德国公民，1990 年获得德国海德堡大学物理学博士学位，目前为德国马普生物物理化学研究所主任及德国癌症研究中心分部主任。贝齐格是美国公民，1988 年获美国康奈尔大学应用与工程物理博士学位，目前为美国霍华德－休斯医学研究所团队负责人。莫纳也是美国公民，1953 年出生于美国加州普莱森顿市。他是贝齐格的校友，也是 1982 年在美国康奈尔大学获得物理学博士学位，作出单分子检测贡献时在位于美国加利福尼亚州的 IBM 研发中心工作，目前为美国斯坦福大学化学教授及应用物理学教授。莫纳是个很聪明的人，他的同事评价他具有难以置信的天分和实验直觉。当诺贝尔奖委员会打电话给他通知获奖时，他正在巴西开会。接到太太从家里打来的报喜电话他简直难以置信，心跳加速的他反复地问：“这可能吗？真的假的？”他承认他真是走了鸿运了。虽然莫纳的出生地与笔者颇有缘分，但因为他的获奖贡献主要是通过检测分子的光吸收谱从而开创了单分子检测领域，与显微镜关系不是太大，所以就此一笔带过。不过，他在荧光蛋白方面进行的工作给了同时获诺贝尔奖的贝齐格很大启发，这一点我们后面会提到。

再大致说说“超”高分辨荧光显微术的概念。我们都知道光实际上是以波的方式传播的。在前一章里我们说过光的反射和折射，这里要用到的则是光波的衍射概念。波在传播过程中遇到障碍物的时候会绕着走，你家的墙壁挡不住外面或隔壁邻居家传来的噪声，那是因为声音是以声波的形式传播的，遇到障碍物能绕过去。扔一个小石子入水会激起圆形的水波向四周扩散，即便有水草什么的也当不住水中涟漪，这就是波的衍射现象。如果从一个点光源发出的光波遇到一个隔板上的小孔，通过小孔后投影到屏幕上的将会是一个特定的图案，中间有一个具有一定半径的亮斑，亮斑周围环绕着明暗相间的同心圆环（图 2-31），这是光波衍射现象。

英国天文学家、数学家艾里（George Biddell Airy，1801—1892）在 1835 年最先解释了这个由于光波衍射形成的图案[4]，这个亮斑就被叫做艾里盘或艾里斑（Airy Disk 或 Airy Spot）。在显微镜中照射光先经过物体，再通过凸透镜聚焦。这个凸透镜对光波来说就有点类似于上图中隔板上的小孔，因为只有从这里通过的光波才会被利用成像。既然如此，光波透过凸透镜后就会产生衍射现象并出现艾里斑。所以即便是一个理想的点光源，在显微像上都会变成一个具有一定半径的光斑。如果被观察物体上的两个点离得比较远，显微镜成像后是可以区分开这两个点的。但是如果两个物点靠得非常近，近到它们在显微像所对应艾里斑的大部分都重叠在一起，我们就分不清这是两个点了，只能看到模糊的一团（图 2-32(a)）。而两个艾里斑之间最小的可分辨距离现在通常是由所谓的瑞利判据（Rayleigh Criterion）来衡量的，这是英国科学家瑞利在 1874 年提出来的[5]。所以艾里斑因尺寸大于实际的物点尺寸而限制了显微镜的分辨率极限，这个叫做受衍射限制的分辨率，或称显微镜的衍射极限分辨率。

前面讲过德国的物理学家及数学家阿贝在 1873 年发表阿贝公式，推出采用可见照明光所能够获得的显微镜衍射极限分辨率大约为 0.2 微米，这其实也

图 2-31

光源出射光经过隔板上一个小孔后在隔板后面的屏幕上形成的光斑。光斑尺寸大于光源上相应发光区域的面积。这就是圆孔衍射形成的艾里斑。如果将小孔尺寸进一步减小，还会在屏幕上看到如右面小插图中所示的同心圆衍射图案。

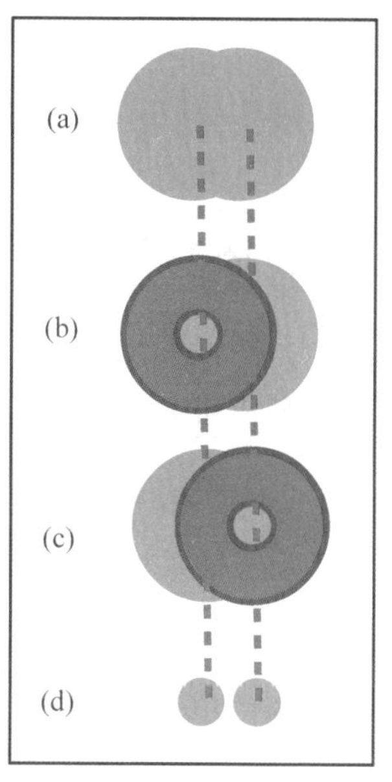


图 2-32

赫尔发明的 STED 的工作原理示意图。(a) 两个靠得很近的显微荧光斑。斑点尺寸由光衍射理论决定。由于两荧光斑点重叠区太大，使得在传统光学显微像中无法有效地被分辨开来。(b) 用一束环形激光照射荧光斑，使得荧光斑外围被照射区（红色）发生受激辐射，通过使用二向色镜（又称双色镜）可以将荧光区（绿色）与受激辐射环形区（红色）区分开来。(c) 如法炮制处理相邻的荧光斑。(d) 最后得到的每一幅图像都将受激辐射环形区(红色)过滤掉，只留绿色的荧光中心。再将所有图像叠加起来。由于经过上述处理后的荧光斑点像尺寸大幅缩小，所以两个绿点现在可以被分辨开来，实现了更高的分辨率。

是与艾里的理论有关的。有办法进一步提高分辨率吗？有，这就是下一章要讲到的电子显微镜。但电子显微镜有电子显微镜的不足，这一点在讲电子显微镜时会提及，特别是不利于观察生物活体样本。而光学成像在生物应用方面核心的优点就是活体、实时、可视，但要看到生物蛋白分子或生物小分子级别的细节，必须要有几十纳米甚至 1 纳米的显微分辨率。可是 0.2 微米也就是 200 纳米的衍射极限分辨率自被阿贝指出来后百年来被世人普遍接受，横亘在这里的 200 纳米分辨率严重阻碍了生物显微学的发展。

用什么办法能让光学显微镜绕开阿贝极限，取得比 200 纳米更高的分辨率呢？“想什么呢，干点正事儿行吗？”如果谁在20世纪的几乎任何一个时候提出绕开衍射极限的念头，回应他的恐怕就是这句话，并且可能还伴随着“懂不懂物理啊”这类潜台词。但这世上就是有些人认死理儿，脾气一上来非要执着地叫这个板。挑战开始于20世纪90年代，结果产生了两种各自独立发展出来的物理方法并在2014年一起获得诺贝尔化学奖。这两种方法原理上大不相同，但是有一个共同点就是都利用了物质发出的荧光，所以统称为超高分辨率荧光显微术。

首先抢滩成功的是德国人赫尔。他采用的办法是以物理的方法缩小艾里斑。如果将原来两个大部分重叠的艾里斑变成两个缩小了的点，两个小点基本不重叠的话，这两个点不就可以分辨开了吗？（图2-32（b）~（d））。如果使用这些缩小的点在显微像中进行生物特征定位的话，分子结构就可以显示出来，而且分辨率会超过衍射极限分辨率（图2-33）。至于说如何搞出这些用来定位的小点，这就有了不同的方法。赫尔是第一个成功的，他的办法可以形象地称为“瘦身法”，倒是蛮适合他这德国大块头的。来看看他是如何产生的想法，又是如何在不被主流学术界认可的情况下坚持探索走向成功的。

赫尔1994年就发表了第一篇STED的文章，他称这种方法为Stimulated Emission Depletion（缩写为STED），这名字直译容易引起误解，就暂译为受激发射湮灭显微术，其实不如形象点叫做受激发射瘦身显微术。由于挑战的是光学界一百年来奉为圭臬的衍射极限分辨率，主流学界在很多年里对他的想法和工作都高度怀疑甚至不屑一顾。当然百折不挠的STED和它的发明人中流击水，现在早已功成名就。带着成功光环的这一刻，年过50岁的赫尔充满感慨，认同来得是那么的不易，但挑战经典物理也给他的生命里留下了无数快乐的时光。谈起以往的经历，坐在德国马普生物物理化学研究所所长办公室的他缓缓地说道：“我只是着迷于钻研一个人人都认为已经被一劳永逸地解决了的、老掉牙的物理问题，试图找到新的突破方法并且看看是否可行。

我寻求的是原理，而不是如何开发仪器为生物学家服务。”赫尔就是这样一个人，总是希望追根寻源，探索物理之源，甚至从儿童时代起就是这样[6]。

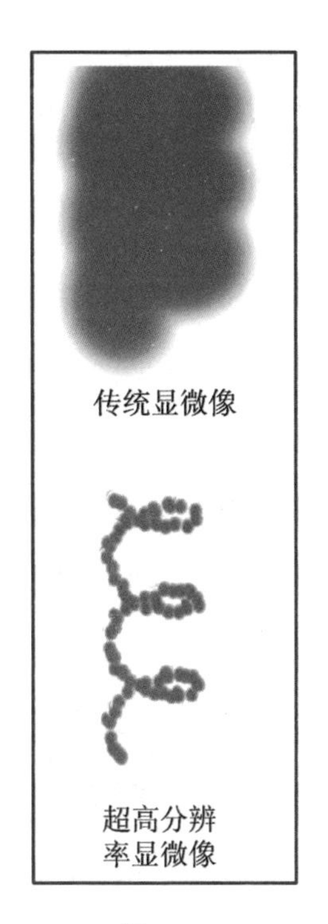


图 2-33

生物单分子显微像示意图。上图代表传统显微像，由于衍射极限的限制，分辨率有限，无法看出分子结构细节，只是模糊的一团。下图代表超高分辨荧光显微像，可清楚显示分子结构的细节。

赫尔 1962 年出生于罗马尼亚，父亲是个工程师，母亲在小学教书。父母激发了小男孩对学科学的热情，使他在还只是个小学生的时候就对数学和物理透着特殊的喜好。1978 年全家移居德国，天才少年毫不费力就融入了德国的中学，不仅数学和物理全班第一，甚至连语文（德文）也是如此。喜欢追根寻源的他，研究德文词源竟成了一大爱好。

1981 年，赫尔进入德国海德堡大学，当然是读物理，拿到学士学位后又接着攻读物理学博士学位。他的博士生导师是搞低温物理的，所以当赫尔跟导师谈起显微镜分辨率时，导师没给予多少回应，当然这也是情理之中的事。赫尔只好自己单干，这在很多没有太多师道尊严的国家是被允许的。他设计了一种显微镜，自己管它叫 4Pi（4π）显微镜，可以从三维空间的几乎全部角度接收从样品反射的光，这样就大大提高了显微像的信噪比，当然也对提高分辨率有帮助，特别是三维成像的分辨率。他申请了专利，也在 1990 年拿到博士学位，拿着爷爷奶奶赠送的 1 万德国马克开始创业，打算将他的 4Pi 显微镜商业化。干了一年还没什么起色，钱也花完了。试过了、尽力了，就此暂时打住。于是，1991 年他带着他的 4Pi 显微镜进入位于海德堡的欧洲分子生物学实验室

（European Molecular Biology Laboratory）做博士后研究。两年的博士后工作还是没能给他太多的机会在分辨率方面有所作为，还好发表了几篇文章，也不算一无所得。后来，同一个实验室的一位芬兰朋友把他介绍给了芬兰图尔库（Turku）大学激光显微研究组的负责人，这位教授正尝试将荧光显微镜用于医疗诊断。注意，荧光显微镜登场了。在德国待得没了希望，赫尔只好当了“北漂”，在芬兰图尔库大学他是个研究员，主要研究荧光显微镜，这正是他感兴趣的。这么多年来，他一直念念不忘打破衍射分辨率极限的事，心里有一个模糊的想法，但始终无法变得更清晰。在脑子里，这件事一直都在打转儿。

正所谓念念不忘，必有回响。1993年秋一个星期六的清晨，赫尔坐在他的宿舍里翻阅着一本量子光学教科书，想看看量子光学有什么好玩的。突然，他的目光停止了扫描，长久地停在了“受激发射”这个词上。大脑瞬间打闪，灵光乍现，想出了个绝妙的主意。什么主意，还绝妙？要想解释清楚，先得稍费口舌讲点量子力学的事。

所谓受激发射，从量子力学的角度解释就是原子中的电子们能量不同，因此电子们分布在不同能级中，就好像学校里学生们分布在不同的年级。当处于高能级的电子跳到低能级时，物理上正规的叫法为跃迁，能量会降低同时把多余的能量以光子的形式释放出来，也就是我们常说的发光。这种发光又分两种情况。第一种是自发的，也就是说没有外部因素刺激，电子自愿降级，从高能级向低能级跃迁从而引起发光，就是所谓的荧光发光。另一种是强迫降级，在受到外部刺激的情况下发生电子从高向低跃迁从而发光，这叫受激发射，也就是触发赫尔灵感的好东西。

为了能够使电子从高能级向低能级跃迁，首先得使高能级里有电子，就好比说高年级班里得有相当数量的学生才行，否则都在低年级里扎堆这学校也太难看点了。但电子们偏偏生性喜好在低能级上呆着，省劲儿(省能量)啊。怎么办呢？有办法，用光照。爱因斯坦获诺贝尔奖的经典理论告诉我们，光照实际就是给能量。光一照，获得能量的低能级电子瞬间身上长了功夫，飞身一跃就蹦到了高能级。但大部分蹿上来的电子本不属于高能级，见识过了觉得待着不自在就又自愿跳回低能级并同时导致发光，这就是用光照射一些物质时会引发荧光的道理。但是电子跳回低能级时行动并不统一，杂乱无章地乱跳，导致发出的荧光在光波相位、传播方向和偏振方向上都不统一，物理上说属于不相干光波。而受激发射就大不一样了。在这个过程中，处于高能级的电子们首先收到一份礼品，比如说具有特定波频的光波，拿到礼品的所有电子都先转移到一个过渡能级，一个比高能级低一点的能级，然后再一起跳回低能级。这是整齐划一的一跳，发出的光也是齐刷刷的，这叫相干光。大家拧成一股绳，所以光强度特高，激光就是受激发射的产物。而且不仅亮度高，由于是从过渡能级跳到低能级，由此引发的发光之波长比荧光的波长要长一些，又是量子力学，就不细说了。换句话说，荧光的颜色与受激发射光的颜色是不同的。那么只要用一个二相色镜（又称双色镜）就可以很容易地把这两种颜色的光区分开了。

赫尔脑子里常年盘旋的模糊想法一下变得无比清晰。他想象着从已有的荧光显微镜的使用出发，也就是说先将荧光染料与生物分子结合，再用激光照射使之发出荧光。当然这样的荧光斑因为光衍射的因素比实际的物点要大。那么现在搬出书上说的受激发射，如图 2-32(b) 所示做一个环形的激光发射环，这个激光与先前用于产生荧光的那个激光不同，它照射后所产生的是受激发射光。如果用这个受激发射光环套住荧光斑，会怎样呢。那就会如图 2-32 中 (b) 和 (c) 所示地在荧光斑外围区被环形激光照到的部分产生受激发射光，而中心未被照到的部分仍然发射正常荧光。前面刚讲过荧光与受激发射光波长不同，因此可以区分。那么在最终的显微成像过程中就可以人为地抹去来自周边的受激发射光，只让从中心区发出的荧光留在图像中。别忘了，这个中心区只是原来荧光斑的中心部位，直径比整个荧光斑的直径小很多，所以最终留在图像上的就是这些直径大幅缩小的荧光点。受激发射湮灭（STED）显微术中的“湮灭”二字，就是指通过强加一个受激发射环，将荧光斑中心区以外的发光特性改变。改变了的发光区可以通过物理手段被过滤掉，这样就好像把原来很大的一个荧光斑周围都湮灭掉了，只剩下了中心小小的荧光点。这样即使两个荧光点的距离远小于200纳米，也是可以被分辨开的，如图2-32(d)所示。这不就绕开了衍射极限，提高分辨率了吗？

赫尔那激动的心情无以言表。博士毕业三年多来，他到处找人谈论打破光学衍射极限提高显微成像分辨率的想法，但就是没人理他，认为他一个物理学博士不应该总想那些不靠谱的事。现在他终于找到了具体的解决方案，能不心跳加速吗？他马上冲到办公室开始推理论、搞计算。很快他就得出结论，按他的这种方案做的话至少能得到30纳米的分辨率，比显微光学的衍射极限分辨率高出近一个数量级。太令人兴奋了，“在那个时刻，这个想法本身就很振奋。”赫尔后来回忆那个他学术生涯里最激动的时刻时说道。“……而且，事情也很清楚，分辨率还可以继续提高。”整个周末他都处于亢奋状态，足不出户，将所有的想法仔细过了一遍，写在纸上，还做了一些粗略的计算机模拟计算。“我独自坐在那里整整一天半，脑子里还有一种奇怪的想法：我可能窥破了一件极其重要的事，而且全世界只有我一个人知道。”

星期一上班，迫不及待的赫尔就跑去见老板和同事们。当激动的赫尔讲完了他的激动想法后，老板没激动。“他就那么看着我，脸上没有任何表情。”赫尔看他没反应，也吃不准是同意还是不同意，就反复地说这主意肯定行得通。“纸上谈兵”，老板绷着脸给了这么一句评语。赫尔也承认刚开始真的只是纸上谈兵，他也了解老板是个不善言谈的人。但不管怎么说，老板没说这招不可行。其实说了可能也没用，反正到了这个节骨眼儿上赫尔肯定是停不下来了。更何况纸上谈兵说的是知其然而不知其所以然，赫尔可不是这样，他是深知其所以然。他用了几个月的时间把他的想法、显微镜设计以及理论计算等详细地整理出来写成一篇文章，于 1994 年 3 月投稿《光学快报》，3 个月后正式发表 [7]。这篇 3 页纸的文章面世时还没有实物的东西，只是理论及设计思路，计算的分辨率为 35 纳米。赫尔在此向世界宣布了他那个星期六早晨所窥破的重大秘密，200 纳米显微衍射极限分辨率可以被突破，方法就是 STED，这是远场显微镜，所以可以用来进行三维成像。这篇宣告以及 6 年后实物显微镜的实现为赫尔赢得了 2014 年诺贝尔化学奖。多年后即使赫尔已经声名大震，他也没有忘记芬兰图尔库大学和老板及同事们对他的支持。他在接受图尔库大学荣誉博士学位时感激地说：“在那段关键时期，只有芬兰人对我有信心。他们看到了潜力，也看到了一个充满活力的人正努力实现它。”

尽管在芬兰这段时间赫尔的研究取得了理论上的突破性进展，但要实现它并不容易。赫尔本人没有任何一刻怀疑过他的想法，确信 STED 是可以实现的。但他需要大笔的经费和不同领域的专家支持，也需要能够进行自主研究的环境，这一点当时芬兰图尔库大学也无能为力。他只好另作打算，还是回到德国吧，现在手里好歹有了些成果，应该有些机会吧。他到处求职，最后在 1997 年被位于德国哥廷根的马克斯普朗克（马普）生物物理化学研究所相中，认为他有潜力创造新东西，符合该所遴选青年才俊的标准。他不仅被录用，还被封为组长，领头开发他梦想中的超分辨率显微镜。赫尔觉得自己像是一步登天了，“我简直就不知道马普所怎么能给这么多资助和自由，”他终于得到了他需要的所有条件，资金、实验室、团队和自主研究的权利。那还等什么，冲吧。整个团队冲锋了两年，终于把 STED 从纸面搬到了桌面。

仪器是在共聚焦显微镜基础上改造而成的，配两束脉冲激光，一束用来首先激发荧光，另一束波长略长的紧跟着用来产生受激发射光，再加上两个双色镜和一个螺旋相位板，再有就是合适的荧光染料。成功！

2000 年新纪元伊始，显微镜历史也掀开了新纪元。赫尔的团队该年 7 月发表文章，宣布 STED 荧光显微术成功打破衍射极限[8]。他们公布了对大肠杆菌进行的 STED 成像，并证明可验证的横向分辨率为 90~110 纳米，比衍射极限分辨率提高了一倍。尽管实际分辨率未达到赫尔在 6 年前预期的 35 纳米，但文章宣称进一步把分辨率提高到纳米量级虽有挑战性但值得尝试。2003 年，赫尔研究组将横向分辨率进一步提高到 28 纳米[9]，实现了在芬兰时所作的理论预言。图 2-34 显示的是使用传统的共聚焦显微镜拍照的神经元显微像与 STED 显微像的对比[6]，可明显看出细节上差别非常大。2009 年，赫尔小组再接再厉，在《自然》杂志报道使用 STED 方法实时观察细胞中生物单分子的活动，成就了超高分辨率活体单分子观察的大业[10]。

说起在《自然》或《科学》杂志上发表文章，其重要性和高回报想必国内研究人员早深有体会。其实在国外也是一样。虽然 STED 技术终于被实现了而且也在 2000 年发表了，但令赫尔感觉遗憾的是，他们当年先投稿到《自然》和《科学》杂志但都被拒稿了。他为什么遗憾呢？因为他明白马普所给每一个新建独立研究组的时间是五年，而他的组已经干了三年多了。如果手里有一篇《自然》或《科学》这种级别的重头文章，续聘就比较有把握。可惜，真没有。担忧之下，赫尔再一次打算另寻出路，又开始找新工作。这回都是冲着学校的教授职位去的，毕竟他已经取得了骄人的战绩，也小有了些名气。面试之后，几所大学都伸出了橄榄枝，赫尔必须有所选择。就在几乎最后一分钟，马普生物物理化学研究所出手留住了他。怎么留的？重金资助外加破格提拔，赫尔就这样当上了所领导。赫尔当然无限感激马普所在他走向成功的道路上慧眼识材和破格重用，以至于2008年美国哈佛大学重金挖墙角甚至要为他盖新实验楼，令他委实难以割舍如此高规格礼聘的情况下最终还是决定留在马普所。哈佛大学也确实挺有远见，如果那时挖角成功，6年后就白捞一个诺贝尔奖。不过后来哈佛大学在超高分辨率荧光显微术上也没落后，出了个光彩照人的庄小威，另辟蹊径自成一家，后面会有介绍。

其实这种白捞诺贝尔奖的情况在国外的科研单位和学校相当普遍。比如说某某学校宣称一共有多少位诺贝尔奖得主，大概一多半的得奖者获奖工作不是在该校完成的。一个例子就是与赫尔同获2014年诺贝尔化学奖的莫纳，他获奖的工作是他在IBM研发中心工作期间做的，与现在任职的斯坦福大学一点关系都没有。2014年获诺贝尔物理学奖的中村修二获奖是因为对蓝光发光二极管的发明工作，而这个贡献是他在日本工作时期做出的，与得奖时的工作单位美国加州大学圣塔芭芭拉分校没任何关联。这种例子其实很多。

赫尔现在还是在哥廷根的马普生物物理化学研究所当主任，他建立了一个科研联合纵队，包括了物理、化学、分子生物学等有各类专长的研究人员，他很为他的队伍而骄傲。看着眼前的这一切再回想以往的孤独奋斗，赫尔感慨地说："被认可当然感觉很棒，因为那证明你做对了。我这儿的人员现在有

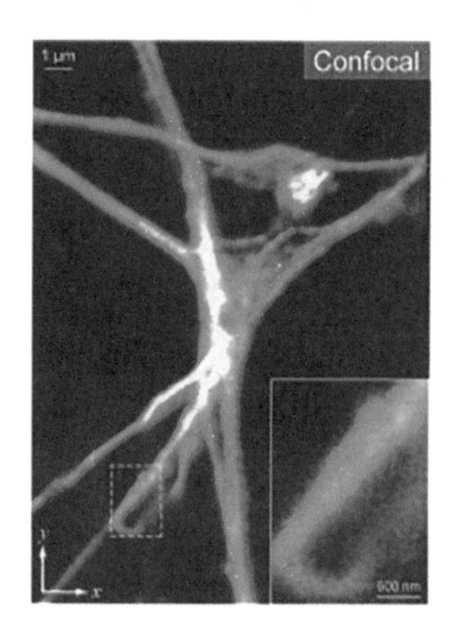


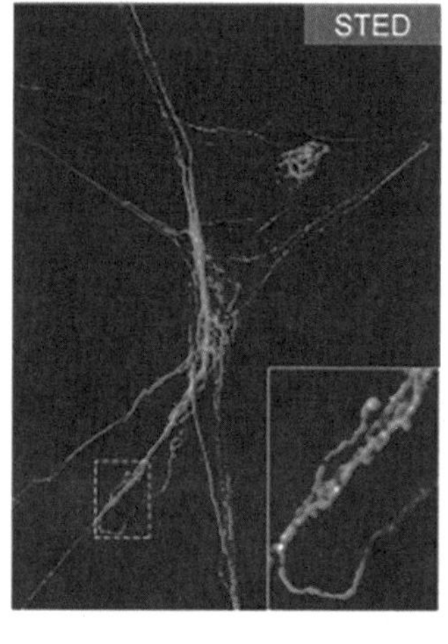


图 2-34

左图是使用传统的共聚焦显微镜拍照的神经元显微像。右图是与左图对应的STED显微像。

了更好的工作条件，我呢，要科研经费也比过去容易多了。”说起成功之路，赫尔认为“坚持”和“目标明确”这两条非常重要，还有就是“被人嫉妒和批评都是宝贵的，因为那可以给你动力，也告诉你需要关注的重点在哪里。如果一个想法足够强大的话，没有什么可以阻止它（向前发展）。光学显微镜的阿贝分辨率极限能被打破就是这样一个很强大的想法。”

就在赫尔在芬兰为STED想法激动不已的几乎同一时期，远在大西洋彼岸的美国，还有另一位与他几乎同岁的年轻人也在单分子显微成像领域默默耕耘着。那一年这位美国年轻人已经实现了近场显微镜单分子荧光检测，远场单分子显微术的初步想法也快形成了。他就是贝齐格，2014年与赫尔共享诺贝尔化学奖的美国学者。他发明的技术称为PALM。虽然有人认为他获奖多少有点出人意料，但基本上没有太大争议。但是2014年诺贝尔化学奖获奖者名单一经公布，贝齐格就被瑜亮情结了。PALM到底是个什么技术，它的问世为何也像STED那样经历了10年之久，后起之秀的庄小威为什么被拿来与贝齐格放在一起说事儿，这些都还得先从贝齐格其人说起。

贝齐格身材适中不需要瘦身法。他15年中三换工作，两次自开公司单干，像个游侠。他想出来的超高分辨率显微术方法也颇契合他的这种个性，可称为打一枪换一个地方的游击法。

贝齐格1960年出生于美国密歇根州的安娜堡（Ann Arbor）市，小学时正赶上美国阿波罗登月计划大获成功的热潮，使他对航空航天十分向往。小小的他对科学充满热情和好奇，小学四年级时他的一个老师的丈夫是大学教授，小贝齐格那时听说刚刚发现了一种构成物质的基本粒子叫夸克（quark），他就写信给老师的丈夫询问夸克是否带电荷。当然，对科学的这份热情使他后来进入鼎鼎大名的加州理工学院也就不是什么奇怪的事情了。在加州理工学院，贝齐格最终发现航天物理其实并不像他想象的那么有趣，他觉得更偏好自己亲自动手做发明，也就是说应用物理才是他喜欢的。于是，他在大学毕业后选择了去美国康奈尔大学攻读应用物理专业的博士学位，在那里首次接触到了近场扫描光学显微术。近场显微术当时是高分辨率光学显微术的主流方法，利用的是探测器紧靠物体表面进行信号接收并成像的原理。比如说采用光纤探针在距离样品表面几个纳米的近场范围进行扫描成像，这样就能够摆脱远距离光探测会遭遇的光波衍射问题，从而突破普通光学显微镜所遭遇的衍射极限。我们在本书最后一章还会介绍这方面的历史。近场显微术分辨率可达20 纳米，比普通光学显微镜的分辨率高出一个数量级。但由于探测器必须非常靠近物体表面，因此在使用上受到一些局限，而且只是用于观察表面结构，还必须是很平整的表面才行。

贝齐格对近场显微镜进行了一番小改革，虽然分辨率提高不是很多，但对于在读博士生，这已经是很了不起的成绩了。1988 年在美国康奈尔大学拿下工程物理博士学位后，贝齐格顺利就职于隶属于美国电报电话公司（AT&T）的贝尔实验室，继续钻研近场显微术。受到莫纳（与赫尔和贝齐格分享 2014 年诺贝尔化学奖）的低温单分子探测技术的启发，贝齐格很快就在 1993 年实现了室温下近场显微镜单分子荧光检测。在贝尔实验室，他结识了一位朋友，就是在后来 20 年的大部分时间里一直并肩战斗的赫斯（Harald Hess）。赫斯当时的研究方向也是近场显微术，但不是光学的，而是在本书最后一章要讲到的扫描隧道显微术和从它衍生出来的原子力显微术。赫斯把这种技术与量子发光现象相结合来研究单分子成像技术。

贝齐格和赫斯显然非常投缘，凑在一起总想玩点不俗的。他们俩就商量看能否把两个人搞的技术合并到一起，搞一个量子发光生物单分子光学显微成像技术，这实际上瞄准的是远场单分子显微术。贝齐格说这个点子是他在看到灯泡忽然坏了的时候联想到的。基本思路是，如果生物分子能够发光，而且如果不同种类的分子发不同颜色的光，就可以用显微镜对发光颜色不同的分子分别照相，也就是说每张像只有同一种颜色的分子显现。再通过后续图片处理找出发光团的质心并在照片中用该颜色的点来标出这些分子的位置。接下来再拍照另一种颜色的分子，每张照片皆如上述处理。最后将记录下不同发光颜色分子的所有照片进行叠加。不同颜色的质心点就同时出现在叠加后得到的照片中。那些即使是小于200纳米间距的点也可以在照片中被分辨开来，因为照片的叠加是不受光波衍射极限制约的。由于是不同时间采集不同颜色的信号，就好像是打一枪换一个地方。实际上就是用时间换空间的魔术。一次性观察分辨不出来，就分多次观察，再叠加起来拼凑出完整的图像。这主意也是受了赫斯研究的量子发光分子显微术的影响，总之立意很巧，与赫尔的瘦身法（STED）在原理上是截然不同的。

但贝齐格的想法在当时实现起来有一定的难度，缺少重要的一环，那就是可发不同颜色荧光的分子。事实是发光分子早就有，像是在水族馆里常看到的发着漂亮荧光的海蜇，彩色荧光就是海蜇体内的发光蛋白发出的。但当时还无法从生物体内提取可保持活性的发光蛋白，因此无法在科学实验中加以利用。所以贝齐格虽然有了可行的想法，但技术上一时还束手无策。后来他觉得思路已尽，在高分辨光学显微术上一时半会难再突破，于是在1994年离开了这间举世闻名的贝尔实验室。

先闲话两句。在贝尔实验室干了六年后离开，据贝齐格自己说是因为厌倦了那种学术研究方式，但话虽这么说，笔者估计也有可能是受了AT&T遭政府拆分的影响。AT&T是由贝尔（Alexander Graham Bell）在1875年创立的并在20世纪中期成为一间巨无霸的电话电报业务垄断公司。拥有大把资金的贝尔实验室那时候科技及工程大师云集，星光熠熠，先后做出多项留名青史的发明创造，包括大家熟知的激光、半导体晶体管、超导理论、电子衍射等。

1997 年前，诺贝尔奖曾四次花落贝尔实验室（现已增到八次）。结果树大招风，在美国司法部以反垄断的名义施压之下，AT&T 于 1984 年拆分成八家公司。其中的一家仍然名为 AT&T 并继续拥有贝尔实验室。但可想而知由于公司规模和业务范围的大幅减缩，此 AT&T 非彼 AT&T，贝尔实验室的运行也因此受到影响。在实验室工作的许多杰出科学家在那之后的几年间陆续选择出走，去学校或国家实验室打天下，这在当时的科学界是个大事。1997 年诺贝尔物理学奖得主华裔物理学家朱棣文就是 1987 年离开贝尔实验室后来到斯坦福大学当教授的。1996 年，AT&T 由于克林顿政府改革国家通信法以支持通信业竞争而再次分拆为三，贝尔实验室归了分出来的 Lucent Technologies（朗讯科技）公司。

再回头说贝齐格，离开贝尔实验室后自己单干了两年，其间把不同颜色发光分子定位提高分辨率的想法写成了文章。虽然这想法当时还不实用，但他还是把理论构思以个体户的名义于 1995 年发表出来，标题也很直截了当，“分子光学成像方法建议”[11]，时间是赫尔发表第一篇 STED 文章的一年之后，两者都发表在同一杂志上，但不知何故，贝齐格的文章里没有提及或引用赫尔在 1994 年发表的 STED 文章。贝齐格在自己的文章里明确地阐述了他的想法和理论及数学处理方法。他认为如果采用他说的这种简易方法，实现单分子分辨率近场荧光显微术是完全有可能的。

他的方法分为两步，第一步是利用被成像物（分子）的某种光学特征来把它们识别并孤立出来。这里他举了赫斯和自己合作的单量子阱发光近场显微术成果作为例子，并特别指明利用荧光标识技术可能是实现这关键的第一步的解决之道。第二步是将这些标识出来的部分进行空间定位给出它们的空间坐标，还详细阐述了空间坐标定位的数学方法。其实他还有第三步，就是最后把所有定位出来的点叠加在一起重构出完整的（分子）分布图。上面已经说过，由于空间定位坐标点只是一个点，比起艾里斑的尺寸小得多，所以即使距离远小于200纳米，两点也可以被分辨开来，这就绕过了衍射极限对分辨率的限制。

虽然文章中没有给出任何实验数据，但贝齐格认为此方法可达到接近单分子显微分辨率并可应用于蛋白质分子、基因或DNA等的结构研究。正是这篇只有概念骨架却没有任何实际结果的文章铺垫了贝齐格的诺贝尔奖之路，至少诺贝尔化学奖委员是这么解释的。不过，贝齐格发表于1995年的那篇文章说的还是近场显微术，完全没有涉及到光敏开关探针技术和PALM这个名称。远场的PALM实际上是2006年诞生的，并没有用到1995年时设想的不同发光颜色的分子，而是采用了光敏绿色荧光蛋白标识分子，然后通过分子质心定位及多像叠加的方法得到超高分辨率。但是可以说基本想法是1995年产生的，11年的怀胎和演化，结晶出个诺贝尔化学奖。

获得诺贝尔奖自然很风光，不过当年贝齐格可没那么一帆风顺。1995年的文章不过是立此存照，实现这个技术暂时还是没影儿的事。1996年，贝齐格自觉生活开销难以维持，就回了老家密歇根州，加入了他父亲开的机床公司。那是个家族企业，父亲忙里忙外的，本不愿意儿子出去搞什么科学研究，所以儿子回来正好帮忙。父亲给他派了活儿，是负责研发的副总裁。让有工程物理博士学位的儿子给开发一种电、液混合驱动高速运动车床控制技术，可以让车床高速移动进行加工工作却又不牺牲加工精度。按贝齐格自己的说法，他最后确实研发了一些这方面的技术并用于自家的机床产品，但销售业绩不佳。因此他有点沮丧，但也满不在乎地承认自己不是个搞企业和商业的材料。

在厂里就这么干了六年，六年之痒，大脑溜号，他又回头琢磨起了显微镜。他父亲是做企业的，眼里只认得工厂。什么近场、远场的，还显微镜，不懂也没兴趣。眼瞅着儿子对工厂这份工作真没了兴趣，也就不强求了。贝齐格呢，正好乐得乎，索性不干了，又一次处于失业状态的他开始盘算能不能再回学术界。他其实真心喜欢搞科学，当然那得按他自己喜欢的方式和想法去搞才行。回头不易，那时是 2002 年，之前那么多年基本没出什么科研成果，早就没了江湖地位，得先想法儿搞出点像样的东西再说。他又注册了个公司，然后干什么呢？想来想去，还是超高分辨率显微镜有意思，于是又顺着 1995 年后中断的思路继续往下想。他生活中本就低调，不喜与外界多接触，再加上身处那种工业环境，更难找什么人能跟他交流想法。于是想起老朋友赫斯，就起身奔加州找他去了。

赫斯不是在新泽西州的贝尔实验室吗，怎么搬加州去了？其实赫斯在贝齐格离开贝尔实验室一年后也离开了，加入加州的一家小公司。后来这家小公司被半导体设备商 KLA-Tencor 收购，赫斯还颇受重用。公司要在加州开一个新部门，邀请他参加。他自己后来回忆说当时他有两个选择，一个是接受这个邀请，另一个是做自己想做的事。与贝齐格一别数年，老朋友找到他位于加州的家里，自然高兴。赫斯最后决定辞去工作，和贝齐格再次搭伙创业。两个人天天使劲散步，到处转，主要是借此激荡创意。他们听说可发绿光的荧光蛋白分子已经被提炼出来而且 1994 年加州大学圣地亚哥分校的钱永健（Roger Y. Tsien，钱学森的堂侄）改造了可发绿光的荧光蛋白分子，提高了发光强度，使得应用性大大增强。这下有了精神，当初贝齐格的想法没能实现主要就是缺乏可发光的分子。不过再有精神也得吃饭，两人都没了收入，坐吃山空，光散步空想，肚子也不干呢，还是得找个合适的工作先干着。

赫斯听说佛罗里达州有份工作好像还不错，就跑去面谈。贝齐格闲着也是闲着，就跟着一起去了。与他们会面的人很不错，在生物显微成像方面很在行。特别是他自己弄了个互联网站，上面汇集了大量的当时该领域最新的研究进展。贝齐格这才知道就在他离开学术界的这么几年，荧光分子方面出现了很多突破性的进展。首先是可以把绿色荧光蛋白通过基因的手段与生物细胞内的蛋白相结合，绿色的荧光会照亮细胞体内，使得在显微镜下可以通过荧光发出的位置判断细胞的位置。华裔科学家钱永健除了改造了绿色荧光蛋白外，还发现了很多可发出其他颜色荧光的蛋白。钱永健后来因荧光蛋白方面的研究获得 2008 年诺贝尔化学奖。

另外，本节开始时提到的三位 2014 年诺贝尔化学奖得主之一的莫纳在 1997 年前后于加州大学圣地亚哥分校物理系任职时与该校药理系的钱永健合作，将可控绿色发光蛋白分子分散到胶质体中，分子间距大于 200 纳米以保证可用显微镜观察，还展示了光控操纵单分子闪光 [12]。换句话说，这是可控发光，蛋白分子可以听从指挥，让它发光就发光，不让它发光就不发光，用物理方法控制。另外还可以在绿色荧光和黄色荧光之间转换。在显微镜下看，一盏盏小绿灯或小黄灯星罗棋布，忽暗忽明，好像星光闪烁，煞是神奇。

莫纳的这个工作直接触发了贝齐格的灵感，因为他惦记发光定位显微术很多年了，这下突然中彩，把一切都串联到一起，真正的突破口就在这不经意间被想到了。要不怎么说科学发明都是积累和传承的结果呢，得一步一个脚印，水到了渠才成。刚刚介绍的赫尔也在那同一时期潜心于打破衍射极限分辨率的事，他就没太在意那段时间很热门的荧光分子的发明工作，因为他从来没有往这方面动过脑筋。赫尔的积累是在受激发光方面，所以发明了 STED，异曲同工。

天赐良机啊，贝齐格和赫斯工作也不找了，心满意足地离开了佛罗里达，匆匆跑到亚利桑那州的一个僻静之地踏实了几天，主要是整理思路。他们从 1995 年贝齐格的理论出发，对这个想法稍作调整。其实并不需要不同发光颜色的蛋白分子，只需要可受控发光蛋白分子即可。让不同位置的分子在不同时间发出荧光一样能满足分子发光定位的要求（图 2-35），所以就给这技术起名为 PALM（Photoactivated Localization Microscopy，译为光激发定位显微术）。

他们写了个专利申请寄出去，然后就得动真格的了。两个人在赫斯的加州公寓客厅里开始攒样机，还找到了点投资。想法已经熟透了，两位又都曾是贝尔实验室的显微镜研发高手，进展神速。两个月的工夫，新型显微镜的雏形已经做出来了。做设备内行的两位高人，这时却痛感生物知识的缺乏，另外也需要发光蛋白，所以非常渴望能够找生物专家合作。于是，2005 年贝齐格找到位于华盛顿特区附近的美国霍华德·休斯医学研究所（Howard Hughes Medical Institute’s Janelia Farm Research Campus），游说的结果是他获得了一份挂职的工作，实现他的超高分辨荧光显微术理念。贝齐格解释了他来到霍华德·休斯医学研究所的原因。那里的人都是他的显微镜的潜在用户，还有什么比这更有利于新产品的开发工作呢？这是贝齐格过去在商业领域工作时积累的经验。

好事还不止这一件。要么怎们说人走时运马走膘呢，该着他成功，运气来了挡都挡不住。贝齐格在贝尔实验室时的老板是个好人，都这么多年了也没忘了贝齐格。当听说贝齐格自己做了一个超高分辨显微镜的雏型后，他推荐贝齐格去美国国立卫生研究院（NIH）应聘一份工作。老板的盛情难却，再加上贝齐格知道可控发光的光敏绿色荧光蛋白研究方面的两位发明者珍妮弗·利平

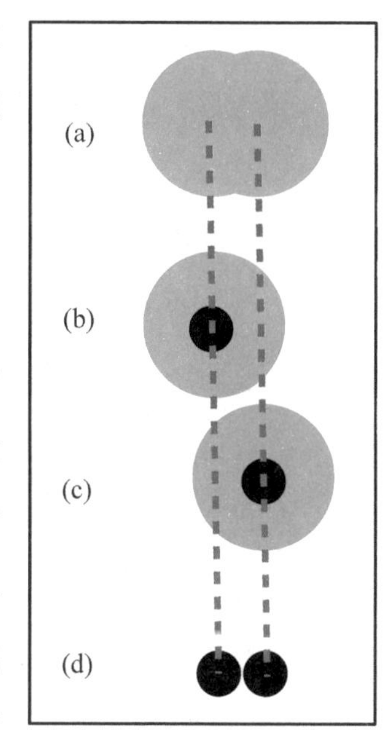


图 2-35

贝齐格发明的 PALM 原理示意图。(a) 两个靠得很近的显微荧光斑点，斑点尺寸由光波衍射理论决定，由于两荧光斑点重叠区太大，使得在显微像中无法有效地被分辨开。(b) 第一次先让一个点发荧光，拍照后将此点的发光中心点找出并标记在图中（黑点）。(c) 第二次再让另一个点发荧光，拍照后将此点的发光中心点找出并标记在图中（黑点）(d) 将 (b) 和 (c) 两图叠加，两个黑点同时出现，虽然两点距离未变，仍然与 (a) 中两点距离相同，但由于黑点尺寸小，所以两个黑点现在可以被完全分辨开来，实现了更高的分辨率。

科特－施瓦茨（Jennifer Lippincott-Schwartz）和帕特森（George Patterson）（前者的博士后）正是在美国国立卫生研究院工作，贝齐格就去了一趟。不过应聘面谈之外，他的主要任务是想与光敏绿色荧光蛋白的两位专家认识一下，并希望求得两位的帮助或者合作。利平科特－施瓦茨和帕特森听了贝齐格的介绍以及一些“机密”后，并没有因为贝齐格仅仅根据一篇他自己10年前发表的小文章所作出的大胆设想而嗤之以鼻，反而认为这种想法应该行得通。

贝齐格后来回忆及此，深表赞许和感激。利平科特－施瓦茨表示愿意帮忙提供发光蛋白分子，而且甚至比贝齐格所想要的更进一步，干脆双方直接合作，利平科特－施瓦茨提供了可贵的资金，还把冲底片的暗室腾出来给贝齐格作实验室用。现在贝齐格有了个自组的精干小团队，也有了一些资金，和两个相距不太远的实验室，一个在霍华德·休斯医学研究所，另一个在国立卫生研究院。

2005年，几个人忙活了一冬天，经费有但也不宽裕。他们选择改造现成的全内反射荧光显微镜（简称TIRFM），这种显微镜观察的是样品表面受激发射的荧光，成像装置简单，易和其他成像技术和探测技术相结合。他们给显微镜装上合适的激光和滤光系统（这是激发荧光用的），还配上数码相机。图像数据采集与后续分析处理都靠软件，剩下的就是反复调试。选择适合的荧光分子并使之附着在要研究的生物样品上也很重要，他们选择的是把荧光蛋白分子与细胞中的溶酶体相结合。用一束很弱的激光照射样品，因为光很弱，每次只能激发不多的蛋白标识分子发出荧光从而保证了发光的分子之间间距大于200纳米的衍射显微极限，所以照相后这些分子的位置都可以被分辨开来并进行准确定位。等荧光熄灭后，再用弱激光束照射样品，另一小部分分子开始发荧光，再照相。如此重复下去，得到大量的显微像。最后把所有经过分子定位处理的显微像叠加在一起，就得到了全貌显微像。而且如前面所说，由于分子位置可以用小点来标出，小点尺寸肯定小于艾里斑，所以在最后的总图中，尽管很多挤在一起的分子间距远小于200纳米，但仍可被分辨开来。

利平科特–施瓦茨承认在整个的研发过程中她并不总是那么有信心，但后来成功时的激动情景多年后仍然历历在目："当时真的是非常激动。我还记得当我们得到第一张显微图像时，根本就无法看出那上面是什么东西。直到我看到他们将荧光显微图像与电子显微图像叠加之后的结果时，这才相信我们成功了。我当时觉得这一切简直太神奇了。"2006年3月13日，贝齐格、赫斯、帕特森和利平科特–施瓦茨等人向《科学》杂志投稿了研发成果，在文章中首次给出了PALM（光激发定位显微术）之名。他们使用PALM研究了细胞中的溶酶体和线粒体，可以清楚地看到各种不同的蛋白质分子，分辨率达到10纳米，比光学显微衍射极限200纳米整整提高了20倍。8月10日《科学》杂志网站发表该文，PALM超高分辨率显微术正式问世[13]。

大功告成后的贝齐格继续在霍华德·休斯医学研究所领导进一步开发超高分辨率荧光显微技术。这里是不是贝齐格的理想归宿不得而知，不过一直到2014年因PALM分享诺贝尔化学奖的时候他还在该研究所工作，表明他是满意的。有了良好的支持，他丝毫不放松。诺贝尔奖颁奖仪式还没进行，他又发表了新文章宣布研发出一种新型的光学显微镜，能对活体细胞的活动进行超高精度三维成像，同时把对细胞本身的伤害减至最小[14]。这个技术使用100多条光束照射涂有荧光分子的生物样品以产生荧光，已被成功用来跟踪个体蛋白质的运动、观察受精卵的发育以及研究细胞分裂时细胞骨架成分的快速生长和收缩，从而一举解决了PALM在实战中速度过慢不能用于活体照相的老问题，成就了超高分辨率活体单分子观察的大业。

获了奖，老生常谈的问题离不开成功之道。被问及此，贝齐格认为现在科研界大多数人都出于申请科研经费的考量而尽量留在那些已经成熟的、主流的研究领域，尽量选择安全的道路。他直言奉告：“我认为你需要走你自己的路。但要想这么做，你需要勇气去面对他人的评论以及不被接受（还记得赫尔也说过类似的话吗？）还要能使自己经常有点危机感，那种‘垂死挣扎’可以使你更有效率。最重要的是，你必须爱上你爱做的事，因为没有热情永远不可能做好值得做的事情。”这话有点苹果教主乔布斯（Steven Paul Jobs）语录的味道，看来成功之道确实大同小异。此外，贝齐格还对现行的学术体制深表不满，他认为现在的机制首先培养出博士或博士后，使他们中间优秀的人物具备了出色的科研能力，然后提供给他们教授的位置；再然后，正当这些人年富力强、精力充沛和富有创造力的时候又把他们变成科研管理者，反倒把科研的重任交给“像草一样绿的研究生”。贝齐格认为，好的科研体制应该能够使优秀的科研人员心无旁骛，专心研究，不需要为工作前景担心，不需要为了获取科研经费而选择别人已经做成功的、安全的研究方向以迎合科研基金会的要求，也不需要为了发表文章而发表文章。他举例说，如果你翻翻《光学快讯》（*Optics Express*）或者《光学通讯》（*Optics Letters*）这类刊物，那上面发表了成堆的显微术方面的研究文章。但是大多数文章，包括那些很不错的，所做的工作基本上都是没什么其他人关心的。所以贝齐格格外强调解决实际问题在科研中的重要性。

2006年在显微术领域确实是值得纪念的。贝齐格的掌上功夫（PALM正好与英文单字“手掌”的拼法相同）堪称绝活，但与之几乎同时还闪电出风暴，那就是庄小威以超快速度发表文章宣告的STORM。STORM正好与英文单字“风暴”的拼法相同，但这里其实是英文名称Stochastic Optical Reconstruction Microscopy的缩写，中文可译为“随机光学重构显微术”。从那时起，这两个几乎同时发表的、又都是基于分子发光定位和时间换空间原理的PALM和

STORM就总是被同行们放在一起说，就成了PALM/STORM，显示着两者的同等江湖地位。但是2014年PALM获奖,STORM落单，在中国引起一些微词。下面先说说庄小威和她的STORM。

庄小威(图2-36)看名字就知道是来自中国,1972年出生于江苏省如皋县。她的简历总是令人印象深刻：15岁考入中国科学技术大学少年班，1991年获中国科学技术大学物理学学士学位，进入美国加州大学伯克利分校物理系师从著名华裔物理学家、液晶非线性光学与表面非线性光学研究的开拓者沈元壤教授，1997年获物理学博士学位；1997—2001年在美国斯坦福大学跟随诺贝尔物理奖获得者、华裔物理学家朱棣文教授从事博士后研究；34岁成为哈佛大学的化学和物理双学科教授；2012年当选美国国家科学院院士。这简历真个是愧煞须眉亮瞎眼，人比人死，货比货扔，如果从年龄加履历的角度来衡量的话当世少有能望其项背者。此外庄小威还是霍华德·休斯医学研究所

图2-36

庄小威，华裔科学家，美国哈佛大学的化学系和物理系教授，美国霍华德·休斯医学研究所研究员。2006年发明随机光学重构显微术STORM，采用光控荧光发光技术配合显微成像，可获得20纳米左右的成像分辨率，比传统光学显微镜的分辨率极限高出10倍左右，成功打破光学衍射极限对显微镜分辨率的束缚。STORM现在已经成为观察细胞内部微细结构的强有力显微工具。

的兼职研究员，这样一说与贝齐格还算是兼职同事呢。

庄小威从小就喜欢物理，求学阶段基本围着自己的兴趣转，大学学习物理时，“真的觉得物理非常非常的美，非常严谨，很合我的口味。不需要死记硬背，注重逻辑推理，串联下来，理解了也就全学会了”。在中国科学技术大学时，对物理的浓厚兴趣使她对每一条物理定律都要搞得透透彻彻，任何细节也不放过，以至于四大力学每门都考了100分。对于这个20年前在中国科学技术大学创下的传奇，现在的庄小威却已有了不同的看法：“现在我并不赞同每一门都非要考100分。说不定不考100分更好，因为从95分到100分不是增加5%的努力就可以，而是很多很多额外的努力。现在知识的范围那么广，把时间用来多学一些东西，学得更加广泛，对我们更有帮助。”

大学毕业后，就像很多中国学子一样，庄小威也是唯书本知识为高，“我那时候就是读书本，认为凡是书上教的都是对的。一推广，老师说的都是对的。再一推广，凡是发表了的论文都是对的。这说明我那时有一个很缺乏的东西，就是质疑的能力，也就很容易不再有创新性和创造力。”幸好进入加州大学伯克利分校，恩师沈元壤教授及时给她纠偏。“沈先生当时教会我的就是不要轻易相信任何前人的结论，甚至自己前一段时间的结论。对于问题要反复论证，要证明自己大概是错的。即使最后证明自己基本上没什么错了，也不能说那就是一个真理了。只能说它离真理非常接近。如果从一开始就希望自己的结果是对的，甚至潜意识地让自己的结果变成对的，那是一个很危险的做科学的方法。要敢于怀疑，特别是敢于怀疑自己。哪怕去年我发表一篇论文，今年证明它错了，这时千万不要不敢碰它，不敢让别人知道我错了。千万不要害怕，能证明自己是错的是一件很伟大的事情。”庄小威从光学大师沈元壤教授那里学到的就是这样一种怀疑态度，一种做科研的严谨方法，这比仅传授具体的知识要宝贵得多。因材施教，这是大师的教法，授人以鱼，不如授人以渔。这种教法贵在顶尖学生碰上顶尖老师，也见过不怎么样的老师带上十几、二十几个学生，采取放羊式管理，不管不问的，美其名曰让学生独立思考，实则乃懒师教法，误人子弟。

庄小威博士毕业后，放弃一些大学已经提供的助理教授职位，选择到斯坦福大学跟随华裔物理学家朱棣文做博士后研究。顶级教授遇上顶级学生，两人商量做什么课题，都想来点新的、有挑战性的。物理老师说要不做生物吧，物理学生说 why not？就这么简单，庄小威开始接触生物。事实上，庄小威当时对生物一点了解都没有，在大学也没修过生物课。“我完全是一种无知而无畏的感觉。当然，事情不会这么简单。有两年我什么也做不出来，哭过好多次。但咬咬牙坚持下来，最后还是做出了一些有意思的东西，探测到了单个 RNA 分子的折叠。”庄小威的体会是，做事情就是要持之以恒，不要放弃，要有耐心，不要追求那种短期就能出成果的东西。“就我个人来说，虽然转到生物比较偶然，但是转了以后，坚持做生物就不是很偶然的事情了。”按庄小威的形容，刚开始做的时候很辛苦，但是慢慢地就发现这个领域像一个充满了珍宝的岛屿，里面有很多可以挖掘的东西。“生物和健康是密切联系的。任何一个生物问题的解决都有可能推动对一种疾病的治疗、一种新药的发展，因此做的过程会有很多的满足感。”她也因此特别感谢博士后导师朱棣文教授为她造就了一种视野，教她如何提出有科学价值的问题，选择有意义的题目。这还是大师的教法，授人以鱼，不如授人以渔。

从 2001 年庄小威在哈佛大学建立自己的实验室开始，她一周工作七天，每天都从早上 10 点工作到半夜 12 点，“除了吃饭和睡觉，剩下的时间都在工作”。她使用物理加生物的单分子显微术，拍摄到单一感冒病毒如何影响一枚细胞，这在当时尚属首次。最重要的是，她没有像其他年轻教授那样选择那些成熟的、易出文章的研究领域入手，而是决心啃下超高分辨率显微术这块当时显微界的硬骨头。首先要突破的难题是如何用光敏开关探针来实现单分子发光技术。所谓光敏开关，浅白地说就是通过光照这一物理手段来控制分子发光或不发光，就像是控制开灯、关灯的开关一个道理。他们希望能用这种光敏开关让原本挤得很近的生物分子们分别单独发光后进行拍照，每张显微像中只有零星的发光点，所以间距一般会拉得很开。照完一张相后让这些发光点关灯并让其他一些点亮灯，再照相。如此反复，拍下成千上万张显微像。给所有这些图像中的发光点定位后再来个图像总叠加，最后就可获得远高于光衍射极限的图像分辨本领。这就是庄小威的思路，与 PALM 类似也是时间换空间的办法，但是实现的技术手段却不相同。

2004 年她的研究组发现某种花青染料具有光控开关性质，通过使用不同颜色的激光，可以把它们激活成发荧光状态或失活成无光状态。如果用这种荧光染料来给生物核酸或蛋白染上荧光标记，利用荧光发出的位置来进行分子定位，再靠光控开关实现时间换空间，超分辨率不就有了吗？在 2006 年发表在《自然·方法》杂志的文章中，庄小威小组展示了基于光控荧光分子定位的随机光学重构显微术 STORM[15]。设备方面同贝齐格发明的有些共同点，也是全内反射荧光显微镜配以适合的激光，但光控荧光技术是独特的发明。具体来说，他们制造的显微镜使用红、绿双颜色激光探针，绿色激光负责“开灯”，红色激光负责“关灯”。这样就可以使被“开灯”激光照射的分子发光，显微照相后再用‘关灯’激光把它熄火，这就是 STORM 方法的核心和基础。文章展示了使用 STORM 可以获得 20 纳米左右的超高分辨率，看到 DNA 分子和 DNA– 蛋白质复合体分子完全不在话下。别忘了普通光学显微镜的衍射极限分辨率是 200 纳米，STORM 的成功，一举将分辨率提高了 10 倍之多。

2008 年，利用 STORM 进行三维成像变成了可能 [16]。图 2-37 显示的动物单细胞线粒体显微像，分别由普通光学显微像和 STORM 显微像拼接而成，清楚地呈现了分辨率的巨大差别。STORM 虽然可以提供更高的空间分辨率，但成像需要先进行大量的照相及后续分子定位处理，过程耗时，所以不能满足活体细胞实时成像的需要。庄小威研究组继 2006 年发表 STORM 方法后，进一步于 2011 年开发出高时间和高空间分辨率的 STORM，可对活细胞进行实时超高分辨率荧光成像，成就了超高分辨率活体单分子观察的大业 [17]。

前面说过，贝齐格在 PALM 方法 2006 年成功之后，也在 2014 年发明活体超高分辨显微术。他和庄小威也是同在 2005 年任（兼）职霍华德 · 休斯医学研究所研究员。而且贝齐格与庄小威成功的心得也颇相似，就是不要将自己耗费在成熟而相对安全的科研领域，而是要敢为天下先。两位真可谓是英雄所见略同，却多少也总有点冤家路窄的味道。庄小威与 2014 年诺贝尔奖失之交臂，可谓“既生瑜何生亮”的现代版。庄小威 2006 年那篇发表在《自然·方法》杂志上的文章仅用了 24 天就获审稿通过，这速度对科学期刊特别是像《自然》及其子刊这类最高水平刊物来讲可算是凤毛麟角。STORM 文章的发表因

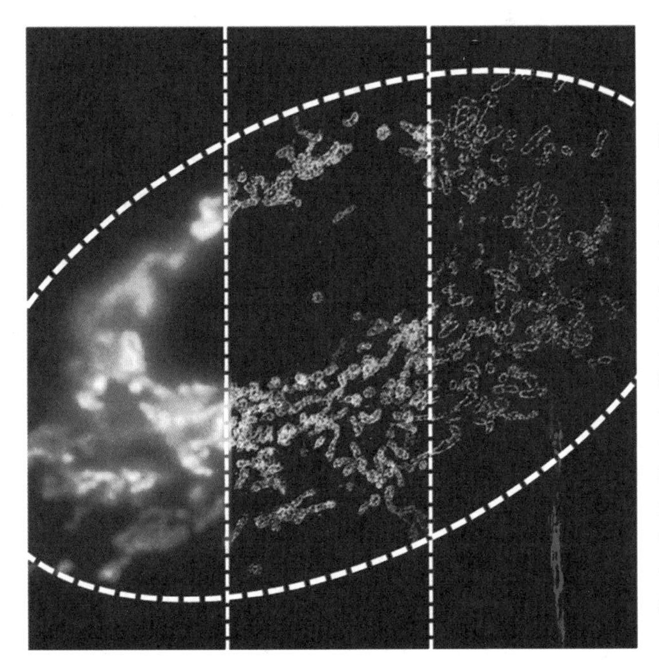

图 2–37

动物单细胞中线粒体显微像，虚线椭圆为细胞整体轮廓，竖直虚线将此单细胞显微像划分成三个区域。左区为细胞的最左边三分之一部分的传统光学显微像。中区为采用 STORM 技术所得到的细胞中间三分之一部分的三维结构像。不同颜色代表垂直纸面方向的不同纵深度。纵深方向分辨率为 60~70 纳米。右区为 STORM 技术所得到的细胞最右边三分之一部分的平面显微像，分辨率 20~30 纳米。感谢庄小威实验室提供图片。

此略微早于贝齐格同年发表的那篇 PALM 文章。但贝齐格得诺贝尔奖的一个重要原因实际上是他 1995 年发表在《光学快报》上的那篇概念性文章。由于 PALM 和 STORM 的地位在光学显微领域同等重要，中国方面遂出现了对庄小威落选的不平之声。

诺贝尔化学奖委员会对这一质疑的解释是：第一，贝齐格 1995 年就发表了文章阐述了理论概念；第二，请注意贝齐格 2006 年发表 PALM 文章的投稿日期。查看投稿日期，2006 年 3 月 13 日《科学》杂志收到贝齐格投稿，9 月 15 日刊出。庄小威研究组的 STORM 文章投稿《自然·方法》杂志，2006 年 7 月 7 日收到投稿，9 月 9 日网上刊出。诺贝尔奖委员会的潜台词是，虽然庄小威的 STORM 文章在发表日期上早了几天，但是贝齐格的文章投稿日期比 STORM 的文章早了将近四个月。奇怪的是在诺贝尔奖委员会随后在其网站上公开发表的关于超高分辨率荧光显微术的介绍文章中，却说庄小威 2006 年的 STORM 文章发表时间晚于同年贝齐格等人的 PALM 文章，令人费解。总之，可以理解的是诺贝尔奖委员会的考量因素在原创性和时间顺序两个方面比重都很大。

客观地看，STORM 方法采用光敏开关探针技术，利用不同颜色的激光来分别激活和失活分子荧光状态，控制分子在不同时间发光，从而可区分靠得很近的分子实现超分辨率成像。这是 STORM 技术的关键核心所在，绝对称得上是首创。贝齐格 1995 年的文章完全不涉及光敏开关探针技术，所以对 STORM 技术应该没有什么启发作用。而 2006 年贝齐格等人发明的 PALM 方法采用的是单色激光和光敏绿色荧光蛋白标识分子来实现时间换空间的效果。至于说 STORM 和 PALM 方法中都采用的分子发光质心定位原理，早在 1995 年之前就有人提出过了，并非什么新技术，大家后来都采用而已。所以说庄小威的 STORM 技术和贝齐格的 PALM 技术是两个独立的科学技术发明，时间点非常相近，原理也有共同之处，比如说光敏蛋白分子的利用和分子质心定位方法，但关键的技术核心则完全不同，两者在原创性方面肯定都是毋庸置疑的。因此只能说获奖这种事确实有很大的运气成分在里面。反正但凡有人的地方事情都不会简单。纵观历史和现代，没能获得诺贝尔奖或者某种特殊荣誉（比如说科学院院士）的各领域高人实在是不胜枚举，原因也是多种多样，没什么太多道理好讲。得着了并不说明肯定比其他人都强，名不符实的也不是没有；没得着也不见得果真就技不如人，胸中锦绣必定能有人识。人生在世，抓紧时间做好自己想做的、该做的和能做的，其他的就交给运气二字了。

其实，庄小威本人倒是不见得有闲功夫感叹什么瑜亮情结，旁人闲话而已。庄小威大好年华已立于学术之巅，前途着实不可限量。衍射分辨率极限已经被突破，剩下的就是继续突破她自己的极限了。

庄小威的巨大成功，常会引来中国年轻学子的崇拜。面对年轻一辈渴求成功经验的目光，她有她的看法和建议。庄小威觉得“90后”学子们比自己那一代大学生更活跃，胆子也更大，但同时她也指出了一种不太好的趋势，就是浮躁。“他们普遍来说耐心不够，更不要说耐得住寂寞。一方面是有一些急于求成，另一方面则是有些同学过分自我，过分张扬。”庄小威给后辈学子的建议是，首先要能够专注于科学研究，然后通过科研实践获得研究的视野与远见。在研究中要不怕困难，不怕选择难度大且有深远影响的课题。选定目标后，一定要坚持。如果这些都做到了，剩下的就看运气了。她承认成功总是需要一些运气的，因此非常感谢成长过程中幸运地得到过很多人的帮助并获得了很多机遇。

总结一下本节所介绍的超高分辨率荧光显微术的发明过程，有两种途径可以打破光学衍射极限对光学显微镜分辨率的物理限制。STED是通过自发辐射和受激发射使每一个荧光点缩小发光面积来实现超高分辨率，不依赖于特定的荧光染料。PALM/STORM 则是通过光控使荧光点发光再熄灭，利用时间换空间的办法实现超高分辨率，因此需要特定荧光染料。这两类方法各具短长：STED 需要依赖共聚焦显微成像系统，并在其上加一个环形受激辐射光源，光路较为复杂，所需要的发光功率也高，但不需要特定的荧光染料和进行复杂的后期图像处理。PALM/STORM 则只需两束入射激光实现光控，仪器设计较为简单，所需功率也小，然而需要特定的荧光染料和后期图像处理进行发光点定位。但不管是哪一种方法，目标都是一样的，即纳米量级的显微分辨率以及快速甚至是实时的单分子成像。当然，这一目标现在也都在各自的技术发明中实现了。这是光学显微镜领域 21 世纪初的开门红，是了不起的成就。神奇的是所有的这些突破性进展都挤在前后短短的几年时间里一齐出现，这里面是否还有什么潜在的原因和规律，有兴趣者还可以继续考证。

最后再聊几句闲篇儿。说起诺贝尔奖重视原创，以及文章发表日期上的竞争，近代科学史上最白热化的时期莫过于 20 世纪 90 年代后期的高温超导国际大竞赛。1986 年 IBM 苏黎世研究中心的两位物理学家柏诺兹（J. Georg Bednorz）和 K.A. 穆勒（K. Alexander Müller）在一个不起眼的杂志上不那么有信心地悄悄发表了一篇文章，报道了他们发现的 La-Ba-Cu-O 陶瓷氧化物中可能存在转变温度在 35K 的超导现象，世界范围的竞赛陡然掀起而且火热难收。当时休斯敦大学的华裔科学家朱经武率先于 1987 年发现 $YBa_2Cu_3O_x$ 中存在超导现象并且超导转变温度高达 93K，一举突破到液氮冷却温区（77K 以上），这给超导材料的大范围实际应用带来了曙光，在超导材料应用领域具有里程碑式的重大意义。当时公认 IBM 的两位肯定会获诺贝尔奖无疑，很多人特别是中国人都在揣测朱经武能否共题金榜。结果经武虽勇，怎奈 Y-Ba-Cu-O 也属陶瓷氧化物超导体，非原创。所以 IBM 的两位在文章发表的第二年也就是

1987年就获颁诺贝尔物理学奖，其他人甭管后来又把超导温度提高到哪里，只要还是没离开陶瓷氧化物，瑞典人一概不予考虑。

尽管高温超导的诺贝尔奖在现象被报道以后的第二年就发出去了，但在提高超导转变温度上的竞赛并未停止，而且高潮是一波接一波。一开始比的是谁发现的转变温度高，但因为是全球大竞赛而且现代化的通信设备使得消息传得飞快，出现的实验结果重复性太高，演变到后来就比是谁先"说"出来的，比拼发表速度直接导致了在新成果发表形式上屡创新招。先是出现了在刊出的文章上列明稿件被杂志社收到的日期，再到不投稿杂志社而改在报纸上发表，图个快捷。再后来第二天见报都嫌慢，改成当天开新闻发布会。现在期刊上登出的科技研究文章普遍都列有稿件收到的日期这一做法应该就是从那时候开始普及的。

## 2.7 光学显微镜结语

纵观整个显微镜的发展历史，无不是围绕着三大目标进行的，这三大目标是：看清尽量小的物体，无损伤观察活体，以及呈现清晰的像及最好的衬度。在本章2.2节中曾介绍过的17世纪英国显微学家胡克曾乐观地夸口说："借助于显微镜，没有什么东西小到能逃脱我们的探究。"从历史的角度看，这种看法显然是过于乐观了。那时的复式显微镜分辨率才只达到10微米左右。尽管同一时期的列文虎克用分辨率达2微米的简式显微镜成功地观察到了细菌等微生物而成为显微生物学的先驱，科学的进步却使人类的视野再一次面临着神秘世界的挑战。

19世纪到20世纪初的种种科学研究表明存在着一些即便用当时可达0.2~0.3微米分辨率的显微镜进行观察也仍然不能看到的生物体，这撩不起的面纱甚至使天才的阿贝因此绝望。他曾在1873年预言，要想取得更高于光学显微镜分辨率的分辨能力，需要一种全新的仪器。为了追求这一更高目标，人类又开始了围绕上述三大目标的新一轮技术革新。电子显微镜应运而生，这是 20 世纪 30 年代的事，正好接下光学显微镜的火炬，从观察微观世界向探索更加神秘的原子世界迈进。那么电子和显微镜到底有什么关系，是什么机缘巧合又是多少大师的风云际会才孕育出电子显微镜，电子显微镜为什么竟然能使人亲眼看到原子，是什么原因导致电子显微镜问世超过半个世纪之后才获得诺贝尔奖，种种疑问都将在下几章逐一揭晓。

# 不到长城非好汉

## 突破纳米极限的电子显微镜

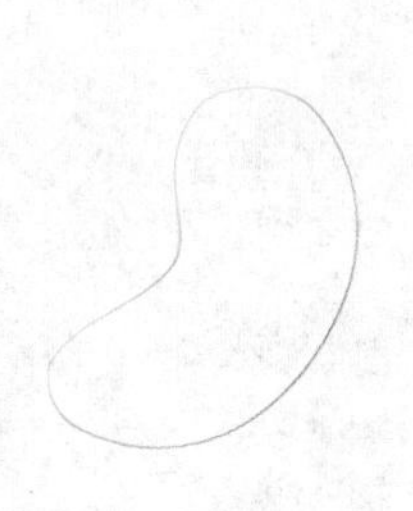

鲁斯卡和诺尔于 1931 年成功制造出了历史上第一台真正意义的电子显微仪器。这台仪器具有两个电磁透镜，二级放大后可得到 16 倍的放大像。当时的鲁斯卡还是个 25 岁的学生，尚未完成博士学位的工作。因为不懂量子力学，所以当鲁斯卡从一位物理学家处得知电子具有波动性时还挺郁闷，以为电镜的分辨率也会像光学显微镜一样受到阿贝成像理论制约所以不可能太高。后来当得知电子波的波长非常短，使电镜甚至具有分辨原子的潜力，他这才转忧为喜。

1926—1933 年量子力学的发展，使人类意识到了电子的波粒二象性。电子波波长远小于光波波长成为提高显微镜分辨率的希望所在。鲁斯卡（Ernst Ruska）在一度失业的困难时期，仍以极大的热情与“不到长城非好汉”的执著，坚持追寻突破光学显微镜分辨率的良方，终于与诺尔（Max Knoll）一道在1931年发明了历史上第一台电子显微镜，开启了人类通往原子世界的大门。

## 3.1 呼之欲出

### 3.1.1 神秘的病毒

如果说 17 世纪后半期列文虎克用自制的简式显微镜成功地观察到细菌等微生物的存在使人类对于生命世界的认知又前进了一大步的话，人类所面对的来自微生物世界的第二个重大挑战却使得最好的光学显微镜也无能为力了。事情源于 19 世纪下半叶，德国著名医生郭霍（Robert Koch，1843—1910）在研究止痛药的过程中，发现可能存在一类很特殊的微生物，它们是引发一些传染病和肺结核及霍乱的罪魁祸首。光学显微镜研究及动物实验很快就确认了这种细菌的存在。细菌可导致传染病的结论也因此确立。郭霍由于其在肺结核杆菌及霍乱杆菌方面的发现和研究获得 1905 年诺贝尔生理学或医学奖。

然而真正使光学显微镜都感到无奈的麻烦其实在后面。在深入调查 1897—1898 年爆发的口蹄疫灾情过程中，莱夫勒（Friedrich Loeffler，1852—1915，德国）和弗罗施（Paul Frosch，1860—1928，德国）推测在患病动物的胞囊液体中寄生着一种极微小的感染体，它们是如此之小，以至于用当时 19 世纪末已臻完美的光学显微镜都不能够看到。正因为很小，这种感染体可以轻易穿过生物体的细菌过滤网（淋巴）而导致牛和猪感染口蹄疫。就在同一时期，俄国植物学家伊万诺夫斯基（Dimitri Ivanovski，1864—1920）于 1892 年及荷兰微生物学家贝杰林克（Martinus Beijerinck，1851—1931）也在研究一种可传染的烟草植物疾病过程中，发现存在一种可穿过植物细菌过滤网的感染体。其后更有甚者，在细菌培养实验中，英国细菌学家托特（Frederick W. Twort，1877—1950）和加拿大裔法国籍细菌学家德迪莱尔（Felix D'Hérelle，1873—1948）分别发现，细菌本身也会被某种神秘的流行病攻击。德迪莱尔因此认为存在着一种超小活体，可寄生于细菌中并且自我复制，他因此将这种超小活体命名为细菌噬菌体（bacteriophage）。

所有这些积累的事实使得一种与已知的细菌完全不同、尺寸远小于细菌的神秘微生物的身影逐渐浮现出来。由于这种微生物可以穿过防细菌的过滤网而感染生物体和植物体，且不能被光学显微镜识别出来，更重要的是当时还不知道如何人工培植，“过滤性病毒”或“病毒”这一名称应运而生。由于显微镜分辨率的限制（19世纪末达0.3微米）及病毒的超小尺寸（典型大小为0.1微米或更小），病毒的存在直到1938年才获得直接证据。而这一关键证据的取得，是使用电子显微镜所取得的重大成果之一。这是后话，留在第8章详谈。

从病毒的被假设存在到被直接观察到，中间经历了大约半个世纪。要知道18世纪末到19世纪上半叶的这半个世纪，正是对各类传染病进行广泛研究的年代。病毒是否存在并像想象的那样导致疾病的传染，成为医药学家及生物学家们最急于解开的一个谜团。由于阿贝理论论证了光学显微镜的分辨率不能无限提高，因此对于一种拥有比光学显微镜具有更高分辨率的显微工具的渴望也就格外强烈。在这种背景下，发明新的显微镜也就被提到日程上来了。有趣的是，当具有更优异分辨率的电子显微镜发明之后，很多生物学家们反倒对电子显微镜在生物样品研究中的可行性质疑起来，这在后面会有详述。虽然医学及生物学界渴望新的显微工具，但这只是发明电子显微镜的原动力之一。导致电子显微镜诞生的真正直接推手则是物理学上对阴极射线及电子光学的研究引发的一系列重大发明。

### 3.1.2 阴极射线的启示

电子光学理论初成于19世纪末至20世纪初。它的出现前承阴极射线的研究，后启电子显微镜的发明，因而在显微镜发展史上具有独特的历史地位。电子光学现象其实早在1897年英国科学家J.J.汤姆孙（Joseph John Thomson，1856—1940）发现电子以前就被人类注意到了。在古代时期记载的北极光可能是最早被发现的电子光学现象。极光是天空中的一种特殊光芒，是人们能凭肉眼看见的唯一的高空大气发光现象。这种极光色彩斑斓，美丽异常，常呈黄绿色，也有黄光或红光。图3-1是2003年11月在芬兰拍摄到的地球北极极光的壮丽奇景。

我们知道地球本身是一个巨大的磁体，它的两个磁极就是我们所说的北极和南极。当从太阳发出的外太空电荷、太阳气流或称太阳风，到达地球并与地球磁场发生作用时，会使电荷汇聚并沿地球磁极方向运动。这种电子束的运动，使周围大气层中的分子发生电离从而产生在离地球约100千米远的高空形成能量高达100万兆瓦的放电现象。瑰丽的光芒最常出现在南、北极圈，纬度67度附近，出现时可覆盖方圆4000千米的天空，这就是我们看到的极光。对于极光成因的解释，首见于挪威物理学家伯克兰（Kristian Olaf Bernhard

图3-1

摄于芬兰的北极极光照片。极光是一种高空大气发光现象。当外太空电荷进入地球磁场时会形成定向运动的电子束，电子束周围大气层中的分子发生电离，产生放电并发光。

Birkeland，1867—1917）在1896年发表的一篇文章。在文章中他由阴极射线实验推论出北极光乃是太空电荷与地球磁场作用的结果。这一推论看起来是那么可信而自然，因为阴极射线实验现象之一就是在真空管中经电子激发而产生的发光，这与北极光的产生是出于相同的道理。

阴极射线的研究可源于1706年豪克斯比（Francis Hauksbee，英国），但直到1859年真正的具有直线传播特性的阴极射线才被德国数学物理学家普吕克尔（Julius Plücker，1801—1868）发现。随后的实验与理论工作使得阴极射线在磁场中的运动轨迹和运动方程在1896年由法国科学家庞加莱（Jules Henri Poincare，1854—1912）解决。

阴极射线（Cathode Ray）这一名称源于戈德茨坦（Eugen Goldstein，1850—1930），专指在极稀薄气体中由高电压导致的电流射线。克鲁克斯（William Crookes，1832—1919，英国）发现阴极射线可用凹透镜聚焦的事实已使得阴极射线传播与光学中光传播在理论有了很明显的可比拟之处。虽然在19世纪末这一阴极射线的光学性质还并未被破解，但是聪明的科学家已经开始使用轴对称的磁场或静电场来聚焦阴极射线，制成了物理学领域中广为人知的阴极射线示波器。

另一个与阴极射线有关的产品——阴极射线管，则成为早期电视产品中不可或缺的重要部件。阴极射线除了本身的高度应用价值外，在19世纪末至20世纪初对它的广泛研究导致了一系列的诺贝尔奖级别的物理、化学方面的研究成果（后面略有介绍）以及两项在科学及应用领域影响深远的发明，即X射线的发现及其后基于电子光学基础上的电子显微镜的发明。在介绍电子显微镜诞生之前，我们先不妨看看著名的X射线是怎样被发现的。

### 3.1.3 无名的射线

X射线中的字母X，在数学中经常被用来代表未知数，而X射线的命名本意，大概也正在于其被发现之初人类对其本质实无一丝了解，在其之前的历史上也毫无踪迹可寻，可称是名副其实的无名射线。当然这个被称为“无名”的射线（X射线），自被发现之后声名鹊起，在科学发展史上和日常应用领域可说是大大有名。人们也称X射线为伦琴射线，是为了纪念其发现者、德国物理学家伦琴（Wilhelm Conrad Röntgen，1845—1923，图3-2）。

伦琴于1845年3月27日出生于德国下莱茵省的勒内（Lennep），是一个布料商人的独子。3岁时随家迁往母亲的故国荷兰。在上小学期间，伦琴就显示出对大自然的热爱，并喜欢动手做机械方面的发明，但是在学习上并未显示有什么特殊的天分。当其20岁进入荷兰乌特列支（Utrecht）大学学习物理后，在没有完成所规定的学业情况下转学到了瑞士苏黎世工业学院，并改行学习机械工程。令人刮目的是，伦琴只上了4年大学（包括转学）就在24岁时拿到了苏黎世大学的博士学位，并留校当助教，后随导师转至法国斯特拉斯堡（Strasbourg）大学。以后又于1888年转到德国维尔茨堡（Würzburg）大学，并最终在发现X射线后的1900年接受德国巴伐利亚（Bavarian）州政府的特别邀请，来到该州慕尼黑大学任实验物理主任，在此终其一生。

图3-2　伦琴

伦琴发表第一篇科学论文是在25岁，即获得博士学位的第二年。他的早期研究兴趣很杂，包括固体的比热、热导率、电性，液体的折射率、温度及可压缩性，光的偏振等。当然伦琴的名字之所以为后人纪念主要是因为X射线的发现，而这一伟大的发现正是始于伦琴对阴极射线的研究。这项工作是伦琴在德国维尔茨堡大学工作时开始的，在那里他的一些同事像亥姆霍兹（Helmholtz）及洛伦兹（Lorentz）都是我们现在熟知的电磁学物理大师。在伦琴进入阴极射线研究领域的1895年，诸多在那之前的研究已使得人们对阴极射线了解甚多，这一点在上一节已介绍过了。而恰恰是伦琴的研究导致了惊人的发现，这不能不说是伦琴的运气，带有一定的偶然性，但也是他出色的洞察力和高超的实验设计的必然结果。

伦琴的实验设计据说是源于一个偶然的发现。在一次对阴极射线的实验研究之后，伦琴偶然发现一些存放于实验室但未曾使用过的照相胶片离奇地被曝光了。伦琴没有轻易放过这一现象，在确定胶片质量没有问题后，在好奇心的驱使下设计了一个实验。1895年11月8日的晚上，伦琴在他的实验室中将一个阴极射线管密封于一个不透光的厚纸板箱中，关闭所有光源后，整个实验室处于完全的黑暗之中。当他将一个氰铂酸钡荧光屏在纸箱外对着阴极射线管方向时，发现荧光屏发出亮光，即便是将荧光屏放在距纸箱两米之远，亮光仍然可辨。伦琴敏感地意识到一定有某种未知且看不见的射线从阴极射线管发出。这种射线可以穿透物质（如纸箱）而照在荧光屏上产生亮光。同样的道理，也正是这些射线造成了未开封的感光胶片离奇曝光。在以后的系统实验中，伦琴进一步发现这种看不见的射线对于不同物质的穿透能力不一样。而这种新射线的产生与阴极射线原理不同但密切相关，应该是由阴极射线轰击某种物质而引发的。因为对这种未名射线的性质一无所知，所以伦琴将其命名为X射线。那年伦琴50岁。

为了给妻子一个意外的惊喜，伦琴有一天将妻子带到实验室，让她将手放在X射线下照射。当他的妻子看到自己戴着戒指的手在照相底片上变成戴着戒指的骨骼时，惊悚万分而绝对不是惊喜。可以想象在 19 世纪末的年代里，任何活生生的人突然莫名其妙地亲眼看到自己的一副如骷髅般的骨架时，当真是如逢鬼魅，哪还能兴奋得起来呢。正因如此，当这幅戴戒指的人手骨骼照片在全球的报纸上发表以后，举世轰动（图 3-3）。这幅照片被认为是历史上第一幅 X 射线透视像，也成为 X 射线诞生的经典标记。这幅照片本身的另一个重大启示就是，X 射线可以穿透肉体，使人看到骨骼。这在医学上的意义之大，以前的医学工具鲜有能望其项背者。伦琴的发现正式发表于 1896 年，文章中就有那幅戴戒指的人手骨骼照片 [18]。在伦琴的发现公布以后，医生们立即将 X 射线投入医疗诊断之用。3 个月后，很快就有人发现过强的 X 射线会严重灼伤人体器官，甚至导致死亡。但之后长期的研究及技术革新，使得 X 射线逐渐成为现代医疗诊断不可或缺的安全又直观的工具。除了在医疗方面的应用，X 射线对大部分物质的可穿透性也被科学家们用来研究晶体的结构，而最初这方面研究的成功也与伦琴有直接的关系。

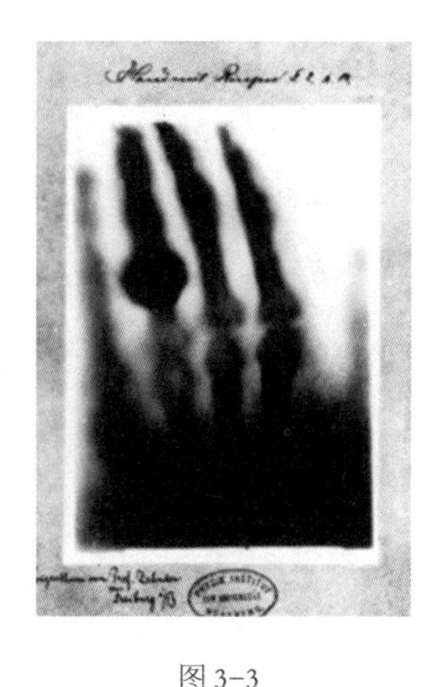

图 3-3

伦琴妻子戴戒指的手的 X 射线透视照片。

伦琴在发现 X 射线后，1900 年转到德国慕尼黑大学任职实验物理主任。因为他的大力支持，使得固体物理学家索末菲（Arnold Sommerfeld，1868—1951）获得了该大学理论物理学教授的职位。这一职位自前任的著名量子物理学家玻尔兹曼（Ludwig Boltzmann）去逝后曾空缺多年，可见索末菲的实力和伦琴的眼光之准。在 1910 年，索末菲给他的学生爱瓦尔德（Peter Paul Ewald，1888—1985）出的论文题目涉及晶体点阵问题。这在当时绝对是个难题，因为晶体结构在那个缺乏有效观察手段的年代仍是一个谜。为此爱瓦尔德找到普朗克(Max Planck)以前的学生劳厄(Max von Laue，1879—1960）来讨论这一问题。

当时劳厄在索末菲的研究组中工作，研究波动光学。正是在与爱瓦尔德的讨论中，劳厄产生了晶体具有三维空间结构的想法，并猜想，正如光可被光栅所衍射那样，晶体的周期性三维结构也应对X射线产生衍射。在其他同事支持下，劳厄展开了用X射线验证晶体三维结构的实验。实验开始于1912年4月21日，用硫化锌晶体做样品，经过一系列努力取得了令人兴奋的结果，证明X射线穿过硫化锌晶体后的确产生衍射，在底片上留下四重对称的衍射斑点。X射线衍射在人类历史上首次证实了晶体具有完美的对称结构。劳厄的结果于1912年6月8日送出发表，标志着原子尺度的微观晶体学的诞生。当然正是X射线扮演了现代晶体学的催生者角色。

伦琴由于发现了神通广大的X射线而于1901年获颁第一届诺贝尔物理学奖，当时伦琴56岁。值得注意的是伦琴获诺贝尔奖是在其做出发现仅六年之后。这么短时间即获奖在诺贝尔奖以后的颁奖历史中也不多见，可见伦琴这项发现的轰动效应及重要性。除诺贝尔奖外，伦琴一生获奖无数，但他仍一直保持了谦逊和作风严格的品质。例如，他的很多同事都建议将X射线正式命名为伦琴射线，但他本人却不同意，坚持应该使用X射线这一名称。但可能是出于对伦琴的尊敬，一直到现在，X射线在德国还不时被称为伦琴射线。又例如，虽然地位显赫，但伦琴仍不好意思找助手帮忙做事而尽量亲力亲为。伦琴在慕尼黑大学工作直到1923年逝世，享年78岁。

## 3.2 电子显微镜诞生

如果说 X 射线是研究阴极射线过程中的一个意外发现的话，那么电子显微镜的诞生则是阴极射线研究的一个自然延伸。当然这种延伸成为可能，与量子力学和电子光学的发展有着不可分割的关系。

### 3.2.1 奏响序曲

在第 2 章中曾提到阿贝公式表明光学显微镜的分辨率极限与光波的波长成正比，即波长越小，显微镜可分辨的两点间距越短，或者说显微镜的分辨率越高。但是在阿贝时代（18 世纪后半期到 19 世纪初），已知的所有的光即使是波长最短的紫外光，也未能使光学显微镜的分辨率极限达到 100 纳米（0.1 微米）以下。这种似乎濒临绝境的窘况使得阿贝本人都感叹“人类的创造性已基本上没有希望找到方法和途径克服这个极限了”（“It is poor comfort to hope that human ingenuity will find means and ways to overcome this limit”）。但是人类的创造力有时会超出人类自己的想象力。伦琴发现的 X 射线就曾给提高显微镜分辨率带来一线希望。

上节讲到劳厄于 1912 年成功地利用 X 射线晶体衍射证明了晶体的周期性结构。但在当时，他的关于晶体对 X 射线衍射的理论一直引发争论，连他的上司索末菲教授也对此尚存疑问。争论的起因在于对 X 射线是如何在晶体中发生衍射的这一基本问题当时无人知晓。一直到 1913 年，英国物理学家布拉格父子（William Henry Bragg，1862—1942 和 William Lawrence Bragg，1890—1971）推出 X 射线衍射理论，且在同年的三次国际会议上有多项实验报告均证实了 X 射线的晶体衍射现象，劳厄的 X 射线晶体衍射理论才最终获得一致肯定。

劳厄因发现晶体中 X 射线衍射而获 1914 年诺贝尔物理学奖，布拉格父子因用 X 射线研究晶体结构的成就而同获 1915 年诺贝尔物理学奖，那一年儿子小布拉格 24 岁，成为到 2014 年为止获奖时年龄最小的诺贝尔物理学奖得主。

X 射线衍射理论的确立是 X 射线晶体学的基础，X 射线衍射成为确定晶体结构的最强有力工具之一，可见 X 射线衍射理论之重要。不可忽略的是，X 射线衍射理论的基础在于 X 射线的波动性。X 射线波长之短（如 0.154 纳米或更短）更是比光波中波长最短的紫外光（波长 365 纳米）还小何止成千上万倍。有这么小的波长且又具有很强穿透本领的射线，当然是制造具有超级分辨率显微镜的理想照明源。然而令人遗憾的是，当时人们发现没办法制造出能使 X 射线像光线那样聚焦的透镜。因此 X 射线虽好，到底没能在其问世后不久发展出 X 射线显微镜。

在现代科学研究中，科学家们已研制出多种可将 X 射线聚焦的方法。方法之一是制成由透光和不透光区域间隔排列的组合板来使发散的 X 射线被抵消，仅保留下会聚的射线。因为这种间隔排列带类似于光学中的菲涅耳光栅，所以称为菲涅耳光栅区板（Fresnel Zone Plate）。由此进一步制成了 X 射线显微镜。这是题外话，不再深入探讨。

X 射线虽然未能在显微镜方面发挥作用，但却给了科学家们一个重要启示，那就是在这个世界上显然还是存在着比光波波长更短的“光线”，而这正是制造超级显微镜的希望所在。

时间进入 20 世纪 20 年代。在 1923—1928 年间，相继问世了多项重量级的科学发现，奏响了人类发明电子显微镜的序曲。量级多重？每项发现都获得了诺贝尔物理学奖。1923 年，法国科学家德布罗意（Louis de Broglie，1892—1987）首先提出了电子的波粒二象性的设想，即电子虽可被看作粒子，但运动中的电子也具备波的性质。德布罗意因此获得 1929 年诺贝尔物理学奖，成为一百多年至今荣获诺贝尔奖的学者中唯一具有亲王头衔的人。德布罗意的大胆推测得益于当时物理学界的两大划世纪的突破——相对论和量子力学的建立。借助于这两大利器，德布罗意在阐述了电子波粒二象性之后，又成功地推导出电子波长的正确表达式：$\lambda = h/mv$，式中 $m$ 代表电子质量，$v$ 代表电子速度，$h$ 代表量子力学中的一个常量，称为普朗克常数[19]。这个电子波长被科学界命名为德布罗意波长。在这个电子波长表达式中，电子的质量与速度都与电子的加速电压有关。

例如，如果电子在 60 千伏电场中加速运动，其电子波长大约为 0.05 埃。而如果将加速电压提升至 200 千伏，则电子波长减小一半，大约为 0.025 埃。这么小的波长，正是制造超高分辨率显微镜的绝好“光源”。而由当时已知的 X 射线在晶体中的衍射行为，人们也可推知电子波在晶体中也应有类似的衍射行为。形势看来不错。但是且慢，阻碍 X 射线显微镜发展的问题此时又一次浮现。电子束能像光线那样被透镜聚焦吗？换句话说，与光学玻璃透镜功能相对应的电子透镜存在吗？事实是，在德布罗意阐明电子波动性的 1924 年，电子透镜并不存在，但它的问世倒也为时不远了。

紧随德布罗意的电子波动性理论之后，另一位量子力学著名奠基人之一的奥地利物理学家薛定谔（Erwin Schrödinger，1887—1961）受爱因斯坦（Albert Einstein，1879—1955）的启发，利用百年前哈密顿（Hamilton）提出的粒子运动动力学与光学的相似性理论，于 1926 年成功推导出了电子波在电磁场中的运动方程。这一著名的薛定谔方程，将当时已成规模的量子力学理论推向更高层次，可以解释在此之前量子力学所不能解释的原子或分子光谱的原理。薛定谔因此成就荣获 1933 年诺贝尔物理学奖。不仅如此，薛定谔方程阐明了电子的传播动力学轨迹与光学系统的概念相对应的事实。如果假设光波的传播介质（如玻璃）之折射常数正比于电子运动速度，则电子波在电磁场中传播与光波（光波是一种电磁波）在介质中传播可以完全比拟。这一重要的可比性，提出了一个问题，就是既然光波可经玻璃透镜聚焦，电子束也应该可以聚焦。但怎样才能实现呢？

历史的巧合常令人感到不可思议，也算是无巧不成书吧。就在薛定谔于1926年奠定电子波在电磁场中传播的理论基础的几乎同时，德国的布施（Hans Walter Hugo Busch，1884—1973）经过对阴极射线的断断续续15年的研究，终于在1926—1927年先后发表数篇文章报道了轴对称电磁场对电子束的透镜聚焦效应，从而一举奠定了几何电子光学的基础[20]。

为什么说布施的发现是历史的巧合呢？表面上看，在德布罗意于1923年、薛定谔于1926年先后对电子的波动性及电子在电磁场中的运行轨迹提出论述后，布施紧随其后于1926年发现的轴对称电磁场的透镜效应实应是受前面两项发现启发的结果。但事实是，布施做出这项发现，完全是他就轴对称磁场或静电场对阴极射线的聚焦作用机制长期不懈地钻研得出的成果。由于这项工作的独立性，使得1926年布施提出电子会聚原理之时，并未想过相关的波动力学或哈密顿（Hamilton）相关性。只是当他把他的文章给一个理论物理学家看时，物理学家评论说："这可真是一个绝妙的哈密顿相关性的例子！"可以说，至1926—1927年，以电子束聚焦为核心的几何电子光学无论在理论方面还是在实践方面都已初步成形。由于使电子束聚焦的电子透镜效应是今后发明电子显微镜的基础，在此向读者略加介绍。

电子透镜是一种概括的称呼，它分为电场式、磁场式及电磁场式三类，统称电子透镜。现代电子显微镜中多采用同轴磁透镜或者电磁透镜。电磁透镜的组成中首要的是一个金属线圈。当线圈通上电流后，由于电磁感应而在线圈的空心内产生轴对称的磁场。金属线圈外部包以用软铁制成的架子称为磁轭，可以将线圈中产生的磁场局限在磁轭内。当平行于线圈中轴的入射电子束穿过线圈的空心区时，会感受到线圈空心区内磁场的作用力。这种作用力分为两个方向，一个力的方向与电子束的入射方向相同，另一个力的方向则垂直于入射方向。这两个互相垂直的力对运动电子的综合作用结果是使得电子束不再是直线运动，而是沿螺旋轨迹向前运动，并最终与线圈中轴相交。因为所有靠近且平行于线圈中轴入射的电子束都最终会聚于中轴上的同一点，类似于第 2 章讲过的玻璃透镜的焦点，就造成了平行电子束穿行过电磁线圈中空区后的聚焦现象，所以称这类装置为电子透镜，上述原理可见于图 3-4。

与光学透镜有所不同的是，光学透镜既有可聚光的凸透镜也有可散光的凹透镜，而电子透镜只能聚光不能散光。换句话说只有电子凸透镜而电子凹透镜是不存在的。因为这个缘故，第 2 章中所介绍的光学显微镜设计中利用凸—凹透镜组合消除色差的方法在电子显微镜中就不适用了。解决电子显微镜色差的方法在后面会有介绍。

紧接布施 1926 年报道的电磁场对电子束的聚焦效应，马上能想到的就是电子衍射效应了，刚才说过的早先 X 射线的历史就是那么发展的，从伦琴的射线到劳厄的衍射，不是吗？果不其然，1927 年，美国贝尔实验室的戴维森（Clinton J. Davisson，1881—1958）首次实现了电子衍射，从而以实验证明了德布罗意的电子波粒二象性的推测[21]。

独立于戴维森的实验，英国的 G.P. 汤姆孙（George P. Thomson，1892—1975）在 1928 年报道了他利用改进的阴极射线管进行的电子束穿过铝和金等薄金

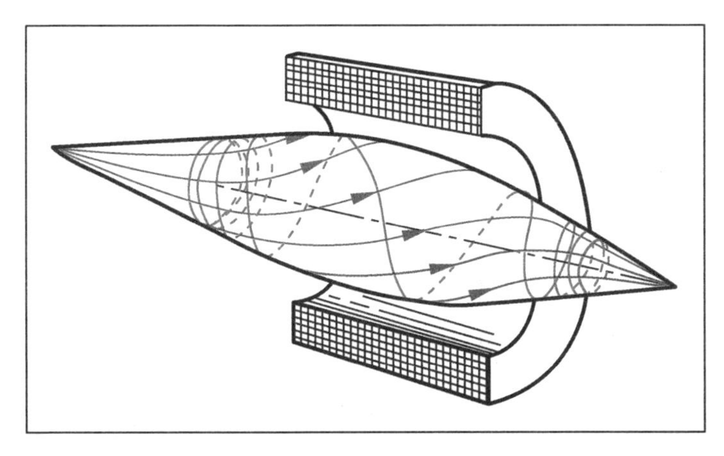

图 3-4

磁场透镜中电子束螺旋前进轨迹示意图，与电子轨迹（红）垂直的曲线（蓝）是用来凸显螺距的变化。

属样品产生的衍射现象，这可能是史上第一台专门用于电子衍射研究的设备（图 3-5）[22]。G.P. 汤姆孙的实验不仅证实了德布罗意所预言的电子的波粒二象性，同时由于他率先使用了 15~60 千伏的高电压对电子进行加速，电子的高速度已经需要引入当时刚出炉没几年的爱因斯坦的相对论理论来计算电子质量。经过相对论理论修正过的电子质量也改变了电子波长并在电子衍射实验中得到完美体现，实验结果与理论预期完全契合，同时又完美地验证了德布罗意的电子波粒二象性理论和爱因斯坦的相对论理论，一箭双雕。戴维森和 G.P. 汤姆孙因对电子衍射的发现共享 1937 年诺贝尔物理学奖。生活在那个物理新发现井喷年代的物理人，真是令人羡慕！

G.P. 汤姆孙的父亲是 1906 年诺贝尔物理学奖得主 J. J. 汤姆孙（J.J. Thomson），他的获奖是因为发现电子、确认电子的粒子性并测量出电子电荷质量比。老汤姆孙发现电子的粒子性，小汤姆孙确认电子的波动性，电子这小东西简直让汤姆孙家给琢磨透了。这一门双杰，比肩布拉格父子。老汤姆孙是英国剑桥大学卡文迪什实验室第三任主任，剑桥学派的奠基人之一，同事及学生中顶级物理学家、化学家星光熠熠，盛极一时。除了老汤姆孙自己及其儿子小汤姆孙先后获诺贝尔物理学奖外，其学生、助手和同事中获诺贝尔奖的还有卢瑟福（E. Rutherford，1908 年诺贝尔化学奖），巴克拉（C.G.Barkla，1917 年诺贝尔物理学奖），阿斯顿（F.W.Aston，1922 年诺贝尔化学奖），威尔逊（C. T. R.Wilson，1927 年诺贝尔物理学奖），理查森（O.W.Richardson，1928 年诺贝尔物理学奖），真是个英雄辈出的地方。

如果细想想这个事会觉得挺不可思议。比方说，如果现在哪个工作单位里每隔五年八年的就有一位同事拿回个诺贝尔奖，主任拿完奖学生又去拿，过多少年主任的儿子还去拿，老张今年刚领完奖，下一年小李又去斯德哥尔摩了，简直是天方夜谭。可 20 世纪初的那 20 年左右的时间里，剑桥的卡文迪什实验室真就是那么个光景。不过话说回来，人都说富不过三代，科学界也同理。一般来说，老师的水平决定了学生的格局，虽说名师出高徒，青出于蓝的事时有所闻，也都是一时佳话，但毕竟只是少数。都知道名师难投，岂知能胜于蓝的学生更是可遇而不可求。就一般情况来说，两三代甚至一两代学生下来，余威虽有但已盛况不再，该轮到别人露脸了。剑桥如此，本书中的很多故事也都是这样，各领风骚多少年，各位可以留心细品。

经过 G.P. 汤姆孙改造的高加速电压阴极射线管电子衍射仪在后来的 20 多年时间里不断被后人继续改进，横躺式变为直立式，玻璃管改为金属腔，气体放电被钨灯丝代替，最终促成专用电子衍射仪商业产品的诞生，与电子显微镜产品在市场上并行了数年。后来因为 1944 年电子显微镜上增加了选区电子衍射功能，专用电子衍射仪才逐渐退出历史舞台，这是后话。

巧合的发明孕育了伟大的突破。从 1924 年到 1928 年，电子的波动性、极小的电子波长、电子束聚焦的实现、电子传播动力学理论的建立以及电子衍射的实现，都使得用电子束代替光束、用电磁透镜代替玻璃透镜而制造超高分辨率显微镜的想法应运而生。特别是围绕利用阴极射线管进行电子衍射的一系列工作，促使阴极射线管逐步走向所谓的电子衍射仪。电子显微镜的发明工作就在这样的一个新物理思想火花四溅、新实验技术层出不穷的时代

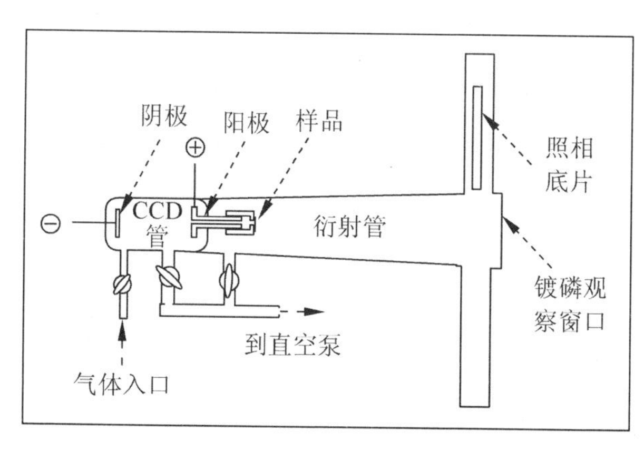


图 3-5

G.P 汤姆孙利用改进的阴极射线管设计建造的专用电子衍射设备，并用它研究了电子束穿过铝和金等薄金属样品时产生的衍射现象。

悄然开始了。这里说“悄然开始”，恰当地说明了电子显微镜的发明活动起初是默默进行、顺水行舟式的，目标并不是非常明确，而且经历了相当大的困难。这里面既有技术上的困难，也有可行性上的质疑，更有后来令人瞩目的专利之争。且待下节一一道来。

### 3.2.2 横空出世

正如上节介绍，到了1927年，电子光学无论在理论上和实践上都已初具规模，以电子光学为基础的电子显微镜（简称电镜）的发明事后看来也颇顺理成章。例如电子光学的先驱之一，曾于1947—1948年发明全息术并因此荣获1971年诺贝尔物理学奖的英国物理学家盖博（Dennis Gabor，1900—1979，匈牙利裔）曾回忆说，1928年时曾有人向他建议利用轴对称电磁场聚焦电子束的功能制作电子显微镜。盖博当时反问道：“电子显微镜会有什么用吗？电子束会把所照射的物质烧成灰吧。”盖博在电子光学方面造诣非凡，但他仍老老实实地承认在1928年时，对电子显微镜的可行性并未有充分的认识。当然，那个时候盖博才28岁，刚刚博士毕业而已。事实上，在当时，没有任何人能预见电子显微镜的实现和其不可估量的价值。可见人类对任何新生事物的充分认识，往往都是经过大量的实践积累所取得的。光学显微镜300年的发展史证明了这一点，而电子显微镜的发明与应用也是从一点一滴做起的。

电子显微镜最早的发明工作现在公认始于德国工程师、物理学家鲁斯卡（Ernst Ruska，1906—1988）。虽然1927年布施发现了轴对称电场或磁场对电子束的聚焦效应，但实际上刚才提到的那位盖博在同一时期正在德国柏林高等工业学院（柏林高工，今柏林技术大学）攻读博士学位，研究的也是利用磁场对阴极射线既电子束的聚焦，他还利用此一电子束聚焦原理制成了一种简单的阴极射线示波器。1927年盖博获得学位后离开了该校，但柏林高工想继续把这种仪器进一步改善后应用于高压电及真空技术方面的研究。负责接手这一计划的是当时的一位助教诺尔（Max Knoll，1897—1969）博士，鲁斯卡就是当时诺尔指导下的几个学生之一。图 3-6 为诺尔、鲁斯卡以及诺尔组里的另一个学生鲍里斯（Bodo von Borries，1905—1956）的照片，两个学生年轻时都是帅小伙儿，鲍里斯对后来德国电镜的商品化作出了很大贡献。从某种角度看，盖博的早期工作实际上为诺尔和鲁斯卡的电镜发明工作奠定了基础。

鲁斯卡于 1906 年 12 月 25 日圣诞节之日出生于德国海德堡的一个科学之家，父亲是一位大学教授。在七位兄弟姐妹中，鲁斯卡排行老五。他的弟弟 H. 鲁斯卡（Helmut Ruska，1908—1973）以后从事生物科学方面的研究，对电子显微镜在生物科学领域的应用起了重要的推动作用。为了不致混淆，我们在这里称弟弟为小鲁斯卡。据鲁斯卡的孙子向笔者透露，鲁斯卡兄弟早在他们还不到 10 岁的时候（约 1915 年）就曾幻想着打破光学显微镜的分辨率极限。

1927 年，19 岁的鲁斯卡加入柏林高工诺尔博士的研究小组，开发能够测量雷电对高压导线之影响的高性能阴极射线示波器。鲁斯卡的具体任务是研发能用于制造所需真空系统的材料，同时鲁斯卡本人也对电子射线的光学行为具有浓厚的兴趣。在同一组中还有其他的学生，鲍里斯是 1928 年加入的学生，当时他负责研究的是如何将照相技术应用于阴极射线示波器。鲍里斯后来与鲁斯卡的七妹结婚，成为了鲁斯卡的妹夫。不仅如此，鲍里斯在鲁斯卡的影响下积极参与了电子显微镜的发明和商业化工作，成为鲁斯卡工作生活

图 3-6

电子显微镜发明三杰：左，诺尔；中，鲁斯卡；右，鲍里斯。

中的亲密伙伴，可惜后来英年早逝。

鲁斯卡在科学生涯中所完成的第一项工作是于1928—1929年验证布施提出的通电线圈产生的磁场具有对电子射线聚焦的作用。在这一工作中，鲁斯卡意识到如果在线圈外加一个铁盖，可以缩短电磁透镜的焦距。受此启发，鲁斯卡动手制作了真正意义上的电磁透镜，从而开启了研发电子显微镜的进程。他设计的这种电磁透镜直到现在都还应用于电子显微镜中，只是制作工艺更加精良罢了。鲁斯卡在1928年的工作奠定了他在历史上成为成功研制电磁透镜的第一人。

当时在诺尔博士的研究组中，诺尔、鲁斯卡还有鲍里斯关系密切，经常在一起探讨工作。但由于不同的任务分工，诺尔和鲍里斯都只是参与讨论，而鲁斯卡则亲自动手去实现想法。鲁斯卡的第一件产品于1929年制成，这是一台装有单一磁透镜的“电子放大镜”。光源部分是一个阴极射线管，由其发射的电子束可被一个通电线圈制成的磁场电子透镜聚焦，透镜后面有样品和一个圆形光阑，所成的像可在一个荧光屏上显现出来。因为担心电子束通过时会烧坏样品，所以选用了具有很高熔点的白金丝和钨丝制成样品（白金熔点1769摄氏度，钨熔点3410摄氏度）。

由于整个系统是以阴极射线管为主，所以这台显微镜就像那时所有的阴极射线管装置一样是横躺式的，也就是说从光源到样品再到荧光屏都水平排列于一条线上，而不像一般的光学显微镜及后来的电子显微镜那样是立着的。这类横躺式设计在电镜发展之初多有出现，这也是电子显微镜脱胎于阴极射线管的必经过程。鲁斯卡这台仪器虽然简单，而且更像是一台阴极射线示波器，但却首次把电子束与显微镜结合到一起并且证明了电镜成像原理的可行性，因此具有重要的里程碑意义。

受1929年第一台自制仪器基本成功的鼓舞，鲁斯卡和诺尔再接再厉，于

1931 年成功制造出了历史上第一台真正意义的电子显微仪器。这台仪器具有两个电磁透镜，二级放大后可得 16 倍的放大像。与上一台仪器一样，这台显微仪器也是水平式的。1931 年 6 月 4 日，诺尔在柏林高工讲演，展示了这台新制造的电子显微仪器以及用这台仪器对“T”形光阑及粗金属丝样品所成的放大像。而在同年较早的 2—5 月份，这台仪器也曾公开展示过。当时鲁斯卡还是个 25 岁的学生，尚未完成博士学位的工作。40 多年后，鲁斯卡回顾当年，坦承他在研发工作之初其实并不知道电子具有波动性。这也可以理解，要一个 25 岁的工科学生了解两三年前才出炉的高深成果，又是那时物理学最前沿和最不可思议的量子力学领域，毕竟是太苛刻了点。当鲁斯卡研制出第一台电镜后才从一位物理学家处得知电子具有波动性，心情颇感郁闷，认为电镜的分辨率也会像光学显微镜一样受到阿贝成像理论制约，所以不可能太高。后来方得知电子波的波长非常短，使得电镜分辨率甚至可达分辨原子的潜力，他这才转忧为喜。从这件事上我们可以了解到，在电镜的发明过程中虽然离不开理论的同时发展与指导，但这种发展与指导的作用是长期和间接的，而不是短期和直接的。

细心的读者可能会发现，笔者在这里特别着重指明了鲁斯卡和诺尔的仪器在 1931 年的具体公开展示日期。这里面的一个重要原因涉及后来关于电子显微镜发明权的激烈争论。

## 3.3 发明权之争

就在鲁斯卡和诺尔于 1931 年推出第一台电子显微镜样机并于 1931 年 4 月 28 日投稿德国的 *Z. Techn. Phys.* 期刊报道他们的发明之时[23]，德国通用电气公司（简称 AEG 公司）的布鲁希（Ernst Brüche，1900—1985）也于 1931 年 11 月撰写一篇短文发表于 1932 年，宣称 AEG 公司致力于与鲁斯卡和诺尔类似的电子显微镜的开发研究工作已近一年[24]。事实上，布鲁希的确早在 1930

年就报道了将电子光学构件有意识地用于阴极射线示波器中[25]，但是AEG公司推出第一台电子显微镜样机则是1931年11月的事，晚了一步。与鲁斯卡和诺尔的电镜相同的是，AEG公司的电镜也是水平式的。不同的是AEG公司的电镜不是采用阴极射线管做电子源，而是用钨丝做“灯丝”发射电子，放大倍数为几十倍，这个电子发射枪比柏林高工的电镜高级多了。

有趣的是在1931年5月30日，也就是诺尔在柏林高工公开讲演并展示其第一台电子显微镜仪器前4天，德国西门子公司的总工程师鲁登伯格（Günther Reinhold Rüdenberg）向德国专利局递交了关于将数个磁场或静电场电子透镜组合而用于电子显微镜设计的专利申请。鲁登伯格也先后向英国、美国和法国递交了类似的专利申请。这项专利申请的提出日期与诺尔6月4日公开展示其电子显微仪器的日期是如此的巧合，颇为启人疑窦。关键是鲁登伯格不仅任职于西门子公司，而且还兼职于诺尔和鲁斯卡所在的柏林高工，任电机系教授，可见其人学识及能力确有超人之处。然而由于鲁登伯格本人在专利申请之前，并未提出过有关电磁透镜成像方面的任何成果报告，他的专利申请使人颇感突然。

为了澄清人们的疑虑，鲁登伯格在专利申请递交后的第二年，即1932年6月7日，给德国自然科学（*Naturwissenschaften*）杂志的编辑写了一封信，原文中声言“由于建造电子显微镜的不同建议近期从不同的来源出现，我想指出的是西门子公司在这项工作上，即在显微镜或望远镜中使用电子或质子束并引入磁场或电场方面已经进行了相当长时间。我们的最高目标是对静态或动态的超微小物体进行放大成像。……尽管我们早已于1931年5月提交了专利申请，但是在具体的实践发展工作完成以前，我们不准备发表任何细节[26]。”这篇声明告诉人们，西门子公司在这方面的工作是暂时保密的，所以尽管“我们”早就做了很多工作，但现在还不便奉告。事实上，在此之后西门子公司方面再未就此段历史发表过任何“奉告”。

尽管鲁登伯格的专利申请遭到质疑，尤其是AEG公司强烈反对，但还是由法国专利局在1932年12月批准了专利申请，又在第二次世界大战之后的1953年获得联邦德国专利局批准，从而使得鲁登伯格成为专利角度上的电镜发明人。但显然，鲁登伯格的电镜发明专利是颇受质疑的。第二次世界大战之后鲁登伯格曾经的助手施坦贝克（Max Steenbeck）曾向诺尔透露他本人在1931年参观过诺尔的实验室并看到了诺尔将于6月4日发表讲演的手稿后，将有关内容向鲁登伯格做了汇报，施坦贝克认为鲁登伯格是从汇报中获得启迪而推想出电磁透镜成像的概念。这段历史的介绍可参照郭可信先生《金相史话（六），电子显微镜在材料科学中的应用》一文[27]。

这场电镜发明权的竞争，在鲁斯卡及鲍里斯于1937年加入西门子公司后愈演愈烈，以致在1939—1945年第二次世界大战期间，在德国爆发了历史上最为严重的一次实力派之间的电镜发明优先权之争。两大阵营的一方是以已经加入西门子公司的鲁斯卡和鲍里斯为主，另一方则以德国AEG公司的布鲁希为主。双方都可谓阵容强大，也都在电镜的发明及发展过程中功勋卓著。鲁斯卡和鲍里斯的贡献已略有介绍，后面还会进一步提到。而前面所提到AEG公司的布鲁希则是最早在1930年有意识地在阴极射线示波器中使用电子光学元件，并在之后领导了AEG公司研究组的静电电子透镜与电子显微镜的发明与发展工作。布鲁希还于1934年与另一位著名的电子显微学先驱人物谢雷兹（Otto Scherzer）共同出版了电子光学领域中第一部极具影响力的著作——《几何电子光学》[28]。

除了挂帅的，当时在两大阵营中还有多位电子显微镜技术及理论方面的先锋人物助阵，例如AEG公司的马尔（Hans Mahl，1909—1988）及伯施（Hans Boersch，1909—1986）。前者于1939年制成AEG公司首台静电场电子透镜电镜并获取专利。前面已介绍过，鲁斯卡和诺尔于 1931 年展示的电镜是利用通电线圈产生的磁场使电子束聚焦，即电子透镜是磁场式的。而马尔于 1939 年所制电镜则是利用静电场使电子束聚焦，故称为静电场电子透镜。

AEG 公司使用静电场电子透镜的主因乃是为了寻求电磁场式透镜之外的途径制造电子显微镜。因为在鲁斯卡于 1937 年加入西门子公司后，电磁场式透镜已成为西门子公司专利。与用电磁场式透镜的电镜相比，在电镜中使用静电场透镜有一个巨大的优点，那就是不需要一个状态非常稳定的电源。但是以静电场透镜为主的电镜缺点也是很明显的，例如电子发射源极易污染而导致电子束的工作状态不稳定并会产生较大像差，所以需经常换灯丝。这些缺点使得静电场式电镜后来失去了发展势头。现代电子显微镜则全部是采用鲁斯卡等人的电磁透镜设计。

AEG 公司的另一位重量级人物伯施是一位电子显微学领域的思想家，善于提出启发性的问题。伯施于 1936 年发表文章首次提醒人们注意电子显微镜成像与电子衍射的关系，并首次演示了选区电子衍射[29]。后文会介绍到电子显微镜的几大优点之一就是可同时观察成像及衍射，伯施正是这一优点的始倡导者。而电镜工作者熟知的样品边缘的菲涅耳衍射条纹（欠焦时白色，过焦时黑色，正焦时不出现）也是伯施于 1940 年发现并对成因给予了正确解释。

话说两个阵营之间的优先权之争在第二次世界大战期间的 1939 年在德国引发了激烈的辩论。两大阵营均发表了一系列文章驳斥对方关于电镜发明及电镜理论方面的优先权的种种声明。争论一直持续了 5 年多。后来 AEG 公司因在战争中遭受重创而不得不于战后将电镜业务转给了德国的蔡司公司，这场德国学术界鲜见的、旷日持久的优先权争论方告结束。第二次世界大战后的西门子公司损失不太大，得以在电镜制造方面继续发展一马当先。值得一提的是，在两个阵营的优先权辩论过程中，德国的最高学术机构团体普鲁士科学院（Preußische Akademie der Wissenschaften zu Berlin）曾为了平息争论，而将1941年的莱布尼茨银质奖颁发给AEG公司的布鲁希、马尔、伯施，以及诺尔及在西门子公司的鲁斯卡、鲍里斯，还有阿登纳。

这位阿登纳（Manfred von Ardenne，1907—1997）的贡献也值得在此特别一提，因为他太有“概念”了。阿登纳实际上一直是单干，自己开了一家电子物理实验室，靠卖专利或者提供咨询服务获取收入。他曾为西门子公司做咨询服务多年，在那期间于1938年发表系列文章，首次详细探讨对于电镜分辨本领的限制因素以及电镜成像中色差效应的起因等，还曾首次提出扫描透射电镜和扫描电镜的概念[30]。阿登纳曾于1939年制成一台所谓全功能电镜，可用于观察明场和暗场像。而作为一个多产的作者，阿登纳还在1940年出版了历史上首部电子显微镜方面的专著[31]，里面包罗万象地涉及了透射电镜、扫描透射电镜和扫描电镜的理论及制造细节。这本书一经出版，立刻被刚开始研发电镜的日本引入并翻译成日文，对日本早期的电镜研发工作以及后来的透射电镜和扫描电镜商业产品的开发起到了关键的教育和助推作用。

阿登纳不但对电子显微术及扫描成像技术卓有贡献，也搞过电视显像管、核能装置和加速器，还在电频通信领域颇有建树。他15岁即拥有第一项专利，一生中名下共有600多项专利。苏军占领德国时，在他的实验室发现自制的电子显微镜、回旋加速器，还有同位素分离器等大型科学装置，对他的发明能力赞叹不已，随即与他达成协议，保留他战争后幸存的全部设备和资料，但要求他移居苏联。苏联是占领军，阿登纳人在屋檐下，不得已只能同意移居。去苏联后，他主导了同位素分离和等离子体研究项目，还忙里偷闲发明了桌上型电子显微镜。他10年后返回当时的民主德国（东德），又进入医疗诊断与治疗领域，发明了癌症疗法（估计不大管用）。“二战”后以同样的方式被“请”到苏联的德国顶级科学家还有很多，美国也这么做，这大概也是另一种形式的人才竞争吧。

关于 1939—1945 年间德国的这场电镜领域优先权之争，现在看来其中部分争论的焦点实在是由于语义上的曲解造成的，可见对新生事物的正确而统一的语言描述在事物发展之初是非常重要的。但这一点往往因为在事物产生之初，人们对其有限的认识以及试图确立各自的垄断地位而难以做到，因而就会产生争论。这一点在电镜的发明过程中屡获证明。例如，在诺尔和鲁斯卡于 1931 年 4 月 28 日的投稿中，并未使用过电子光学、电子透镜及电子显微镜等词。实际上，诺尔于同年 6 月 4 日在柏林高工的演示及讲演中，也还是称所展示的是一种基于阴极射线示波器的测量仪器。可见至少在那个时候，诺尔和鲁斯卡的头脑中还并未意识到他们正向一个全新的领域迈进。当然，鲁斯卡和诺尔在同年 9 月 10 日提交的一篇论文中已开始使用电子光学一词（contributions to geometrical electron optics）。鲁登伯格于 1931 年 5 月 30 日的专利申请中首次提出了电子显微镜一词，但未提及电子光学。这些用词上的不统一给电镜发展初期留下了不稳定的因素，也部分地导致了日后优先权的激烈争论。

由于这些优先权的争论，使得电子显微镜这项 20 世纪最伟大的发明之一迟迟未能获得诺贝尔奖的眷顾。直至电镜发明 55 年之后，80 岁的鲁斯卡成为硕果仅存的开路先锋时，才实至名归地荣获 1986 年的诺贝尔物理学奖，图 3-7 为鲁斯卡获奖时照片。而在同一年与鲁斯卡共获诺贝尔物理学奖的宾尼希（Gerd Binnig）和罗雷尔（Heinrich Rohrer）是因为 5 年前（1981—1982）发明的扫描隧道显微镜而获奖。5 年与 55 年，好一个鲜明的对比！说实在话，要不是鲁斯卡长寿的话，电子显微镜最终恐怕获不了诺贝尔奖，真要是那样的话就实在太遗憾了。好在天从人愿，阴极射线管在其问世并衍生出一系列诺贝尔奖之后（X 射线、电子、波粒二象性、电子衍射），终以电子显微镜的获奖完美收官。

## 3.4　电镜早期发展之路

图 3-7

1986 年 12 月 10 日瑞典斯德哥尔摩市政厅，鲁斯卡接受诺贝尔物理学奖。

让我们再回到 1931 年。就在诺尔在柏林高工公开演讲并展示第一台真正意义上的电镜之后，诺尔本人于一年后的 1932 年离开了柏林高工，就任于德国的德律风根（Telefunken）公司电视部，开始研究电视显像管，并因此发明了电子束扫描仪，被认为是扫描电镜的前身，以后在扫描电镜的发明一章中还会重提此事，这里暂时略过。又过了一年之后的 1933 年，鲁斯卡的同组研究伙伴鲍里斯也在获得博士学位后，在德国的 RWE 公司找到了工作，暂时脱离了电镜的发展工作。尽管诺尔和鲍里斯在鲁斯卡建造第一台电镜的过程中并未深入地介入到实际工作中而是以参与讨论为主，但他们的离去真正使得鲁斯卡变得形单影只。更为糟糕的是由于经费紧张，柏林高工不能够再继续支持电镜的发展项目。就在这极为艰难的时刻，鲁斯卡的父母伸出了援手。他们不仅在精神上鼓励鲁斯卡，更在经济上赞助他，使他能够继续改良电子显微镜。多么可贵的父母情！

第二版的电镜终于在 1933 年由鲁斯卡自力更生制造成功了。比起 1931 年的第一版，第二版电镜已设计成我们现在所普遍使用的立式结构，见图 3-8。从上到下这台电镜包括气体放电电子枪、一个聚光透镜、一个物镜和一个投影镜，最下面是一个荧光屏。这台三级透镜电镜的设计思想，在当时非常先进。甚至在其后的十多年时间里，电磁透镜电镜的设计原理和基础都没有大的改变，

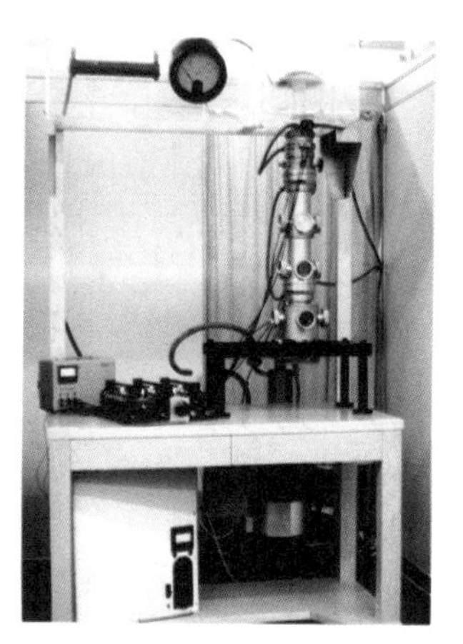

图 3-8

鲁斯卡 1933 年设计制造的立式电镜，分辨率首次超过光学显微镜。

只是电镜各个构件的设计及加工工艺更进一步完善罢了。它不仅设计先进，而且制作工艺一流，体现了鲁斯卡高超的整体设计和工程技术。这台电镜的估算分辨率可达 50 纳米[32]。由于这台电镜是由鲁斯卡独立设计制造的，所以鲁斯卡在其 1986 年获颁诺贝尔奖时发表的演讲中，提到 1931 年的电镜乃是由他本人和诺尔共同开发的，但也特别强调了 1933 年的电镜是由他单独制造的。在演讲中鲁斯卡还明确提到了在 1933 年他已能够使用这台电镜在历史上首次超越光学显微镜的极限分辨率（0.2 微米）。不过他只提到超越光学显微镜分辨率，并不曾说实际已经取得了纳米水平分辨率。以现在的眼光看，在 20 世纪 30 年代的早期电镜虽然理论上可获得纳米分辨率，但由于制作材料、加工工艺及电镜理论的发展还待完善，所以距离实际达到纳米分辨率还有一定的差距。真正具有纳米分辨率的电镜则是在电镜生产商业化了的 20 世纪 40 年代，而达到比纳米分辨率更高的原子分辨率则是 20 世纪 60 年代末的事了。无论如何，自从光学显微镜的分辨率于 19 世纪 80 年代冲到了 0.2 微米的极限之后，人类又经过了半个世纪的探索，终于在 20 世纪 30 年代制成电子显微镜，一举跨越了受制达半个世纪的显微镜分辨率极限。

鲁斯卡在完成了第二版电镜后的 1934 年获得了柏林高工的博士学位，但经济上的窘境并未因此好转。因为柏林高工不能继续为电镜的发展项目提供资助，鲁斯卡不得不离开柏林高工，当然也忍痛离开了他亲手制造的电镜。他于 1934 年底在德国柏林的一个电子光学公司（Fernsen Ltd.）谋得一份差事，主要任务是研发电视发射器和接收器以及光电电池。在鲁斯卡暂别电镜领域的 1934—1937 年的 3 年时间里，无论是电镜制造、电镜理论及电镜应用的发展都十分活跃。在制造方面，更多的国家加入了竞争。例如比利时布鲁塞尔自由大学（Universite Libre in Brussels）的马顿（Ladislaus Marton，1901—1979）自 1932 年起自制电镜并于 1934 年 4 月 4 日获得历史上第一幅生物样品的电镜照片[33]。而在英国，首台二级磁透镜电镜也于 1937 年由 L.C. 马丁（L. C. Martin）、维尔普顿（R. V. Whelpton）及庞努姆（D.H. Parnum）与英国 Metropolitan-Vickers 公司合作开发成功[34]。实际上英国 Metropolitan-Vickers 公司 1936 年就推出了全球首台透射电镜商业产品 EM1，但是并没有卖出去。在电镜理论方面，进展也可谓突飞猛进。例如自 1933—1937 年先后有人从理论和实验方面对电子透镜的球差效应、电镜像衬度、电子光学中的色差效应等进行了开创性研究。

至于在电子显微镜的应用方面，发展主要是集中在冶金学和生物方面。例如荷兰飞利浦公司的柏格斯（W. G. Burgers）和阿姆斯代尔（Ploos van Amstel）就曾在 1935 年研究了 α 铁和 γ 铁间的相变。但是早期更广泛的电镜应用则是在生物领域。这方面比利时的马顿做过许多先驱性的工作，除了已介绍过的于 1934 年获得的生物样品电镜照片，马顿还获得了超过光学显微镜分辨率 10 倍的生物组织照片，可见到细胞核。他还对制备用于电镜观察的生物样品颇有研究，使得样品不易被电子束烧坏，并首次提出使用铜网支撑切薄的生物组织样品，用重金属给生物样品染色以增加像衬度，在物镜旁边增加光阑以提高像衬度等多种行之有效且沿用至今的生物电镜方法。马顿这些在 1934—1935 年间所进行的生物电镜方面的早期工作虽然在显微分辨率方面并不比光学显微镜的高，但却非常有意义，证明了电镜研究生物样品的可行性。在那之前很多人对此深表怀疑，认为脆弱的生物组织在高速电子束轰击下肯定是不堪一击，所以电镜对生物研究不会有什么用途。1938 年马顿获颁国际抗癌协会大奖正是对他在生物电镜方面的贡献给予的充分肯定。

读者可能还记得在本章最开始就介绍了电镜诞生的催生剂之一就是人们希望借助一种比光学显微镜具有更高分辨本领的仪器来确认比细菌更小的病毒的存在。因此，将电镜用于生物研究并获得更高的分辨率一直是生物界的强烈渴求。然而事实上，正如前文所提，盖博曾于1928年电镜诞生之前就对电镜的应用有怀疑，原因是他怀疑在电子束的照射或穿透样品过程中，电子束与样品相互作用而产生的热量足以将样品烧成灰。其实，在20世纪30年代中期，当电镜已经发展到第三代甚至第四代时，仍有许多生物学家和物理学家抱有同样的怀疑。甚至当比利时的马顿及德国科学家在1934年成功地获得了比光学显微镜分辨率更高的生物样品电镜照片后，仍有不少人对电镜的应用持否定态度。马顿有一个有趣的回忆："大约在那个时候*，我有一个机会向一批医药学及生物学家报告有关电子显微镜及其在生物材料研究方面所取得的成果，并对未来加以展望。当我完成了讲演并且确信已就这一新的工具及其应用做了很好的说明之后，杰出的细菌学家、诺贝尔奖得主博尔德（Jules Bordet，1870—1961）站起来说：算了，算了，我们还是不要用电子显微镜吧。我们在解释光学显微生物像方面麻烦已经够多了。"这个例子很好地说明了当时许多科学家对电子显微镜这一新生事物所持的保守态度，即便是有些诺贝尔奖获得者也不例外。但是，也有许多人坚定地认为，电子显微镜必能在材料与生物研究领域大放光芒。这些人包括那些电镜的发明者们、实验学家及理论学家们，比如说马顿，也包括鲁斯卡的六弟小鲁斯卡。

前面已经提过，鲁斯卡兄弟不到10岁时就梦想着有朝一日能打破光学显微镜分辨极限的纪录。这种少年壮志不言愁的信心与雄心，造就了他们兄弟日后的辉煌业绩。小鲁斯卡19岁开始学习医学，24岁时获得德国海德堡大学生物化学博士。在1933—1940年的7年间，小鲁斯卡先后在海德堡和柏林的几家医院工作。在柏林期间，可能是因为与当时也在柏林的哥哥更为接近的缘故，近水楼台先得月，小鲁斯卡开始致力于利用电子显微镜来解决生物医学方面的问题。到20世纪40年代初期，小鲁斯卡已经发表了大约20篇文章。

---

* 笔者注：1934年底。

图 3-9 就是小鲁斯卡在那时拍摄的牛痘病毒的照片，显微像中每个黑斑对应一个病毒，大小约 0.3 微米。

就在弟弟小鲁斯卡 1933 年进入医院工作之时，也是哥哥鲁斯卡制成第二代电子显微镜之年。然而在此之后，鲁斯卡因为没有经费支持而不得不转业。在这转业的 4 年中，电镜领域的方方面面都在飞跃进步，加上弟弟在电镜的生物研究方面的极大热忱都无时无刻不激起鲁斯卡对制造具有更高分辨率电镜的热切向往。电镜领域的发展加上弟弟的激励，虽然使鲁斯卡更加确信电子显微镜在理论及应用方面的重要性，因而渴望有朝一日重返战斗岗位，但是现实的问题是如何能找到有力的经费支持。鲍里斯，鲁斯卡的妹夫兼昔日大学同窗，帮助他解决了这个问题。鲍里斯在 1934 年离开柏林高工进入工业界，后来又回到了柏林并帮助鲁斯卡在工业界寻找可以为研究和制造电子显微镜提供经费支持的制造商。终于在 1936 年，他们得到德国西门子公司的鼎力支持。

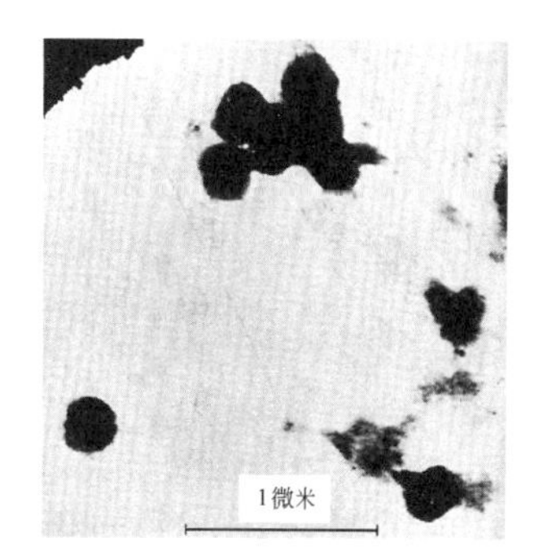


图 3-9

小鲁斯卡在 1940 年前后拍摄的牛痘病毒的照片。

西门子公司曾因总工程师鲁登伯格 1931 年 5 月提出电子显微镜的专利申请而开始介入电镜的发展领域。然而如前所述，鲁登伯格的专利申请似乎只是受到从其他途径所获信息的启发而进一步推论得来的，自申请专利之后并无任何后续的实验数据或报告支持。可见西门子公司的电镜专利 * 在鲁斯卡及鲍里斯 1937 年加入公司以前还只不过是一个空架子。取巧或许可得一时之利，

* 1932 年法国专利局批准，1953 年联邦德国专利局批准。

但决胜沙场凭的还是真功夫。西门子公司远见卓识，充分意识到电镜的广泛市场价值和人才竞争的重要，当鲁斯卡和鲍里斯找上门来之时一拍即合，于1937年斥巨资为二人在柏林建立了电子光学实验室，用来发展公司所称的“西门子超级显微镜”。同时，西门子公司对于小鲁斯卡与鲁斯卡和鲍里斯的密切合作也给予了大力支持。当时鲁斯卡和鲍里斯为了开发新一代的“超级电子显微镜”，两个人紧密合作，废寝忘食。鲁斯卡的妻子I. 鲁斯卡（Irmela Ruska）多年来一直都还记得当时她和鲁斯卡的七妹，也就是鲍里斯的妻子H. 鲍里斯（Hedwig von Borries，当时已随夫姓鲍里斯）每天花很长时间赶到柏林西北郊的西门子工厂去给鲁斯卡和鲍里斯送饭的情景。

辛勤的工作换来丰厚的回报。在鲁斯卡和鲍里斯开始研制西门子公司电镜之后仅两年，西门子公司系列电镜的第一台于1939年成功亮相，见图3-10。这是一台由三个磁场电子透镜、冷场阴极电子枪灯丝、带有真空阀门的样品室及照相室组成的立式电子显微镜，加速电压可达100千伏。在80千伏电子加速电压下，物镜焦距为2.8毫米，估算分辨率可达10纳米。这台电镜主要由西门子公司的电子光学实验室自用。之后，西门子公司又于同年生产出第二台电镜。这两台电镜的其中一台主要归小鲁斯卡进行医学及生物学研究之用。当时小鲁斯卡的实验研究多在夜间进行，原因之一是白天工厂的运作造成机械振动使电子束不稳定。另外，小鲁斯卡当时在医院工作，白天需留在医院。后来，为了扩大电镜的应用领域，在鲁斯卡和鲍里斯的建议下，西门子公司于1940年成立了客座实验室，邀请德国和外国科学家来进行与电子显微学相关的各项研究工作，其中有四台电镜用于生物及医学研究，由小鲁斯卡负责。事实证明这一举措取得了巨大成功。仅仅4年左右，就有200多篇与该实验室有关的文章发表，平均每年约50篇文章。这一速度即使是在使用更为有效率和高性能的仪器及电脑文字编辑工具的今天，也是十分惊人的。

这一举措对电镜应用的推广也是功不可没。当时整个世界都处于第二次世界大战之中，而德国又是战争的中心之一。电子显微镜的研发遇到了相当大的障碍和困难。但到1945年战争结束时，西门子公司在鲁斯卡和鲍里斯的负责下，还是生产了40多台电镜，用于装备本公司的35个研究所。

就在鲁斯卡和鲍里斯在西门子公司研发西门子电镜的同一时期，电镜的研发工作也在其他地方不断地进行与发展着。例如前面提到的德国通用电气公司由马尔制造成功第一台静电场透镜电子显微镜，用来和鲁斯卡等人的磁场式电镜竞争。比利时布鲁塞尔自由大学的马顿也一直不断改良自制的电镜用于生物研究，英国的第一台商业电镜1936年面市（前面介绍过）。而在北美洲，虽然美国的麦克米兰（J. H. McMillen）和斯考特（C. H. Scott）在1937年制造了一台简化设计的磁场式透镜电镜用于生物学研究[35]，但北美洲第一台真正意义上的电镜则是在1938年诞生于加拿大多伦多大学物理系，由两位不到25岁的年轻人希利尔（James Hillier，1915—2007）和普雷巴斯（Albert Prebus，1913—1997）设计制造，直接就达到了14纳米的分辨率。这部分故事咱们到第5章再讲。

图3-10

西门子公司1939年推出的系列电镜中的第一台产品。

需要指出的是，尽管在电镜研发初期的20世纪30年代，人们对磁场电子透镜和静电场电子透镜同样感兴趣，两类电子显微镜也各擅胜场，并存于世，但随着深入研究的发展，静电场式显微镜由于电子枪易污染造成的使用寿命短、电子束不稳定及较大的像差而逐渐被淘汰。现代电子显微镜中已经是清一色的电磁场式电子透镜，与鲁斯卡等人在20世纪30年代初的设计大同小异。

## 3.5 电子显微学派的兴起

电子显微镜研究领域经历了从1931年及其后大约20年的初期发展过程后，无论是在电子显微镜制造技术上还是在电子显微学理论上都已今非昔比，尤其是自1939年起比较成熟的商业电镜产品走向市场后，电子显微镜的应用更如星火燎原般迅速遍及全世界。至1945年结束的第二次世界大战虽然曾经暂时减缓了电子显微术的发展，但战后多家公司如著名的德国西门子公司、荷兰飞利浦（Philips）公司、日本的日立公司（Hitachi）和日本电子（JEOL）公司都迅速推出系列商业电镜产品，使对电子显微术的研究再度升温。也由于商业电镜的普及，利用电子显微镜对材料进行研究成为战后电子显微学界的重点，随之涌现出诸多电子显微学研究重地及学派。德国学派对电子显微术初期形成与发展居功至伟，而以英国剑桥大学卡文迪什实验室的赫什（Peter B. Hirsch）、惠兰（Michael J. Whelan）和豪威（Archie Howie）为代表的英国学派，则从第二次世界大战结束后的20世纪50年代起引领风骚，人才济济，对电子显微术的理论与技术的发展与系统化贡献卓著。

赫什本人1946年进入剑桥攻读博士学位，老师是当时卡文迪什实验室的主任、史上最年轻的诺贝尔物理学奖获得者小布拉格（William Lawrence Bragg），毕业后就留在卡文迪什实验室任教。赫什带学生风格开放，比方说当时别的组都要求学生用电镜时必须戴白手套，但赫什的电镜室无此要求。而且赫什要求学生必须亲自操作电镜，也可以不按说明书或技术员教的操作，想怎么干就怎么干。所以赫什一派出来的学生个个都身手了得，比如说后来成名的西尔库克斯（John Silcox）、潘尼库克（Steve J. Pennycook）、威廉姆斯（David B.

Williams)、克里法奈(Ondrej L. Krivanek)、斯蒂德(John Steeds)、马克思(Laurence Marks)等人。大概只有豪威例外,他基本不怎么实际操作电镜,但理论工作出色,发展了位错显微像的运动学和动力学理论以及非常著名的豪威—惠兰方程,这一点可能随老师赫什,赫什就从未亲自用过电镜,但却是剑桥透射电镜派的掌门人。这里格外强调透射电镜派,是因为剑桥扫描电镜派领头人另有其人,读者耐心往后读自会知晓。不仅电镜操作随意,赫什甚至允许学生改造电镜,比如说样品加热和冷却装置,惠兰还曾在一台西门子 Elmiskop 1A 透射电镜上加上自制的能量过滤装置进行了最早的能量过滤显微成像。当然这种放任学生动手实干的态度有时也有负面作用,比如曾有学生为了增大样品倾转角度自己设计了个样品台,为了将样品台装入电镜,在物镜极靴上钻了个眼,破坏了极靴内的磁场分布,把电镜搞坏了。当然这类事故极少发生,总体上说赫什的这种开明教育方式是剑桥一派几十年来在电子显微学领域影响深远的根源所在。

图 3-11

由赫什、豪威、尼科尔森、帕什利和惠兰五人合著的《薄晶体电子显微学》,1965 年伦敦 Butterworths 出版社出版。

1965 年,由赫什、豪威、尼科尔森(R. B. Nicholson)、帕什利(D. W. Pashley)和惠兰五人合著的《薄晶体电子显微学》(*Electron Microscopy of Thin Crystals*)一书出版,集当时以衍射衬度及电子衍射为主的电子显微术研究成果之大成,被衍射物理权威考利(John Cowley, 1923—2004)誉为电子显微学界的"黄色圣经"(yellow Bible)。"黄色"是因为原版的封面是黄颜色的(图 3-11),"圣经"

之称则缘于此书影响深远，在电镜领域一时无出其右。赫什、惠兰及杭内（R. W. Horne）等人在1955—1957年间最为引人注目的工作是薄晶体中层错与位错的电子显微像衬度的理论发展，并在此基础上利用电子显微镜成功地在铝薄晶中观察到位错，终于使长期以来关于位错是否存在的争论有了一个肯定的答案。关于晶体中位错的发现历史我们在后面还会详细介绍。赫什和惠兰后来转到牛津大学，赫什任冶金系主任，在那里又培养出一大批电子显微学英才，如电子能量损失谱（EELS）专家埃杰顿（Ray Egerton），发明弱束暗场像观察位错技术的科克因（David Cockayn），还有乔伊（David Joy）和卡特（C. Barry Carter）等，斯班塞（John Spence）在澳大利亚获得博士学位后也到牛津大学进修了一段时间。英国学派培养出的大批杰出的电子显微学家，当中很多人至今还活跃在世界电子显微学界，影响深远。

除了上述透射电镜方面群英荟萃之外，剑桥大学在扫描电镜方面也是一枝独秀。领头人是当时剑桥大学工程系的年轻讲师奥特利（Charles Oatley, 1904—1996）。由于透射电镜占据当时电镜领域的绝对主流地位，所以他选择研发当时还基本只有概念而没有任何成熟设计的扫描电镜。他带领数代学生历经10年，终于使得扫描电镜设计和应用日臻成熟。他同时力促扫描电镜商业化，1965年经剑桥科学仪器公司率先推出扫描电镜产品。奥特利从1960年开始担任剑桥大学工程系主任，他一生培养的学生里面学而优则仕的很多，在后面有关扫描电镜的历史一章会继续介绍。

与英国学派同时代兴起并且也同样对电子显微术的发展有着深远影响的还有澳大利亚学派。这一学派的创始人为澳大利亚著名化学家瑞兹（Apbert Lloyd George Rees，1916—1989，图3-12）。此人在28岁时就受命创立澳大利亚科学与工业研究委员会下属的化学物理部，并在第二次世界大战结束之后的20世纪40年代后期开始组建澳大利亚的电子显微学团队。在这个独处地球一隅的大陆上，当时尚不发达的通信手段使澳大利亚人对当时前沿科学的了解非常少。当代著名的电子显微学家、那时瑞兹团队中的青年俊才考利在其纪念瑞兹的讲座中回忆起有趣的一幕[36]："1945 年初，有消息说墨尔本的科学与工业研究委员会打算购买一台电子显微镜。当时有一位教授对此的反应是：'我说，其实我们可以在我们系的车间里组装一台更好的，那才真叫棒呢'。"

当时系里的车间里只有一位师父带领一个学徒负责修理汽车，这种技术和知识水平距离制造高精密的电子显微镜差了何止十万八千里。可见电子显微术在 20 世纪 40 年代的澳大利亚绝对是新鲜事物，即使是大学教授也对之不甚了解。瑞兹的远见卓识在于他认为澳大利亚虽然在当时的电子显微学领域远不能与英国、美国等匹敌，但澳大利亚可以迎头赶上，并最终走在前列。为了做到这一点，瑞兹做了两件事。第一件事是购买当时最先进的设备。注意，是最先进的，而不是随便一台电子显微镜。

图 3–12

澳大利亚著名化学家瑞兹。第二次世界大战结束之后组建澳大利亚的电子显微学团队，培养了大批世界级电子显微学家。

在瑞兹的力促下，澳大利亚引进了美国 RCA 公司生产的电子显微镜，为 EMU 系列中出厂的第三台电镜，不仅在当时为顶级产品，即使在以后的 5~10 年中也保持在最佳电镜产品行列中。瑞兹坚信，有了最好的设备还不够，还要进一步改良它，还要想出新的点子，并开创新领域。为此瑞兹所做的第二件事就是发展电子显微学团队。在他的团队中，充满了后来在电子显微学界声誉卓著的科学家，如澳大利亚本土的考利、古德曼（Peter

Goodman)，以及从海外招聘来的莫里森（Jim Morrison）、穆迪（Alex Moodie）等人。这其中在近代电子显微学界具有龙头地位的当推考利。

考利的电子显微术研究课题始于电子衍射。对此考利回忆道："在1945年时，瑞兹恐怕是澳大利亚仅有的几位了解量子力学发展的人了。他不仅了解量子力学，而且将之应用于现代固体物理和化学的研究。"但是瑞兹对于当时的量子力学中诸多基础问题的答案并不满意，例如他就不认为电子仅仅是一种波。在他的想法里，电子应是一种由波导引的粒子。为了验证这种想法，瑞兹想到了电子衍射。因为电子衍射通常被认为是电子波动性的证明，瑞兹问考利可否想办法用电子的粒子性来解释电子衍射谱。考利的直接反应是：我可不是爱因斯坦。潜台词是我做不到，但是考利还是兢兢业业地开始了对电子衍射的深入研究。利用当时RCA电镜上装置的电子衍射转换器*，考利详尽地对电子衍射的波动力学进行了深入的研究。

不仅如此，在瑞兹改良仪器的主张下，一个全新的现代化车间成立了，开始对电子显微镜的各部分进行改良或改装，使用自配的电子衍射照相设备，可以从更薄的晶体中更小的区域拍摄到包含数百个衍射点的衍射谱。由这些电子衍射谱，瑞兹和考利意识到当时流行的电子衍射的波动力学理论是远远不够的。这一结果直接导致了考利等人开始寻找电子波动力学理论的新基础，使考利逐渐成为电子衍射物理领域的公认权威。

20世纪60年代末期，考利因夫人患有风湿病而接受美国亚利桑那州立大学的邀请，移居酷热的沙漠腹地，主持这里的电子显微学研究并于1978年成立闻名一时的高分辨电子显微术中心（图3-13）。值得一提的是，该中心的骨干力量大部分来自澳大利亚，更准确地说是来自墨尔本，如史密斯（David

---

* 笔者注：当时的电镜还不能像现代电镜那样在电镜筒中实现明场和电子衍射间的直接转换，需外加一个电子衍射转换器。

Smith）和斯班塞，他们也都与瑞兹有着直接或间接的关系。正如从澳大利亚来的考利本人一样，D. 史密斯和斯班塞也都是当代著名的、非常活跃的电子显微学家。除了德国、英国、澳大利亚等学派以外，美国、日本、比利时等国家的科学家们对早期电子显微术的发展及应用推广都有很大的贡献，在这里就不一一介绍了。

从这些早期的显微学学派的兴起可以看出一个规律，那就是能够形成显赫学派的团队，一般都有两代目光高远、心胸宽阔的领头人，学派的形成需要时间，一般至少得两代人，一支动手能力很强也很团结的技术梯队，也必至少有一位精通理论的高手。这几种人凑到一起奋斗多年才能够成大气候。这个规律当然不局限于显微学领域，大体上所有的科研领域中所形成的大学派都是如此，纯理论研究除外。有志者可以借鉴。

## 3.6 本章结语

电镜诞生了，学派形成了，电镜应用的进一步广泛开展将得利于电镜商

图 3-13

考利教授（站立者）与饭岛澄男（Sumio Iijima）博士在电镜前的工作合影，摄于 1976 年美国亚利桑那州立大学。关于二人合作开展的原子分辨率透射电子显微像的先驱工作请见第 7 章；饭岛澄男于 1991 年发现纳米碳管的事迹请见第 8 章。感谢饭岛澄男教授提供照片。

品化的推动。而电镜的商品化也在电镜的实际应用过程中经受着市场的考验，几家欢喜几家愁。是什么原因竟然导致老牌的电镜厂商如德国的西门子公司和美国的RCA公司黯然退出电镜市场，大浪淘沙之下哪些公司能够至今屹立不摇，日本的电镜事业凭借什么迅速崛起雄霸市场半壁江山，日立公司靠的是什么技术一度横扫电镜市场，艰难环境中成长的中国电子显微镜学会在加入国际大家庭时遭遇了什么样的难题，读完下一章便可见分晓。

# 今朝更好看

## 百花齐放的商业电镜时代

日立公司 1995 年为大阪大学制造的第二台 3000 千伏电子加速电压透射电镜实在太大了，站起来顶破天，坐下来压塌地，15 米高，总重量 140 吨，使用的电缆比成年人的腰都粗。整个电镜要分成几大部分分装到好多辆重型载重卡车上。沿途要穿过很多立交桥，所以装车时还要精确考虑车载高度不能超过立交桥的限高。一路提心吊胆，好不容易下午 5 点多钟浩浩荡荡地运到了大阪大学。还没等卸车呢，正赶上 6.8 级阪神大地震，顿时地动山摇。幸好还没有卸车，卡车起了减震和保护作用，所有的电镜部件都没有被损坏。

## 4.1 商业电镜之路

至 20 世纪 40 年代初，电镜的发展前景已不容置疑，而且用于材料研究已取得了相当令人振奋的进展，突破光学显微镜分辨率极限早已不再成为话题。人们追求的已是如何改善电镜功能使得在生物及材料研究领域达到更高的分辨率，生物学家们已不再怀疑电镜在生物研究方面的重要价值而纷纷开始转向电镜生物学研究，这一总的发展趋势逐渐引起了嗅觉敏锐的商家们的注意。一些动作快而有基础的公司，纷纷开始推出商业化电镜产品。对于生产电镜来说，高性能固然是必需的标准，但也要求电镜必须容易操作，使不熟悉电镜的生手稍加训练后也可以使用，而熟悉电镜的人又能取得更好的成果。这些要求的达到有赖于集体的智慧和系统而有组织的产品研发工作，商业公司的介入大大加快了商品电镜制造与设计的脚步。

在电镜的初始商业化过程中，有两家公司功劳很大。一家即为鲁斯卡及鲍里斯所在的德国西门子公司，而另一家则为美国无线电公司（Radio Corporation of America，RCA）。RCA 公司对电镜产生兴趣源于 1938 年马顿的加入。前面已在多处介绍过比利时布鲁塞尔自由大学的马顿从 1932 年开始自制电镜并对电镜理论及电镜用于生物样品的研究贡献甚广。1938 年，马顿赴美国宾夕法尼亚大学任讲师，同时兼职于 RCA 公司由兹沃尔金（V. K. Zworykin）领导的康登（Camden）实验室。在整个 1939 年，马顿都忙于在 RCA 的实验室中研发他本人的第四代电镜，也是 RCA 的第一代电镜，终在 1939 年开发出 RCA 首台透射电镜 EMA。同年，北美洲第一台电镜的制造者之一、加拿大多伦多大学的希利尔也加入到 RCA 公司的电镜研发队伍，并于 1940 年与万斯（A. W. Vance）一道成功地将 RCA 公司的第一台商业电镜产品 EMB 推向市场。而西门子公司的电镜如果以 1939 年问世的第一台算起，在 1939—1945 年间推出了超过 40 台，其中大部分都供给公司内部的研究机构自用。

1945 年第二次世界大战结束后，西门子公司致力于战后重建，使电镜生产暂时中断，四年后的 1949 年再次异军突起，推出当时著名的 Elmiskop 电镜系列，广泛使用于世界 1200 多个研究机构，在材料研究发展中贡献巨大，后面会再次提到。可惜后劲儿不足，据传说是因为西门子公司曾经认为电镜的分辨率到 10 埃也就足够用，再提高对材料研究来说也没用，固步自封的结果就是被市场淘汰。

其他一些较早推出商业化电镜的公司包括美国通用电气公司（General Electric Company）于 1942 年底推出过钨灯丝静电场透镜电子衍射仪器；英国的第一台磁场式电镜于 1944 年由 Metropolitan-Vickers 公司推出上市（50 千伏，分辨率 5 纳米）；法国的第一台商业电镜为静电场式透镜，100 千伏，分辨率 8 纳米，出现于 1946 年，由 Compagnie générale de la télégraphie sans fil，paris 公司制造；荷兰飞利浦电子光学公司（Philips Electron Optic，简称飞利浦公司）于 1946 年推出飞利浦系列电镜的第一款 EM100，这是一台高仅 3 尺左右的磁透镜台式电镜，加速电压 100 千伏，分辨率 5 纳米。这台电镜的设计在当时有许多创新之处。例如在当时电镜普遍具有的单投影透镜的下方，又增加了一个第二级投影透镜。另外，飞利浦电镜在紧挨第二级投影透镜之后装有常规的 35 毫米底片，用于电子显微像的拍摄。最重要的，也是飞利浦自第一款商业电镜设计开始一直秉持的，就是高性能与用户体验的统一。

当时出产的各公司电镜都还只关注加速电压、放大倍数和分辨率等性能指标，没有顾及使用者的体验，例如使用者一般都得站着操作电镜。而 EM100 的外形设计为使用者着想，电镜底盘的外形像个书桌，这样使用者就可以安安稳稳地坐着使用电镜了（图 4-1）。另外它采用了直径为 20.32 厘米（8 英寸）的大荧光屏，可以进行非常精确的像聚焦而且观察方便，同时代的其他电镜产品普遍采用的是大约 4 厘米直径的小荧光屏，视野非常受限制。这款电镜产品后来分辨率不断提升，18 年后退休时已经达到 1.5~2 纳米，共卖出约 350 台。由于飞利浦电镜自进入市场之后广受欢迎，长盛不衰，所以有必要将飞利浦公司开发电镜的历史过程在这里简单介绍一下。

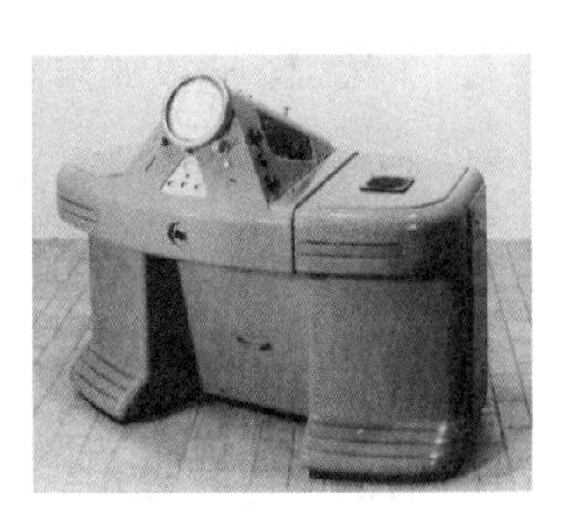

图 4-1

飞利浦公司 1946 年推出的该公司第一款商业透射电镜 EM100，加速电压 100 千伏，分辨率 5 纳米。注意底盘书桌式的设计，使用者可以坐着进行电镜观察工作。

飞利浦公司的电镜之路是从 1939 年与荷兰代尔夫特技术大学（Technische Hogeschool, Delft）的普尔（Jan Bart Le Poole，1917—1993，图 4-2）合作开始的。这位普尔可是个能干的人，可以说是飞利浦公司电镜的奠基人和最大功臣。普尔是搞电子光学的，他本想买一台电镜使用，可是 1939 年西门子公司电镜刚问世，又赶上第二次世界大战，所以电镜还没有形成市场，没有现成的电镜可买。无奈之下，普尔决定自己动手打造一台，以便把长期积累的一些电子光学方面的宝贵经验实用化。1940 年他先做了一台小型的，电子加速电压 40 千伏，只有一

图 4-2

摄于 1956 年在斯德哥尔摩举行的一个电镜会议，左一为普尔，右一为鲁斯卡，右三为希利尔（见第 5 章）。

个透镜，所以放大倍数才100倍而已。转过年到1941年春又造了一台更好的，有两个透镜。在使用过程中他意识到40千伏加速电压下电子束对样品的穿透力不够高，得花很大的功夫制备很薄的电镜样品才行，于是决定做一台高加速电压的。高电压装置不好搞，得很专业才行，他因此联系了荷兰著名的飞利浦公司的研究室，希望他们能够帮忙设计制作一个高压箱，要求是电压能在50~150千伏范围连续可调，并且还给出了高稳定性方面的指标。飞利浦公司研究室当然能够胜任，指派了已有8年电子光学设备研发经验的范多斯特（A. C. van Dorsten）负责此事。

1943年4月，飞利浦的高压箱装上了普尔的新电镜。除了高压部分，这台新电镜又增加了透镜个数，共有四级透镜。其中新增加的成像中间镜使得显微像的放大倍数范围增大，而新增的衍射透镜既可以放大电子衍射谱，还能使显微成像与衍射谱可在同一样品上方便获得。在此种设计出现之前，所有电镜都还不能在不移动样品的条件下同时获得电子显微像和电子衍射谱，那时的普遍做法是采用一个特殊的衍射转换器获得电子衍射，非常不方便。普尔这项极有意义的创造后来直接被应用于飞利浦公司的商业电镜产品之上，导致专用电子衍射仪（例如美国RCA公司的EMD-2）逐渐成为历史。

普尔与范多斯特的成功合作进一步刺激了两人的雄心壮志，准备制作一台更高级的电镜，加速电压1000千伏。后来这一建议经飞利浦公司研究室慎重考虑，降低为400千伏。这台电镜是在飞利浦公司研究室造的，老规矩，普尔负责镜筒设计，范多斯特负责高电压和其他工程部分。成果很好，这应该是历史上第一台400千伏的透射电镜。不过，因为刚好那时样品减薄技术出现了，可以比较容易做出薄样品，使得400千伏的庞大电镜显得不那么必须，所以没有继续发展。但这台样机在后来许多年都成为飞利浦研究室对外夸耀的必用展品。普尔与范多斯特的合作一直继续着，尽管战时和战后有许多军事优先的事要做，但电镜的研发从未间断。1946 年，两人在英国牛津大学展示了最新的样机，正是这台样机最终在 1949 年演变成为飞利浦第一款商业透射电镜产品，这就是上面提到的 Philips EM100。

飞利浦公司 1954 年推出 75 千伏电子加速电压的 EM75 型透射电镜时大胆改进了物镜的设计，创新地采用了大尺寸的物镜，比当时几乎所有电镜中的物镜尺寸差不多大了 4 倍。大尺寸物镜缩短了物镜的焦距（0.8 毫米）和减小了球差系数。在其后几十年陆续推出的透射电镜产品中，飞利浦公司继续推进高性能与用户体验的统一。除了电子加速电压不断提高至 300 千伏，分辨率在 1966 年达至 2.5 埃（EM300），还首次在业界推出包括两个聚光镜的六级透镜系统、侧插式同心转轴样品台（大角度倾转样品而样品不偏移）、电子枪隔离真空阀、商业化透射 / 扫描透射电镜同机（EM300 TEM/STEM，1968）、一钮多功能、自动底片传输等后来电镜界普遍采用的设计。

笔者清楚地记得 1986 年刚到中国科学院金属研究所做大学毕业论文时就是拿一台旧的飞利浦 EM300 电镜练手，那台电镜能用但由于年代久远所以经常出毛病，还得和老师一起琢磨怎么修理。还有就是电镜沿镜筒自上而下一溜的内六角螺丝，每次使用前都得用六角螺丝刀调节这些螺丝进行机械合轴。虽然比起现代电镜来说几十年前的电镜在操作上要复杂得多，但确实锻炼人，操作者必须了解足够的电子光学知识才能够完成操作，得到结果。现代的电镜越来越走向全自动傻瓜型设计，使用简单，高自动化，省时省力，但操作者已经知其然不知其所以然了。这可能是飞利浦公司当初力推用户体验所造成的没有想到的后果吧，当然这个趋势确实符合市场需要。1972 年飞利浦公司开始进入扫描电镜（SEM）市场。在电镜市场扬名 41 年后，飞利浦公司负责设计和生产电镜的电子光学部于 1997 年被美国 FEI 公司收购，飞利浦电镜系列从那时起更名为 FEI 电镜系列，但骨子里一直还是飞利浦电镜。

与飞利浦电镜并立于世的是日本公司的产品，其中日立公司（Hitachi, Ltd.）1941年制造出第一台透射电镜HU-1，第一款商业电镜HU-2则于1942年推出。另外一家日本公司是日本电子光学株式会社（Japan Electron Optics Laboratory，简称JEOL），首台商业化电镜（JEM-T1）于1949年推上市，电子加速电压50千伏，三级透镜设计，最高放大倍数5000倍，分辨率3纳米。总体而言，自1939年以后，有多达15家以上的各国工业公司先后加入了商业电镜市场的竞争。除了上面介绍的几家公司外，现在仍然继续这方面商业活动的还有德国的蔡司公司（接手AEG公司的电镜班底）、捷克的泰斯肯（Tescan）公司，此外还有一些实验室自制的电镜。

一个值得注意的现象是，尽管从20世纪40年代开始，先后曾有多达近20家各国工业公司加入商业电镜市场的竞争，各种型号的商业电镜更是如雨后春笋层出不穷，然而时至今日，只有为数不多的几家公司在激烈的优胜劣汰的市场竞争中成为幸存者。这其中又以日本的日立公司（Hitachi）和日本电子公司（JEOL）以及荷兰的飞利浦系列电镜成为市场上的主流派系*。日立公司电镜成名较早，特别是1972年场发射枪扫描电镜和1978年场发射枪透射电镜的首次上市轰动业界和市场，日立透射电镜在生物医学方面、扫描电镜在材料科学方面都拥有广大市场。相比之下，著名的商业电镜研发先驱如英国的Metropolitan-Vickers公司只在电镜市场生存了七年便告收场，美国RCA电镜1969年退出历史舞台。最老名牌的德国西门子电镜的Elmiskop系列撑到20世纪80年代初期也谢幕了，这可是鲁斯卡年轻时亲手催生的商业电镜王国，到他70多岁的年龄却亲眼见证了西门子电镜事业的末路穷途，鲁斯卡是什么心情呢？

---

* 笔者注：1997年飞利浦公司的电子光学部并入美国FEI公司，飞利浦电镜系列从那时起更名为FEI电镜系列。

那么到底是什么原因使这些名噪一时的公司退出电镜生产的竞争呢？原因肯定是多方面的。其中商业兴趣的转移是一个因素，商人逐利无可非议。以美国的 RCA 公司为例，自 1940 年推出首款商业透射电镜产品 EMB 至 1969 年退出电镜市场，在近 30 年的时间里也曾创下优良业绩。现年已经 90 多岁的密歇根大学退休教授、笔者的忘年交好友比格罗（Wilbur Biglow）博士至今还对 1969 年 RCA 公司宣布退出电镜市场的事记忆犹新，因为比格罗教授那年是美国电镜学会主席，而且那之前一直都还是 RCA 的 EMD-2 专用电子衍射仪及 EMU 电镜的使用者，感觉还不错。在此顺便插一张比格罗教授提供的 RCA 公司的 EMD-2 专用电子衍射仪照片（图 4-3），看起来很像透射电镜吧。RCA 甚至还生产过 1000 千伏超高压透射电镜，可见其在电镜设计与生产方面的水平已经达到了相当的高度。所以 RCA 公司决定退出电镜市场的决定着实让比格罗博士吃惊非小。他从他的好朋友也是 RCA 电镜设计负责人那里了解到 RCA 这个决定背后的原因。RCA 公司那时正在留声机市场大赚其钱，所以决定从电镜市场抽身。当然这背后也一定是有技术原因的。

图 4-3

美国 RCA 公司 1948 年推出的 EMD-2 型专用电子衍射仪，照片由比格罗教授提供。

RCA 透射电镜使用的是较长焦距的物镜，这使得显微成像的像衬度比较高，适合于生物样品研究。加上 RCA 当时的售后服务队伍非常棒，所以一直以来 RCA 透射电镜在生物界还挺受欢迎的。但正所谓有一利就有一弊，焦距较长的物镜却限制了对电镜分辨率的提高。而且 RCA 在电镜设计方面始终没有获得满意的双聚光镜及中间镜的设计方案，因此在非生物应用领域难以匹敌当时透射电镜市场上的强大竞争对手如日本的日立公司（Hitachi）、日本电子公司（JEOL）、荷兰的飞利浦公司和德国的西门子公司等。

从 RCA 的例子还可以看出，产品竞争力是立足市场的重要因素。飞利浦电镜（如今的 FEI）、日本电子以及日立等几大系列电镜之所以发展至今并广受欢迎，正是因为这几大电镜系列都在提高电镜性能及方便使用方面下足功夫并不断推陈出新。要做到这一点可并非易事，除了需要强大的资金支持外，还需要有厚实的基础科学探索与积累。在这些方面，飞利浦及日本电子公司的电子光学研究室都是非常有名的，日立公司当然更是傲视群雄，在日本拥有四个大型技术研发实验室，科技及技术开发人员达数千之众。美国亚利桑那大学的考利教授在评论 20 世纪 70 年代美国的电镜制造业完全垮台时说："部分原因是因为当时在美国的大学中几乎没有人从事电子衍射和显微学的基础科学方面的教学与研究。只有极少数来自英国并受雇于大型工业实验室的人才在他们工作之余，作为业余爱好而进行一些这方面的研究。"正是由于缺乏基础科学知识的探索与积累，使得许多电镜制造公司先后黯然而退，只剩强者一枝独秀。在美国，由于电镜制造业完全消失，使得美国成为世界上进口电镜最多的国家。每年在这方面花费的美元数以亿计。仅这一项，就占了 20 世纪 90 年代初美国每年贸易赤字的 0.2%。21 世纪的中国，进口电镜数量猛增，花钱势头超过了 20 世纪 90 年代的美国，不知是否应该道喜。

既然说到中国，就顺便说说中国在制造电镜方面所做的努力。在电镜发明及进步迅猛的 20 世纪三四十年代中国国内正直战乱，自顾不暇，错失了参与这场世纪科技盛会的大好时机。20 世纪 60 年代受苏联援华专家的刺激，凭借那个年代特有的"大跃进"激情，决定发奋自制透射电镜。在中国科学院长春光学精密机械与物理研究所（长春光机所）的主持下，以从北京中科院电子所借调来的、刚从德国回国的黄兰友为首的科研组用了短短的72天时间，从无到有赶制出国产第一台透射电镜，分辨率为10纳米。黄兰友回国前师从德国蒂宾根（Tübingen）大学著名的电子光学和电子显微镜专家曼伦斯德（Gottfried Möllenstedt）攻读博士学位。曼伦斯德在电子全息方面贡献很大，后面还会再谈到。黄兰友从师学习五年，强将手下无弱兵，回国时正赶上激情燃烧的岁月，得以大显身手。他多年留学德国，培养了严谨的科学态度，知道造透射电镜不是玩笑，更何况上级限时三个月必须在1958年10月1日国庆节前完成，所以提出仿制，经上级同意，最后也是这么做的。但即便如此，72天的时间从设计到建造完成也算得上是个惊人的速度。

1958年8月19日凌晨2：45，研制小组在自制的50千伏电子加速电压透射电镜上拍到了第一张电子显微像，分辨率10纳米。图4-4所示是一张新华社当天到长春光机所拍的照片，坐着操作电镜的是黄兰友。8月19日取得成功后，长春光机所为了加强电镜研制方面的力量，9月份建立了电镜课题组，由姚骏恩任组长继续开发DX-100(II)大型透射电镜，黄兰友把从德国带回来的有关设计电镜方面的资料，包括计算磁透镜的光学参数方面的文章和

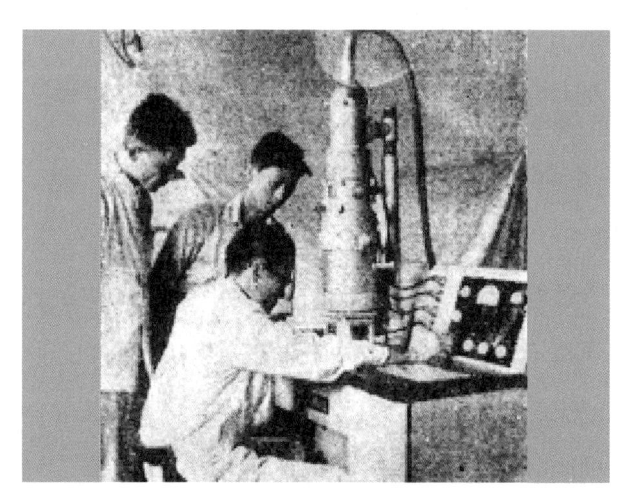

图4-4

1958年新华社到长春光机所拍摄的中国制造的第一台电子显微镜及相关研发人员；坐着操作电镜的是黄兰友，站在黄兰友左边的是长春光机所的林太基，站在黄兰友后面的是一个来自沈阳的工程师（科学时报2011-8-18，采访，杨小林，周东军）。

有关磁场设计方面的文章提供给了姚骏恩，由姚骏恩计算和设计电子光学参数、磁路等，黄兰友抽出时间和其他人考虑总体机械结构的设计并负责总调试。离国庆还有几天工夫，在拍到了分辨率约为2.5纳米的显微像后，立即将电镜装箱运往北京展览会，赶上了向“十一”国庆的献礼。在接下来的几年，中国很多机构相继开始电镜商业产品的研发。长春光机所把大型电镜项目转给上海精密医疗机械厂（后为上海电子光学研究所），后者于1965年推出中国第一台透射电镜商业产品，放大倍数最高可到20万倍，分辨率达到0.7纳米[37]。为此中国邮电部于1966年3月30日发行印有透射电镜的8分钱面值的特种邮票以兹纪念（图4-5）。

不过大型透射电镜的生产在中国也同在北美一样命运不佳。虽然研发一直都在推进，性能上也不断进步，但始终未能在市场上叫响名号。这恐怕与近邻日本的商业电镜产品飞速发展和强大的竞争力有很大关系。前面也刚说过，北美的电镜产品在20世纪60年代退出市场也与日本生产的价廉物美电镜产品大举占领市场有关。可是不要忘了日本那时刚刚经历了第二次世界大战的惨败，经济状况可谓陷入谷底，那么日本到底是如何在电镜工业领域取得这种巨大优势以致在电镜市场上一举击败强大的美国、英国和德国的呢？其实日本电镜事业在战后的腾飞绝非偶然，那是一个在战火中数年奋斗的结果。这事说来话长，还得先从日本在战争开始时成立的所谓第37分会讲起。

## 4.2 日本电镜事业的崛起

### 4.2.1 战争中的电镜之初

在当今电子显微镜包括透射电镜和扫描电镜的制造领域，说日本电镜产品在全球领域拥有半壁江山大概不会有什么异议。日本在电镜领域的崛起始自1939年，不算很晚，那时电镜的先驱研发工作主要还是在德国，英国和比利时也有一些，荷兰及北美则刚刚开始。比起欧美等地各自为战的研发，日本的研发工作是有组织和有明确分工但又密切合作的国家级团队运作，充分体现了日本人的高度团队合作精神。事情得从一个特殊的组织说起，它就是日本科学促进会（Japan Society for the Promotion of Science，JSPS）。JSPS成立于1932年，是由日本昭和天皇赞助的非营利组织，旨在促进自然、社会及人文科学所有领域的进步，1967年以后成为半政府组织。

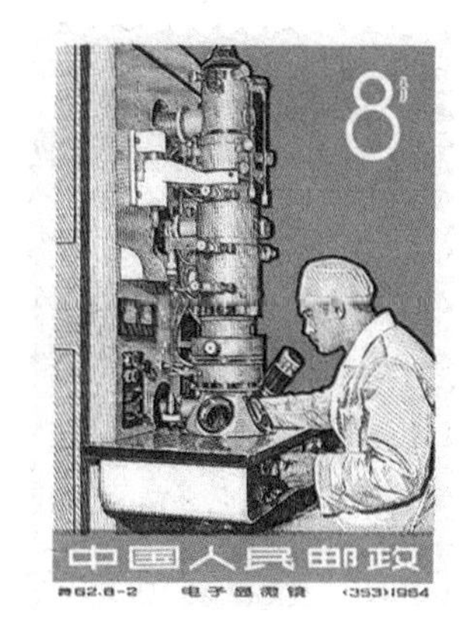


图4-5

中国邮电部于1966年3月30日发行的一套八枚工业新产品的特种邮票，8分钱面值，其中的一枚是纪念1965年5月由上海电子光学技术研究所研制成功的中国第一台一级大型透射电镜商业产品，电镜的放大倍数最大为20万倍，分辨率达到7埃。

1939年第二次世界大战爆发，正好那一年东京帝国大学教授濑藤象二（Shoji Seto，1891—1977）当选为第10届JSPS的主席。虽然战争来临，但JSPS还是照样履行着振兴科技的责任。濑藤象二教授回忆当时关于电子显微镜的传说："我听说德国鲁斯卡和鲍里斯发明了电子显微镜，放大倍数可以高达两万倍，好多日本人认为我们也可以做'电子的显微镜'并达到那样高的放大倍数。虽然那时日本没人知道应该怎么做，但就是相信既然德国人做得出来，日本人也做得出来。"其实当濑藤象二教授1939年听说电子显微镜时，电子显微镜一词传到日本已经7年了。那是1932年的事，当时它是出现在翻译成日文的一篇文章摘要里，后来德国和比利时的关于电镜的文章陆续传到日本，那可绝对是个新玩意儿。就像对许多新玩意儿持观望态度一样，日本国内一开始并没有对电子显微镜发生多大兴趣。但是后来（1938年1月）西门子公司发表了一篇报道，比较了大肠杆菌的光学显微像和电子显微像，日本的生物学家这才发现电子显微镜这么厉害，居然可以放大两万倍，于是由生物界发起强烈关注。那个年代生物界迫切需要更高放大倍率和分辨率的显微镜，这一点咱们前面已经讲过。生物界这一吵吵，传到了 JSPS 新任主席濑藤象二教授那里。他找了几个人商量，决定以 JSPS 的名义促进电子显微镜的研发，为此在 1939 年 5 月 6 日成立了第 10 届 JSPS 下属的第 37 分会，名称为电子显微镜综合研究委员会，濑藤象二教授以 JSPS 主席的身份亲自兼任第 37 分会主席。第 37 分会的首要任务是研发电子显微镜，放大倍数方面按照生物界的要求至少要达到 1 万倍。这个研发计划获得了日本教育部的经费支持，前三年总共 8 万日元。现在听起来这好像不是多大的数目，但其实按现在的币值来说相当于一百万美元。还别忘了那是在战争时期，所以日本政府的这大手笔投资就表明了濑藤象二等人的说服力以及日本政府即便是在战时也对新兴科学技术的开发给予的极大支持。政治归政治，打仗归打仗，但就这件事本身来说，是值得学习的。这个第 37 分会在此后的 8 年中一共开了 47 次成员会议，领导了日本电子显微镜的研发从无到有，走向辉煌。

第 37 分会成立之初共有 12 个代表成员，分别来自于 9 所大学和公司，包括大阪大学、东京帝国大学、日立公司等，再加上主席濑藤象二教授、秘书长和助理秘书，一共 15 人。成员们各有擅长，自告奋勇地领取了任务，有的负责高压装置，有的负责机械设计及稳定性，有的负责电子发射源，有的负责透镜设计，有的负责生物样品在真空中的保存等。虽然各领任务，但第 37 分会采取了一种当时还没有过的做法，要求所有成员既要承担并完成各自的任务并与其他成员共享，也要各自制造电镜，这就形成了一个既分工又合作又竞争的体制。这个新做法一度遭到外界的一些怀疑，但濑藤象二主席一概驳回质疑，坚持了下去。结果证明在那种毫无知识积累的背景下及战时物质资源的极度匮乏局面下，这个新举措对于电子显微镜在短期内的研发成功确实起到了关键性的作用。

在1940年2月召开的第6次碰头会上，来自大阪大学的元老成员、副教授菅田栄治（Eizi Sugata，1908—1988）展示了他建造的第一版透射电镜的照片，1941年他又给出了电镜显微像照片。图4-6拍摄于1939年，图中右边为菅田栄治，所示电镜为日本有史以来第一台自制电镜。注意操作者的姿势，由此对比图4-1中的飞利浦EM100电镜，便可理解前文所说的荷兰的普尔在EM100电镜设计上的人性化特点。年轻的大阪大学副教授菅田栄治是1932年毕业于大阪大学后留校的，1934年的时候他看到了德国诺尔和鲁斯卡的电镜文章，决定跟进研究透射电镜。那时作为年轻教师，他基本没有什么资源，没有高电压装置，也没有高真空装置，一切都需要他从无到有地张罗和自建。他在1936年设计并搭建成功一个横躺式的电镜装置，外壳是玻璃罩，后来1939年改进成竖立式和金属镜筒，就是图4-6所示的那台电镜。他在这台自制电镜上还装上一个微栅作为样品，研究了低倍数显微成像。那应该是日本最早在电镜上进行的电子光学实验了。菅田栄治在1940年2月召开的第6次碰头会上展示了他的电镜外观照片，两个月后就在美国引起了注意。那一年美国*Electronics*杂志4月刊报道了菅田栄治和他设计制造的日本第一台电镜，报道的标题是"日本有了电子显微镜"。菅田栄治现在被认为是日本电镜制造第一人，1959年出任日本电镜学会第7任会长。

图4-6

1939年拍摄的日本大阪大学菅田栄治教授（右）和他带领研发的第一版透射电镜，这可能是日本研发的第一台电镜。注意，那时的电镜设计还未顾及到使用者的舒适度。感谢大阪大学森博太郎（Hirotaro Mori）教授所赠的珍贵照片。

这里顺便提一下，1934年有位叫菊池正士（Seishi

Kikuchi，1902—1974）的年轻人在德国留学后返回日本并受聘大阪大学当教授，这位菊池正是电镜领域大家都熟悉的菊池花样（Kikuchi Pattern）或菊池线的发现者。当1928年英国的小汤姆孙报道了利用改进的阴极射线管装置进行的电子束穿过铝和金等薄金属样品产生的衍射现象之后，菊池马上跟进，使用类似的装置但是调整样品放置方向使得入射电子束从掠射角度射向样品，通过观察样品表面反射电子产生的衍射花样发现并正确解释了后来所称的菊池花样，对新兴的量子力学及电子的波动性都给出了有力的实验证据支持。

1928年菊池花样结果发表后十分轰动，很多人仿效此法研究表面结构和晶体生长等。那是菊池出国留学之前做的工作，电镜也还没问世。菊池后来也没继续做与电镜相关的工作，改而学习并研究量子力学，回日本后主持兴建加速器的工作，但短暂的涉足却使他在电镜界留下了一个大号脚印，菊池之名电镜界的人基本都知道。菊池留学德国5年期间尽管没有从事电镜方面的工作，但由于他做菊池线的这段经验，对德国的新兴事物电子显微镜应该是了解的。笔者曾经揣测1934年时大阪大学年轻的教师菅田栄治很可能就是从那一年来校的菊池教授那里了解到德国鲁斯卡等人的电镜进展情况才决心投入电镜研究的，但经过向大阪大学电镜领域元老人士、当年菅田栄治教授的学生进行咨询，可以确定菅田栄治当时研发电镜时并不认识菊池，刊登诺尔和鲁斯卡的电镜文章的那本期刊是经由大学图书馆引进的，现在还在该图书馆作为特殊藏品展示着。

除了菅田栄治，第37分会的其他成员也在1941年时有了不同进展。已经有至少7个成员单位各自设计和制造了透射电镜，有些电镜的镜筒是玻璃制的，走的还是阴极射线装置的路子，成员之一的日立公司已经进入了第一代商业电镜的研发阶段。有意思的是东京电力公司复制了鲁斯卡等人报道的电镜，据其报告说是与德国的一般无二，可见如果不谈设计水平而只说电镜制造水平的话东京电力公司当时可能已不逊于德国，可惜不知为何从此没了下文。总之，到 1941 年，日本的电镜研发工作在第 37 分会的领导下取得了符合预期的进步，不过各位成员也都感觉困难比想象的还要大。电子显微镜可以说是当时日本在技术研发领域所面临的最复杂的设备之一，而且难在完全没有知识积累，很多工作属于新创，所以大家越发觉得保持资源、资料和成果及时共享的重要性。从这里或许也可以看出日本民族的团队精神，虽然彼此竞争，但也成果和资源共享，因此也多少可以理解为什么在当今电镜工业领域全球一共才 5 家公司，其中竟有两家来自日本（日立公司和日本电子公司），而且这两家公司多年来在竞争中友好共存，如果在美国可能早就被华尔街的金融资本家撮合到一起了。

战事从 1941 年开始日趋紧张，使得研究工作随之日益困难。当时日本陆军部和海军部强调战事优先，想禁止继续动用人力及物力资源研发电镜。但主席濑藤象二又一次站出来，坚定地拒绝了这种要求。从濑藤象二教授屡次顶住压力以保证电镜研发可以继续进行并且实施了前所未有的合作加竞争的运作方式这一角度来看，说濑藤象二是使日本电镜事业迅速腾飞乃至傲视全球的最大功臣，应该绝对是当之无愧的。第 37 分会的工作就这样在紧张的战争年代里继续推进，分会吸纳了更多的成员特别是年轻人，并且重新明确了新形势下的新任务。各成员分工负责下一步不同的攻关任务，包括理论方面的、精密加工方面的、高电压方面的、环境屏蔽方面的、样品制备方面的等。必须说明的是，除了 JSPS 的第 37 分会的各个成员组织以外，还有一些其他的大学或机构也在自行尝试研发电镜，但因处于无组织的单干状态，水平与进步速度都无法与第 37 分会的项目相提并论，而且最终也基本没有取得显眼的成绩。

战事到了 1945 年进入生死关头，日本本土开始遭到盟军的飞机轰炸。在战时最后一次有 20 位成员参加的第 37 分会碰头会正在进行时，空袭警报骤然响起，主席濑藤象二立刻宣布散会并叮嘱大家马上疏散，匆忙之中竟都没来及商定下次开会的时间。很多成员匆匆告别时心情异常悲观沉重，有些人甚至认为大家可能就此永别了。可也有些成员挺不在乎，跑出去后先找地方喝了点酒才回家。这事后来让主席濑藤象二知道后好一顿责骂，但骂着骂着，主席自己也乐了，多么乐观可爱的同事啊！

战争终于结束了。所带来的创伤和损失都是巨大的，当然也包括了在电镜研发方面的破坏。1945 年 11 月第 37 分会召开了战后的第一次碰头会，各成员单位中只有 4 个保留下来各自制造的电镜，其他的都毁于战火了。就在那次会议上，濑藤象二主席再一次显示了过人的远见，决定日本的电镜事业应该从第一阶段的电镜设备研发转向电镜在科学上的应用。战后在日本参与电镜相关研究的人员数量迅速上升，政府也开始直接给予更大规模的经费资助（第 37 分会属非政府组织），科研人员与制造商紧密互动，水涨船高共同进步，终于成就了日本电镜业的一派荣景，使日本迅速赶超欧洲和北美，成为名副其实的电镜大国。1949 年，日本电镜学会成立，德高望重的濑藤象二教授自然众望所归地当选为第一任会长。他在致词中向同仁们提出高标准的要求：“我对各位成员有个要求。尽管我认为日本现在在电镜制造方面已经位居世界第一，但我们在应用电镜方面也决不应该落后于外国，对所有的微结构进行观察会使人类的知识达至无远弗届。”

日本的电镜事业从无到有，在战争中开始，在战争中成长，在战争中腾飞。物资短缺，人力不足，但所有参与者艰苦奋斗，紧密合作。以濑藤象二教授为首的第 37 分会领导有方，政府也在资金上和研究自由度上充分配合，即使战时骄横到极点的日本军方都无法干预，结果不到 10 年就使日本电镜事业迅速崛起，并在之后的几十年中占据了全球商品电镜制造业的半壁江山。

也许是巧合也许不是，后来电镜工业界唯一能与日本电镜工业匹敌的荷兰飞利浦公司，也是在第二次世界大战开打的1939年开始电镜研发的，也是在战争时期从未间断终于走向成功的。看来战争虽然残酷，但经历过战争洗礼而又能够生存下来的人和组织，再也没有什么能够阻挡他们前进的脚步了。

### 4.2.2 日本的商业电镜之路

书接上节，从1939年至1945年，在第10届JSPS下属第37分会的领导下，日本展开了对当时还是新生事物的电子显微镜的联合攻关式研发。第37分会本身就有多达8~9家单位研发自制了电镜，同期还有其他一些零散单位研发电镜，加起来那时在日本可能有超过10家单位制造过电镜，其中既有大学如大阪大学、京都大学，也有很多公司，如日立公司、岛津（Shimadzu）公司等。因日本电子公司（JEOL）1949年才成立，所以不在元老成员之列，但日本电子公司发展很快，后来居上。最后大浪淘沙优胜劣汰的结果是，日立公司、日本电子公司，还有一个明石（Akashi Seisakusho）公司三家硕果仅存，包揽了全部的日本商业电镜市场及至少一半的国际电镜市场。下面就来看看这三家公司在商业电镜方面的发展历程。

#### （1）明石公司（Akashi Seisakusho，明石制作所）

按理应该先说日立公司，因为日立公司是第37分会的元老成员，而且首先在日本取得电镜商业化的成功，在电镜的研发道路上屡创佳绩。可也因此，要说的内容就稍多，所以放在最后再说，那就先从最容易的明石公司说起。明石公司是个日本的老牌公司，1916年由明石家族在东京成立，比更老牌的日立公司也就晚了6年。公司的主要商业产品是精密科学仪器。1953年明石公司推出其第一款商业透射电镜：立式的SUM-80，含有聚光镜、物镜、投影镜各一个，80千伏电子加速电压，5纳米分辨率。1972年明石公司又开始进入扫描电镜市场。在所有明石公司的电镜产品中，笔者认为最有名气的当属 1983 年开始推出的 200 千伏电子加速电压的 EM-002 系列透射电镜。这款电镜采用六硼化镧（$LaB_6$）灯丝和由中央处理器控制的 4 级聚光镜照明系统，可获得纳米尺寸的电子束斑用于微区化学分析。还有不同使用目的的物镜可供更换，其中超高分辨率物镜的球差系数仅 0.4 毫米，是当时市场上最小的，可得点分辨率 1.8 埃。其中 EM-002A 和 002B 型在市场上还很是普及了一段时间，中国和美国都有一些，日本更多。但明石公司 20 世纪 80 年代退出了商业电镜市场。

（2）日本电子光学实验室公司（Japan Electron Optics Laboratory Co. Ltd.，简称 JEOL，日本电子公司）

接下来说说大名鼎鼎的日本电子公司。在电镜领域工作的人都知道，所有的日本电子公司透射电镜产品的型号都是以 JEM 开头的，但是从历史轨迹的角度看，日本电子公司的第一台商业电镜的型号却是 DA-1。这是什么缘故？因为日本电子公司是脱胎于另一家现在早已经不存在了的公司叫做“电子化学实验室”（Denshi Kagaku Lab）。那已经是第二次世界大战结束以后的 1946 年的事了，在日本海军服务的风户健二（Kenji Kazato）最后是在海军研究院工作，所以有着电子工程的研究经历。战后从海军复原的他琢磨着如何参与日本国内的战后重建工作。他从自己五花八门的旧物中找到一本 1942 年出版的小书，里面提到了电子显微镜。他还记得他是在战争期间偶尔看到这本书并买了下来，原本希望电子显微镜这个新式设备能够帮助改善军舰上的武器，但后来发现这东西与武器根本套不上什么关系，所以就把书放到一边。现在又翻出来这本书，也许是命中注定的，他立刻决定做电子显微镜。那时候吃了上顿没下顿，他根本就没想太多，只是觉得现在国家这么穷，应该做些好的仪器设备拿去出口换钱换东西，帮助国民生存下去。

风户健二从开文具店的父母那里借了点钱，又从过去的海军朋友圈里找人投了点资，再找些懂技术的朋友，该有的技术人员都凑齐了，20 人左右，大多数都是战后从海军研究院复员的同事。他租下了海军过去的一个俱乐部，第一层面积很大，就作为厂房，他们几个人则住在第二层。研发电镜全靠 JSPS 第 37 分会翻译的阿登纳所著的那本《电子显微镜》，仪器设备上所用的零件都是从废弃设备上拆下来的，只有电子加速装置和控制板是新做的。一切走上轨道，电镜试制也搞得差不多了，风户健二就去正式注册了一个公司，就是刚才说的“电子化学实验室”，那是 1947 年的 8 月 8 日。9 月，经过数次改版的第一代产品 DA-1 降生了，还拍了氧化锌样品的显微照。由于资金难以为继，他们必须赶快卖掉产品，所幸很快就把第一台电镜卖给了三菱化工。这伙年轻人白手起家造出电镜的成功故事还上了报纸，又得了个机会给当时才不到二十岁的皇子展示了一回他们做的电镜。后来连日本天皇也亲临视察，影响不可谓不大（图 4-7）。但就在这高兴的时候问题也来了。世事多如此，月盈则亏。风户健二与投资人因为对未来的发展方向有不同看法而发生了争执，争执到后来成了不可调和的矛盾，最终风户健二下决心另起炉灶。原班的技术人员加上风户健二本人大约七八个人从他们一手创建不足两年的电子化学实验室离职，于 1949 年 5 月 30 日另行成立了一个新的公司，取名“日本电子光学实验室公司”（JEOL）。那个“电子化学实验室”后来怎么样了呢？技术骨干都跟风户健二走了，还有什

图 4-7

日本裕仁天皇 1948 年体验 DA-1 透射电子显微镜。

么戏可唱？坚持了没几年就关张了。

有了前车之鉴，风户健二这回下决心不再找外人的私人投资而是从母亲那里和银行分别贷了些款。此时人们都怀疑两手空空的他们还能不能再做出电镜并且在市场上生存下去。别忘了那时候他们是在跟谁竞争，日立公司、岛津公司、东芝公司等，个个都是在日本响当当的老牌大公司。风户健二的资金链也有问题，必须靠卖产品才能获得资金周转，所以关键是要马上出产品马上卖出去。这伙年轻人十分拼命，也幸亏有以前开发 DA-1 的经验，5 个月，新产品出来了，50 千伏电子加速电压，3 纳米分辨率，最高放大倍数 5000 倍，可同机做电子衍射（前面介绍过，可同机做电子衍射在那时是最先进的电镜功能之一），取名 JEM-T1。这就是日本电子公司以 JEM 开头的透射电镜产品的第一代，出品时间是 1949 年 10 月。结果很幸运，产品一出来就接到了日本山梨（Yamanashi）大学的订单，12 月份发货并安装完毕。问问日本电子公司的元老，大家都会告诉你他们对山梨大学及时下订单购买第一台产品的由衷感谢。自那以后，订单接踵而来，但很多都伴有对电镜设计的新要求，很多是提高分辨率方面的。

日本电子公司当时在市场上还只是个小角色，但运转灵活正是小型公司的优点。他们与新客户合作，按照风户健二的说法，当时就抱着一种心态，那就是我们不认为我们能发明什么了不起的科学或技术成就，我们只是尽最大努力满足客户的设备要求。在这种不断满足客户与时俱进的技术需求的努力下，日本电子公司和它的电镜产品线迅速壮大。那时候日本很多单位买电镜都不知有什么用，先买了再说，所以日本的市场需求庞大。日本电子公司的电镜产品也因此以很快的速度更新换代，每一代产品卖个几台就更新到下一代了，有时甚至样机刚出来还没有仔细测试就被买走了。换代快还有另一个原因。日本电子公司一直以来的方针就是基本不做基础研究和自己开发新技术，而是从公司之外找现成的新技术并且以最快的速度反映到自家的产品上，即使在还不知道某种新技术能有什么用途的时候也是如此。这也就是为什么日本电子公司发展到今天也没有大型研究中心什么的，而日本日立公司、荷兰飞利浦公司、德国西门子公司等都各有其强大的科研及技术开发中心。

1955 年 JEM-5G 获得法国订单，日本电子公司的电镜实现出口，走向世界，终于实现了风户健二当初造电镜换外汇的心愿，其实在很长的一段时间里连他本人都认为出口电镜根本是不可能的。而 1955 年的日本已经成为了世界级的电镜大国，不光电镜制造品质领先，日本国内拥有的电镜数量也非常可观，大概有 250 台，各公司生产的都有，这数目是德国、英国等电镜先驱国家电镜数量总和的五倍。1978 年 200 千伏电子加速电压 JEM200CX 透射电镜问世，采用新的高电压技术及顶插式物镜，原子分辨率成像是其特长，广受欢迎，成为经典电镜产品之一。风户健二 1968 年出任日本电镜学会第 17 任会长。就当时日本电子公司的竞争对手而言，作为日本电镜曾经的启蒙者和榜样的德国老牌西门子公司已经不再是对手，即使推出号称是全功能型 Elmiskop 102 电镜，也没能力挽颓势，只撑到 1980 年左右就不行了，西门子公司就此退出。可是近在眼前的日立公司，风户健二坦承那一直都是一个非常强大和难对付的商业竞争对手，从一开始就是。既然风户健二这么说，咱们就来看看日立公司到底是怎样的一个对手吧。

（3）日立公司（Kabushiki-gaisha Hitachi Seisakusho）

重头戏总放在最后面，压轴的是日本工业巨头日立公司。日立公司的全称是日立制作所株式会社，这其中“日立”二字其实是个地名，以前叫日立省，1871 年之后改为茨城县（Ibaraki Prefecture），地点位于东京东北方向 100 公里，现在在茨城县仍有一个日立市。这是日本的一个主要工业地区之一，所以第二次世界大战后期曾遭到盟军的重点轰炸。1906 年有个叫小平浪平（Namihei Odaira，1874—1951）的 32 岁中年人在日立这个地方的一个铜矿找到一份工作，东京帝国大学电子工程专业毕业的他每天的主要工作是维持给铜矿的电力设备稳定供电。由于他的教育背景，也由于采矿需要，他在业余时间琢磨并研制成功了有 5 马力驱动力的电动马达。于是在 1910 年，小平浪平创立了“久源工业日立矿山电机修理厂”，这实际上就是日立公司的前身，所以那台 5 马力的电动马达也被日立公司尊为公司的第一项产品（图 4-8）。那么为什么厂名前面还冠以“久源工业”几个字呢，因为这座位于日立的铜矿场当时是属于久源工业公司的，老板叫久原房之助。所以，这个电机修理厂的法人其实不是小平浪平，而是东家久原房之助。后来 1920 年 2 月 1 日小平浪平的矿山电机修理厂从“久源工业”中分离出来，总部移师到东京，成为了一家自主公司。小平浪平挺喜欢“日立”这两个汉字，所以公司的名称仍然保留了“日立”二字，定名为“日立制作所株式会社”。后来大家都简称为日立公司（Hitachi）。

日立公司最初还是以老本行的电机产品为主，特别是重型电机。在后来的百年发展历史中逐渐拓展至其他业务领域，发展成为今天在全球拥有 800 多个子公司的巨无霸公司。现在日立公司的产品和业务范围涉及各行各业，包括矿业机械，热、核发电厂设备，机械工业设备，火车，半导体工业设备，汽车设备，军工，航空航天等，主要产品类别有发电机、电梯、挖掘机、电冰箱、大型计算机、电话、洗衣机、新干线机车和车厢、空调、电视、核电站、半导体集成、输电网、液晶大屏幕、气相色谱仪、DNA 测序仪、高速光纤、锂电池、数据存储、电子显微镜等。美国《财富》杂志 2014 年评选出的全球 500 强公司排行榜中日立公司名列第 78 位，2014 年全集团收入为 934 亿美元。家大业大的日立公司当然需要自己的技术研发力量来支撑，所以下设 4 个大型研究院，海外也有研究站，科研人员超过 5000 人。日立公司虽大，业务面虽广，与本书有关的也只是其一小部分业务，也就是日立公司的电子显微镜产品部分，现在这部分业务是由日立的子公司日立高科技公司负责生产和销售的。

读者应该还记得日立公司是 1939 年成立的第 10 届 JSPS 下属第 37 分会的元老之一，位列日本最早的电子显微镜开拓者行列。日立第一台电镜的设计师叫笠井完（Kan Kasai），他其实也是第 37 分会的发起人之一，是他找到刚刚就任第 10 届 JSPS 主席的濑藤象二教授介绍了德国的电镜发展，他也参与了濑藤象二成立第 37 分会研发电镜的倡议书的起草工作，所以他不仅是第 37 分会的元老成员，更是倡导者之一。笠井完是阴极射线示波器专家，因此对于阴极射线管装置很熟悉，并由此及彼地对脱胎于阴极射线管装置的电子显微镜也颇有认知。他 1941 年上旬设计制造出的日立公司第一台电镜 HU-1 就深受阴极射线管装置的影响。HU-1 采用横躺式设计，架设于一个光学平台之上，正确地采用了电磁透镜而不是后来被很多其他电镜先驱证明不适用的静电式透镜，50 千伏电子加速电压，分辨率 10~20 纳米。

当时因为完全没有任何经验和知识积累，设计和制造过程中遭遇不少困难。比如说最开始的镜筒采用铸铜制作，铸造金属材料难免有小孔，结果总出现真空泄漏问题。还有这个横躺式设计使得光路合轴比较困难而且对外界环境的震动太过敏感。电镜造出来后交由另一位阴极射线示波器专家只野文哉（Bunya Tadano）进行调试，只野文哉费了九牛二虎之力还是不能得到聚焦清晰的显微像。可有一天他突然从黑屋子里蹦着就出来了，激动之情溢于言表，原来他终于第一次得到了聚焦清晰的显微像。那时已是半夜时分，整座

图 4-8

日立公司创始人小平浪平和他的公司第一项产品、1910 年出产的 5 马力电动马达。

楼里除了只野之外空无一人，非常安静，这使他终于悟出聚焦困难是因为环境中的震动因素在作祟。HU-1 教给了笠井完和只野文哉很多，所以说实践出真知，半点都不假。只野文哉 1960 年出任日本电镜学会第 8 任会长。

笠井完和只野文哉总结经验，1941 年下半年马不停蹄地开始改进设计然后制造下一代电镜。1942 年，日立公司的第二代透射电镜 HU-2 顺利诞生，加速电压还是 50 千伏，分辨率提高一倍达到 5~10 纳米（图 4-9）。这次汲取了 HU-1 的设计教训，采用的是立式设计，外壳采用坡莫合金板材，既能防止真空泄漏还有良好的磁屏蔽作用。除此之外，HU-2 相比于 HU-1 还有很多其他的优点，比如说高电压稳定性、高机械稳定性，特别是物镜的精密加工程度非常高，使得那时还没有消像散器的日立公司生产的物镜的天然像散已经很小，这对于成像质量的提高当然是非常重要的。

说起高精密零件加工，这里想多说两句。正像任何其他高精密仪器设备一样，电子显微镜上所用的零部件很多都要求极高精密度的加工，否则即使设计正确，但加工精度不够或出了些微差错，都会影响整台仪器的发挥甚至使仪器无法正常工作。在日立公司的电镜工厂，做这方面工作的技工基本都是从高中毕业就进厂，经过严格的培训和内部竞争方能取得精密加工岗位的资格，而且一干就是一辈子。在很多世界级大赛中，日立公司的技工或团队屡获金奖就是这个原因。曾有人与笔者讨论制造电镜的话题，笔者特别拿出这件事来讲。不管有怎样高级的工程师，怎样聪明的大脑，怎样多的投资，但是如果精密加工这一关过不去，造出来的电镜也不会好到哪里，“差不多就行了”的工作态度绝对是高端电镜制造业的隐形杀手。

HU-2 有这么多优点，在当时算是非常成功的产品了。日立公司于是郑重将其推向市场，这就是日立公司的第一款商业电镜产品，也是日本有史以来的第一代商业电镜，时间是 1942 年，日立公司拔得日本商业电镜的头筹。谁是第一位日本电镜客户呢，日本名古屋大学。那时候战事吃紧，物资匮乏，有了 HU-2 也就算不错了，所以日立公司一直到 1947 年都没有再进一步更新型号，只是做一些局部改进。特别值得一提的是，1944—1945 年，美军开始对日本本土实施轰炸，日立公司 HU-2 电镜所在的日立中央研究院的所在地变得相当危险，上级下达指令要研究所的人员及设备撤到附近的山区躲避。但考虑到这一搬迁将严重拖后电镜的研发项目，只野文哉和他的小组拒不执行命令。他们在 HU-2 电镜周围高堆沙袋做成掩体，每个人都带着头盔继续着他们的研究工作，所以日立公司的电镜研究项目即使在战事最紧张的时期也从未间断。日立公司的这台在炮火中的沙袋掩体内继续运行的电镜就成为 1945 年战争结束时第 37 分会硕果仅存的 4 台电镜之一。

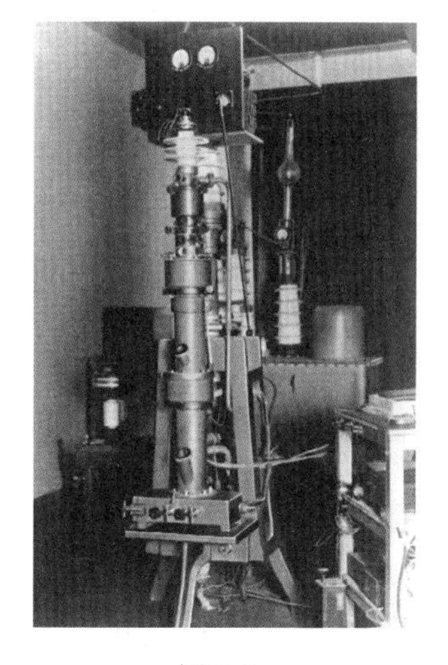

图 4–9

日本日立公司第二代电镜 HU–2（1942），加速电压 50 千伏，分辨率 5~10 纳米，这是日本第一款商业电镜，日本名古屋大学是第一位买主，也成为日本第一位商业电镜客户。

战后电镜的研发和应用如雨后春笋般在日本遍地开花，新兴的电镜公司如日本电子公司和老牌公司如日立公司、明石公司、岛津公司等各展所长在商业电镜领域展开了竞争。日立公司的 HU-2 型电镜在独撑大局 5 年后终于在 1948 年光荣退休，由新型的 HU-4 透射电镜接棒。这之后更新换代加快，基本一年一换，有时一年推出两个型号，就像前面讲到的战后成立的日本电子公司所做的那样。到 1966 年，日立公司卖出的透射电镜总数已达 1000 台。其中 50 千伏加速电压的 HS-6 型还荣获 1958 年比利时布鲁塞尔世界博览会金奖，奖励原因是日立公司首次采用永磁材料来制作电子光学透镜。在从1957年到1972年的15年时间里，日立公司连续打破电镜分辨率纪录，线分辨率（注意不是点分辨率）从9.8埃一路提升至0.6埃，当然主要采取的是电镜界的普遍做法，提高电子加速电压。日立在极高电压的极高稳定性技术方面可以说是独占鳌头，电压从HU-1的50千伏一路飙升，最高竟达到3000千伏，全世界只有日立公司制造并出售过这么高电压的透射电镜（图4-10）。日立公司的一些工程师都还记得1995年为日本大阪大学制造的第二台（第一台是1970年）3000千伏电子加速电压透射电镜HU-3000出厂时的紧张情景。因为电镜实在太大了，那真是电镜中的庞然大物，站起来顶破天，坐下来压塌地，15米高，总重量140吨，电缆比成年人的腰都粗。当时整个电镜要分成几大部分分装到好多辆重型载重卡车上。沿途要穿过很多立交桥，所以装车时还要精确考虑车载高度不能超过立交桥的限高。一路提心吊胆，好不容易下午5点多浩浩荡荡地运到了大阪大学。还没等卸车，正赶上6.8级阪神大地震，霎时间地动山摇。幸好还没有卸车，卡车起了减震和保护作用，所有的电镜部件都没有被损坏。

除了超高电压电镜，日立公司电镜史上的另一个里程碑就是推出了现在人人喜爱、当时更是横扫市场的场发射枪扫描电镜。扫描电镜每个电镜公司都能造，日立公司进入扫描电镜市场是1969年。但三年后的1972年推出的HFS-2型扫描电镜轰动市场，真正的明星其实是电镜上的场发射枪。这场发射枪电镜的来历还得从美国的克鲁（Albert V. Crewe，1927—2009）说起。克鲁其人其事挺有说头，在后面还会详细介绍，这里单说场发射枪方面。

1968年美国芝加哥大学的克鲁教授领导他的团队开发出了一种新的电子枪，称为场发射电子枪，并把它用于低加速电压（45千伏以下）的扫描透射电镜（STEM）[38]。在那之前，所有电镜上用的电子发射枪都是使用钨或者六硼化镧（$LaB_6$，1967年开发）做成的所谓热离子电子发射灯丝，也就是说加热到一定温度就会有电子从灯丝表面逸出。但场发射枪是利用加载几千伏的电场来克服灯丝材料的表面电子逸出功，从而使电子从表面逸出，形象点说就是用电场把电子从灯丝表面“拔”出来。现在最常用的场发射枪是氧化锆 / 钨( 100 )晶面热场发射或钨( 310 )晶面冷场发射。冷场乃是相对热场而言，热场发射需要加电场且同时需要大约 1500 摄氏度的加热温度，冷场发射则不需加热，室温即可。场发射枪比起钨或者六硼化镧做成的热离子电子发射枪有两大优点：第一，场发射枪的电子发射区域直径很小，可以比六硼化镧灯丝尖端小数百至上千倍（图 4-11）。第二，场发射枪亮度极高，是六硼化镧灯丝的 50~200 倍，比钨灯丝亮度高出 1000~2000 倍。这两条优点为什么好？这主要是针对扫描式电镜成像的，比如说扫描电镜或者后文会讲到的扫描透射电镜成像。提高这类扫描成像的分辨率的手段主要靠将电子束会聚成更小直径的束斑。显然电子发射区域直径越小，就越容易将电子束斑的直径缩小并且电子束也越稳定，所以使用场发射枪可以大幅提高扫描成像的分辨率达一个数量级，此其一。

图 4-10

日本大阪大学的日立 3000 千伏电子加速电压透射电镜 HU-3000，高 15 米，重 140 吨。

其二，发射电子束的亮度增高使得会聚成的小束斑中可保有更多的电子用来与样品相互作用，因此可激发更强的各类信号，有助于提高显微成像的信噪比和分辨率，还可增大微区化学分析如 X 射线能谱（EDS）和电子的能量损失谱（EELS）中元素峰的峰背比（EDS 和

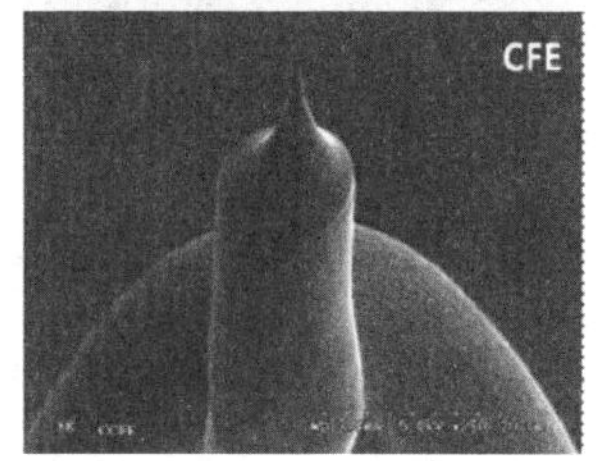


图 4-11

六硼化镧（$LaB_6$）灯丝与冷场发射（CFE）灯丝的扫描电镜照片，可以看出发射电子的灯丝尖端直径的巨大差别。感谢格里姆森（Mark J. Grimson）博士提供照片。

EELS 下一章会介绍），从而提高化学分析的敏感度。场发射电子枪当然还有其他好处，例如使用寿命长、电子束的能量分布窄等，这里就不一一细谈了。

实际上，场发射电子枪的概念并非克鲁首创，应该是由美国 RCA 公司的兹沃尔金等人 1942 年首先提出的[39]。但场发射电子枪的正常工作需要非常高的真空环境，比钨或六硼化镧灯丝做的电子枪所需真空度高 2~3 个数量级。这在 20 世纪 40 年代还做不到，所以概念虽有，实际开发却不成功。克鲁在实验室里实现了 30~45 千伏电子加速电压场发射扫描透射电镜（STEM）的制造，但用虽能用，开始时也不太好用。据当时的学生回忆，必须得头天晚上换好新的灯丝，抽真空一个晚上，第二天可以用上个 10~15 分钟，然后灯丝就坏了。还是真空问题！但后来终于彻底解决了这个问题。克鲁 1970 年大放异彩后（后面章节会讲），马上被日立公司聘为顾问，协助开发商业场发射枪电镜产品。经过一年的共同努力，1972 年日立公司将开发出的历史上首款冷场发射枪扫描电镜投放市场。这款型号为 HFS-2 的场发射枪扫描电镜产品一经面世，立刻引起空前的市场反响，全球销售劲爆。据日立公司的老员工讲，当时销售人员都不用出去搞推销，电话天天被求购者打爆，真可谓盛况空前。前面已经讲过场发射枪电镜的诸般好处，谁要说不喜欢也装不像。

后来，日立公司再接再厉，又于 1978 年推出历史上第一台场发射枪透射电镜（HU-12A，125 千伏），并首次获得晶格分辨率高达 0.62 埃的显微像，创下世界纪录。此后日立公司相继于 1983 年、1989 年和 1992 年推出 100 千伏 H-600FE、200 千伏 HF-2000 和 300 千伏 HF-3000 场发射枪透射电镜商业产品，全部都是全球首发，在场发射枪透射电镜市场独霸将近十年。其他公司当然不甘日立公司独享市场，经过几年努力追赶，荷兰飞利浦公司的第一款场发射枪透射电镜 200 千伏 Philips CM20 FEG 在 1990 年推出，日本电子公司则在 1992 年推出了 200 千伏加速电压的场发射枪 JEM 2010F。日立公司因场发射电子枪技术的开发和商品化荣获美国电气电子工程师学会（IEEE）里程碑大奖（图 4-12）。IEEE 的这个里程碑大奖只颁发给那些经过 25 年以上的应用检验仍被公认为对社会及产业发展有巨大贡献的电气、电子及通信领域的伟大技术成就，日立公司是第一个获此大奖的电镜制造公司。在应用方面，1985 年，使用日立公司的场发射枪扫描电镜在全球首次成功获得了艾滋病病毒的电子显微像。在此之前，一般都猜测爱滋病毒是球形的，电镜观察首次发现艾滋病毒呈球形不假，但表面上有很多圆形鼓包。

日立电镜发展最近的里程碑是在 2009 年率先开发出原子分辨率的扫描电镜，型号是 HD-2700A，这是一台扫描与扫描透射集为一体的电镜，最高 200 千伏电子加速电压，冷场发射电子枪，配备球差校正器（第 7 章会详细介绍），收集样品表面逸出的二次电子信号可形成材料表面结构像，历史上首次达到了亚埃级的二次电子扫描成像分辨率。文章发表在《自然・材料》杂志上[40]，该期同时还特配了评论文章，题目为"Second Best No More"，意思是说过去扫描电镜的分辨率总是超不过透射电镜，现在终于赶上来了，并驾齐驱，扫描电镜终于不再当老二了。再一个记录就是目前（截至 2015 年 3 月）世界上最高透射电镜点分辨率 0.44 埃，这是在一台日立制造的 1200 千伏电子加速电

图 4-12

2012 年 1 月 31 日，日立公司获颁 IEEE 里程碑奖。右：日立总公司总裁中西宏明（Hiroaki Nakanish），中：IEEE 第 10 区主任劳伦斯・王（Lawrence W.C. Wong），左：日立高科技公司总裁久田真佐男（Masao Hisada）。

压、球差校正电镜上取得的。

关于日立公司，最后要说的是产品的过硬质量。如果把电镜性能和表现放在一边，单论质量过硬可靠这一点，日立产品可以说是声誉超卓。还是拿电镜产品说事，用上20年以上乃至30年的日立电镜相当多，在中国现在还有些单位在继续使用日立H-600（1979年出品）和H-800（1982年出品）等透射电镜，美国很多公司也都还在用这些电镜。IBM和阿贡（Argonne）国家实验室的300千伏日立H-9000透射电镜也都快30岁了，还都需要提前一个月预订才能保证拿到机时。为什么这些电镜这么耐用，因为日立公司对于电镜出厂前的质量检测可能是电镜工业界最为彻底和严格的。检测不仅针对电镜本身的运行状态和各种房屋环境条件下的性能指标表现，还针对运输过程中可能出现的比较极端的情况例如运输过程中可能遭遇的极低温或者搬运时从一定高度摔落地面等风险。能一一通过这些严格检测项目的产品，必然经得起市场的考验，因此日立电镜的优良品质和经久耐用一直广为用户称道。

说完了日本商业电镜的发展历程，最后还要特别提一下日本电镜同仁对中国电子显微事业的支持。1978年日本电镜界两次组团到访中国与以郭可信为首的中国电镜界知名学者和后起之秀进行学术交流。图4-13为1978年6月7日时任国务院副总理陈慕华、中国科学院副院长钱三强以及中国电镜界代表郭可信等人在欢迎日本电镜学会代表团第一次到访中国进行学术交流时的合影留念。当时日本电镜界在制造、应用技术和学术水平方面均已臻国际一流水准，尤其在高分辨电子显微术方面颇为擅长。那时高分辨领域的青年才俊、正在美国亚利桑纳州立大学工作的饭岛澄男博士（Sumio Iijima）应日本电镜学会之招特意从美国飞回日本参加访问中国代表团，并在清华大学做报告详细讲解高分辨电子显微术的最新进展。日本电镜界1978年两次组团到访中国使得刚刚从“文化大革命”动荡时期中走出来的中国中青年学者打开了

图 4-13

1978 年 6 月 7 日，时任国务院副总理陈慕华、中国科学院副院长钱三强，以及中国电镜界代表郭可信和黄兰友等人热烈欢迎日本电镜学会第一次访问中国代表团成员并合影留念。感谢饭岛澄男教授（后排右二）提供照片和对中国电子显微事业的持续支持。

（作者注：照片中黄兰友的标名有误，但因为是饭岛澄男教授提供的原版照片与标名，所以未加改正，特此声明）

眼界，了解了世界电镜领域的前沿成果，也明了了自身的不足和努力的方向。

1980 年 11 月 4 日由钱临照、柯俊、黄兰友等 31 位科学家发起并筹备的中国电子显微镜学会在成都正式成立，约 300 人出席，日本电镜学会时任会长桥本初次郎（Hatsujiro Hashimoto）亲赴成都出席了盛典（图 4-14）。桥本初次郎是日本大阪大学的教授，1959 年曾赴英国剑桥大学进修一年。他的一个重要贡献是 1962 年与豪威和惠兰一起发表的文章，正确揭示了显微像中出现消光轮廓带的原因。桥本教授来成都出席中国电子显微镜学会成立仪式，显示了他本人及日本电镜学会对中国同行的大力支持。他不仅带来了珍贵的贺礼，而且更带来了支持计划。在成都，桥本与郭可信和柯俊讨论了建立中日电子显微学研讨会的学术交流机制，结果双方在从 1981 年

图 4-14

1980 年 11 月 4 日中国电子显微镜学会在成都正式成立。图为全体会员及来宾集体合影中的一部分。后排右起第二人郭可信、桥本初次郎和柯俊。感谢国家纳米科学中心甘雅玲老师（前排右一）热心提供原版合影照片。

开始到 1999 年的 19 年时间里每两年一次共举行了 10 次中日电镜研讨会，为中国电镜学者提供了非常宝贵的对外交流和学习的机会。笔者犹记外公钱临照先生当年为第一届中日研讨会即将举行而颇感兴奋，在宣纸上手书赋诗一首并以他那特有的无锡乡音的普通话逐句解释诗意：“……文化贵交流，渊源传自古。今朝举盛会，老树发新果。……仰天抚掌一长啸，我辈岂是忘情人。愿此绵绵无尽意，传之万代子子复孙孙”。表达了对日本电镜学会无私帮助中国电镜事业进步的感谢以及对两国文化友好交流永远的期盼。

桥本教授 1982 年当选第 10 届国际电子显微学联合会的主席，当时由于台湾电镜学会已经加入国际电子显微学联合会，这为中国电子显微镜学会的加入造成了一定的政治障碍。身为国际电子显微学联合会主席的桥本在任期的几年中经过不懈努力，不仅推动修改了章程使得联合会可以接受两个来自同一国家的会员，而且与中国电镜学会和台湾电镜学会积极交换看法，反复商讨，最终找到了双方都能接受的方案，终于使得中国电镜学会于 1986 年成为国际电镜联合会大家庭中的一员。

## 4.3 本章结语

这一章聊下来，相信读者对于早期电镜的研发和商业化道路已经有了基本的了解。因为叙述需要，本章中已经数次提到电镜结构的一些基本概念，例如电子发射枪、电磁透镜、物镜等。但是电镜是否就是由这几个部件凑成的仪器呢？肯定不是，不然也就不需要那么多人那么多年的努力钻研了。那么电子显微镜到底是个什么构造，它与光学显微镜有什么不同，电镜设备最大的局限是什么又是如何克服的呢，请看下章。

# 第5章 敢教日月换新天

## 透射电子显微镜的设计及工作原理

大学第四年，希利尔开始挑选论文题目，他的系主任博顿当时正试图自己建造一台电子显微镜。希利尔听说后觉得莫名其妙，因为在那以前，他从未听过将“电子”和“显微镜”放在一起的说法。“电子和那些玻璃透镜还能有什么关系吗？”希利尔直奔图书馆，不过他只查到了很少的资料，毕竟那还只是 1937 年，电子显微镜才刚刚问世没几年，而北美洲还没见到过电子显微镜的踪影呢。但希利尔获得的资料已足够令他了解了为什么“电子”和“显微镜”可以放在一起，而且还代表着一个绝对的新生事物。他立刻决定冒一下风险，接受这项任务。

与电镜的发明及制造方面不断精进相配合的是电镜理论及电镜多功能的同期发展。由于本书下面的很多内容涉及电镜方面的知识及基本概念，因此有必要利用本章就透射电镜的基本构造和工作原理做一下简单介绍。

## 5.1 透射电子显微镜的基本工作原理和组成部分

电子显微镜的工作原理与我们常见的幻灯机原理大体相同，只是将幻灯机光源换成电子源。图 5-1 是二者成像流程对比图，在二者的光路图中，照明源发出的光线或电子束由聚光镜调节后，成平行射线入射幻灯片或样品后射出，经由物镜后投影成像。当然，一台真正的电子显微镜要比幻灯机复杂多了，外观也大不一样。

电子显微镜单以尺寸而言，身高就可达两米多，与第 2 章中介绍的、放在桌子上的光学显微镜相比堪称是巨人级仪器。电子显微镜的主体部分是一个立式全封闭镜筒，电子束从位于镜筒内顶部的电子枪发出，沿镜筒向下传播，穿透样品后继续下行，将样品成像于镜筒下方的荧光屏。操作者坐于电镜台前，可由镜筒下方的玻璃窗口观看成像，然后可将成像记录于荧光屏下面的照相底片或数码相机上。电子束穿透样品而成像，正是透射电子显微镜（Transmission Electron Microscope）名称的由来。由于成像的机制不同，还有

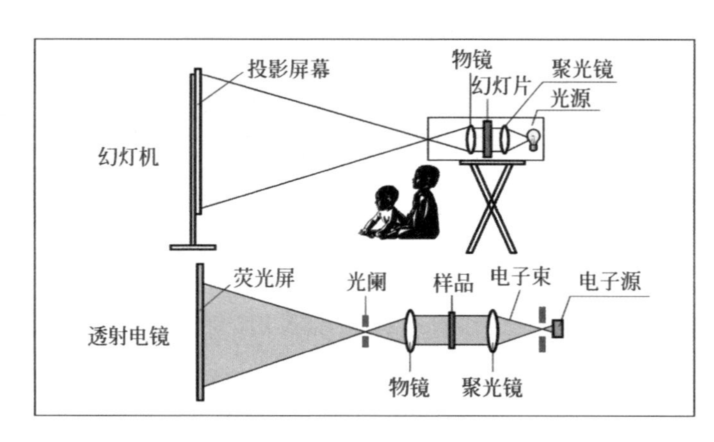


图 5-1

幻灯机与透射电镜光路图，两者工作原理相似。电镜中发出电子束的电子源与幻灯机中发出照明光的光源相对应，而幻灯机中的玻璃透镜对应电镜中的电磁透镜。

许多其他种类的显微镜如扫描电子显微镜、扫描隧道显微镜等，有些会在以后章节介绍到。现代电子显微镜外型如示意图 5-2。

现代透射电子显微镜的功能不断完善，又可以通过计算机系统对各类操作进行电子控制，操作过程较之 20 世纪 80 年代以前的电镜大为简化。另外，现代电镜多配有数码摄像技术，可以不用底片而直接将成像通过电脑屏幕显示并储存。然而，尽管电镜设计及功能不断完善，电镜的基本结构与鲁斯卡时代的设计并无本质区别，都是由电子枪、三级磁透镜、样品室、荧光屏及照相室几大部分组成。需要特别指出的是，现代电镜中全部采用的是当初鲁斯卡和诺尔所采用的电磁式电子透镜。历史上曾经一度出现的静电场式电子透镜，由于前文所说的明显缺陷，在现代电镜中早已不再使用。

另外，整个电子光学系统都是密封于高度真空的，在 $10^{-7}$~$10^{-10}$ 托（1 托≈133 帕）的镜筒当中，真空系统由一套包括机械泵、扩散泵、涡轮分子泵及离子泵的抽真空系统维持。高真空度之所以成为必须，是因为由电子枪发出并经高压电场加速的电子若在空气中行进，极易被比电子大得多的空气分子所散射，只有在真空中传播，才能保证电子束不被干扰。此外，由于加速电子具有很高能量，会破坏眼睛的视网膜细胞而导致失明，所以，观察者不能直视电子束而需借助荧光屏观察电子束成像。

图 5-3 是一台现代透射电镜镜筒部分的侧视剖面图。各个组成单元都由编号区分。由于电镜光路的复杂性，在此不对其作详细介绍。在图中用五星标出了一些重要的组成部分。从镜筒上方依次往下分别为：电子枪、第一聚光镜、样品室、样品台、物镜、中间镜透镜组、投影镜、荧光屏和照相室。读者由此可以大略看出电镜的工作原理。

整个透射电镜的成像流程大体是这样的：由电子枪发射的电子经电场加速后形成电子束，经过聚光镜及聚光镜光阑的规范后，形成很细的电子束，直

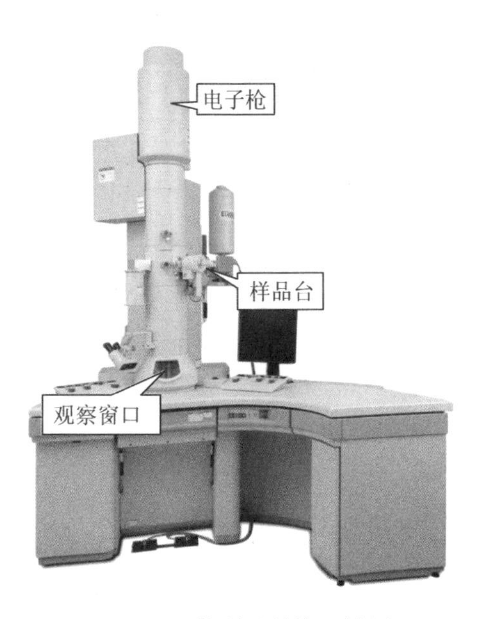


图 5–2　现代透射电镜外型示意图。

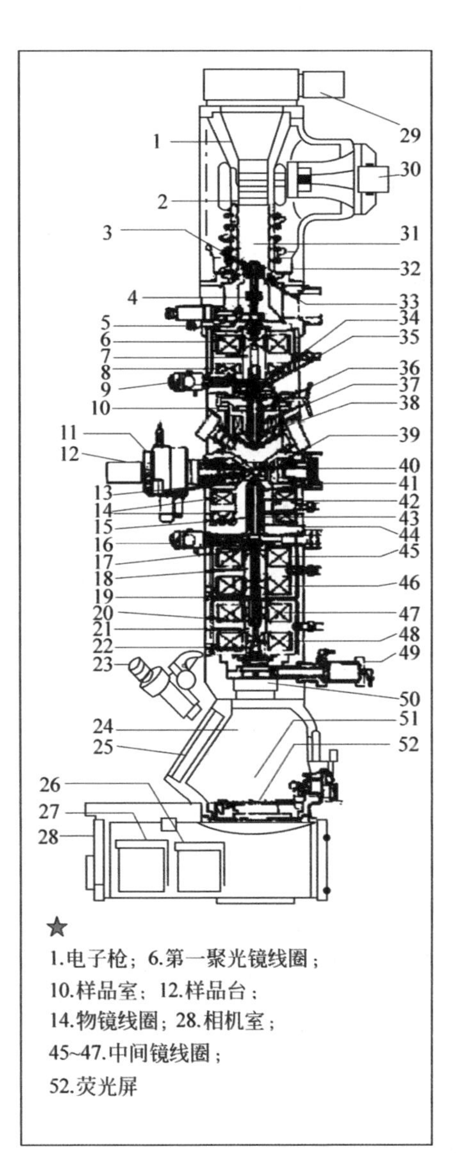


图 5–3　透射电镜侧剖结构图及相应构件的名称，★为主要部件。

径为2~60微米。在这一电子束中包含的电子的传播方向彼此近似于互相平行，且每个电子的能量也近似相同，这样的电子束称为平行相干电子束，是获得具有良好衬度电子显微像的基本保证之一。电子束穿样品而过，部分电子束被样品散射。未遭散射及遭到散射的电子又被样品下方的物镜透镜聚焦成像，再经后面的中间镜及投影镜放大后呈现在可供操作者观察的荧光屏上。若将荧光屏移开，则成像可被记录在荧光屏下方的照相底片上或由摄像系统记录下来。为了使读者进一步了解电镜的工作原理，不妨对电镜的各主要部分进一步做些介绍。

（1）电子枪

电子枪主要由阴极灯丝、静电透镜 (Wehnelt Cylinder) 和中间有一个孔的阳极板组成（图5-4）。阴极灯丝一般为“V”字形钨丝，或具有一个尖顶的六硼化镧 ($LaB_6$) 晶体，这类灯丝统称为热离子化电子源，乃是因为当其受热而温度升高到一定程度时，会在材料表面出现离子化现象。离子化分离出来的电子可以逸出材料表面，成为电镜中电子束的最初来源。在实际设计中，钨丝被加热至约427摄氏度，六硼化镧灯丝被加热至约1727摄氏度。当电子从灯丝最细的尖部逸出后，因受到灯丝与阳极板之间所加的100~400千伏的电场加速，所有电子都朝向阳极板方向高速运动，形成电子束。在阴极灯丝及阳极板之间的静电透镜的作用则是将灯丝发射的电子会聚到一点上，再经由阳极板中间的孔射出进入电镜镜筒的电子光学光路。1972年日本日立公司开发了场发射枪扫描电镜HFS-2首次推向市场，场发射电子枪顾名思义就是在超高真空环境下（约 $10^{-11}$ 托）利用外加电场诱发的电子发射。外加电场加在灯丝及其下方的一个阳极之间，大约几千伏。电子发出后，形成电子束的过程则与图5-4所示类似。就亮度而言，六硼化镧灯丝比钨丝亮约100倍，而场发射枪又比六硼化镧电子枪亮约100倍，而且寿命还数倍到数十倍长于热

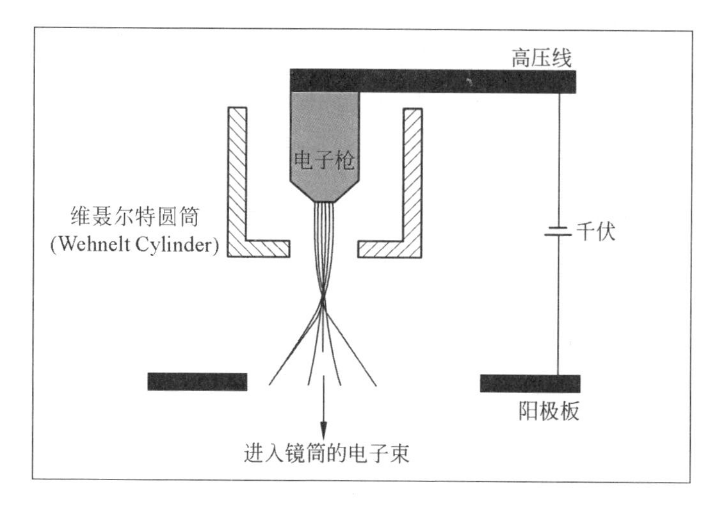


图 5-4

电子显微镜电子发射源结构示意图。电子枪主要由阴极灯丝、静电透镜 (Wehnelt Cylinder) 和中间有一个孔的阳极板组成。静电透镜的作用是将灯丝发射的电子会聚到一点上，再经由阳极板中间的孔射出进入电镜镜筒的电子光学光路。

离子化电子枪。使用场发射枪的优点上一章在介绍日立公司的电镜之路时已经提及，不再赘叙。

（2）电子透镜

图 5-4 所示电子枪发射出的发散电子束进入电镜的电子光学系统后，经由第一聚光镜和第二聚光镜聚焦，形成细而平行的电子束，如图 5-5 所示，平行电子束穿透样品后，再经由物镜（Objective Lens）聚焦成像。所成之像进一步经由中间镜（Intermediate Lens）和投影镜（Projector Lens）放大并最终投影在荧光屏上。每经过一个透镜，成像都反转 180 度，这点与光学透镜完全一致。虽然各个电子透镜的功能不同，但其设计与工作原理是基本相同的。这一点我们在图 3-4 及相关文字中已经有所介绍。现代电镜中使用的电磁式电子透镜是由铜线圈绕在软铁圆柱上制成的。软铁圆柱的中轴线上有一贯穿圆孔，以使电子束穿过。线圈外部有循环水系统使

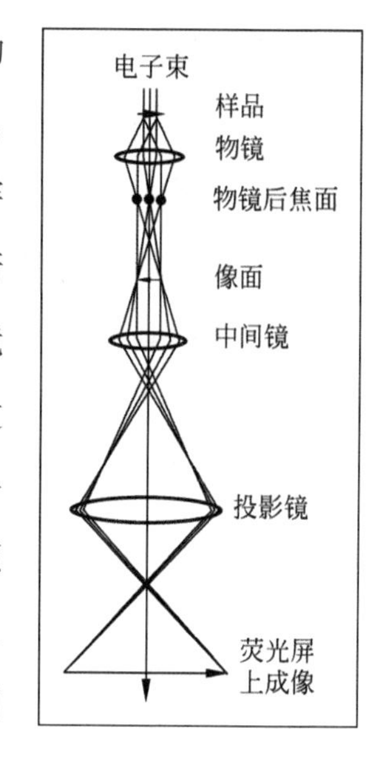


图 5-5

透射电镜成像原理光路图。

线圈不致过热。如果透镜中的磁场是完全对称的，则透镜的前焦面和后焦面与透镜的距离相等。这时光学中的牛顿透镜方程对电子透镜也完全成立，即 $1/u+1/v=1/f$，这里 $u$ 和 $v$ 分别是物距和像距，$f$ 为焦距。从图 5-5 还可了解到在所有的透镜中，物镜在电子成像中起着核心作用，像聚焦和分辨率都是由物镜决定的。而中间镜和投影镜只具备放大功能（物镜本身的放大倍数通常只是大约 100 倍而已）。因此在这里我们只就物镜成像的过程进行简单介绍。

如图 5-5 中物镜的光路图显示，从样品中透射而出的散射电子束经过物镜后，聚焦于物镜后焦面（Back Focal Plane）上。不同散射程度的电子束聚焦于后焦面上的不同点，这种在后焦面上形成的电子强度分布被称为电子衍射谱。这是因为这种电子强度分布的形成，在光学原理上完全等同于夫琅禾费衍射过程。关于夫琅禾费衍射，读者可参阅任何光学方面教材，在此不详述。电子束在物镜后焦面上会聚后继续传播，最终在物镜的像面（Image Plane，见图 5-5）上还原出样品的电子成像。上述过程若从数学上考虑，则需考虑电子的波动性。在电子束与样品中的原子相互作用后又从样品背面出射的整个过程中，电子束中的每个电子都有其特有的波动性，通常用波函数来表征。物镜的作用其实在数学上就是一个傅里叶变换的过程。电子波函数经第一级傅里叶变换而得到在物镜后焦面上的衍射振幅分布，亦即电子衍射谱。在物镜像面上的电子显微像实际上就是后焦面上衍射振幅分布的再次傅里叶变换。在电镜操作中，因为每个电子透镜中的磁场强度均可通过改变通过线圈的电流强度来调节，因此每个电子透镜的物距、像距及焦距都是可以改变的。

在图 5-5 所示光路图中，中间镜的物面被调节到正好与物镜的像面重合，使得在物镜像面上的电子像正好是中间镜的物像。同理，投影镜的物面也被调到与中间镜的像面重合，使得经中间镜放大的电子显微像可以被投影镜再次放大。另一种可能的组合是，保持中间镜与投影镜间的关系，但将中间镜的物面调整到与物镜后焦面重合。这时在物镜后焦面上形成的电子衍射谱就会被放大到荧光屏上。这两种透镜组合方式说起来复杂，但这种电镜设计使得电镜使用者只需按一个键，就可实现电子成像与衍射谱的互相转变，方便至极。

我们之所以特别强调在电镜中可以方便地同时获取电子显微像与电子衍射谱，正是因为这实在是电镜的独特优点之一。电子成像固然可直观地告诉我们样品的样貌，但却不能直接回答诸如样品是晶体、多晶体还是非晶体，若为晶体的话，晶体的结构参数、对称性及晶体取向为何等问题。而这些问题正可通过电子衍射谱来获取直接的答案。需要指出的是，电子衍射谱实际上是晶体结构在倒易空间的表现形式。我们当然很容易想象在我们所生存的、我们称之为正空间的三维空间里，晶体的结构是什么样，因为我们可以直接看到它。那么倒易空间又是什么概念呢？实际上倒易空间是数学概念上的另一种空间，它与我们所处的正空间是互为傅里叶变换的关系。这种变换关系的结果，简单地说就是在正空间里大的物体，在倒易空间就变小，如同尺寸上互为倒数，这就是倒易空间名称的由来。晶体结构在倒易空间中对应的就是衍射谱。这既可以是电子衍射谱，也可以是我们前面提到的由劳厄等人发现的 X 射线衍射谱。但是，因为不能利用 X 射线方便地对物体放大成像，所以电子显微镜就成为既可以获得样品正空间的显微像，也可以同时获得样品倒易空间结构信息的最方便的仪器。这也是电子显微镜能在材料科学领域取得广泛应用的重要原因之一。

在第 2 章 2.5 节中，我们曾介绍过光学显微镜成像之像衬度的来源在于样品内部各区域对光的不同吸收能力，因而造成从样品不同部位出射的光强度上的不同。这种强度差若能够被人眼睛感觉出来，就构成样品不同区域间的显微像衬度。事实上，在电子显微镜成像过程中，像衬度的形成与上述光学成像完全类似。当带有负电荷的电子束射入样品时，会受到组成样品的原子核的影响而改变传播方向，我们称这一过程为电子散射，图 5-6 是电子散射的示意图。

在图 5-6 中，位于中心的一个原子核被外部的电子云包围，这就是众所周知的物质的原子结构。原子核是由带正电荷的质子和不带电的中子组成，所以总体上说原子核是带正电的。当一个高速运动的电子经过一个原子核的附近区域且与原子核的距离足够近时，原子核所带的正电荷与电子的负电荷会产生吸引作用。注意，即使是最轻的氢原子核的质量也比一个电子大 1800 多倍，而常见材料的原子核的质量更是要比一个电子重数万乃至 10 万倍以上。所以在原子核与外来电子的吸引过程中，原子核就像一座山一样岿然不动。反之，高速运动的电子受到原子核的吸引会脱离原来的运动轨迹而偏向原子核。当然如果电子束过于远离原子核，相互间的吸引力则可忽略，电子束仍可按原轨迹运动而不受影响。若电子过于靠近原子核，则会受到强烈吸引而 180 度调头返回，这就是所谓的背散射电子，扫描电镜成像中常用到它。

未受影响的或散射角度较小的电子束从样品下表面射出后，在荧光屏上形成亮的背底。那些因受某些原子核的散射而较大偏离了原有轨道的电子则无法达至荧光屏，从而使该原子核在荧光屏上投下暗影，就好像该原子核吸收了射向它的光，在屏幕上形成阴影一般。如果一个样品由不同原子组成，则由于不同原子对电子束的散射能力不同，造成在荧光屏上的投影强度不同，这就形成了像衬度差，使我们的眼睛可以区分出样品上不同的区域。这种由于样品各区域对电子束散射能力差异造成的电镜像衬度，是由当时在比利时布鲁塞尔自由大学的马顿于 1934 年 5 月首先明确指出的 [41]。实际操作中，在图 5-5 光路图之物镜后焦面上，可插入一个可调孔径圆形光阑（物镜光阑），使散射角过大的电子束被挡掉，这样可以增加显微像的衬度。另外，一部分电子束在样品中由于非弹性散射失去部分能量，就好像这些电子部分地被样品所吸收，因而对像衬度也有些贡献。

对于具有周期性原子排列结构的晶体样品而言，电子束在其内的散射具有特定的规律。我们设想一组平行电子波射向晶体结构中的某一族由等间距原子面构成的晶面，原子面间距为 $d$，入射电子束与晶面间夹角是 $\theta$，电子波波长为 $\lambda$。对于特定的 $d$ 和 $\lambda$，当 $\theta$ 满足 $n\lambda = 2d\sin\theta$ 时（$n$ 是整数），入射的电子波会被该簇晶面按特定方向散射，散射波的传播角度与晶面夹角也是 $\theta$，看起来就像是入射电子束被晶面反射一样（图 5-7）。这一类散射又称为衍射，是电子波与晶体相互作用的一种主要模式，相关的电子显微像称为衍射衬度像。晶体的电子衍射机制也是源于这个 $n\lambda = 2d\sin\theta$ 公式。这一著名的公式乃是出于第 3 章 3.2 节所提及的布拉格父子中的老布拉格之手。他是在劳厄 X 射线晶体衍射的实验及理论基础之上，于 1913 年推导出这个方程。在当时，这一成果不仅证实了 X 射线的波动性，也奠定了 X 射线晶体衍射理论，因此这个公式被称为布拉格定律，而特定的 $\theta$ 角则称为布拉格角。23 年之后的 1936 年，德国的电子

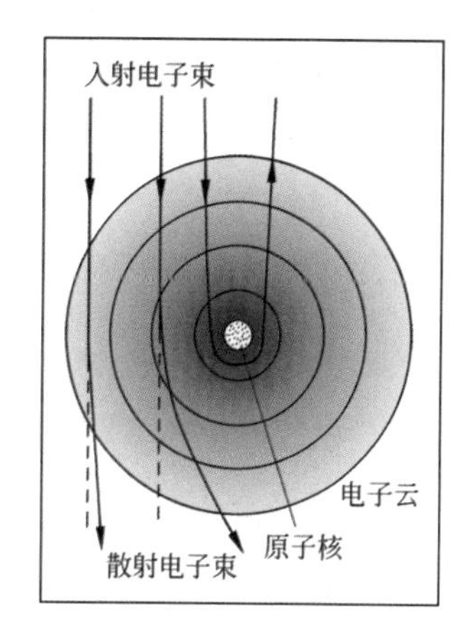


图 5-6

加速电子进入样品后经原子核散射示意图。

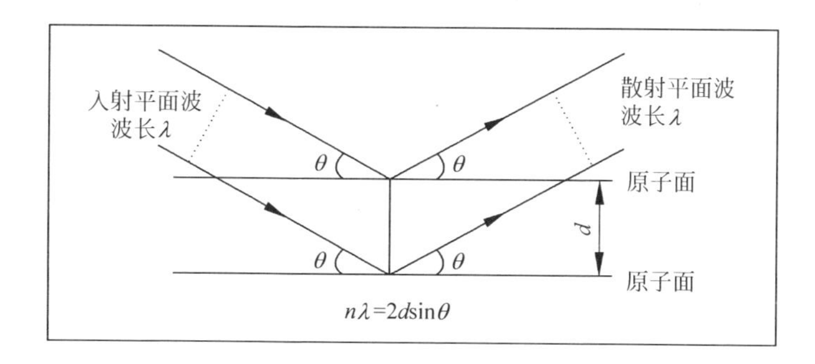


图 5-7

电子散射的布拉格定律示意图。对于具有周期性原子排列结构的晶体而言，电子束在其内的散射看起来就像是入射电子束被晶面反射一样。这种反射具有特定的规律，遵从布拉格定律。

显微镜先驱之一，AEG公司的伯施首先报道了在特定样品区域进行的电子衍射并提示了电子衍射与电子显微像间的关系，布拉格定律再放光彩，成为电子晶体学的基石之一。

在明了电子显微镜的基本成像原理之后，一个不可回避的问题就是电子光学中的像差。正如第2章中所介绍光学透镜存在着球差与色差等像差一样，在电子光学成像系统中也同样存在着像差问题。但是对于这些像差的解决办法却与光学显微镜中完全不同，到底是什么原因呢？

## 5.2 电镜中的像差

在电子显微镜发明之后，陆陆续续地发现了许多种像差。这些像差都与电子透镜有关，有些是由电子透镜的固有缺陷造成的。由于电子透镜是靠磁场或静电场来对电子束聚焦，因此除了我们已经熟悉的透镜的球差与色差外，还存在着一些与磁场或电场分布有关的像差，例如像散（astigmatism）。总体上说，各类像差大约不下十种[42]，但其中对电镜成像及分辨率影响最大的是三种，即球差、色差及像散。

电子透镜的球差概念与在第2章中所介绍的光学中的球差概念相同，属于透镜的近轴缺陷。读者可返回第2章重温球差概念，在此不再重复介绍。理论上对于球差对电镜成像的影响的探讨始于1933年，德国年轻的光学理论家格拉塞（Walter Glaser，1906—1960）发表文章从理论上进行了预言，同时预言了光学系统中所没有的其他像差在电子光学系统中的存在[43]。格拉塞后来在电子光学理论上自成一派，主要是利用光学模拟的方法对电子光学进行精确的数学描述。另一派的代表人物是德国的谢雷兹（Otto Scherzer，1909—1982），主要是利用电子轨迹方法推导电子光学的物理模型。谢雷兹对于电镜中的像差也有极高见地，后面会陆续提到。最早在实验上定量观测电子透镜的球差现象的则是鲁斯卡，他在 1934 年发表的介绍其第二版电镜的文章中报道了对电子透镜的仔细测量结果，并发现了球差效应 [44]。读者可能还记得在第 2 章中我们曾介绍过伦敦酒商李斯特采用将一组低倍无色差玻璃透镜进行同轴组合而消减光学显微镜球差的方法。但是这种方法在电子光学系统中却不灵光了。早在 1936 年，谢雷兹就在理论上证明，无论怎样组合电子透镜( 磁场式或电场式 )，只要在各个透镜之间不存在电荷或电流，那么圆形电子透镜的球差永远不能被完全消除 [45]。虽然球差不能消除，但谢雷兹也同时指出，改善电子透镜的轴对称性可以减小球差。

在第二次世界大战结束后的 1947 年，谢雷兹重拾话题，进一步建议采用可进行二维磁场校正的透镜系统来减小球差和色差 [46]。这一建议直接导致了日后电子透镜设计上的重大改革，由原来的单极靴（极靴是线圈及外部软铁壳结构的总称）透镜变为四极靴或八极靴透镜。四极靴或八极靴沿环形对称排列，环形中心的磁场分布可通过调整各极靴对总磁场的贡献而改变。用这种方法可以对电子透镜中心磁场的分布做精确调整，使其最大限度地轴对称化，以减少球差。其他减小球差的手段还包括采用磁性更好的材料、改善材料加工技术及其后的热处理技术、改进极靴的设计等。通过这些手段，使得球差系数从早期电镜的大约 5 毫米，减小到现代电镜的近似 1 毫米，最低可达 0.35 毫米。注意，物镜球差系数一般小于 5 毫米，是与电子透镜焦距短有关，球差系数与焦距大致相等。可见通过制造技术而使物镜具有极短焦距是降低物镜球差的手段。自 1998 年以来，有些电镜在物镜下方加装球差校正器，将球差系数减小到近乎为零，我们后面要介绍到。电镜可分辨的两点间距与球差系数是成正比关系的，球差系数的减小，直接提高了电镜的分辨本领。现代电镜在没有球差校正器的情况下点分辨率多为 0.2 纳米左右，比之 20 世纪 30 年代初期电镜的十几纳米的分辨率提高了数十倍之多。

相比于电子透镜与光学透镜在球差概念上的相似性，电子显微镜的色差来源则与光学显微镜中的色差来源既类似又大不相同。类似之处是色差的形成也是由波长差异造成的，不同之处在于波长差异的来源。在第 2 章中曾介绍光学显微镜玻璃透镜的色差（彩虹效应）乃是因为透镜对可见光光谱中不同波长的光波具有不同的折射率造成的。但电镜中使用的是电子束照明，根据电子的波粒二象性我们可以认为电子束中包含的是电子波。各个电子波的波长之间的差异当然就是电子光学中色差的来源。

早期系统地考虑电子显微镜中的色差来源及其对电镜分辨能力的影响的人当推德国电镜界先驱之一的阿登纳。他在 1938 年发表文章指出色差的四大来源是加速电压的波动、电子脱离灯丝的初始速度差异、各电子经过样品后速度变化不一致，以及透镜磁场的波动性 [47]。所有这些原因导致的后果都是一个，即电子束中包含着具有不同运动速度的电子。从电子的波粒二象性考虑，不同运动速度对应不同的电子波波长，正如光谱中七色光波具不同波长一样。当这些具有不同波长的电子波被电子透镜折射时，折射率各不相同，因而导致色差效应。以电子的初始速度为例，在灯丝尖部的发射区，由于面积狭小且聚集着大量待发射电子，所以电子密度很高。那些彼此很接近的电子在射出时会发生静电库仑力相互排斥作用，导致电子受到横向作用力。这一横向力会影响到电子在发射方向上的行进速度，使得从灯丝表面射出的各电子具有稍微不同的初始速度，这种效应被称为伯施效应。电场本身的不稳定性也会造成电子加速度乃至电子波长的不同，这应该是容易理解的。

应当指出的是，在现代电镜中，这类由电子枪部分引起的电子波长的差异已被限制到很小而可以忽略的程度。例如，现代的电子枪高压系统的波动性一般都小于一百万分之一，即是说对于 100 千伏的加速电压，起伏只有 0.1 伏，因此大体上可以认为由电子枪发出的电子束是单色的（即波长统一）。至于透镜本身磁场分布对电子波的影响，也可经由谢雷兹于1947年所建议的二维磁场校正设计来大大减低。读者至此可能会问，为什么这么麻烦呢？难道不能使用在第2章中曾介绍的光学显微镜色差问题的解决方法吗？也就是使用不同玻璃制成的凸透镜与凹透镜同轴组合来完全消除色差。答案是，这种方法完全不能借用。原因很简单，所有的电子透镜都是凸透镜，也即是说只能会聚电子束而不能发散电子束。电子凹透镜到目前为止是不存在的。由于这个原因，电子色差的减小只能在加工工艺及电压稳定性方面下功夫，但即使这样仍不能完全消除色差。现代电镜中经常加装有所谓像过滤系统，可以选择性地利用具有特定能量的电子束进行成像，使色差降至近乎为零。

其实色差也并非全都有害。例如阿登纳所列之色差的第三来源，即电子束透射样品后速度改变，就有助于增加电子显微像的衬度，使得在不使用物镜光阑的情况下也有可见的像衬度，但不影响电镜的分辨率。

球差和色差都属近轴像差，与之相对应的是远轴像差如彗差（coma）像差和像散。这类像差在光轴上完全消失，离光轴越远这类像差越严重。由于像散对电镜的分辨率影响很大，且在光学系统不存在相对应的现象，所以在此做简单介绍。

像散的起因是在加工制作电子透镜时，很难将用来增强磁场的软铁轭加工成完美无缺的圆形。磁铁在形状上极微小的不圆，就导致了电子透镜中磁场强度的分布不是严格的轴对称。电子束在这种磁场中沿螺线形轨迹前行时（图3-4)，因感受到这种不对称的磁场而偏离了正常轨迹，越远离透镜轴心的电子束偏离越明显。这种轨迹偏离导致远轴电子波最后不能被透镜精确地会聚于同一点，换句话说像点被畸变扩大了，这种现象就是像散。可以想象的是，两个被扩大的像点将较之同样间距的两个明锐点更难被区分开来，显微镜的分辨率将由于像散的存在而变差。

像散可以影响分辨率的事实是在电镜发明十多年后才被认识到的。当鲁斯卡和其合作者在1943年左右将电镜分辨率提高到大约2纳米后，电镜的分辨率在很长时间内就再无进步了。直到1946年，美国RCA公司的希利尔（北美洲第一台电镜的制造者之一，1940年从加拿大多伦多大学毕业进入美国RCA公司）和兰博（E.G. Ramberg）在对金颗粒的电子显微研究中发现样品边缘的菲涅耳条纹现象以及菲涅耳条纹与显微像聚焦程度的关系，从而为显微像是否处于聚焦状态给出了直接判据。正是利用这一利器，希利尔和兰博注意到了他们所使用的电镜不能使金颗粒像在像面中任意两个垂直方向同时聚焦，见图5-8举例说明。很快他们就揭开了谜底，正是透镜的像散效应在作怪。他们于是设法消除像散，从而使他们使用的RCA公司的电镜点分辨率一跃而达到了空前的0.8~1纳米的纪录，非常接近于当时电镜的设计极限分辨率0.6纳米，有关文章发表于1947年[48]。而像散的校正也成为自那以后电镜设计之必须。幸运的是，像散是可以通过对电子透镜设计做改良而完全被消除的。希利尔和兰博当时使用的方法是在透镜极靴的间隙中加入8个轴对称分布的小螺钉，通过调整小螺钉来改善磁场分布情况。这种设计后来成为标准的消像散器结构，在现代电镜的每一级透镜设计中，都内设有一个八极磁场调节消像散器，可以方便地将各级透镜的像散完全被消除。

## 5.3 全方位追求

在鲁斯卡和诺尔发明电子显微镜十年后的20世纪40年代，由于众多杰出科学家及工程师的努力，无论是显微镜的设计以及电子显微成像理论方面都有了长足进步。但是直到1942年以前，电子显微镜给人的印象还只是一种比光学显微镜具有更高分辨本领和放大倍数的显微镜。原因很简单，当时的电子显微镜设计只是为了对样品的显微组织放大成像，而并不能直接确定样品的成分和结构。事实上，在确定样品的成分和结构方面，当时的电子显微镜还不及光学显微镜。因为电子显微镜不能像光学显微镜那样由色彩来区分不同物质。这一明显的缺点倒也没能难住追求全方位发展的科学家及工程师们，以电子衍射为主的结构分析及以能谱为主的成分分析相继被提上日程并在仪器方面和理论方面平行发展。

我们在本章 5.1 节及图 5-5 中已经介绍过，穿样品而过的电子束经过物镜聚焦于物镜后焦面，形成电子衍射谱。电子衍射谱与 X 射线衍射谱一样可以直接显示晶体结构的对称性及确定晶格参数，因此可成为确定物质结构的最直接的手段。认识到这一点，美国 RCA 公司的希利尔、兰博及项目负责人兹沃尔金首先在 RCA 于 1942 年推出的 B 型电镜上装设了一个电子衍射接收配件，使得在照一张电子显微像之后的 2~3 分钟之内可以得到同一样品的电子衍射谱[49]。由于电镜样品中通常有些很小的颗粒或区域需要研究，所以德国的阿登纳和其合作者们于同一年（1942 年）建造了一台电镜，可以将会聚得很细的电子束聚于样品中不同的小区域里来获取电子衍射和显微像，这种方法更类似于我们今天所使用的微区衍射技术。

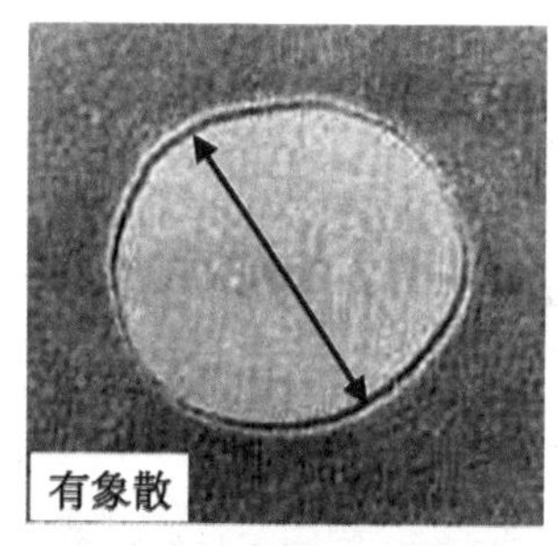


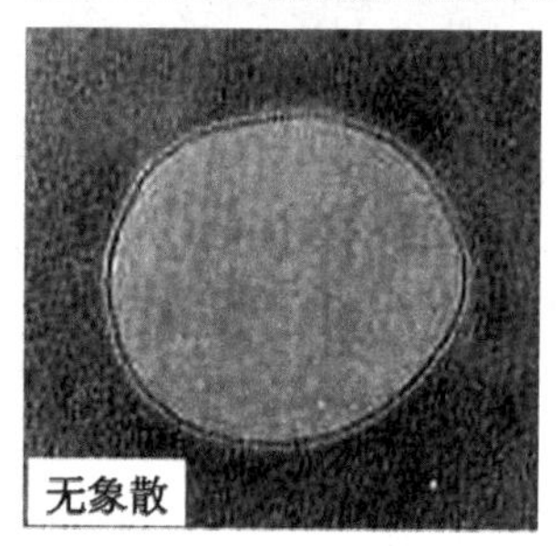


图 5-8

碳膜中小圆孔电子显微象。调节物镜焦距至过焦状态使得圆孔边缘出现黑色菲涅耳条纹，如箭头所指。物镜像散的存在使圆孔周边不能获得相同的聚焦，因此在与箭头垂直的方向黑色菲涅耳条纹不明显（上图）。当物镜像散被校正后圆孔周边可获得相同的聚焦，体现在圆孔周边黑色菲涅耳条纹的均匀呈现（下图）。

真正实现在电镜观察过程中方便地在显微成像及电子衍射模式间进行转换的则是又过了 5 年之后的 1947 年。我们前面讲过荷兰代尔夫特大学的普尔经过多年钻研，给飞利浦光学电子公司设计了一款颇具革新创意的电子显微镜，给飞利浦公司出产系列电镜打响了第一炮。

这台电镜之新颖之处我们在第 4 章 4.1 节已经介绍过，在这里要再次强调的是普尔在物镜与投影镜之间首次加入了一个辅助透镜，即图 5-5 中所示的中间镜（Intermediate Lens），使得电镜从二级放大系统一举跃迁至我们现在普遍所见的三级放大系统。中间镜的效用我们已有介绍。通过改变中间镜线圈的磁场，就可以在不用移动样品及电子束的情况下在成像及衍射工作模式间方便地进行转换。另外该电镜在物镜的像面上还装有一个可变换孔径的光阑，可以将不感兴趣的区域遮住，只对一个局部小区域做电子衍射[50]，这就是我们现在常用的选区电子衍射技术。至此选区电子衍射技术在伯施提出概念的 11 年之后终于在电镜中得以方便地实现。西门子公司经过战后重建，于 1954 年推出的由鲁斯卡主持设计的第一款商业电镜产品 Elmiskop 1 中也加装了这种选区衍射配置。Elmiskop 系列电镜以其精良的设计制造、强大的功能以及高超的分辨率，领一时之风骚，在世界上 1200 多个研究所建功立业，例如正是 Elmiskop 1 电镜导致了晶体中位错的最终被确认，轰动一时。我们在第 8 章里会详细介绍。

总之，选区电子衍射的成功介入，从根本上改观了电子显微镜的功能。破译微小物质的晶体结构已不再只是梦想。但是无论是显微成像及电子衍射，仍然都只揭示了物质结构方面的秘密，要想对微观物质结构有全面的了解，了解物质的化学成分是必不可少的。为了获知微小物体的成分，人们也想了一些办法。例如，根据经验采用化学或电解方法把不感兴趣的样品区域溶掉，收集沉淀出来的物质，这一过程称为萃取。再利用传统的化学方法分析萃取物的成分。这类方式一来过程复杂，二来分析结果不准确，尤其是当样品中存在多种物相时更是如此。如果能够在电镜中对所观察的微区直接做化学成分分析，那将会把电子显微术推向一个更广泛的应用领域。对这一目标的追求始于 20 世纪 40 年代，当时电子显微镜的制造及电子显微术的发展都方兴未艾，而在另一分支上，微区成分分析技术也开始萌芽。经过多年的发展，逐渐演变出两大能谱分析技术，分别称为电子能量损失谱（英文缩写为 EELS）及 X 射线能谱（英文缩写为 EDX 或 EDS）。

EELS 技术的基础在于分析经过样品后电子能量受到的损失。读者如果回顾图 5-6 可知当电子入射样品时会受到近邻原子核的吸引而改变方向，称为散射。如果电子被散射之后速度不变，或者说能量未受损失，则称为弹性散射。相对地，发生非弹性散射的电子会损失能量，因而速度减慢。电子经原子核非弹性散射而损失的能量与原子核属于何种元素直接相关。EELS 技术正是通过分析非弹性散射电子的能量损失大小，而按图索骥地推知样品中存在有什么元素及含量是多少。

电子经样品作用后会损失能量这一现象是德国一位博士生鲁德伯格（E. Rudberg）首先发现的。他在 1929 年发表的博士论文中，报道了他用电子束照射铜或银表面，并对反射电子的能量的测量。他使用的方法很巧妙，是利用一个磁谱仪使反射电子运行轨迹弯折 180 度。不同运动速度（或不同能量）的电子受磁场作用力不同，从而在磁场中弯折 180 度后电子会按照能量大小依次分散开来。根据分散程度，即可计算出电子的能量并进一步与入射电子能量相比得出电子经样品反射后的能量损失 *。这一测量电子能量损失的技术奠定了日后 EELS 技术的基础。

第一次在电子显微镜中测量透射过样品的电子的能量损失的是德国的鲁泽曼（G. Ruthemann），他的文章发表于 1941 年 [51]。他使用了 2~10 千伏电子加速电压、铝样品、改良了的磁谱仪，以及用照相机记录电子按能量损失的分布，结果发现底片上出现一系列不连续谱峰。他的实验清楚地反映出谱峰与特定电子能量损失之间的关系 [52]。很快于 1943 年，美国 RCA 公司的希利尔

* 笔者注：当然进一步点算电子在磁谱仪记录器上的电子数分布，即可推知样品表面成分。

就发表文章，将这种磁谱仪加入电镜设计用于微区分析[53]。设计发表的同时，RCA 公司快马加鞭于次年推出一台电子微分析仪器，其二级磁透镜可将直径 20 纳米、经过 25~75 千伏电压加速的电子束聚焦于样品上，而样品下方的第三级透镜可将出射电子束导入一个 180 度弯转的磁谱仪中进行能谱分析。如果关掉磁谱仪，则可利用出射电子束成像[54]。利用这台分析仪，他们成功地对 Si、Fe、C、O 等元素进行了分析。历史上第一台透射电子显微镜兼微分析仪就这样诞生了。图 5-9 给出了一个碳化硅电子能量损失谱的例子。

读者可能已经注意到，我们在多项电子显微镜制造领域的开创性成就中提到希利尔。他既是北美第一台电镜的制造者之一，又参与了美国 RCA 公司的商业电镜开发，是显微像中菲涅耳条纹的发现者，也首次证实了物镜像散对成像的影响并设计了消像散器。现在又介绍了他设计的首台电子微区分析仪，他的确是个敏锐而多产的电子显微学家及工程师。看来有必要在这里先偏一下题，讲一讲希利尔和北美电镜的发现故事。

其实希利尔原本更认为自己是一个物理学家。当他还只有六七岁时，就自己动手自制过望远镜用以辨识飞行中飞机上的号码，上高中后一直梦想成为一名艺术家。但是他的老师却认为他有科学家的天分，所以背着他替他申请了加拿大多伦多大学的奖学金学习数学和物理，就这样阴差阳错地使年轻的希利尔进入了物理领域。很快他就发现自己学得的确还不错。到了大学第四年，该开始做毕业论文了，助理系主任给他列出了一系列研究题目由他挑选，不过他都认为太过时而一一回绝。助理系主任有点恼火，于是对他说:“好吧，系主任倒是有个‘小’项目，是与电子显微镜有关的”。

这个“小项目”的事说来还有点话长。物理系的系主任叫博顿（Eli Franklin Burton，1879—1948），1901 年拿下多伦多大学学士学位后，1904 年远赴英国剑桥大学，在卡文迪什实验室师从 J.J. 汤姆孙（老汤姆孙，电子的发现者）并于 1906 年拿下第二个学士学位，对于电子的兴趣显然就是在那段时间生根发芽的。1932 年升任多伦大学物理系系主任后，博顿从一位毕业于德国后、受雇于多伦多大学从事电视显像管电子束扫描研究工作的博士科尔（Walter H. Kohl）那里了解到德国在电子显微镜方面的开拓工作，并请科尔博士帮忙翻译了鲁斯卡等人和其他人的一些文章。1935 年夏季，博顿赴德国柏林参加了一个电镜会议，期间更获得机会参观了一台真正的电镜。秋季返回多伦多的博顿颇觉兴高采烈，心里总盘算着要搞一台电镜来。但那个时候，即使有钱也没地方买电镜，所以自制电镜是唯一的办法。刚好系里来了一位新研究生霍尔（Cecil E. Hall），博顿就跟霍尔谈，力劝他放弃原本的研究计划转而研制电子显微镜。学生多半听老师的，更何况是系主任找来谈话，霍尔就答应了。

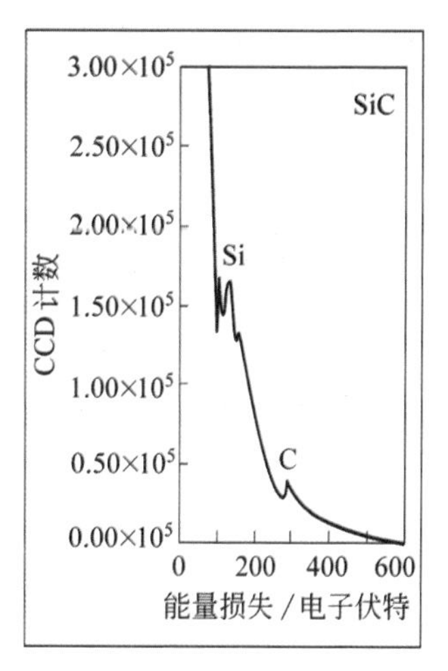


图 5-9

碳化硅的电子能量损失谱。

其实那时候电子光学在多伦多大学一点都不吃香，老师和学生大都对之持负面态度，最热门的专业是低温物理。不过霍尔既然答应了导师，就很积极认真地去做了。这小青年挺能干，凭着博顿给他的德国文章译文及博顿在德国开会时所见所闻所记，就从无到有，用了两年时间搭起了两台最简单的、带有电子发射装置和两个磁透镜的显微镜，放大倍数 3 千倍。这两台显微镜算不上是真正意义上的透射电镜，只是个雏形而已。但由于是白手起家，没有经验可以借鉴，资料又极其有限，一个研究生在短短两年时间里能做到这么个程度其实已经是很了不起了。但这么聪明能干的年轻人，博顿硬是没能留住。霍尔 1936 年拿到硕士学位后，就离开了多伦多去了美国。博顿没能留住他的原因无它，经费断线了。当时博顿向加拿大国家研究委员会（NRC）申请经费 800 加元用以进行后续工作，但先后两次申请均被拒绝了，可见当时电子显微镜这个新生事物还真不受待见。主要是那个时候大部分显微学家都认为电子束会对样品造成损害，另外由于本章前面介绍的各种像差特别是色差的影响，使得电子显微像看起来比较模糊，质量不高，似乎前景不妙。

霍尔走了，但留下了硕士论文和两台简单的样机。博顿着实是心有不甘，哪能就这么半途而废呢，得找接班人。说话这就到了 1937 年，两个在未来北美电镜舞台上大显身手的年轻人露面了。首先是希利尔，这就接回到上文了。物理系助理主任跟希利尔说，你既然什么项目都不感兴趣，那咱们系主任还有个‘小’项目，是与电子显微镜有关的，考虑考虑吧。希利尔当时还觉得挺莫名其妙，因为在那以前他从未听过这种将“电子”和“显微镜”放在一起的说法。“电子和那些玻璃透镜还能有什么关系吗？”希利尔直奔图书馆，不过他只查到了很少的资料，毕竟那还只是 1937 年，电子显微镜才刚刚问世没几年，而北美洲还没见到过电子显微镜的踪影呢。但希利尔获得了霍尔的硕士论文还有一些翻译资料，这些已足够令他了解了为什么“电子”和“显微镜”可以放在一起而且还代表着一个绝对的新生事物。他立刻决定冒一下风险，接受这项任务。几乎与此同时，又来了一位普雷巴斯（Albert Prebus，1913—1997），他已从加拿大阿尔伯塔（Alberta）大学获得了硕士学位，据说是听从了霍尔的建议，专门跑到多伦多大学读博士学位，就是冲着电镜来的。博顿马上就把这两位年轻人组合起来，希利尔外向好动，普雷巴斯内向文静，但两人都同样非常聪明和刻苦肯干，并且相处融洽，相得益彰。

希利尔和普雷巴斯利用 1937 年底整个圣诞节假期忘我地工作，参照霍尔的硕士论文以及收集到的德国文章，终于在假期结束时拿出了电子显微镜的设计图纸。他们的设计获得了博顿的鼓励，但所谓的鼓励也不过就是允许他们开始着手制造电子显微镜，条件是不准花一分钱，只能使用现有的设备和材料。倒不是博顿对研究生特别苛刻，而是真没有经费啊！ 800 加元的经费申请被拒了两次，能干的霍尔被迫出走，不都是经费惹的祸嘛。这情景和德国的鲁斯卡当初搞第二版电镜时经费耗尽、靠父母赞助才得以完成的情景有些相像，当然倒是没有那么糟。不过呢，两位不到 25 岁的年轻人获得了导师的鼓励后自然是满心欢喜，经费不经费的不是他们所关心的。正所谓小马乍行嫌路窄，雏鹰展翅恨天低，管不了那么许多，直接动手干活就是了。

两位研究生充分发挥了因陋就简、自力更生的实干精神，开始了日以继夜地工作。咱们说日以继夜，不是随便用用这个形容词而已，他们当真是夜里也要工作的。既然主任说了不能花钱，那么所有的零件包括镜筒和物镜等就都必须要自己亲自加工制造。系里有个机械加工车间，白天的时间都是被别人占满的，他俩只能晚上来干活。每天从下午 5 点到凌晨 4 点都在车间加工各种零件。就这么不分白天黑夜地忙活了 4 个月，终于建成了一台真正的电子显微镜，而博顿原本预期可能需要 6 个月。

时间定格在 1938 年 4 月，北美地区第一台真正意义上的电子显微镜诞生了。这台电镜身高大约 1.8 米（6 英尺），立式镜筒设计，顶部为 V 字型钨丝制成的电子枪，密封在玻璃罩里。电子加速电压为 45 千伏，产生高压的装置一开始都没有防护外壳，操作者得时刻记得保持安全距离。有个后来的研究生有一次不小心离得太近，突然感觉汗毛和头发都立起来了，可见电场感应是多么的强大。电子枪下面连接的黄铜镜筒一共分为五个部分，各部分的衔接所用的是他们自制的真空胶，原料是树胶，后来改为皮筋熬的胶，黏度够，挥发性又低。别小看这些因陋就简的措施，造出的这台电镜可还真就不太一般，一露脸就给出了14纳米的分辨率，放大倍数可达3万倍（图5-10）。后来经过陆续改进，分辨率进一步提高到6纳米，有时甚至可达2纳米。作为一个参照来看，鲁斯卡等人设计并于1939年推出的德国西门子公司的第一款商业电镜，其分辨率在80千伏加速电压下为10纳米。仅从分辨率的角度来说，多伦多1938—1939年间自制的电子显微镜已经达到了当时的世界级水准。

希利尔和普雷巴斯1940年离开多伦多去了美国，普雷巴斯后来成为美国俄亥俄州立大学教授，又陆续自制了几台电镜作为科研之用。希利尔最终进入美国RCA公司参与电子显微镜制造工作，使RCA公司在网罗了马顿（来自比利时）和希利尔等诸多精英后，开始在北美推出一系列商业化电镜产品。因此，希利尔可以说是RCA公司商业电镜开发的大功臣。有趣的是，也正是希利尔，在发现日本产的电镜正以其高质量和低价格迅速占据北美乃至世界市场时，于1960年力主RCA公司停产电镜，从而又成为RCA电镜产品的终结者之一[55]。希利尔因在电子显微镜发明方面的杰出贡献，于2003年被加拿大科学技术博物馆列入加拿大科学与工程名人殿堂。

插曲说完，言归正传，希利尔和贝克尔（Baker）在1944年建造的仪器主要是用于微区分析，虽可兼用于显微成像，但毕竟不能与真正的电子显微镜相比。1946年，马顿（也是一位多产的电子显微镜开发先驱）首先设计了在一台正规的电子显微镜最下方置入一台磁谱仪[56]，从而使电子显微镜兼具做EELS成分分析的功能。这种安装在电镜底部的磁谱仪是靠外加磁场使从样品中透射出来的电子束方向偏转大约90度角，再由一个电子闪烁计数器记录因能量不同而分散开的电子数分布，从而确定样品成分。因为电子被磁场偏转后不同波长（或能量）的电子束被分散开来，类似于白光经过一个玻璃棱镜后形成七色光谱，所以磁谱仪中这类磁场偏转装置又称为磁棱镜。继马顿之后，英国剑桥大学卡文迪什实验室的威特里（D. B. Wittry）等人于1969年进一

图 5-10

左图：加拿大多伦多大学两位研究生希利尔（右）和普雷巴斯（左）1938 年共同设计制造北美第一台电镜的情景。右图：多伦多大学 1938 年制造成功的透射电镜。

步设计附带有磁谱仪的电子光路，加装在透射电镜底片室的下方，使其可以对样品上感兴趣的区域做 EELS 分析[57,58]（图 5-11）。这种 EELS 谱仪设计改进后来被卡文迪什实验室毕业的克里法奈带到美国，在他的主持下 1985 年美国 Gatan 公司成功开发可以方便地装配在商业电镜底部的 EELS 谱仪，1992 年又推出基于 EELS 谱仪的能量过滤成像（GIF）系统。自那时起，Gatan 公司就基本上独家垄断了这方面的市场，好在 EELS 和 GIF 设备因为商品化和市场的新需求而不断进步，但这种进步因缺乏竞争而变得比较缓慢。当年在牛津大学师从惠兰做博士后工作的埃杰顿 1974 年证明用 EELS 可以研究原子价键，埃杰顿后来成为世界公认的 EELS 领域的杰出代表。实际上 EELS 之名就是埃杰顿在 1976 年率先使用的，后来就一直沿用下来，在那之前叫 ELS。现代的

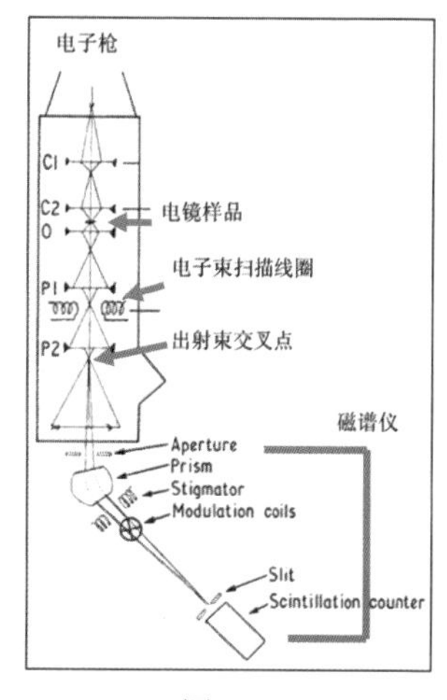


图 5-11

1969 年英国剑桥大学的威特里等人设计的、加装在透射电镜底部的磁谱仪，用来进行电子能量损失谱分析。磁谱仪自成电子光学系统，使用电镜 P2 投影镜下方的出射束交叉点作为物点。这套系统正是后来 EELS 谱仪商品的前身。

EELS 分析仪可以探测出 0.1 电子伏特这样微乎其微的电子能量损失，以及区分小于 1% 的原子成分差别。不仅如此，利用 EELS 技术还可以获取样品的许多其他方面的信息例如原子配位数、原子价态或电子态密度、材料的介电常数以及电子能带宽度等，还可利用具有特定能量的电子做能量过滤像。由于 EELS 的功能广泛而独特，使得 EELS 分析仪逐渐成为 21 世纪全能电镜的标准配备之一。

EELS 分析仪固然功能强大，但在分析样品的成分方面技术较为复杂，而且设备价格高昂。相比之下，另一种成分分析方法，即所谓的 EDS（X 射线能谱）技术，设备价格比 EELS 便宜好几倍，在操作及数据处理方面也显得更为简便，因此在成分分析方面被更广泛地使用，也较早普遍装配于分析型电镜上。

EDS 成分分析的原理说来与上面刚刚介绍过的 EELS 的原理是互补的。EELS 技术是通过分析入射电子经过样品的散射后发生的能量损失来探测样品中存在的元素种类及含量。根据物理学的能量守恒原理，入射电子损失的能量不会消失得无影无踪，肯定是传给了其他个体或转化成了其他能量形式。在我们这里所说的电子与原子的相互作用过程中，入射电子的能量损失实际上是传递给了样品中与其发生相互散射作用的原子。如果传递的能量足够大，则可使包围在原子核周围的电子云中的某一个电子的能量突增而脱离该原子核的吸引，造成电子云中出现一个电子空位。这时电子云中其他具有较高能量的电子会因发现这个能量较低的空位而占而有之（称为轨道跃迁），同时把自身剩余的能量通过发射光子的形式释放出来，形成 X 射线特征谱。从这样的角度看，X 射线特征谱可以比拟于物体的颜色。特征谱名称的由来是指这类 X 射线的能量与元素的种类是一一对应的，完全代表元素的特征。就像是凭指纹可以辨别个人一样，凭 X 射线特征谱也可以唯一辨别元素种类。在仪器设计中，从样品发出的这种 X 射线特征谱可以由一个位于样品斜上方的探头接收并在电脑中进行信号处理，从而不仅可以辨别样品中含有何种元素，也可根据收集到的 X 射线谱峰强度来计算出该元素在样品成分中所占的比例。图 5-12 给出的是一个碳化硅的 X 射线能谱的例子。

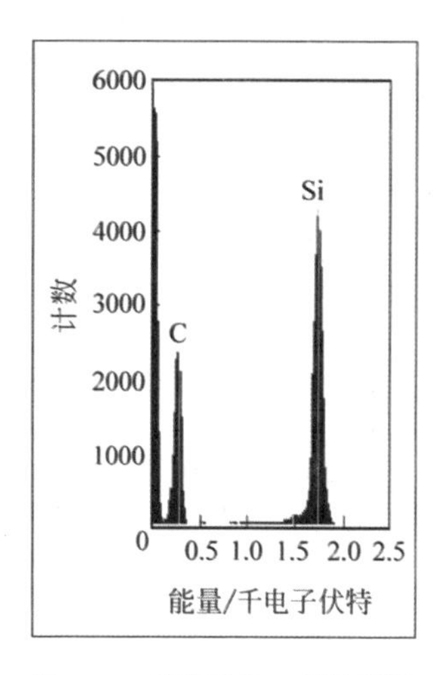


图 5-12　碳化硅的 X 射线能谱。

溯本求源，利用 X 射线特征谱来分析大块样品的成分，早在电镜发明以前就有人尝试过，如莫塞莱（Henry Moseley）和克莱默（Peter Kramers）[59]，但工作都较为粗糙，留下许多不确定的因素。在电子显微镜中利用 X 射线特征谱进行微区成分分析的始祖当推法国科学家卡斯塔林（Raymond Castaing，1921—1998，图 5-13）。他 1949 年在法国巴黎大学师从于法国著名固体物理学家纪尼叶（André Guinier，G.P. 区的发现者之一），研究利用 X 射线特征谱分析试样的成分。在卡斯塔林 1951 年发表的博士论文中，详细地介绍了如何用聚焦电子束激发样品中原子的 X 射线特征谱并记录在一台波谱仪上[60]。除了实验设备及步骤外，卡斯塔林的最大贡献还在于他所建议的成分分析方法。

图 5-13

X 射线特征谱（EDS）和电子能量损失谱（EELS）微区成分分析技术先驱、法国科学家卡斯塔林。

在当时，X 射线探头低功效及 X 射线与样品作用而产生荧光效应的影响还无法避开，因此正确测量 X 射线谱峰强度有着极大困难。这个问题实际上曾长期困扰着在卡斯塔林以前很多挑战这一领域的先驱们。为了能够进行定量成分分析，卡斯塔林独辟蹊径，首先提出样品中某一种元素（设为元素 $i$）的成分应与其产生的特征 X 射线强度成正比的假设。根据这一假设，他首倡引进另一个标准样品做参考，在标准样品中也含有元素 $i$，且其成分已知。那么实验中只需要在同样条件下记录两个样品中元素 $i$ 发出的 X 射线特征谱，并计算出两谱中谱峰的相对强度，就可进一步根据元素 $i$ 在标准样品中的已知成分而推导出元素 $i$ 在所测样品中的成分。在计算成分时卡斯塔林也周详地考虑到了原子重量、样品对 X 射线的吸收及 X 射线与样品作用而激发荧光等因素对成分测量的影响，并由此提出了校正方法，简称为 ZAF 校正。卡斯塔林以其出色的博士论文工作，开辟了 X 射线微区分析这一全新的研究领域，他的这套东西由法国 Cameca 公司在 1956 年完成商品化后推向市场。可想而知的是，卡斯塔林在获得博士学位后学运亨通，先后升任巴黎大学教授、法国物理学会会长，法国国家航空研究院院长、声誉极隆。

根据卡斯塔林提出的成分分析原理制成的第一台电子探针于 1957 年上市，主要是进行块状样品的微区成分分析。由于当时所采用的 X 射线谱仪能量分辨率很低，所以在对含有多种元素的样品进行成分分析时，经常会出现在所记录下来的 X 射线特征谱中不同元素的谱峰相互重叠，影响到每种元素所对应的 X 射线强度的计算。当时有一部分人专门致力于如何将谱峰分开的研究工作，其中就包括美国电子工程师杜比（Ray Dolby，1933—2013）。我们熟知的音响设备中用于降低噪声的“杜比”系统，就是以此人名字命名的。出生于 1933 年的杜比还在上高中的时候，就参与了美国 Ampex 公司研发录音机中电子设备的工作。1957 年他从美国著名学府斯坦福大学毕业后，远赴英伦，在剑桥大学卡文迪什实验室做博士学位研究工作。杜比当时的研究项目是如何区分 X 射线能谱中谱峰的重叠[61]。具有敏锐商业头脑的他很快意识到他的研究成果也可以应用于录音设备，将真实录音从录音系统所产生的背底噪声中分离出来，这样就可以大大提高录放音效果。

1961 年取得博士学位之后，杜比回到美国，于 1965 年创建他自己的公司：杜比实验室，发展用来降低录音机中噪声的电子装置。杜比发现的原理，还被先后应用于声音还原技术、录像机及音响系统以及现今的电视、DVD 以及卫星通信等领域，在当今的电子音像设备中是绝对必不可少的。杜比在剑桥大学的博士生导师考斯莱特（Ellis Cosslett）风趣地回忆道："在所有我的学生当中，杜比是唯一因博士学位研究成果而发了大财的学生。" 确实，从更大范围上看，能将自己的科研成果直接转化成工业产品的人只是非常少的一部分。如何将科学成果与实际应用相结合也是很多国家科研部门不断探索的方向之一。

在卡斯塔林的微区分析方法出台之后，英国剑桥大学卡文迪什实验室的邓卡姆（Peter Duncumb）和考斯莱特等人根据其原理发明了电子显微镜微分析仪，英文缩写为 EMMA（Electron Microscope Microanalyzer），商业产品于 1960 年由剑桥科学仪器公司（Cambridge Scientific Instrument Company）推出。EMMA 所使用的是当时唯一的 X 射线波谱仪，英文缩写为 WDS（Wavelength-Disperssive Spectrometer）。WDS 由一个已知成分及结构的晶体及一根细导电丝做成的探头构成。当电子及 X 射线射入晶体后，具有特定入射角的入射束会被晶体的晶面按布拉格反射原理反射后进入探头。进入探头的 X 射线可电离导电丝周围的气体，从而在导电丝上形成电流。通过对电流强度的测量即可推知 X 射线强度。

EMMA 系统可以首先利用电子显微镜将要分析的区域放大数万倍，再对小于微米的区域进行成分分析。在进行适当的校正处理后，EMMA 技术可达到 1% 的质量百分比误差率，以及能探测出 0.01% 质量百分比的微小含量。这些指标应该说是相当令人满意的。遗憾的是，EMMA 也存在着许多缺点。

例如EMMA所用的波谱仪，大而笨重造成电镜头重脚轻不够稳定，增加了在比较实验样品与标准样品的X射线强度时的不确定性。最要命的还是波谱仪所采用的WDS探头收谱效率低，且探头中使用的晶体只能用于分析有限的若干种元素。因此需经常更换装有不同晶体的探头来分析不同元素。另外，当时微分析区域的宽度也不能小于0.2微米。由于这些缺点的存在，EMMA设备未能开拓出很好的市场。生产商AEI公司也因此退出了电子显微镜领域。虽然如此，EMMA的出现，还是大大促进了电子显微微区分析技术与理论的进步。例如，正是使用EMMA技术，使得英国曼彻斯特大学的克里夫（G. Cliff）和洛里默（G. W. Lorimer）稔熟了显微微区分析技术的方方面面，后来在该校的EMMA系统被后起之秀EDS系统取代后，他们很快地发展出一套薄样微区定量成分分析技术并于1975年公布于世[62]。以著名的克－洛（Cliff Lorimer）公式为根本的这一分析技术被应用至今，成为EDS薄样微区分析的基石。

EMMA逐渐式微的一大原因就是在20世纪60年代电子显微镜的制造不断朝向全分析功能发展，轻巧、能直接加装在电镜上的EDS微区分析系统在20世纪60年代后期出现。那时的EDS系统采用发明于1968年的新的渗锂硅探头接收X射线。X射线入射到探头的半导体材料中后会引发电流，其强度与X射线强度成正比[63]。这种EDS探头大大提高了接收效率，也因此可以对尺寸在0.2微米以下的微区所发出的较弱的X射线信号进行记录和分析。EDS系统的另一大优点是可以对所有元素（太轻的如氢、氦、锂除外）进行分析而不需要像WDS那样进行探头更换。EDS的轻便性、高效率接收信号功能及全方位元素分析，使得该系统迅速取代EMMA，至20世纪70年代中期已成为商业电镜可供选择的附加配置。此后由于计算机系统的高度发展，使得对收集信号的处理和校正实现了电脑程序化，并可对EDS谱进行模拟[64]。

现代的 EDS 分析系统不仅操作简单，分析数据计算机程序化，且功能卓越。成分分析误差可小于 1% 质量百分比，并已达到可探测到两个原子存在的高度敏感的探测率[65]。总之，电子束微区分析技术集电子显微术、电子衍射、EDS 和 EELS 之大成，使得人们不仅能欣喜地“看”到微观物体的结构特征，也能精确地“品”出这些微观物体的组成成分。微区的概念也早已不再是 20 世纪 60 年代的微米尺度，现在的分析技术已经在纳米、亚纳米甚至原子量级游刃有余。所以现在称为纳米区分析似乎更为贴切。随着纳米科技时代的到来，电子束微区分析技术正在显示出独一无二的巨大优势，被广泛应用于纳米相、纳米晶界以及纳米材料的结构及成分的定量分析。

## 5.4 原位和环境电镜

既然是全方位发展，还有一方面必须要说到的就是原位环境透射电镜。别忘了想当初发明电镜的初衷之一是能够以更高的分辨率、更好的像衬度进行生物的活体观察。分辨率方面现在早已经进入了观察原子的时代，我们在下一章会对原子分辨率电子显微术进行详细盘点。电子显微像衬度方面，在透射电镜发明不久后，就已经开始使用不同孔径的物镜光阑来增加电镜成像特有的衍射衬度，我们前面已经介绍过比利时布鲁塞尔自由大学的马顿于 1934 年就明确了这一做法。对于很多由轻元素组成的生物样品而言，因为其电子显微像的衬度太低，所以采用较低的电子加速电压可以增加电子散射，有助于提高像衬度，这是属于振幅衬度的范畴，即电子波振幅差异产生像衬度。另一个增加像衬度的技术就是使用相位板，这是在说相位衬度，即利用波的相位差异产生像衬度。我们在第 2 章中介绍过荷兰科学家泽尔尼克在 1930 年发明相位板技术用于光学显微镜，从而解决了一些样品的像衬度太差的问题。电子显微镜发明后，这个相位板技术也自然被搬上了电镜。电子显微学先驱之一、德国的伯施于 1947 年提出了用于透射电镜的相位板设计 [66]，后来又经过了半个世纪的不断改进和相位板技术的不断创新，这项技术在 20 世纪末已经开始被应用在一些以研究衬度较低的生物样品为主的透射电镜上了。

分辨率够高，相衬度可调，剩下的就是活体观察。这个难度挺大，不是因为电镜体积大所以不能像 300 多年前列文虎克举着钥匙般大小的显微镜满世界找微生物进行活体观察，主要原因其实是电镜工作时内部需要保持高真空度，而高真空度肯定“憋死”生物样品。要想使样品在电镜中保持接近自然的状态，就得想点办法。有什么办法呢？举个类比的例子。如图 5-14（a）所示，男孩可以观赏水中游动的金鱼，因为玻璃鱼缸是透明的。同理，如果在透射电镜样品杆的前端安装一个密封室，里面可容纳液体或者气体，正如图 5-14（b）所示的那样，不就可以在电镜中为样品提供所需的液体或气体环境而不影响电镜其他部分的真空度了吗？这种密封室也因此被称为环境室。当然环境室上下两侧要开窗口并采用对电子束透明的薄膜材料来封住，这样既保证液体或气体不致泄漏又使电子束可以透过“窗户”以进行电镜观察。对这个窗口薄膜材料的要求还挺高的，除了要对电子束透明和基本不影响电子束传播之外，还必须耐电子束辐照，也需足够结实不至于在电镜观察的过程中破掉。现在一般都采用几十纳米厚的氮化硅薄膜。这种在电镜样品杆前端装一个密封环境室的办法首先是比利时布鲁塞尔自由大学的马顿提出的，时间是在电镜问世 4 年后的 1935 年 [67]。

这位马顿我们已经讲到过很多次，1905 年 8 月 15 日出生于匈牙利布达佩斯，19 岁就获得瑞士苏黎世大学博士学位，23 岁就成为比利时布鲁塞尔自由大学教授。这么个聪明绝顶之人还是个能工巧匠，对电子显微镜的设计和实用化方面贡献非常大。他的很多对电镜设计的改进一直到现在都还沿用着，比如说钨灯丝、物镜光阑、使用铜网（光栅）、样品装入电镜时先经过真空预抽室、数码相机问世以前透射电镜上都有的处于真空中的底片室，还有前面刚讲过的1946年首次在透射电镜下方安装磁谱仪收集电子能量损失谱（EELS）。前面说过他自己还造过电镜，1934年在比利时自己设计过横躺式的透射电镜，1940年帮助美国RCA公司开发了RCA第一代商业电镜产品等。

1935年马顿提出用0.5微米的铝膜做环境室上、下两侧的窗口封装材料，这可能是那个年代能找到的最薄而又比较坚固的膜材料了。后来在1944年又出现了塑料膜，也还是挺厚的，能有几十微米。这之后在环境室技术改造方面进展较缓慢。为了提高电子束对环境室的穿透能力，人们开始倾向于使用超高电压电镜来进行这方面的研究。因为电子束的加速电压越高，对物质的穿透力越强，即使是在环境室内部有液体或气体，以及上、下两侧的窗口覆盖膜也较厚的情况下高加速电压电子束也可以透过。再后来就主要用氮化硅非晶薄膜来做窗口材料，而且越做越薄，到现在已可以做到10纳米的厚度，在普通的电镜上也可以做环境电镜研究了。

图5-14

(a) 小男孩儿透过玻璃鱼缸观赏水中游动的金鱼。(b) 透射电镜样品杆的前端安装一个密封室，里面可容纳液体或者气体。密封室上、下两侧采用对电子束透明的薄膜材料封装。

但是尽管现在可以把环境室的窗口覆盖膜做得很薄，但毕竟上、下两个窗口封装薄膜对电子束的入射和出射还是会有影响。有些讲求完美的人就是不喜欢这种干扰，所以就开发出另一种技术，主要是针对为电镜的样品室提供气体环境的。德国人追求完美工艺世人共知，所以如果说鲁斯卡在这方面又是首创应该也在情理之中。事实是鲁斯卡早在 1942 年就发表了文章详细描述了他的设计[68]。他的设计是不用密封的环境室，气体可以直接被通入电镜的样品室，也就是物镜上、下极靴之间的间隙空间，如图 5-15（a）所示。样品室与其上、下方的镜筒部分通过中心有小孔的隔片隔开，可以称这种隔片为压差光阑。压差指的是光阑上、下两侧气压有差别，接触样品室的一侧肯定气压高，因为样品室里有气体通入，而另一侧气压低得多，因为首先气体透过小孔泄漏速度很慢，另外泄漏的气体马上被真空泵抽走了。那么为什么压差光阑中心还要留那么个小孔呢？那是为了让电子束可以无阻碍地穿过，这样才能进行电镜观察。

图 5-15（b）所示的是鲁斯卡所设计和使用的气体环境电镜以及附属的供气系统。这种设计的好处当然是显而易见的，那就是样品上、下两侧对入射和出射电子束毫无阻碍，成像分辨率和成像质量都会好于使用密封环境室的情况。所以鲁斯卡的这种压差式气体环境电镜设计一直被后人采用直至现在。但样品杆上加装密封环境室的设计也自有其优点，那就是可以用在任何透射电镜上，并且环境室内的气压可以非常高，甚至达到一个大气压。更重要的优点是可以提供液体环境，这些都是压差式气体环境电镜做不到的。总之是各有优、缺点，两种技术在环境电镜领域都相当流行。

既然要想在电镜观察时使样品所处的环境尽量接近真实的世界，提供气体或液体环境还只是第一步。试想在我们生活的世界里有多少物质是与世隔绝不受任何物理或化学条件的影响呢？比如说几乎所有的物理、化学反应都是在受到某种条件的刺激下发生的，例如温度变化、电压电流、光照射或机械力等。所以就发展出来了一种配套技术，那就是在电镜观察的同时给样品提供所需的外部刺激，比如说给样品进行加热同时用电镜观察样品对外部刺激的实时反应，这种技术被称为原位电子显微术。图 5-16 所示为在电镜中使

用液氦将超导材料 $Bi_2Sr_2CaCu_2O_x$ 冷却到零下 223 摄氏度使之进入超导状态，冷却就是一种常见的施加于电镜样品的外部刺激形式之一。再给样品区域施加一个磁场，这又是一个外部刺激。在这两种外部刺激下，进入超导态的样品内部会形成所谓的磁通格子，见图 5-16 中箭头所指的白点及其构成的有序图案。这些磁通格子的形成过程以及运动都可以通过电镜进行实时观察[69]。另外 1975 年芝加哥大学的克鲁等人还用他们自己设计的先进扫描透射电镜（后面会有介绍）拍摄到了单原子运动的影片，当时甚至上了芝加哥电视台进行播放。当然最理想的情况是提供气体或液体环境的同时再加上外部刺激，这样就可以使被观察的样品尽量处于一个仿真的状态，这就是现在很热门的气体或液体原位透射电子显微术。

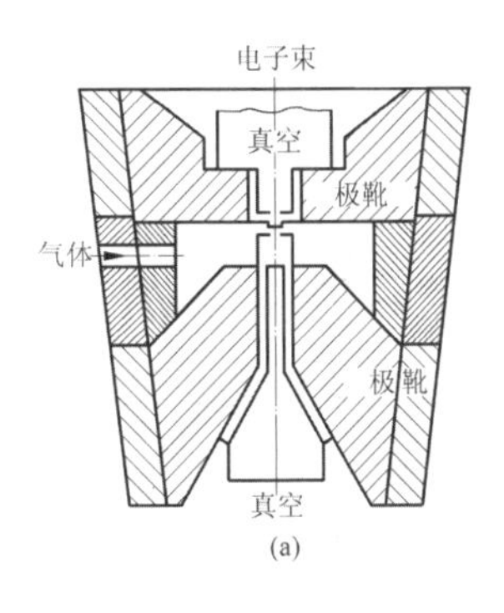


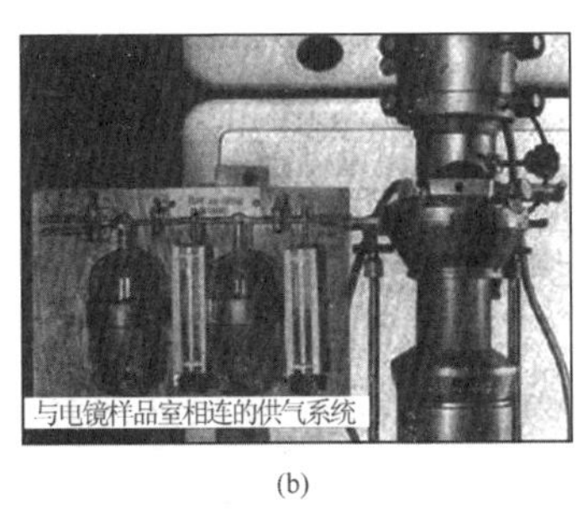


图 5-15

鲁斯卡 1942 年的环境电镜设计。(a) 位于电镜上、下极靴间隙内的样品室，气体可以直接通入样品区。样品室与其上、下方的镜筒部分通过中心有小孔的隔片隔开。(b) 气体环境电镜及附属的供气系统。

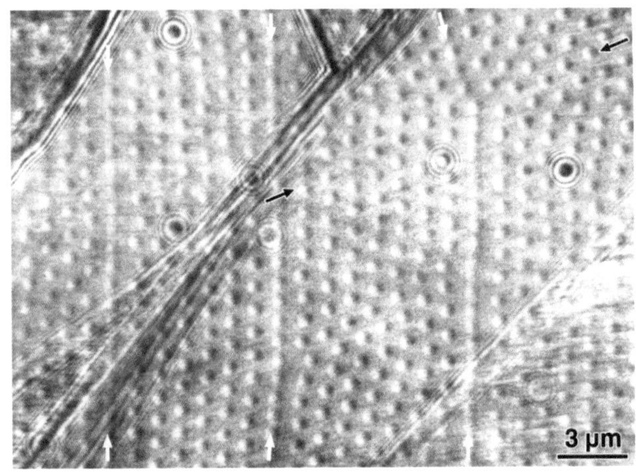


图 5-16

液氦将超导材料 $Bi_2Sr_2CaCu_2O_x$ 冷却到零下 223 摄氏度使之进入超导状态，同时给样品区域施加一个 10 毫特斯拉的磁场。原位电镜观察显示进入超导态的样品内部出现磁通格子，如图中箭头所指的白点及其构成的有序图案。

原位电镜技术五花八门，除了上述的原位冷却，常用的还有原位加热，电压、电流，拉伸、挤压，离子轰击、激光辐照等。每种技术也都有其特殊功能和发展历史，这些都在笔者编著的另一部书中进行了详述[70]，感兴趣的读者请自行参阅，这里就不再一一介绍了。总之，虽然透射电子显微镜狭小的样品室空间以及高能电子束辐照都会对原位环境电镜实时观察造成一定的障碍，但是道高一尺，魔高一丈，经过几十年、先后几代人的不懈努力，在小小的电镜样品室里实行实时、活体、原子分辨率观察的技术已经基本实现并且还在不断进步。正所谓“莫道昆明池水浅，观鱼胜过富春江”。

## 5.5 本章结语

透射电镜自 1931 年在德国横空出世，历经 30 年时间的初期发展，至 1960 年左右无论在设计上、理论上、应用上还是多功能开发上都已大体完成，所有的框架都已立好，以后的发展直到目前为止基本上都是在这个框架里面进行的。虽然仍然时有惊喜，例如场发射枪和球差校正器的出现，但鲜有跳出框架的彻底技术革命了。当然伴随着透射电镜早期的发展，时而也会迸出些异类的思想火花。其中大家已经十分熟悉的透射电镜发明人及先驱诺尔和阿登纳就曾有意无意地开辟了另一条战线，在如透射电镜般历经了曲折的 30 年左右的时间后，也终于孵化出了今天遍布全球的另一类电子显微镜，扫描电子显微镜。这项成功，应该说还是始于德国但却功在他国。要知诺尔和阿登纳做了什么铺垫，绝顶聪明如阿登纳者为什么止于一步之遥，是谁毕十年之功孵化扫描电镜商业产品，又为何有人相信最多 10 台扫描电镜就能使市场达到饱和，且听下回分解。

# 第6章 俏也不争春

## 扫描电镜小兄弟

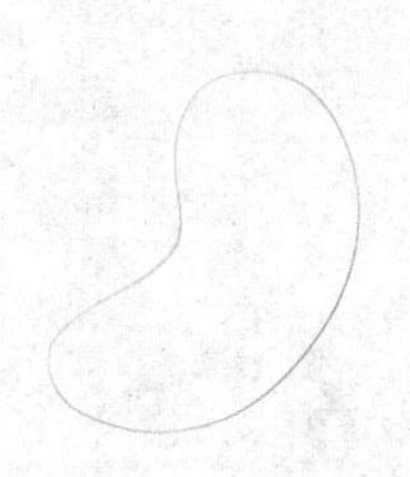

奥特利花了十多年的时间，终于将扫描电镜从最初的基本概念型发展成实用且低成本型的电镜，同时分辨率进步到 10 纳米。在此期间，奥特利一直念念不忘要把扫描电镜推向市场。他先找到 1936 年就推出透射电镜产品的那家英国公司，于是几位市场专家被派出去做了一个市场调研，估计一下扫描电镜的市场大概有多大。市场专家们经过一番调查后回来汇报，估计应该能卖个六七台吧，最多十台市场可能也就饱和了。这么个调查结果一出来，谁还敢上马扫描电镜的项目呢？

1931 年诺尔和鲁斯卡发明的电镜是所谓的透射电镜，也就是如上一章所介绍的，电子束入射并透过样品，从样品下表面出射的电子被利用来成像。在这个过程中，展宽的入射电子束在样品上的照射区域是固定的。但是咱们在前面的章节也略微提到过另一类电镜，就是扫描电镜或扫描透射电镜。这类电镜的特点是使用会聚成细点的电子束斑在样品表面扫描，扫描完一行后转到下一行接着扫描，直至样品上感兴趣的区域全部被扫描过一遍。图 6-1 所示为扫描电镜设计和工作原理概念图。电子束斑在扫描到样品上的每一个点时都会短暂停留一下（微秒量级）以便探测器接收和处理该样品点受激产生出的信号。这类受激信号多种多样，有从样品表面发出的二次电子，或由于一些入射电子被样品中的原子核反弹回去所形成的背散射电子等。这些信号都可以用位于样品上方的信号探测器收集起来经过信号放大后用来成像。成像过程实际就是把收集到的信号的强度与电子束斑当下停留位置的平面坐标关联起来，这样就可以得到一幅信号强度分布的平面坐标图，这其实就是通常所说的扫描显微像，它的放大倍数是由最终成像于显示屏或者照片上的图像面积除以电子束实际在样品表面的扫描面积而获得的。对于某台特定的扫描电镜，最终的成像面积一般是固定的，那么缩小电子束在样品上所扫描

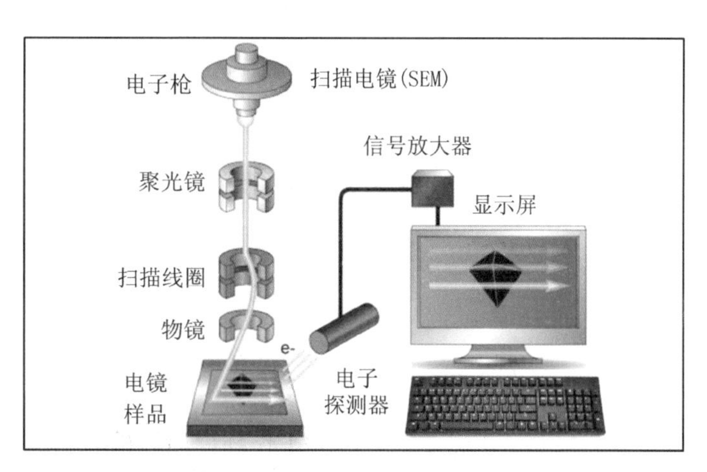


图 6-1

扫描电镜设计和工作原理概念图。电子枪发出的电子经聚光镜会聚成束斑后在样品表面进行逐行扫描，被扫描的点所产生的电子信号（如二次电子信号、背散射电子信号）被探测器接收，经过信号放大后与扫描点坐标相结合形成扫描电子显微像。

区域的面积就等于提高了扫描显微像的放大倍数。另外扫描电镜的分辨率与电子源发射出来的电子束斑直径直接相关，显然束斑越细，扫描显微像分辨率越高。如果想有效缩小束斑尺寸，就必须如图 6-1 所示在光路中加入透镜来会聚电子束。

这类扫描电镜的特点有三：第一，很显然这是扫描成像模式。第二，由于扫描电镜赖以成像的电子信号来源于样品上表层产生的二次电子或者是入射电子反弹造成的背散射电子，所以并不需要入射电子必须穿透样品，因此无须像使用透射电镜时那样把样品做得非常薄。对扫描电镜来说，大块材料可以直接放入电镜进行观察。当然得到的显微像也只反映样品的表面及浅表层结构，不是体结构。第三，由于样品下方不需要装透镜，所以扫描电镜的结构比透射电镜简单得多，样品室空间也大，可以用来装大块样品或一些其他功能的探头例如阴极射线探头。同样道理，扫描电镜的制造成本比透射电镜较低，产品价格相对便宜。另外，如果样品够薄使得入射电子束可以穿过样品，那么收集透射电子束并将其强度与电子束斑当下停留位置的平面坐标挂钩，得到的也是扫描显微像，这被称为扫描透射显微像，这类电镜叫做扫描透射电镜，我们在下一章有机会特别介绍扫描透射电镜。扫描透射电镜成像给出的是样品的体结构，与透射电子显微像一样，因此透射电镜和扫描透射电镜其实是同宗同族。但扫描电镜是不同于透射电镜的另一类电镜，主要针对的是物质的表面结构研究，又由于它的问世与商品化都晚于透射电镜，所以我们这里称扫描电镜是透射电镜的小兄弟。本章就来讲讲这位小兄弟的来龙去脉。

## 6.1 向诺尔致敬

扫描成像的概念最早是被用来发展早期的电视显像管用的。透射电镜的发明人之一诺尔继在柏林高工发明了电镜之后，调动工作到德律风根公司从事电视显像管研究。在那里他发明了电子束扫描仪，用来研究显像管材料，所以他应该是把电子束扫描技术用来观察材料并进行显微成像的第一人。在一篇 1935 年发表的文章中，诺尔展示了他的电子束扫描仪设计。电子源是个阴极射线管，经过 500~4000 伏的电场加速，再由偏转线圈控制在样品表面扫描，从样品出来的电子信号（主要是二次电子）被用来成像，放大倍数一般是 1×，但最高可以到 10×，成像分辨率在百微米量级。这个设计其实具备了后来的扫描电镜上的所有必需的部分，但没有加入任何透镜以使电子束缩小尺寸以增加显微像的放大倍数和分辨率。可能因为对于诺尔当时研究的项目来说，从电子源发出的电子束的尺寸已经足够小了[71]。这台电子扫描仪诺尔用了好几年，研究了不同的材料，例如金属表面的氧化层等，但他并没有明确提出扫描电镜的概念。所以诺尔也挺有意思，他既是透射电镜的发明人之一，严格说来也是扫描电镜的鼻祖，可是两头都是只开花没结果，做了但没有提升高度，也没有后续发展。看来他只是专注于自己想做的某件事，志向不够远大，或者也许眼光不够长远。好在以后一直都有人记得他的初始贡献，本书也特意再次强调他在两类基本电镜上的早期贡献，算是向诺尔的致敬。

图 6-2

上图：阿登纳，摄于 1929 年（图片来源：德国历史博物馆网页 http:// www.dhm.de/lemo/bestand/objekt/f64_1014）。

下图：阿登纳 1938 年所设计建造的第一台扫描透射电镜（图片来源：维基百科 网页 http://en.wikipedia.org/wiki/Scanning_electron_microscope）。

## 6.2 阿登纳栽树

诺尔之后，轮到在德国拥有独立法人私人研究室的阿登纳上场（图 6-2 上图）。阿登纳这个人相信大家已不陌生，前文曾介绍过他的生平，也说过他是个特有概念的人，扫描电镜就是他的众多著名的概念之一，本节单说关于扫描电镜的事。阿登纳在1936年获得西门子公司的一份订单，要求他帮助研究如何才能避开用透射电镜研究较厚样品时显微成像的色差问题。透射电镜的色差问题在第5章5.1节电镜原理部分已经讲过了，这里不再重复。阿登纳就此问题进行了深入的研究，在1938年间发表了系列文章[30]，不仅详细讨论了电镜色差的各种来源，更重要的是首次明确提出了解决办法，就是利用电子束小束斑扫描透射成像来减小色差的影响，并进一步给出了扫描透射电镜的概念和设计。在设计中他使用磁透镜来将电子源发射出的毫米量级电子束斑直径缩小至亚微米量级，这是不同于诺尔的电子束扫描仪的地方，阿登纳在1937年申请了专利[72]。不仅如此，阿登纳还阐述了相关的成像理论及很多具体的仪器设计考虑，例如束斑缩小的极限在哪里及如何计算、如何测量电子束电流、收集明场和暗场扫描透射像的探头应该安装在什么位置、电子束及电子信号放大器的噪声对成像质量的影响等。还有就是提出如何针对很厚的块状样品成像，就此明确提出了扫描电镜的概念。

拿人钱财，与人消灾，为了给西门子公司一个完整的解决方案，阿登纳按照自己他的设计建造了一台样机，图6-2下图就是阿登纳设计自建的第一台扫描透射电镜的照片。他用这台电镜获得了氧化锌的扫描透射电子显微像，电子加速电压23千伏，放大倍数8000倍，分辨率50~100纳米。这张显微像花了足足20分钟才记录完毕，为什么需要那么长时间？透射电镜成像只要几秒钟就够了不是吗？别忘了“扫描”二字，这张像是在样品上扫描了400×400个点后才获得的，每个点停留时间几十微秒，总共就得花费这么长时间。当然现代的扫描电镜扫描速度大幅提高，成像不需要花那么长时间了，但是如果需要高质量成像，或者扫描的点数多，也还是需要几分钟时间的。

阿登纳当时所得到的显微像质量不及西门子公司鲁斯卡和鲍里斯所造的透射电镜成像质量。原因主要是电子探测器的问题，那时候还没有低噪声的探测器，所以他的解决方案在当时未被西门子公司认可。阿登纳的这个项目实际上也就干了两年多，第二次世界大战一爆发，他就转而研究核能设施，开发回旋加速器、同位素分离器，也研究雷达，都是与战争有关的。电镜方面的研究就算半途而废了，毕竟电镜不是战时的迫切需求。尽管如此，从历史的角度看，阿登纳的这一系列在电镜方面的原始创新贡献，铺垫了扫描电镜和扫描透射电镜的未来成功之路。有人认为，如果不是战争中断了阿登纳的扫描电镜研究，他肯定可以很快给出真正的扫描电镜设计，因为他那时做到的或者想到的离真正的现代扫描电镜也就只差一步之遥了。在他 1940 年出版的那本著名的电子显微术专著里 [31]，他专门用了两章的篇幅来讲述扫描电子显微术，除了包括已经在 1938 年发表的文章外，还有许多关于样品表面观察的新结果。从这个角度看，阿登纳栽树，后人们都得享余荫。

## 6.3 RCA 的苦果

上面提到的阿登纳给出的氧化锌的扫描显微像其实还是扫描透射显微像，也就是说是利用了透射过样品的电子来成像，得到的是样品体结构的平面投影像。真正首次获得固体样品表面结构像的，也就是说使用的是扫描电镜（SEM）成像模式的是美国 RCA 公司的兹沃尔金和希利尔（James Hillier）等人 [39]。咱们在前文已多次提及兹沃尔金，他是一位多产的俄国裔发明家，1912 年圣彼得堡工学院毕业，1919 年移民美国。在为美国西屋公司工作的 10 年当中，他发明了一种设备，可以将很多照片扫描集成起来再呈现于显像屏，这实际上就是电视机的前身，因此兹沃尔金被认为是电视技术的发明人之一。可惜西屋公司当时未能慧眼识才（财），没有采纳兹沃尔金的这项发明作进一步的技术开发，结果人财两失。兹沃尔金离开西屋公司，转而加入 RCA 公司。

1938 年，作为 RCA 公司电子研究室负责人的他，启动了 RCA 公司的扫描电镜研发项目，与透射电镜产品平行开发。希利尔则是 RCA 公司商业电镜的奠基人之一，在前面第 4 章和第 5 章都谈到过他，想必大家都还记得。他 1938 年在加拿大多伦多大学读博士学位期间与普雷巴斯一起开发出北美洲第一台透射电镜，两年后的 1940 年带枪投靠，携带这台电镜加入了 RCA 公司。他后来参与了 RCA 几乎所有电镜产品的项目启动与研发工作，对电镜技术和产品的发展贡献很大。本来在希利尔研发成功北美第一台电镜时美国通用电气公司曾先下手为强进行游说，差点就将希利尔招揽到旗下。无奈最后关头失手，原因是希利尔认为 RCA 公司更加注重有实用价值的发明创造。

RCA 公司对扫描电镜的研发实际不是接续阿登纳的工作，而是参考了前面所说的诺尔 1935 年发表的电子束扫描仪的设计。但是也如同阿登纳所做的那样，RCA 公司在诺尔的设计基础上，增加了两个磁透镜用来会聚电子束。还有一个很新的设计就是采用了钨晶体制成的场发射电子枪[39]，他们证明场发射枪可以用，但由于当时的真空技术有限，而场发射枪又必须要求超高真空环境，所以 RCA 公司没能进一步把场发射电子枪开发成功。后来场发射枪大获成功是 1970 年的事，美国芝加哥大学的克鲁所领导的团队开发出带有场发射枪的超级扫描透射电镜并在历史上首次获得单原子显微像，轰动一时，有关故事后面再接着讲。

RCA 公司的另一项改进是二次电子探测器。前面说了，从诺尔到阿登纳，使用的都是电子信号成像，也就是说接收电子信号后再将它放大用于显微像构成。可惜在电子信号多级放大的过程中会产生很多电子噪声，严重影响最终的成像质量。RCA 公司一开始也是用的这种放大电子信号的办法，后来发现成像质量实在太差，于是改弦更张重新设计。这次采用磷制接收器，可将接收的电子信号先转换成光信号（荧光），再通过光信号放大器将信号增强后用于构成显微像，用这样一个聪明的转换就避免了电子信号放大过程，当然也就解决了电子噪声问题。作为改进探头技术的配套措施，在探头和样品之间还另加了一个静电场使样品表面出射的二次电子增速抵达探头，这样可以增加二次电子探测效率。这套设计在当时是全新的，但由于下面要讲到的原因，RCA 公司很快就停止了扫描电镜的研发项目，所以这个新探头技术也就被束之高阁了。12 年后英国剑桥大学将此技术改进后应用到剑桥开发的扫描电镜上，使此技术最终得以被采纳并成为二次电子探测器的标准设计。

美国 RCA 公司研发的扫描电镜使用 10 千伏电子加速电压，二次电子信号成像分辨率为 50 纳米，与德国阿登纳为西门子公司设计的扫描透射电镜的分辨率差不多。别忘了鲁斯卡早在 1933 年所制造的第二版透射电镜早已达到 50 纳米分辨率，到 1938 年左右透射电镜的分辨率已经逼近 10 纳米之内，而新生的扫描模式成像分辨率只有 50~100 纳米，在分辨率上是显著落后于透射电镜的。此外与透射电镜相比扫描模式还有其他的一些缺点。第一，扫描模式显微成像速度慢（阿登纳的需 20 分钟、RCA 的需 10 分钟得到一张像），因此对样品表面清洁度及周围环境的影响非常敏感。第二，由于电子探测器还是存在噪声问题，使得成像质量不理想。第三，也是最要命的是，德国 AEG 公司的马尔在 1941 年发表文章介绍了一个使用透射电镜观察样品表面结构的方法。

在那之前西门子公司的鲁斯卡和鲍里斯都曾分别在透射电镜上观察过样品表面结构，采用的方法是将样品的表面摆放成与入射电子束近似平行的角度，这样电子束可以以很小的掠射角照上样品表面，被样品表面反射出来的电子信号被用来成就样品表面结构显微像。这种方法要求特制的样品台，虽然稍有麻烦，但技术上没多大困难，后来几十年都还有人用此方法。而 AEG 公司的马尔采用的是另外一种办法，即首先将样品的表面形貌复制下来，再将复制的样品放入电镜进行观察。这多少有点像橡皮图章法，图章上刻的是什么直接看可能看不清楚，但是涂上印泥后在纸上盖个章就全看清楚了，这个纸上的章就等同于图章表面结构的复制品。这种方法不需要特制的样品台，同时可以尽享当时透射电镜所能取得的高分辨率，所以风行一时。这对 RCA 公司的扫描电镜研制计划打击很大，人家透射电镜也能观察样品表面结构，成像质量和分辨率都高得多，扫描电镜还有什么搞头？

由于以上所述种种原因，RCA 公司最终在 1942 年决定下马扫描电镜研发项目，使得该公司几年的努力仅仅成就了一次尝试，真是个苦果。但也有甜瓜，同时期 RCA 公司全力以赴扩大 1940 年已经推向市场的透射电镜产品，这一努力获得了很大的成功。在那之后的 20 多年时间里，RCA 公司总共售出近 2000 台透射电镜。图 6-3 为兹沃尔金和希利尔的合影，两人一起展示 RCA 公司的电镜产品。

总结一下，阿登纳以及 RCA 公司的这些先驱性的扫描透射电镜和扫描电镜研发工作发表之后，由于战争及种种技术条件限制没有能够引起广泛的兴趣，也没多少人对扫描成像模式的电镜进一步跟进，扫描成像模式看似小命休矣。然而是珍珠迟早会发光，美国芝加哥大学的克鲁飞机上的神来几笔，使扫描透射电镜（STEM）成功复活并且实现了质的飞跃，不过那已经是阿登纳最初发表这方面工作时的 32 年之后了，这事下一章还要重提细说。扫描电镜（SEM）倒是没有沉寂多久，也就是个五六年时间，在位于英国剑桥特拉平顿街的剑桥大学工程系主楼里，奥特利（Charles Oatley，1904—1996）正在重新审视扫描电子显微镜的价值。

## 6.4 花开在剑桥

1948 年，当时还是剑桥大学工程系讲师（reader，英国大学体制特殊，reader 仅次于正教授，正教授名额固定）的 30 多岁的奥特利（图 6-4）觉得透射电镜在剑桥已经有很多人在研究了，不如干点别的。他于是选择研究扫描电镜。据奥特利后来回忆，当时几乎所有他咨询过的专家都劝他不要在这上面浪费时间。原因很明显，兵强马壮的美国RCA公司，扫描电镜项目搞了4年也没成功，可见既不好搞，也不吃香。但奥特利自有他的想法。他的想法是，RCA公司的兹沃尔金等人的工作已经充分证明了扫描电镜的工作模式是可行的而且可以给出高分辨率的样品表面结构像，只是因为探测器和电子技术当时不够好才最终没能得到高品质的扫描电子显微像。经过第二次世界大战中科学技术领域的激烈竞争与飞跃，特别是电子技术和探测器技术等的大幅进步，奥特利有一定的把握可以设计出更好的探测器和电子控制系统。

图 6-3

兹沃尔金（前）和希利尔一起展示RCA公司研发的电镜产品。

另外他认定与透射电镜相比扫描电镜有很多特有的优点：首先，因为不需要那么多透镜，所以设计比较简单，制造成本也低，尽管分辨率可能一时还比不上透射电镜，但是他认为大部分的材料研究其实不需要透射电镜那么高的分辨率。第二，扫描电镜的成像模式使得样品制备极为简单，这是个大优点。所以尽管那时还不太明了扫描电镜的全部应用价值，但就上述两个优点来说已经十分值得一试了。

图 6-4

英国剑桥大学的奥特利教授，被誉为现代扫描电镜之父。

奥特利刚开始时没有多少科研经费，他找来一堆第二次世界大战结束以后剩下的战备物资，有阀门、阴极射线管、仪表、各类电子原件还有一些真空泵和管子，系里还有个不错的机械加工车间，这就是他的全部资源了。那时谁都没有研究过扫描电镜，都没经验，恰巧奥特利的一个学生桑德（Ken Sander）以前研究过透射电镜，所以这打头炮的任务就着落在他的身上。桑德从他自己的经验入手用奥特利提供的那些杂七杂八的零件搭了一台 40 千伏电子加速电压的透射电镜，可惜干了一年后因病退学，后来又转到其他项目去了。他的摊子就由下一位学生麦克马伦（Dennis McMullan）接手。这位学生之前在工业界干过几年雷达、阴极射线管和计算机方面的工作，有不少制造方面的经验。

麦克马伦首先在桑德的透射电镜上加装了一个电流线圈，称为扫描线圈，用来控制电子束斑的扫描，这就变成了与阿登纳当初搭建的扫描透射电镜相仿的显微镜。然后又进一步加上扫描显示屏、二次电子探测器和电子信号放大器，这就成了一台扫描电镜。后来经过研究，决定将单扫描线圈换成双扫描线圈。麦克马伦和奥特利用他们的第一代扫描电镜研究了加速电压变化对成像的影响和所引起的不同的成像机制（二次电子或背散射电子成像），发现提高加速电压后成像质量提高，但是更多的是因为背散射电子的贡献而不是二次电子。一边研发一边改进，1952 年他们取得了 50 纳米的分辨率。后来的学生都非常感谢桑德和麦克马伦的巧手和努力，使得他们的第一代扫描电镜能够在没有经验和缺乏材料的困境中制造出来并取得成功，不然的话剑桥乃至世界的扫描电镜史就要改写了。

可是麦克马伦当时没觉得多有面子。他曾经亲口跟人提起说在他们研发扫描电镜的这段时间，根本没人对他们的项目感兴趣。他和老师就拼命钻研扫描电镜的可能用途，争取吸引他人关注。很多实验都没成功，但也有很成功的。比如说他们试过其他的成像机制，像是利用样品受激发出的荧光信号进行成像，但当时不太完善。另外也模仿当时时兴的透射电镜电子束掠射方法在他们的扫描电镜里试了一下。奥特利要求后来的每一代新学生都要如此，除了研发扫描电镜设备和改进技术本身，还必须研发应用功能以增加扫描电镜存在的价值，显然他是打算用“存在就是道理”来说服电镜界接受扫描电镜。总之第一代扫描电镜的成功使奥特利的扫描电镜研发事业走上了正轨。

麦克马伦毕业后，奥特利和新学生韦尔斯（Oliver Wells）从1953年开始开发组里的第二代扫描电镜，这次特意增加了背散射电子探头。再后面的学生是K. 史密斯（Ken Smith），他1958年开发的第三代扫描电镜上又有了许多重要改进，例如使用磁透镜来聚焦电子束，加上了消像散器（非常重要）、可倾转的样品台（非常重要），和设计了环境室用于研究湿润环境中的生物样品。所以这组里的第三代扫描电镜被认为是首台专业扫描电镜，开始有正规军的样子了。K. 史密斯毕业后先去了加拿大，在那边帮助渥太华的一个研究所建了一台这种扫描电镜，使用了十多年。

接下来这位1955年登场的学生非常有名，叫埃弗哈特（Thomas Everhart），他的一个很大的贡献是重新设计了二次电子探头。原来的二次电子探头不仅大而笨重，制造和安装既麻烦又影响电镜的机械稳定性。更主要的缺点是电子信号被收集后还要进行放大才能用于成像。电子信号的放大是逐级进行的，最终需要加几千伏的电压，导致引入的信号噪音很难排除。之前阿登纳和RCA公司都曾经因为这个问题而没能得到高质量的扫描电子显微像。奥特利早就从RCA公司的失败中意识到了这个问题，也知道RCA公司后来将电子信号放大改为光信号放大的探索，他觉得那还真是个好办法。所以1956年时他建议学生换掉电子信号放大系统，代之以闪烁体加光信号放大系统。其原理是采用闪烁体将接收到的电子信号转变为光信号后再将光信号放大后构成显微像。这种设计原理简便，制造容易，更能大幅改进二次电子探头的敏感度。尽管RCA公司曾经也是这样做的，但当时的科技和制造水平显然还不足以使新探头立刻达到高质量成像的要求。

学生K. 史密斯首先根据奥特利的这个建议改造了第三代扫描电镜上的探测系统并成功用于背散射电子的接收与成像。然后埃弗哈特研究了如何用这种技术有效地接收二次电子并成像，他想到一个更简单的设计并经由再下一位学生索恩利（Richard Thornley）把这种设计进一步完善，最后两个人一起于

1960 年发表了那篇有着极高引用率的文章[73]。这种改进设计后的二次电子探头后来被称为埃弗哈特 – 索恩利探头，在扫描电镜业界一直沿用到现在。除此之外，在应用方面埃弗哈特也有很大贡献，比如说揭示了扫描电镜的所谓电压衬度像以及发现了电子束感生电流（EBIC）现象。他和学长韦尔斯后来去了美国，曾一起帮助美国西屋公司建造了一台扫描电镜用来研究半导体材料。1987 年埃弗哈特就任加州理工学院的校长。

奥特利带领的扫描电镜及其应用的研发工作就这样持续到 1965 年。在埃弗哈特和索恩利之后，还有 1958 级的学生斯图尔特（Gary Stewart）开发了组里第四代扫描电镜，除了电子束以外还加上了离子束，这也许是双束（共焦离子束 / 电子束，FIB/SEM）技术的开端。最后是 1964—1965 年组里的第五代扫描电镜，由学生皮斯（Fabian Pease）开发，分辨率终于达到了 10 纳米。这个分辨率离当时透射电镜的分辨率（1~5 纳米）仍然有几倍的差距，但显然已经不是数量级的差别了。

奥特利的剑桥组花了十多年的时间，经过首建加上 4 次升级终于将扫描电镜从最初的基本概念型发展成实用且低成本（与透射电镜比）型的电镜，同时分辨率进步到 10 纳米。在此期间，奥特利脑子里一直念念不忘的就是要把扫描电镜推向市场并为此努力了很多年。说起这事来还蛮有趣。他先找到 1936 年就推出透射电镜产品的英国 Mitropolitan-Vickers 公司，一般来说做商业经营都先市场调查，于是几位市场专家被派出去做调研，估计一下扫描电镜的市场能有多大。市场专家们经过一番调查后回来汇报，估计应该能卖个六七台吧，最多十台市场可能也就饱和了。当然这个结论现在我们听起来觉得挺可笑，目前国际范围应该已经有几万台扫描电镜了。但也不能苛责那时的市场调查人员，扫描电镜当时基本上还不为人知，从事电镜工作的人用的都是透射电镜。那时的透射电镜分辨率一般都在 1~5 纳米，如果你去问他们想不想来一台分辨率 10~20 纳米的电镜，尽管价格便宜，但他们的答案也是可想而知的。

不过话又说回来，如果真的好用又便宜，分辨率差点最终还是会有人买的，奥特利一直就是这么认为的。可 Mitropolitan-Vickers 公司是靠市场吃饭的，这个调查结果一出来，哪还敢上马扫描电镜项目？奥特利最后通过他在剑桥科学仪器公司（Cambridge Scientific Instrument Company）的前学生找到相关的负责人进行游说，最后该公司终于在 1962 年同意考虑研发产品。1964 年以奥特利组里第五代扫描电镜为基础的商业样机出台，取名 Stereoscan 1（图 6-5），这是全球第一款扫描电镜商业产品。这台样机卖给了美国杜邦公司，时间是 1965 年。紧接着开始出产的正式 Stereoscan 扫描电镜产品，前两台卖给了英国的大学，第三台卖到德国，后面的订单也接踵而至。至此，扫描电镜在奥特利和他的学生们十多年的不懈研发和多番力促之下终于通过剑桥科学仪器公司走向市场，比透射电镜商业产品的诞生晚了整整 29 年，还真是个小兄弟。“Stereoscan”这个名字中的“Stereo”是立体的意思，源于奥特利的第三位学生韦尔斯，就是开发组里第二代扫描电镜的那位，他发明了用两张从略为不同角度拍摄的显微像合成立体像的技术。

其实用两张从略为不同角度拍摄的显微像合成立体像最早是英国物理学

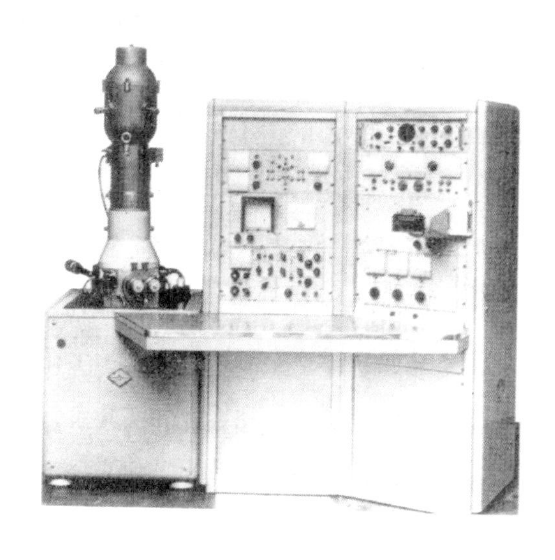

图 6–5

剑桥科学仪器公司以奥特利的研究为基础生产的扫描电镜产品，这是第一台样机 Stereoscan 1。

图片来源：网页 http://www2.eng.cam.ac.uk/~bcb/cwo3.htm。

家惠斯登（Charles Wheatstone，1802—1875）的一项发明，他指出双眼中所见的两个稍稍不同的图像的结合能够产生三维实体感图像。惠斯登是在实验中偶然发现从两块金属平板反射出来的略有差别的蜡烛火焰图像如果分别被两眼同时看见，经大脑以某种方式融合后就会使观察者有看到三维实体像的感觉。他反复琢磨这个新现象，最后发明了所谓的立体镜，也就是用遮挡板把左眼和右眼的视线分开来看同一个物体，使左眼只看见左图、右眼只看见右图，两张图片内容虽然一样，但相互角度略有偏斜，大脑将两图合并起来就能感觉好像看到立体图。这种立体镜的办法其实包含了光学全息的原理，但那时还没有这种深刻理解。100多年后，这类技术被重新发明并取得了巨大商业成功。

1838年惠斯登在皇家学会做报告公布了自己的发明，称之为立体视觉。立体镜和立体视觉现象很快风靡维多利亚时代的英国社会，引发了大量的实验研究，开创了空间研究的新时代。有意思的是，立体视觉现象其实早就被很多人看到过，惠斯登自己就曾说过："这事透着奇怪，类似这样的现象已经被看见上千次，但从来没有足够的注意力让它成为哲学观察的主体。"这说明什么问题呢？后来有人是这样回答的："惠斯登能够发现立体视觉，不是因为他站在巨人的肩上看得更清楚，而是因为他不熟悉人们以前的工作。"换句话说是偏见比无知离真理更远，是旧的依据视觉方向解释双眼单视的理论从思想上阻碍了立体视觉的发现。

剑桥大学奥特利和他的学生们为研发扫描电镜努力奋斗了十几年的故事就讲到这里。最后按老规矩说一下奥特利本人。他为人谦逊，在学生们的眼里永远着装正统，不苟言笑，典型的英国绅士风度。当时学生们当面都称呼他奥特利先生，背后则亲切地称他为大叔。他对学生们既给压力又鼎力支持，尊重学生的知识和劳动，有了成就不忘归功于工作在第一线的学生们，这一点难能可贵。另外，对于每一个像这样堆满了仪器和零件的实验室，特别能干的实验员和技术员都是宝贵财富，相信现在很多大学的老师或公司的经理们都会对这一点深表赞同。奥特利实验室里就有这么一位深受爱戴的技术员彼得斯（Les Peters），他非常能干，参与了奥特利实验室每一代扫描电镜的建造工作，帮助了一代又一代的学生们完成他们的研究工作和学业，默默无闻地为奥特利的扫描电镜事业奉献了几十年。1990 年彼得斯年届退休之时，86 岁高龄的奥特利代表剑桥亲自授予彼得斯荣誉硕士学位，这也反映了奥特利对他人工作及贡献的尊重。希望读者中的有心人能够向奥特利学习。

1960 年，奥特利晋升为教授并出任剑桥大学工程系系主任，1974 年获绶英国爵位。他培养出的学生栋梁之材很多，分布于英国、美国及其他国家，学术界、工业界都有。其中颇有几位仕途坦荡的，除了上面所说曾任加州理工学院校长的埃弗哈特之外，其他官涯显赫的学生还有 I.M. 罗斯（Ian M. Ross）曾担任著名的美国贝尔实验室主任 12 年，另一位是布罗尔斯（Alec Broers），1996 年开始担任剑桥大学副校长，2001 年担任英国皇家工程院主席。师傅领进门，修行看个人，奥特利绝对是个好师傅，他的学生们也都特能修行，所以他是桃李满天下。奥特利深为他的学生们所取得的成就而骄傲，学生们也都很感念师恩。1996 年奥特利去世以后学生们写了很多追忆文章，并且一致认为奥特利在扫描电镜及其商品化方面的努力与成功使他无愧于“现代扫描电镜之父”的称号。

英国剑桥科学仪器公司推出全球首款扫描电镜仅仅 6 个月后，日本的日本电子公司紧随其后于 1966 年推出 JSM-1 型扫描电镜商业产品。随后日立公司 1969 年、飞利浦公司 1972 年、蔡司公司 1985 年相继推出各自的扫描电镜产品。特别是日立公司于 1972 年首次推出的场发射电子枪扫描电镜，将扫描电镜的市场地位推向高潮。到今天，扫描电镜产品遍布全球，数量甚至比透射电镜还要多，附带功能之多让人眼花缭乱。成像分辨率一般可达 0.5~3 纳米，目前分辨率最高的是日立公司的 HD-2700A，可达 0.8 埃[40]，已堪与透射电镜分辨率并肩(图 6-6)。看来扫描电镜小兄弟无论是在产品种类上、销售总量上、成像分辨率上都已不逊于透射电镜老大哥甚至有所赶超。但今日电子显微镜领域还是主要以透射电镜的制造和使用水平论短长，扫描电镜后起虽秀却也心态平和，真乃“俏也不争春”的绝佳写照。

## 6.5 本章结语

1965 年扫描电镜产品走向市场后，电子显微镜二分天下的格局就此形成，一边是本章所讲的扫描模式的电镜，另一边是前几章介绍的透射电镜。这两类电镜各有特色，各司其职，素无交往。但无论是哪一类电镜，在其诞生、完善与进一步发展的过程中始终都有一个共同的核心目标，那就是显微分辨率的提高再提高。分辨率是显微镜的核心价值，往俗点说一台显微镜值多少钱，其衡量标准里最重要的一条就是分辨率。对于透射电镜来说，分辨率的主要提高方式在于减小物镜的球差或提高电子加速电压。对于扫描模式的电镜包括扫描透射电镜和扫描电镜，分辨率的提高关键点是缩小电子束斑直径，但做到这一点其实也必须要减小物镜球差或提高加速电压。因此二者殊途同归。在下一章里，我们将主要讲一讲在高分辨率电子显微镜发展征程中所发生的那些应该知道和记住的故事。

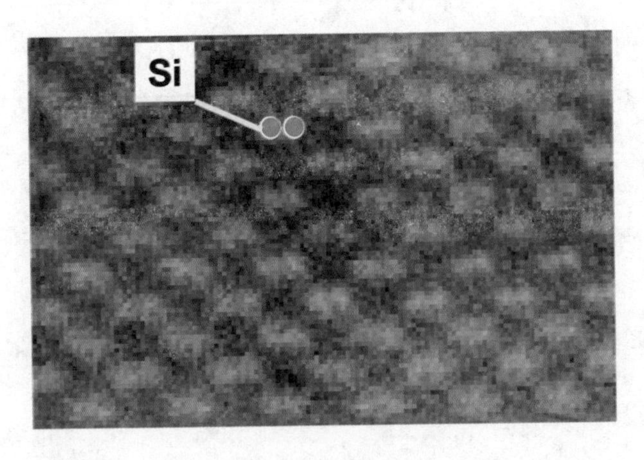


图 6-6

原子分辨率扫描电子显微像显示的硅（110）表面原子结构。成像利用的是从硅表面逸出的二次电子信号，使用的电镜是日立公司 HD-2700A。显微像中相邻亮点（红色标记）对应硅结构中的间距为 1.4 埃的近邻原子柱在像面的投影。

# 第 7 章

# 欲与天公试比高

## 高分辨电子显微术的发展之路

外村彰带领研发团队在 1976 年制造了一台 80 千伏的场发射枪透射电镜样机，所有的设计都经过了精心的考虑和推敲，但最终的结果还是不理想。尽管他们尽了最大的努力，逐项排除了所有可能造成干扰的因素，电子束斑还是不稳定，肉眼都可以看见束斑在荧光屏上抖动，最后他们想起一件事。他派人爬上研究院的一座十二层大楼的楼顶，观察火车站的火车进出情况并通过电话向电镜室汇报，这边电镜室的人盯着电镜看，终于发现当晚上最后一班火车离站后电子束就稳定下来了，第二天一早第一班火车一进站，束斑就又开始抖动，原因终于找到了，解决办法也就好想了。

## 7.1 原子分辨率的半世纪追求

从本书的第 3 章中，读者已经了解发明电子显微镜的动力之一就是要突破由阿贝公式描述的光学显微镜的分辨率物理极限。而且自鲁斯卡和诺尔于 1931 年推出第一台电镜起，追求更高的分辨率就一直是电子显微镜制造及理论发展的核心目标之一。换句话说，电子显微镜的发明与进一步的发展，并不主要是用于将物体放大到更高倍数，而是要增加分辨物体细微结构的能力。我们要特别强调的是显微镜的放大倍数不能与分辨率混为一谈。打个比方，一个街头广告可以将一枚硬币的图像放大几千倍，但并不能增加我们对钱币上花纹细节的了解程度。又比如，一台价值 50 美元的玩具显微镜与一台价值 50 万美元的高级光学显微镜都可以将某一微小物体放大相同的倍数，但是高级光学显微镜的身价却比玩具显微镜高一万倍，原因在于高级显微镜之高级体现在能够提供更为高超的分辨率。人们对分辨率的追求是如此执着，盖因准确地“看”到物质的最细微结构对于人类科技水平的提升至关重要。

图 7-1　物理大师费曼

显微镜分辨率的终极目标在哪里，现在谁也不能肯定。但从材料中原子结构的角度来看，能够区分开原子的所谓原子分辨率当可被看作显微镜分辨率的里程碑。美国著名的物理大师费曼（Richard P. Feynman，1918—1988，图 7-1）曾经一语中的地指出：“如果我们能够最终发展出对我们所制备及要制备的物质进行原子水平观察的能力的话，对解决化学及生物学问题将有巨大助益。而我相信这一能力的实现是不可避免的。”费曼说这话的时候是 1959 年，当时的电子显微镜点分辨率已从 20 世纪 30 年代的几十纳米大幅提高至大约 1 纳米，超过光学显微镜极限分辨率 200 倍。但距离真正的原子分辨率 0.2 纳米还有 0.8 纳米之遥。不要小看这区区的 0.8 纳米，它又花了人类近 50 年的时间才最终得以实现。

说起高分辨率电子显微术的实验探索，实际上源于比费曼讲话更早的 1956 年。当然，我们不应忘记谢雷兹（Otto Scherzer）早在 1949 年就开展了这方面的理论工作 [74]。仅从电镜成像实验方面来讲，1956 年英国的蒙特（Jim. M. Menter）就发表了首例薄晶体条纹像（图 7-2），可分辨间距为 1.2 纳米的晶格条纹。这一成果是蒙特在研究酞化氰铜晶体时取得的 [75]。在随后的 30 年时间里，随着电镜生产厂家对电镜的电子及机械稳定性的不断改善以及电子加速电压的不断提升，这种晶格条纹像分辨率也不断地提高。1957 年日立公司的 HU-10 透射电镜所拍的条纹像分辨率已突破 1 纳米，1968 年 HU-11B 突破 1 埃。而电镜的信息分辨率则是在 1969 年达到了小于 1 埃的水平。读者如果对这里提到的信息分辨率等概念不熟悉的话，也不要着急，我们在下面马上就要介绍到。不过，在这里要先请读者知道的是，不论是条纹像分辨率还是信息分辨率都不能对晶体结构的研究有直接的帮助。真正需要追求的实际上是所谓的高分辨像的点分辨率（同样我们将在稍后对这一概念作一说明）。

我们在第 5 章 5.2 节曾提到 1947 年美国 RCA 公司曾成功地通过消减像散而使电镜的点分辨率达到 1 纳米左右。而同年的日本电子公司所产电镜的点分辨率在 5 纳米左右。这种纳米级的点分辨率远远不足以分辨一般晶体中 0.2 纳米左右或更小的原子面间距。人类首次实现原子分辨率电子显微成像是 1970 年由美国芝加哥的克鲁（Albert V. Crewe）等人做到的 [76]，不过当时他们采用的并非是透射电子显微成像，而是扫描透射电子显微术（STEM）。这种方法现在越来越成为获取超高分辨率的主要途径之一，我们稍后再进一步介绍。也是在那同一时期，澳大利亚的电镜工作者开展了对氧化物晶体中缺陷的研究并直接导致了随后的首张原子分辨率电子显微像的诞生。

早在 1953 年，前面提及的澳大利亚化学家也是澳大利亚电子显微学领域的创始人瑞兹就曾出版《缺陷固体化学》(*Chemistry of the Defect Solid State*) 一书，探讨固体中的缺陷结构。当时瑞兹及其研究团队对于许多金属氧化物和硫化物中存在的非化学式成分感到十分不解。我们知道对于一般的化合物如氯化钠（$NaCl$）或氯化钙（$CaCl_2$）而言，其阴阳离子数比值都是整数，这是由组成化合物的元素的价态决定的。但在大量的金属氧化物中，这种整数比值反倒不常见，而代之以分数比值。在 20 世纪 60 年代，瓦德兹利（David Wadsley）用 X 射线结构分析法研究 $W_4Nb_{26}O_{77}$，发现这种晶体结构实际上可能是由两种组成单元以不同的结合方式构筑而成。每个组合单元大概有 1~1.2 纳米大小，因此完全有可能被当时已具备 1 纳米或更高分辨率的透射电镜观察到。

具体负责电镜观察工作的是桑德斯（John G. Sanders）和奥普瑞斯（John V. Allpress）。他们在 1968 年发表了对 $Nb_2O_5WO_3$ 等氧化物进行的高分辨显微研究成果所得到的显微像，虽然尚不足以清楚地显示这类化合物的原子结构，

图 7-2

1956 年蒙特发表的酞化氰铜晶体的(201)晶面电子显微条纹像，条纹间距 1.2 纳米，被认为是全球首例原子晶格显微像。

但配之以当时已经开展的计算机像模拟技术，他们还是证明了瓦德兹利等人的 X 射线分析结果是正确的，即这种化合物中的确存在非周期性的共生结构，并进一步发现在结构中存在层错。瑞兹团队的主将之一考利正是那时移居美国亚利桑那的，他决定在亚利桑那州立大学开展高分辨技术及电子衍射的研究。当时学校为他购买了最新的日本电子公司生产的、加速电压 100 千伏的 JEM-100B 电子显微镜。从日本来的博士后饭岛澄男（Sumio Iijima）在考利的带领下展开了攻坚战。饭岛很快就在 1971 年在对 $Ti_2Nb_{10}O_{29}$ 化合物的研究中获得了历史上首张原子分辨率高分辨电子显微像，如图 7-3 所示。

在这张像中，灰色的点子对应沿电子束方向投影的金属原子柱，黑色的线是由间距更近还不能被当时的电镜区分开的金属原子构成的。这张像的点分辨率达 3.5 埃，标志着原子点分辨高分辨像的诞生。饭岛和考利的这项工作令他们名声大噪，两人因这项工作获美国物理学会 1972 年度奖，考利获 1979 年美国电镜学会物理科学杰出科学家大奖。他们的工作也促使在世界其他地方成立了多个高分辨电子显微研究中心。饭岛本人在那以后的几年里还偶尔会对这类块状单元堆积结构中的缺陷琢磨一番。值得一提的是，他后来返回日本在 NEC 公司工作期间，于 1991 年再次发表轰动结果。他发现了一种完全新颖的纳米碳管，结构及性能之奇特引发了一场全球范围的研究热潮。纳米碳管的发现，也被认为是电子显微术在材料研究史上的一大经典杰作。这是后话，稍后细说。

至 1979 年左右，大部分新电镜已经具备了 2~3.5 埃的点分辨率，当代普通的透射电子显微镜已可轻松获取 1.7~2 埃的点分辨率，分辨一般的金属原子位置已经是手到擒来。然而，科学家的特点就是勇于探索，永不满足现状。近年来，电子显微学的理论家和实验家与制造商们又在开动脑筋努力要在电镜中实现超高分辨率，使点分辨率能达到 1 埃或小于 1 埃。这种努力也是大有原因的。例如，如果能获得0.8埃的点分辨率，那将不仅可以分辨出金属氧化物晶体中金属原子的排列位置，还可进一步在显微像上区分开金属原子和氧原子，例如氧化铝中的铝和氧（键长0.85埃）。再拿半导体工业的基石材料——硅为例，一台点分辨率为2埃的电镜，只能在硅的（111）投影面获得二维原子结构像。但如果有了1埃的分辨率，则二维原子像可以在硅的7个不同投影面获得，大大增加了研究的全面性和深入性。超高分辨率还可用于对材料中存在极为普遍并对材料性能有深远影响的原子界面及晶格掺杂进行直观的研究。对高度无序或非晶结构中原子的排列关系的研究也有赖于进一步提高电镜的点分辨率。有人如此形容：1埃的分辨率是一个门槛，就好比超声速曾是飞机设计的门槛一样。因此获得超高分辨率是近些年来许多电镜工作者及研究中心的核心任务之一。可喜的是，经过多年的努力，现在已经出现了不少可行的办法。下面向读者介绍一些挑战超高分辨率方面的工作和成就。

说起超高分辨率，我们还必须先回到第5章介绍过的电子光学成像和像差问题。与光学系统相同的是，电子光学系统中的像差是制约电镜分辨率的头号大敌。光学和电子光学系统在这方面的极其相似性，使得减少像差成为自电镜发明不久就受到充分重视的任务之一。在开始介绍人类提高电子显微

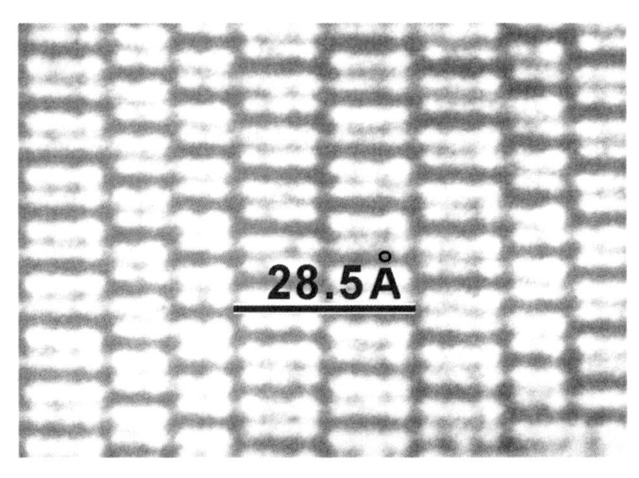


图7-3

历史上第一张二维原子分辨率电子显微像，点分辨率大约为3.5埃，是由饭岛沿 $Ti_2Nb_{10}O_{29}$ 化合物的 *b* 轴拍摄的，发表于 *J. Appl. Phys.* 42 (1971) 5891。图中灰色的点子对应沿电子束方向投影的金属原子柱，黑线处对应距离太近尚不能被分辨开来的原子。

镜分辨率的努力之前，有必要对高分辨像成像原理及所涉及的电子显微镜分辨率概念先做一个概括介绍。

正如第 5 章中图 5-6 所示，被加速的电子束入射晶体样品后，受到样品中原子的散射。被散射的电子从样品下表面出射后，多束散射电子波相互干涉并经过电子透镜后成像。这种多束电子相干成像过程与阿贝的光学成像理论完全一致。1949 年谢雷兹在一篇讨论电镜分辨率的理论文章中[74]首次提出，若使用对电子束有极弱散射作用的样品，例如厚度小于 10 纳米的极薄晶体，则当物镜处于一个最佳欠焦状态时，可在像面上获得具有最高分辨率的相位衬度像。所谓相位衬度电子显微像，其原理与第 2 章 2.5 节中所介绍的泽尔尼克 1930 年发明的相位衬度光学显微像原理上如出一辙。差别在于：第一，电镜中考虑的是电子波；第二，这里所说的高分辨相位衬度像在成像时不使用如图 2-28 中所示的实物相位板，而是采用物镜欠焦的方法来提供附加相位改变，好像一个虚拟相位板。注意，由于从样品下表面出射的电子波还要经过物镜才能形成电子显微像，所以拍摄到的显微像是样品与物镜影响的综合结果。

谢雷兹认为，穿过样品的散射电子波在入射物镜时与物镜光轴有个夹角，物镜的球差效应使得这个以某种角度入射的电子波会发生一定的位置偏移，而这个位置偏移又可以用改变物镜的欠焦量来补偿。物镜的欠焦量可以被改变是因为电镜中使用的是电磁透镜，只要调节通过线圈的电流值就可以改变物镜内的磁场强度，从而改变物镜焦距。从物理上来说物镜的球差效应与欠焦量的改变所造成的综合效应就是使该散射电子波的相位发生一定的改变，这其实就是光程差转变为相位差。所以电镜中物镜对电子波相位的改变从效应上说可以直接类比泽尔尼克发明的用于光学显微镜的实物相位板的作用。谢雷兹还给出了最佳物镜欠焦量的计算公式，后人有时也称这个最佳欠焦量为谢雷兹欠焦量，它对应的是透射电镜可以获得的最佳点分辨率。

明白了电子与光学相位衬度显微像的相似性就容易理解高分辨电子显微像的形成原理了。那么为什么需要极薄晶体这个先决条件才能在电镜中得到高分辨相位衬度像呢？这是因为样品极薄时，对电子束散射能力很差，可以被视为一个弱相位体。弱相位体里面包含的是原子排列造成的相位场，或称相位势。这个相位势非常小，所以有弱相位体之称。当入射电子波穿过这个弱相位势时振幅改变极小，所以不足以形成前面说过的振幅衬度像。但由于经过相位体后散射电子波的相位会发生变化，而且这个相位变化又会被物镜欠焦进一步予以调节，那么当多束衍射电子波与直接透射电子波最终发生干涉时，有些两波发生相消干涉，波振幅相互抵消，体现在干涉图案中就是干涉条纹强度为零（像强度为波振幅值的平方）。相反地，有些两波发生相长干涉，波振幅相互叠加，干涉图案中就产生像强度。这就将电子波的相位差异转变为人眼可辨的振幅差异，从而形成相衬度显微像。

这种干涉图案反映了样品原子点阵在电子束方向造成的静电投影势能。所以通俗地说，这种弱相位体显微像给出的是一个干涉图案，对应的是晶格原子结构在电子束方向的二维投影，所以这类显微像的分辨率很高，称为高分辨电子显微像（图 7-4）。我们习惯上有时也将这种显微像叫做原子分辨像，

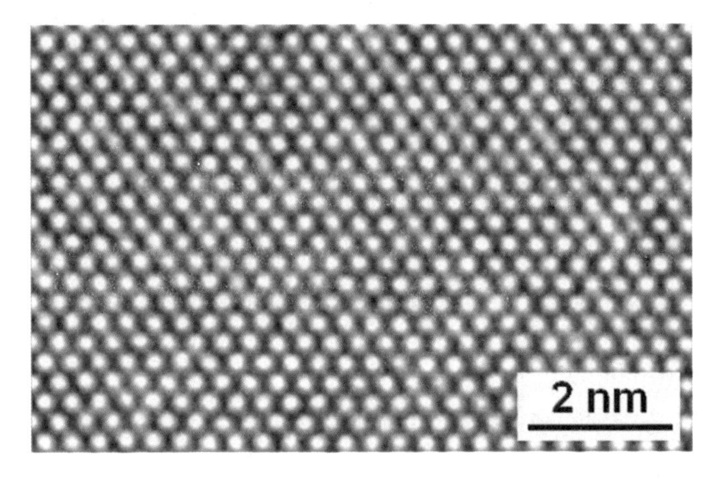


图 7-4

硅晶体高分辨电子显微像，是由电子束干涉所形成的。图中点阵排列整体上显示的是晶格结构在电子束方向的二维投影。

尽管它本质上其实只是一种多电子波干涉像而非原子真正的像。在电镜中获得原子真正的像的技术也有，叫做高角环形暗场扫描透射显微像（High-Angle Annular Dark-Field-STEM，简写为 HAADF-STEM），我们在下一节里就会讲到。

物镜的影响在数学上可以用物镜衬度传递函数来表达，像面上最终的像强度分布是样品静电投影势与物镜相衬度传递函数的卷积。可想而知，这种显微像的分辨率会受到物镜传递函数的影响，或者说物镜的像差对成像分辨率的影响在数学上正是通过物镜相衬度传递函数实现的，上面提到的物镜欠焦对高分辨显微像的影响实际上也体现在物镜相衬度传递函数里面。有关这方面的理论及繁琐的数学公式表达，在这里不一一赘述，感兴趣的读者可查阅各类电子显微学教科书或文献[77]。在这里有必要提到的是与本文相关的电镜分辨率的表达式。由上述的弱相位体近似高分辨成像理论，可以得出电子显微镜的点分辨率：

$$d_{\mathrm{p}} = 0.66 C_{\mathrm{s}}^{1/4} \lambda^{3/4} \tag{7-1}$$

和信息分辨率：

$$d_{\mathrm{i}} = \sqrt{\frac{\lambda \pi \Delta}{2}} \tag{7-2}$$

式中，$C_s$ 为物镜球差系数，$\lambda$ 为电子波波长，$\Delta$ 为物镜欠焦扩散量。例如，如果加速电压为 1250 千伏，电子波长 $\lambda = 0.00735$ 埃，$C_s = 2$ 毫米，$\Delta = 80$ 埃，经计算可得最高点分辨率的 $d_p = 1.11$ 埃，信息分辨率 $d_i = 0.96$ 埃。在这个例子中，两分辨率值相差约 0.15 埃，这种小的差距乃是因为采用的超高 1250 千伏加速电压使电子波长很小，从而缩小了 $d_p$ 与 $d_i$ 的差值。如果采用的是常规电压电镜，例如 300 千伏的电镜，如果 $C_s = 0.65$ 毫米，$\lambda = 0.0197$ 埃，$\Delta = 20$ 埃，可算出其信息分辨率为0.78埃，点分辨率则为1.7埃，两者差距显著拉大。我们在这里特别要强调点分辨率和信息分辨率的差别，是因为信息分辨率是一台电子显微镜成像的分辨率物理极限，就如同阿贝公式所描述的光学显微镜分辨能力的物理极限一样。一台电镜的信息分辨率是由它的硬件设计决定的，是不可改变的，除非改变电镜的硬件设计。但由于对我们研究物质结构最有帮助的是电镜的点分辨率，所以我们所说的追求超高分辨率，实际上重点就是想办法改善电镜的点分辨率，使之充分接近信息分辨率。

式 (7-1) 是在弱相位体近似成像假设下得出的，这里并未考虑电镜光路中除物镜之外的其他透镜的像差影响。另外在实际电镜成像过程中还有其他因素可以影响分辨率，包括高阶的近光轴及远光轴像差、像散，由高压电源引起的电子束非相干性，由透镜电流挠动造成的物镜焦距偏差，当然还有外界振动等不稳定因素的影响。但是，大体上说，电镜的点分辨率主要还是如式 (7-1) 中所示的受物镜球差系数和电子波长的影响。因此提高电镜点分辨率的主要方法就是两个，要么减小球差系数，要么提高电子加速电压。加速电压越高，电子波长越小，分辨率就越高。

传统上减小球差系数的方法在第 5 章已介绍过，主要是采用四极靴或八极靴物镜设计，通过调整极靴对中心磁场的贡献而使物镜中心磁场分布尽量轴对称，同时还要缩小电镜样品所处的物镜极靴间隙（Pole Piece Gap）。这种传统方法虽然有效地减小了球差，但终究不能完全消除球差。在加工工艺水平的限制下，对分辨率的改进进展缓慢。相比之下，提高电镜的加速电压则显得容易得多。因此在 20 世纪 80 年代日本日立公司以及日本电子公司陆续推出系列超高压电镜，加速电压从 800 千伏到 3000 千伏不等（图 4-10）。正如前面的计算实例说明的那样，超高压的使用确可使点分辨率迫近 1 埃，非常接近信息分辨率这一物理极限。超高压电镜中电子速度快，穿透力强，使得成像对样品厚度的要求被放宽，可以观察较厚的样品。

但是超高压电镜也有一些严重的缺点。首先是安装困难。这种电镜每台可重达 3000 千克，并且由于采用超高压，很多附属设施都是特制的。光是为了防止高速电子撞击荧光屏产生的 X 射线外泄所使用的观察窗口玻璃就厚达近20厘米。其次是造价昂贵，每台得1000万美元以上。这主要是由于使用超高电压，为了电源设备的安全性和稳定性及防止高速电子造成的辐射等因素造成的。此外，研究表明，超过100千伏的电子加速电压会使被加速的电子在入射样品时造成对大部分样品结构的撞击损伤，当电子加速电压高达1000千伏或以上时，样品中大部分被电子束照射的原子都会发生移位。这些问题的存在使得超高压电镜在世界范围内的销售量屈指可数。现在多限于在电子辐照损伤方面的研究。有鉴于此，就又必须回到如何消除物镜的球差、使球差系数 $C_s$ 接近为零这条途径。

进一步减小或消除球差及其他像差从而实现超高分辨率电子显微术吸引了各路豪杰在几条不同的途径上策马扬鞭，下面就来看一看发展出来的几个有代表性的方法。

## 7.2 超高分辨率途径之一：像差校正器

虽然谢雷兹早在1936年就提出电镜中圆形电子透镜的像差不可能用光学系统中消除像差的办法完全消除，他还是在1947年建议采用多极透镜的设计减小像差（见第5章5.2节）。可惜当谢雷兹提出的理论最终成为现实之时，他本人刚刚离世16年，终未能亲眼目睹盛况。其实谢雷兹可能在去世前似有预感，所以按他学生的话说在去世前那段时间对球差校正工作进展的关注达到了前所未有的程度。当真是时不我与，令人扼腕。

说起谢雷兹（1909—1982，德国，图7-5），读者读书至此应该早就对这个名字耳熟能详了，那可绝对是个聪明人物。1909年3月9日出生于德国巴伐利亚的他，22岁就在名牌大学拿到博士学位，26岁就被聘为达姆施塔特（Darmstadt）高工的教授。聪明人都有些共同的特点，比如说自视甚高。谢雷兹自己都承认他是顶级的物理学家，而在别人眼里，他是顶级的理论加实验物理学家再加上数学家。超聪明的他想法太多，想做的事也太多，所以永远觉得时间不够用。他的学生回忆说，每当他发现一个有趣的物理问题时，一句经常挂在嘴边的话是:“咱们得雇个新研究生解决这个问题，要不还得我抽10分钟来做。”你别说他吹牛，有时候他真可能第二天就有答案了，多半是写在一张废纸上或者信封的背面，可能是在什么地方比如说诊所候诊的时候做的解答。

人太聪明了往往个性还强，谢雷兹从不轻易认同别人的理论或观点，非得要自己想明白了才行。但他并不保守，甚至非常超前。什么新事物一旦想明白了，即使有人反对，他也会据理力争。比如说“二战”期间德国纳粹排斥犹太物理学家，也连带排斥他们的杰出贡献，特别是不让在讲课时提及诸如爱因斯坦及其相对论理论等。可谢雷兹不以为然，上课时照讲爱因斯坦，结果被校方警告。他争辩说，我要是说到爱因斯坦的东西，就得提爱因斯坦的名字，你说怎么办吧。结果学校组织教授来了一场正式的擂台辩论，包括谢雷兹在内的六名物理教授作为正方，另外六名物理教授为反方，结果反方未能提供有力的说辞，最后学校裁定量子力学和相对论理论是充分且不可替代的物理学。

谢雷兹一辈子带过的学生不少，他对学生相当严厉，苛责居多。有一次上课时有人迟到，谢雷兹当即严厉地说:“学术自由的意思是说你可以来也可

图 7-5

谢雷兹，摄于1973年。电子光学先驱之一，1947年首次提出可采用多极透镜的设计校正透射电镜中电磁透镜的球差。球差校正电镜最终由他的嫡传弟子于1998年变为现实。

以不来上课，但不是说你可以迟到。”从那以后再有人迟到只能设法趁教授不注意从后门偷偷溜进教室。谢雷兹的很多学生毕业后都成了著名学者，比如说咱们下面马上就会讲到的球差校正器的实现者 H. 罗斯，所以别人都开玩笑说从谢雷兹那“出逃”的学生都是最好的。当然，咱们在这里讲谢雷兹主要是因为他对高分辨电子显微学的贡献。前面第 5 章里说过，谢雷兹早在 1936 年就提出电镜中圆形电子透镜的像差（主要是指球差）不可能用光学系统中消除像差的办法完全消除，此后在 1947 年又提出建议可采用多极透镜的设计减小像差。可惜这个办法在很长一段时间都难以彻底实现，谢雷兹还特意在实验室里搭建了一台配有自制球差和色差校正器的电镜样机用以钻研和改进球差校正技术，可以说是为此付出了毕生的心血。后来他那已毕业的学生 H. 罗斯在结束了美国的休假游学之旅后回到学校，参与了这项工作，实验室那台电镜上的附加电子光学器件都是 H. 罗斯设计的。

H. 罗斯也有个得力助手，就是 H. 罗斯带的博士生海登（Max Haider），也是后来球差校正器最终成功的功臣之一，海登也参与设计，但同时也负责零件和设备的制造、调试和实验。他们当时的工作已经非常领先，系统也超复杂，仅光路校对（合轴）和多极透镜系统的调节就达到令人咋舌的 100 多个步骤。那是 20 世纪 70 年代，根本没有电脑控制，全靠人工，还没有数码相机，全凭底片照相。所以那时候的电子显微学家都是真正的电子光学大行家，否则玩不转电镜。各位如果不信，您找一台透射电镜，撇开电脑不要用，看看能不能把它正常用起来照一张像样的高分辨像。这就叫“事非经过不知难”，不亲自试试便不能体会当时几乎是“徒手”开发球差校正系统的那种空前的难度。现代的电镜全都是电脑控制了，又都追求自动化，所以电镜使用者越来越只是鼠标使用者，知道电子光学是怎么回事的使用者已经很少了。海登算是谢雷兹的徒孙，也是谢雷兹人生最后岁月的见证人，他深情而又不无伤感地回忆道:“谢雷兹每天早晨都来电镜室问分辨率方面有没有进步。有一天谢雷兹没来，我听说他患上轻微感冒，结果三天以后他竟然去世了。”谢雷兹去世时是 1982 年，时年 73 岁，事先没有任何不良迹象，他身体也一向状态良好，所以他的朋友和学生全部都对他的突然去世始料未及。他去世 16 年后，球差校正器在 H. 罗斯与海登的继续努力下终于大获成功。如果那时谢雷兹仍然健在，应该是 89 岁，也不是个无法企及的年龄。造化弄人，多么可惜!

不过好在谢雷兹后继有人，他的学生 H. 罗斯和 H. 罗斯的学生海登接下了大旗继续前进并最终实现了他的梦想。必须说明的是，在谢雷兹 1947 年提出校正球差的可行性建议之后，有多人也早已开始实验尝试。比如谢雷兹的学生西林格尔（Robert Seelinger）1953 年在谢雷兹的指导下初步证明谢雷兹所提建议的可行性。他的设备后来被转移给德国蒂宾根（Tübingen）大学，曼伦斯德（Gottfried Möllenstedt）在这个设备的基础上于其后 2 年致力于改善电镜的分辨率。

同时期，英国的阿恰德（Geoffrey Archard）在谢雷兹方案的启发下提出采用四极和八极透镜组合的方案，并在 1964 年由英国剑桥大学的德尔垂布（Hans Deltrap）证实了可行性。随后的 1967 年，英国剑桥大学的霍克斯（Peter Hawkes），哈代（David Hardy），和 M. 汤普森（Michael Thomson）等人，以及德国的 H. 罗斯于 1971 年都分别提出了不同方案或改进方案，有的方案理论上还可同时校正球差和色差。所有这些方案在当时的手工操作加工条件下都因为不能达到复杂的多极透镜的精密加工和透镜排放精准度的要求、电脑计算能力方面的制约、实时成像并测量像差的困难、电镜本身稳定性不够以及对环境干扰认知不足等综合原因而未能在实践中取得成功。其中最主要的原因还是电脑计算能力差，所以无法及时精确测量计算校正的结果并马上反馈做出调节。

前面曾提到的克鲁等人在 1970 年采用扫描透射电镜（STEM）改进分辨

率的工作，在他们的开拓中，就曾尝试在STEM光路中加入根据汤普森的设计而制造的像差消除器[78]，只是未能取得成功。克鲁当时曾说，要是给我10个学生，每个都有同样的大脑，我就能做出像差校正器。这虽然只是自我解嘲，但也多少道出了实情，说明当时的计算机能力是个瓶颈。此后，德国的科普斯（Hans Koops）在1978年根据哈代1967年和H. 罗斯1971年提出的原理进行了实验验证[79]，H. 罗斯[80]和海登等人[81][83]、克里法奈（Ondrej L. Krivanek）等人[82]以及乌勒曼（Stephan Uhlemann）等人也都陆续地进行了大量实践工作，再加上20世纪90年代电脑速度和计算能力大幅飞跃，最终解除了计算能力的限制，合格的像差校正器也自然就应运而生了。

在这里咱们必须指出一点，上面一段一直说这些早期的实践工作证明了谢雷兹1947年提出的方案是可行的，但为什么又总说未取得成功呢？所谓成功与否是相对于当时电镜所能提供的最高分辨率来说的。如果加上像差校正器后所得到的分辨率未能超过电镜原本的分辨率，那么这个校正器就被认为没有达到要求，也就是未成功。但这并不等于说校正器一点用都没有。这些报道出来的早期的工作都证明了物镜的球差或色差是可以被减小的，只是因为校正器本身的设计问题，还有就是上面所说的许多其他客观问题导致分辨率方面没有显著提升。所以说这一批第一代像差校正器虽然没有达到大幅提高分辨率的目的，但是证明了减小像差是做得到的，而且积累了很多实际经验，为1990年代第二代像差校正器的问世打下了基础。所谓第二代就是能够大幅度提高电镜分辨率的像差校正器，下面马上就会讲到。请记住在这一节中所涉及的诸多20世纪90年代之前的球差校正装置都属于第一代，有作用但不完全成功，以后就不再提醒了。

还有一点挺有意思，上面提到的这些早期像差校正的理论及实践工作的主要贡献者主要来自于电镜的老家德国和电镜主流派之一的英国，美国的克里法奈代表的其实也是英国剑桥派，而H. 罗斯与海登都是德国谢雷兹组里的。大功告成后德国派与英国剑桥派都着重宣称己方的重要贡献，对某些发明历史事件的时间顺序排名小有争议。但这一次大家表现得都挺君子，公开场合都没表示过什么，也都有说有笑的。不过与笔者交情都非浅的双方代表人物在啤酒喝到一定程度后也都多少有一些口头评论，双方人物撰写的回顾文章中也时常不显山不露水地表露己方的排名观点。

依笔者之见，双方都是顶尖的学者，贡献都大到没得说。德国方有谢雷兹 1936 年和 1947 年的理论在先，可验证之透射电镜球差校正实验数据在后，又率先实现球差校正器商品化，球差校正技术先驱的称号当之无愧。剑桥阵营（主将是克里法奈）在球差校正电镜设计方面起步也不晚（20 世纪 60 年代），并首先在扫描透射电镜（STEM）球差校正上取得成功，而且在测量球差校正的方法上有所独创，使之更简单易行，在很多性能指标上也后来居上突飞猛进。所以从贡献程度的角度双方确实可以媲美。这个克里法奈也是个神人，超有能耐的，笔者跟他私交甚笃，听他讲过不少故事，后面再说。先说说电子光学大师、对像差校正最终成功贡献最大的H. 罗斯。

H. 罗斯（Harald Rose）的姓氏 Rose，英文意思为玫瑰，巧合的是他的生日是 1935 年 2 月 14 日，正好是情人节送玫瑰的日子。出生于德国布莱曼（Bremen）市的他，后来大半生却是在德国的达姆施塔特（Darmstadt）市度过的。他在达姆施塔特工业大学获得物理学学士、硕士和博士学位，成为一名理论物理学家，是带电粒子光学的奠基人之一。

H. 罗斯在电子光学方面的卓越贡献可用美国电镜界一位同行的话来做个形象地概括：“没有 H. 罗斯，电子光学就好比是一个没有鱼的鱼缸。”H. 罗斯的同事们对他的评价是："他是一个极为睿智而又直截了当的物理学家，你在跟他讨论或请教学术问题之前最好先尽量搞清楚你的问题的所有基本点，不然他会令你觉得很难堪。"罗斯在学术会议上不留情面地当面质疑也是出了名的，这有点随他师傅、电子光学和电子透镜像差研究的领袖谢雷兹。其实也正是因为他的这种只认科学不认人的精神，使他在电子光学领域功勋卓著，摘下了像差校正的明珠。

谢雷兹和 H. 罗斯师徒二人的想法是，圆形电子透镜本身的像差不能被消除，但却可以在电子光路中加装一组校正装置来消除像差，就好像戴眼镜可以校正人眼对光线的折射像差一样。他牢记谢雷兹的教导，那就是："理论必须成为一种手段用来设计具有使用价值的事物。"这与当前很流行的"理论指导实践"，及"理论必须与实践相结合"的观点颇为相似。H. 罗斯所选择的与实践的结合就是设计、制造用于电子光路的像差校正装置，主要目标是先校正透射电镜物镜的最主要像差——球差。现在大家都把球差校正器挂在嘴边，实际上这是因为最初成功的校正器主要校正的是球差。再后来的校正器多数都能够校正除了球差之外的很多其他像差，所以严格地说称为像差校正器比较妥当。

1980 年 H. 罗斯在美国休假游学结束后返回母校继续加入谢雷兹的像差校正项目，并与他那最出名的学生海登（当时还没出名）一起设计和制造了由六极、八极磁铁以及圆形透镜共同组成的可加装在透射电镜物镜之后的电子光学器件。从原理上说，当电子束依次穿过精确排列的这样一组校正元件后，由电子透镜引起的像差可被减到极小甚至完全消除。设计思路正确，而且当时在谢雷兹的实验室中实际测试也取得了初步成效。可惜没过两年谢雷兹竟意外去世，研究基金因而突然被终止。

虽然没有了研发资助，H. 罗斯和海登还是继续着像差校正的梦想。他们从理论上继续推敲，改进设计，最终形成了一个包括两个六极电磁透镜和两个圆形传导透镜的组合设计[84]。但球差校正的真正实现不能只在纸面上，还需要大量的实物设计、制造、电镜调试和实验，这些都需要资金。可是在20世纪80年代申请科研经费开发球差校正困难相当大，主要是因为这之前的一二十年里在德国、美国、英国等地所作的大量工作进展甚微，原因刚才已经讲过了。那时候美国自然科学基金会的一个专家小组建议不要再继续资助这方面的研究了，这个建议甚至导致在世界范围内对这方面的资助都基本停止了。政府釜底抽薪，断了经济来源的H. 罗斯，研发计划面临搁浅的危险。为此他四处奔波找人谈，希望能够获得帮助。

在1989年于奥地利萨尔斯堡举办的电镜会议上，H. 罗斯和海登遇到了德国尤利希（Jülich）研究中心电子显微实验室的主任厄本（Knut Urban）博士，三个人花了很长时间讨论两个六极电磁透镜和四个圆形传导透镜的组合设计方案，最后一致认为这种设计如果放到现代场发射枪200千伏透射电镜上应该会起到预想的球差校正效果，而且制作成功的球差校正器所需要的所有条件在那时也都已经齐备了。

为什么找厄本谈呢，因为厄本在德国乃至世界电镜界都声名卓著，影响力大，并且尤利希是国家实验室，家大业大，那时候光是高级电镜就有五六台，动用一台搞搞像差校正应该不算什么大事。三个人确定了方案可行后，还得想法寻找研发资金。结果还是四处碰壁，理由还是“此计划不可行”。最后投了一份资金申请书到大众汽车基金会，这个基金会实际上是当时的西德政府出让了60%的大众汽车公司股票后于1961年设立的，旨在资助自然科学、技术、人文科学和社会科学的研究与教育项目。喜出望外的是该基金会真还就认可了这项计划并在1991年1月批准资助。本来就是万事俱备只欠资金，这下有钱了自然就好办了，赶紧开工。只用了一年，H. 罗斯设计的这种球差校正器的初版就做好了，图 7-6 是 H. 罗斯与自己的球差校正电镜的合影。

当时已经去德国海德堡欧洲分子生物实验室工作的海登在该实验室设立了一个电镜球差校正研究项目，用以配合 H. 罗斯的研发计划。1992 年 1 月，新做好的球差校正器在海登的主持下在海德堡进行了实验测试。经过两年时间的反复调试与改进，终于在 1994 年得出了令人欣喜的正面结果。大众汽车公司基金会因此追加资金并批准移师到尤利希研究中心厄本博士主持的电子显微实验室继续研发，因为尤利希在电镜和技术人员方面兵强马壮，比海德堡强多了。海登本人还留在海德堡，这时有远见的他看到球差校正成功在望，腾出手来与人合伙于 1996 年在海德堡开办了 CEOS 公司来推动像差校正器产品化和商业化。可尤利希那边那时正烦着呢。

厄本曾是笔者在尤利希工作时的老板，以后一直保持经常性的联系，据厄本告诉笔者，在尤利希，他们首先将球差校正器装在一台 200 千伏场发射枪飞利浦 CM200 透射电镜上，但表现实在是不怎么样，到底是怎么回事也搞不清楚。一直花了差不多三年的工夫才找到原因，原来是光路上的一个零件的温度微小变化导致校正器发挥不稳定。从这个例子可以看出球差校正器的敏感性。后来尤利希团队又花了两年时间解决了这个问题和其他各式各样的问题，前前后后共四年多。1997 年 6 月 24 日，终于在这台 200 千伏电镜上得到了砷化镓（GaAs）样品的原子结构像，显示了镓和砷原子列之间 1.4 埃投影点间距。这台电镜原本点分辨率为 2.4 埃，加上球差校正器后点分辨率提高了近一倍，大获成功。文章投稿《自然》杂志，却遭拒稿；改投《科学》杂志，又拒稿。最后又投稿《自然》杂志，根据编辑及评审要求作了很多修改后，终于在 1998 年 4 月正式发表[85]。这时是谢雷兹 1947 年提出球差校正可能的解决办法半个世纪之后，同时也是谢雷兹 73 岁早逝的 16 年之后，谢雷兹在天之灵应得安慰了。除了透射电镜像差校正器，H. 罗斯还设计并已被成功应用于扫描电镜、光电子电镜（Photoemission Electron Microscope, PEEM）和聚焦离子束（FIB）的像差校正器，可说是名副其实的像差校正之父，而 H. 罗斯的师傅谢雷兹呢，那就是像差校正之祖嘛。2015 年 2 月德国电镜同行为 H. 罗斯庆祝 80 大寿，笔者也祝老朋友长寿，盼他能获诺贝尔奖。

在德国尤利希的电子显微实验中心取得的球差校正的首次突破，所采用的球差校正器是根据 H. 罗斯于 1990 年提出的方案 [80] 所制造的。如前所说，整个校正器包含共轴罗列的两个六极电磁透镜和四个辅助圆形透镜。校正器被加装于一台配有场发射枪的 200 千伏飞利浦 CM200 透射电镜的镜筒内，位置正好处于物镜的下方。加装后电镜镜筒增高了 24 厘米，但并不影响电镜的功能。单就这个例子来说，球差校正原理是这样的。两个共轴六角电磁透镜的设计使得第一个透镜产生的二级像差被其下方的第二个电磁透镜所冲消。因此整体上来说电子穿过校正器时没有二级像差，但仍存在具有旋转对称性的三级像差，也就是球差。这个三级像差的大小可通过改变校正器的输入电流而调节，这个是球差校正器的关键，球差系数必须可调。因为整体设计的结果是使此三级像差与物镜的三级像差方向相反，圆形物镜球差系数为正，

图 7-6

谢雷兹的嫡传弟子 H. 罗斯，实现球差校正电镜的主要功臣之一。这张照片是罗斯于 1998 年球差校正成功后在德国达姆施塔特技术大学自己的电镜室中拍摄的，是一张具有历史意义的照片。感谢罗斯教授提供图片。

校正器需要调到负球差系数，那么当调整校正器的三级像差使之与物镜三级像差大小相同时，就可使二者大小相同但方向相反，正负球差互相抵消，达到消除物镜球差的目的。海登等人所用的飞利浦 CM200 电镜的原有球差系数和点分辨率分别为 1.2 毫米和 2.4 埃。经过上述球差校正后，球差系数大幅降为 0.5 毫米，相应地，点分辨率也提升了近 50%，达到了 1.4 埃的水平。兴奋吗？在 200 千伏的电镜上终于实现了以往在 1000 千伏或更高电压的超高压电镜上才能取得的点分辨率，而电子束辐照损伤相比之下却可以忽略。进一步从信息分辨率上看，由于物镜的三级球差被校正，因此信息分辨率只受更小的五级球差的影响，从而达到了 0.5 埃的惊人程度。

其实理论上 H. 罗斯校正器应可使那台电镜的信息分辨率达到 0.28 埃，但实际分辨率受制于透镜的细微缺陷因而最终只达到了 0.5 埃。读者可能会问，不是说像差校正后可使点分辨率非常接近信息分辨率吗？为什么在这一例子中点分辨率远远未达到这一目标呢？没错，如果所有的像差都被完全校正，且外部环境（如电子和机械稳定性、温度稳定性等）都处于理想状态的话，的确应该可以使点分辨率至少达到 1 埃以下的水平。然而在本例中，物镜的色差并未被校正。不仅如此，球差校正器产生的色差反而使电镜总的色差系数增加了。此外，电子光路系统中仍存在的其他各类像差、像散等，在球差系数被校正后，这些其他的像差对分辨率的影响就显得更加突出。因此消除球差只是万里长征第一步，如果要进一步提高分辨率，还需要消除形形色色的其他像差。第 4 章中提到过目前（截至 2015 年）世界上最高透射电镜点分辨率纪录是日立公司保持的 0.44 埃，科学家们正在继续努力寻求更大的突破。

还有一点必须提到，由 H. 罗斯设计并最终在德国尤利希的电子显微中心取得的球差校正首次突破针对的是透射电镜（TEM）成像，而在几乎同一时期，还有另一队人马，更确切地说是另一个人，正在另一条路上摸索前进着，他就是当时人在美国的克里法奈（Ondrej L. Krivanek），奋斗目标是扫描透射电镜（STEM）的像差校正。他的像差校正奋斗经历与德国的H. 罗斯有点类似，在美国找经费资助碰壁，最后只得另辟蹊径。克里法奈其人可能很多读者还觉得陌生，但如果是在电镜领域工作的话，都应该知道电子能量损失谱(EELS)，而美国Gatan公司的电子能量损失谱仪（比如GIF）已基本上成为做EELS的唯一系统，那可是Gatan公司的摇钱树。这套东西就是克里法奈在Gatan公司工作时带领开发的。

克里法奈1950年出生于捷克斯洛伐克，18岁时赴英伦半岛读大学，后入剑桥大学攻读博士学位，老师是大师级的A. 豪威（Archie Howie，1989年起任剑桥大学卡文迪什实验室主任），也就是1965年出版的那本有电镜界的“黄色圣经”之称的《薄晶体电子显微学》一书的作者之一。克里法奈在剑桥的很多同学后来也都名震显微学界，建树非凡，比如下一节将要讲到的原子分辨率高角暗场扫描透射显微像（HAADF-STEM）技术的推动者潘尼库克（Steve Pennycook）、会聚束电子衍射名家斯德蒂（John Steeds）等。

克里法奈从剑桥毕业后游学日本，最后落脚美国。20世纪70年代加入Gatan公司，主持了商业电子能量损失谱（EELS）仪的开发并编写了图谱，两者现在都成为电子能量损失谱技术应用之必备，为Gatan公司带来巨大的利润和声誉。克里法奈是那种永不满足于现状的人，在电子能量损失谱仪大获成功之后，他又在透射电镜中引入CCD数码相机，再然后就盯上了像差校正。前面说过，谢雷兹1947年提出电镜中像差校正的可能方法后，有很多人先后尝试并证明了可行性。其中德尔垂布在1964年曾证实了用四极和八极透镜组合的可行性，这个德尔垂布当时是英国剑桥卡文迪什实验室的博士生，后来剑桥的另一个学生哈代1967年还设计了一个由静电和电磁四极透镜组合而成的校正器用于扫描电镜上，证明可以校正物镜的球差和色差[86]。哈代的这个设计里面有不少创新之处，后来20世纪80年代末德国海德堡欧洲分子生物实验室的扎克（Joachim Zach）和海登借鉴了这个设计方案并进行改进，1995年发表文章报道了用于低压扫描电镜（最高加速电压30千伏）的球差校正，扎克也是德国CEOS公司的共同创建人（合伙人是海登）。这里简述这段历史是想说明英国剑桥大学在20世纪60年代做了很多球差校正方面的努力，但是一系列的早期努力尽管证明了可行性，但可惜并未能在提高电镜分辨率方面有显著进展，最后剑桥方面得出结论，开发这项技术实在太复杂了，可能永远也不可能达到改进分辨率的目的。关于剑桥的这个结论，克里法奈认为太过悲观，思路总还是对的，于是他在20世纪90年代早期开始重新思考这些设计。

毕业于剑桥的克里法奈非常熟悉剑桥派的这些早期像差校正研发工作，特别是比较接近成功的、可用于低加速电压（最高30千伏）扫描电镜成像的四极–八极透镜组合的像差校正器，他的目标是在此基础上将其改进并应用于100千伏的扫描透射电镜（STEM）上。研发需要资金，与H. 罗斯和海登的情况类似，克里法奈在美国申请经费也是四处碰壁，Gatan公司也不支持，当时所有人都认为搞扫描透射电镜的球差校正器根本没戏。为什么会这样？这与20世纪70年代美国芝加哥大学和阿贡国家实验室在克鲁（A.V. Crewe）的带领下在这方面的多年尝试有关。当时克鲁是芝加哥大学的教授同时兼任离芝加哥大学不远的阿贡国家实验室主任。在下面一节里我们会讲述克鲁在单原子成像方面的历史性突破。

在20世纪70年代中后期，克鲁主持了一系列的扫描透射电镜像差校正方面的理论、设计和实践工作。以克鲁当时如日中天的声望，这项工作在当时得到了美国乃至世界范围的极大关注。他们考虑了不同的组合方案，在前人的基础上把四极–八极透镜组合和双六极透镜都进行了改进，也从理论上给出了其他更复杂的透镜组合系统的论证。然而这一系列的大张旗鼓的工作最后所得成果却极为有限，原因还是上面已经讲过的，是多方面的客观条件造成的，并不是人为的。但芝加哥之役的失利，造成的后果很严重，美国自然科学基金会决定不再继续资助这方面的研究，世界其他各国科研基金会也相继跟风作出了类似的决定。

无奈之下，克里法奈想到了母校，干脆到英国碰碰运气。他回到剑桥卡文迪什实验室游说，要开发电脑控制的扫描透射电镜球差校正系统。一开始时剑桥人对以前搞球差校正多年最终无果而终的经历记忆犹新，所以对克里法奈的提议心存犹疑。但克里法奈的极大热情、高度自信以及他成功设计 Gatan 公司的非常复杂的电子能量损失谱仪的电子光学系统所积累的经验和声望，使得剑桥最后决定给他支持，当然克里法奈的剑桥校友的身份也起到了重要的作用。卡文迪什实验室答应为克里法奈提供所有他需要的实验室资源，包括提供扫描透射电镜供其研发测试。有了实验室及其资源的支持，还是得有资金。克里法奈 1994 年向英国皇家学会申请资金（Paul Instrument Fund），得到的评语是：这个项目几乎不可能成功。这听起来挺让人沮丧，好像又没戏了。可是话锋一转，评语又道：但是，如果还有人能令它成功，就是此人。“此人”指的当然就是资金申请人克里法奈。就这样，美国来的克里法奈得到了英国资助的 8 万英镑。他办理了在 Gatan 公司停薪留职，跑到剑桥大学搞球差校正技术开发，一干三年。

虽然是基于德尔垂布在 1964 年提出的用四极 – 八极透镜组合，但克里法奈加入了另外的光学元素设计以校正由于光路校正不佳、磁场不均匀及加工带来的像差效应，而且校正过程都是由电脑分别控制各透镜以避免透镜之间互相干扰，这是克里法奈最终取得成功的重要因素之一。设计得虽然不错，但按照克里法奈自己的说法，第一版研制出来后虽然见效但却不太好用，所以没有正式发表文章，只是在 1997 年的美国电镜学会年会上发表了一篇摘要[87]。结果德国人 1998 年首先正式发表了成功的透射电镜球差校正器。德国方面的说法是，克里法奈 1997 年发表的摘要里没有任何实验数据作为证明，所以不能算作成功。这主要是针对谁先成功的一个小争论，并非是德国一方想否认克里法奈所取得的成就。

笔者曾经当面问过克里法奈关于他开发的球差校正技术的专利归属问题，潜在意思是克里法奈在做此研发工作的时候还算是 Gatan 公司的人，而具体开发工作是在剑桥进行的，那么 Gatan 公司和剑桥大学能否分得一杯羹？克里法奈说他虽然是在剑桥做的研发工作，但并未拿剑桥的工资，同时期他也没拿 Gatan 公司的工资，两方面也都没有现金投资，所以他自己拥有技术产权。

克里法奈在剑桥待了三年后，回到美国。那时 Gatan 公司高层领导全换人了，他也就无心再回 Gatan 公司工作，在家闲居数月后，于 1997 年在美国西海岸离西雅图不远的地方创立了 NION 公司。与德国的 CEOS 公司不同的是，NION 公司不卖单个的像差校正器，而是开发并商品化带有像差校正器的扫描透射电镜，这就看出克里法奈技高一筹了。设计和生产带有像差校正的电镜和仅仅设计生产像差校正器本身那绝对是不可同日而语的，复杂程度和技术含金量都要高出许多。NION 公司生产的是电子加速电压 100 千伏或以上的纯扫描透射电镜，不带有透射电镜成像模式。也就是说，需要将电子束会聚成一个细束斑然后在样品上扫描，再通过接收透射过样品的电子束进行成像，成像的分辨率与电子束斑的直径有直接关系，束斑直径越小，成像分辨率越高。与透射电镜（TEM）上球差校正器装在物镜的后方不同，在扫描透射电镜上，球差校正器是加装在物镜的前面的，作用是通过消除物镜球差来使会聚光斑中包含的所有的近光轴和远光轴电子束都集中到物镜的后焦点上。

没有球差校正的情况下，只有近光轴的电子束才能会聚到物镜后焦点，远光轴的不行，所以形成的电子束斑呈扩散状，尺寸一般只能到直径 2~3 埃，而且因为要用小尺寸光阑将部分远光轴的电子束挡掉以使束斑尺寸变小，所以束斑比较暗。而有了球差校正器，束斑直径不仅可以至少再缩小两倍，而且包含的电子数可以增加 10 倍以上。束斑尺寸更小，意味着分辨率更高，现在已可达到亚埃分辨率。束斑内电子数量增加，意味着穿过样品后激发出的用于电子显微成像或者化学分析的信号越强，所以特别有助于与 X 射线特征谱（EDS）和电子能量损失谱（EELS）相关的应用以及原子分辨率的能谱像（Spectrum Imaging）。

2000 年，NION 公司的第一台 100 千伏的球差校正扫描透射电镜卖给了 IBM 公司。另外 NION 公司还单卖了一个球差校正器给美国橡树岭国家实验室。不是刚说过 NION 公司不单卖球差校正器吗？那倒是，但也得分谁买。橡树岭国家实验室的买主是潘尼库克（Steve Pennycook），剑桥的老同学。更何况说是潘尼库克买，还不如说是克里法奈求着卖，他需要建立市场声誉才能打开销路，潘尼库克的实验室可是在全球声誉卓著的扫描透射电镜领域的大本营之一，哪里还有比这更理想的客户呢？

潘尼库克有一次开会时风趣地回忆当时的情景：“克里法奈来我这参观，看了我的电镜（都是扫描透射电镜），说我给你这台电镜上装个球差校正器怎么样？我当然乐喽。他下次来时果然就告诉我他要开始装了，然后他就开始拆电镜，我也就忙我的事去了。然后等中午回来一看，电镜不见了，拆下来的零件摊了一地，我心里说上帝啊，转身就走了，没打搅他。然后又过了几个小时再回来，他把电镜又都重新装好了，他的球差校正器也装上了。”从这个故事就可以看出克里法奈的厉害，不仅理论上有功夫，动手实干的本事也着实了得。他这个球差校正器装上后使成像分辨率一举达到了亚埃量级，自然是一炮而红。后来橡树岭国家实验室就成了 NION 公司电镜的大客户。自成立到现在，NION 公司在克里法奈的带领下，产品设计和指标都突飞猛进，自己或与他人合作在《自然》和《科学》等重量级期刊上发表过多篇文章。可以说单就像差校正扫描透射电镜的指标和表现来说，NION 的产品现在是世界上顶级的，克里法奈的贡献也是最大的。

从以上的电子显微镜像差校正器发明历史中可以看到，正像所有其他的伟大科学技术发明一样，电子显微镜像差校正器的发明也经历了一个几十年的积累过程，在这个过程中有许许多多的人作出了不同程度的贡献。我们在这里只是对一些重要人物作了介绍，很多其他人都没有提到，比如俄国科学家在这方面的努力，在此特别说明。关于像差校正最后需要说明的是，电镜中色差的校正也是当前研究的课题之一。目前一般倾向于在电子枪下方加装一个单色器（monochromator）或者设计成球差 / 色差合并校正器，这里不再详述。

加装像差校正器的透射电子显微镜除了分辨率可大幅提高外，其他的好处是什么呢？首先校正器的使用可以消除高分辨成像中的一些假象如像离位（delocalization）[85]，可以降低高分辨像分辨率对于光路合轴的严格要求，电子束偏离光轴可达 30 毫弧度都不会对分辨率产生明显影响。另外在传统的电镜设计中，为了取得较高的分辨率，样品在电镜中所处的样品室空间仅有几毫米左右的高度，严重限制了样品台的倾转角度以及使用功能较为复杂的样品台如原位拉伸台等。加装像差校正器后，由于分辨率大幅提高，就不必在限制样品室空间上打主意了。现在一般认为可将样品室高度扩大至 10~20 毫米，使得使用功能复杂的样品台，甚至是在样品室中加装其他部件如激光或 X 射线探测器等成为可能。

## 7.3 超高分辨率途径之二：扫描透射电镜与 Z 衬度像

一百多年前，因对气体比重的研究及发现元素氩而获 1904 年诺贝尔物理学奖的著名英国物理学家瑞利（Lord Rayleigh，1842—1919，图 7-7），在 1896 年发表的一篇研究光学显微镜成像的文章中讨论了光学成像中使用相干光（coherent light）与非相干光（incoherent light）的差别。他指出，从物体上不同地方发出的光波之间是否具有固定的相位关系是问题的关键所在[88]。具体地说，从自发光物体上不同位置发出的光波因为相位完全不同，所以这些光线不互相干扰，也就是说不发生光波间的干涉效应，所成的光学显微像就是非相干显微像。而对于不发光物体，当一束从无穷远处的点光源发出的平面光波照射其上时，物体所反射出的各个光波之间具有固定的相位关系，所以光波间会出现干涉效应，形成相干显微像。瑞利进一步注意到，相比于相干成像，非相干成像的分辨率高 2 倍，且成像中不存在假象。瑞利进一步指出，在显微镜中，如果没有自发光物体作为样品，也可在显微镜的点光源与样品之间加入一个大口径环形光阑，以保证样品上任何相邻的点上都被多束光照射到，这样就可以得到非相干成像。现在我们可以将瑞利所讨论的这个光学非相干成像问题搬到电子显微镜光路中，看看会出现什么情形。

图 7-7 英国物理学家瑞利

读者应该还记得，我们在第 5 章及本章的前面部分都提及透射电子显微镜的色差乃是来源于电子枪发出的电子所具有的稍许非相干性，而且提到有很多办法来减小这种非相干性从而消除色差。显而易见，透射电镜的成像过程基本上算是一种单色相干成像过程，当然这只是个近似的条件，严格说来并非单色。那么既然如瑞利所指出的采用非相干成像能将分辨率提高 2 倍之多，可不可以在电子显微镜中采取非相干成像的模式来提高分辨率呢？这世界上聪明的人多着呢，早在几十年前就有人在这方面动脑筋了，并且取得了巨大的成功。美国芝加哥的克鲁等人在 20 世纪 60 年代后期，开始根据非相干成像原理研制一种全新的电子显微成像方式，取名为环形暗场扫描透射电子显微术（Annular Dark-Field Scanning Transmission Electron Microscopy，ADF-STEM）。克鲁现在被认为是现代扫描透射电镜之父，开辟了全能型逐点扫描透射电子显微术，对原有的扫描透射电镜设计作出了突破性的改进。

说起扫描透射电镜，其工作方式与传统的透射电镜完全不同，咱们在前几章早就多次提到过。它是利用会聚成点状的电子束在样品上进行扫描，将每个扫描点的位置坐标与扫描到该点时所产生的透射过样品的电子束所携带的样品结构信息相结合，最后形成的就是扫描透射电子显微像。扫描透射电镜的概念出现得很早，第 6 章提到过在 1938 年德国的阿登纳（Manfred Von Ardenne）首先提出了这个概念并制造了样机。但是由于那个年代真空技术的限制，样品室不够干净，电子束会聚于样品上扫描时样品表面污染会严重影响成像质量。另外当时多使用钨灯丝，会聚电子束太粗，使成像分辨率比透射电镜差得多。再有就是电子信号放大产生的噪音影响了成像质量和分辨率。由于这种种原因，扫描透射电镜一直未能像透射电镜那样广受关注和迅速进步。真正使扫描透射电镜重新焕发生命力并在设计和功能改进上实现质的飞跃的就是克鲁（图 7-8）。

克鲁 1927 年出生于英国布拉德福德（Bradford）的一个平民工薪家庭，

上小学时成绩平平，但15岁初中毕业后却通过了全国统考从而成为家里的第一位高中生，从此学业天天向上。高中毕业后进入英国利物浦大学拿着奖学金学物理。获得学士学位后，继续留在利物浦大学师从1935年因发现中子而获得诺贝尔物理学奖的查德威克（James Chadwick）钻研高能物理及当时物理学界非常时髦的同步辐射加速器。这又是个名师出高徒的例子。1955年克鲁受聘于美国芝加哥大学任研究助理，来到美国后的任务是帮助芝加哥大学做一个同步回旋加速器的配套装置，一年就完工，结果升级为助理教授（Assistant Professor）。因为芝加哥大学受托负责管理离得不远的隶属美国能源部的阿贡国家实验室，所以芝加哥大学很多教授在阿贡国家实验室兼职。1958年，克鲁也受聘兼职阿贡国家实验室，主持设计和搭建一台12GeV的同步辐射加速器。克鲁的聪明才智和极好的组织能力再次得以展现并使他几乎是马不停蹄地在阿贡国家实验室一路晋升，三年后的1961年，34岁的克鲁已经成为了这个当时拥有五千多名研究人员的大型国家实验室的主任，那时的他甚至都还不是芝加哥大学的正教授（Full Professor），也还不是美国公民。

图7-8

美国芝加哥大学克鲁，现代扫描透射电镜开发先驱。

在阿贡国家实验室工作期间，克鲁的科研兴趣从加速器逐渐转向电子显微镜，主要原因是生物研究的需要。他一次去英国开会，返程芝加哥时在机场忘记买书，坐飞机无聊之时脑子里就琢磨起了电子显微镜的事。别忘了克鲁是搞同步辐射加速器出身，脑子里全是加速器那一套，对透射电镜领域还不是太了解，甚至也不知道阿登纳 1938 年提出并制造过扫描透射电镜。他根据自己的想法在草稿纸上勾画了两个方案，希望对现有的电镜进行技术改造。回到芝加哥后与人讨论方知其中一个方案已经有人在做了，而另一个方案是新思路。这个新方案是什么呢？咱们先说说它的主要设计目标吧，分辨率 1 埃（0.1 纳米）。这个目标大胆得有些过分，要知道在 20 世纪 60 年代的当时，透射电镜的分辨率还仅是在 3~4 埃的水平。克鲁将目标定在 1 埃，等于一举将分辨率提高三倍多，在埃这个分辨率量级上一下提高这么多真正是个近乎疯狂的想法。果不其然，他的这个想法遭到了所咨询的几位电子显微专家的一致否定，认为失败的风险太大而且基本不可行。当时美国政府的研发资助明确不鼓励高风险研究项目，所以克鲁的这种计划肯定无法通过正常的经费批准程序。不过，别忘了克鲁有一个优势，他是阿贡国家实验室的主任。在美国国家实验室工作过的人都知道，国家实验室主任掌管着一部分资金，称为全权委托经费，可以由主任自行决定用于一些高风险项目的种子经费。克鲁于是毫不避嫌地动用了这笔经费，上马了他自己的新型电镜开发计划。

分辨率 1 埃是目标，那么克鲁在飞机上草拟的设计具体包括什么呢？那里面包括了很多当时还没有或者还不成熟的东西。首先由于克鲁的加速器研究背景，他自然而然地把加速器工作原理搬到了电镜设计上。他希望有一个高亮度电子发射源，发射出来的电子经电场加速然后通过电磁透镜最终被会聚成一个可小至 1 埃的电子束斑，用这个电子束斑在样品上进行逐点扫描，收集从样品下表面透射出来的电子束信号，不仅用于成像，还要通过分析电子损失掉的能量从而获取化学信息，这其实就是前面讲过的电子能量损失谱 EELS。克鲁设想的这套东西其主体还是阿登纳 1938 年提出的扫描透射电镜的概念，但加上了超高分辨率及同步化学分析的要求。为了要做成这个具有 1 埃分辨率的电镜系统，克鲁明确了一些具体的设计要求。比如说电子发射源不能使用当时普遍使用的钨灯丝或六硼化镧灯丝，而是要用可能发出最亮电子束的冷场发射枪，比六硼化镧电子枪亮度高 100 倍，比钨灯丝亮 1000 倍。

场发射枪最早在 1897 年就已有报道，是用于研究阴极射线管做衍射实验的，用在电镜上也早在 1942 年和 1954 年就有人尝试过，咱们前文已经介绍。不过因为场发射枪需要高达至少 $10^{-9}$ 托的高真空环境，在那个年代很难在电镜上达到这个真空度，所以场发射枪虽有潜在的巨大应用优势，但一直未能被推广开来。再有就是物镜。要想获得 1 埃的分辨率，必须要求很小的球差系数。上一节刚刚讲过的一系列围绕球差校正器的发明工作就是为了降低甚至完全消除物镜的球差效应。接下来是成像。样品下方自然要配备接收器接收低角度散射电子束，这些电子束相互干涉可得所谓的明场扫描透射显微像（Bright-Field STEM Image），这是以前就有的办法，得到的显微像类似于上一节介绍的透射电镜的相衬度显微像。除此之外，克鲁的创新之处更在于发明了所谓环形暗场像（Annular Dark-Field Image），仅允许大角度弹性散射电子参与成像。这些高角散射电子波相位各不相同，是非相干波（Incoherent Waves），所以不会发生波的相互干涉，因此正属于本节开始时所说的瑞利非相干成像。为了使读者了解得更清楚，这里先简单介绍一下环形暗场像的原理。

扫描透射电镜的设计和工作原理见图 7-9。首先将从电子枪发出的电子通过物镜会聚到薄晶体样品上的一点，然后使电子束在样品表面上逐点扫描。

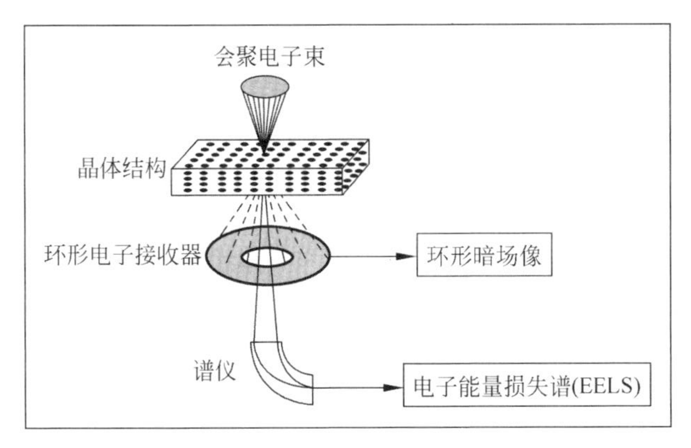


图 7-9

扫描透射电镜（STEM）的工作原理示意图。环形探测器接收大角度弹性散射电子用于构成环形暗场像，通过环形探测器中空孔的电子可用来做 EELS 成分分析。

在锥形电子束中的各电子波经过晶格散射后也呈锥形从晶体下表面出射。在出射电子束中，那些散射角很小的电子波基本上仍是相干（coherent）电子波。但是，在锥形边缘上的那些大角度弹性散射电子波则是非相干（incoherent）电子波。克鲁等人在样品下方安装了一个中空的环形探测器来接收那些从晶体中一个点出射的非相干散射电子束，使得整个光路图就与瑞利所建议的完全相同了，只需将光的传播方向来个 180 度倒转而已，这顺便也表明了扫描透射电镜（STEM）的光路图与透射电镜（TEM）的光路图是一样的但光的传播方向相反。扫描透射电镜中的环形探测器就相当于瑞利所建议的大口径环形光阑，这样晶体本身就可被看作是瑞利所说的自发光物体，并从它的各个点上发出互不相干的电子束。如果利用环形高角探测器接收到的电子进行成像的话，就是瑞利所言之非相干成像了。而由图 7-9 可以看到，利用电子束斑在晶体上扫描而得到显微像，其分辨率主要受限于束斑最细尺寸。数学上讲，显微像上的每个像点的强度是束斑强度分布与晶格的物函数（Object Function）的卷积 [89]。其结果是像点间最小可分辨间距（点分辨率）直接由电子束斑直径来决定。根据谢雷兹 1949 年发表的理论可知这种非相干电子显微像的点分辨率极限 $d_p$ 为

$$d_p = 0.43C_s^{1/4}\lambda^{3/4} \tag{7-3}$$

对比公式 (7-1) 中的相干成像分辨率极限，我们可以注意到非相干电子显微像的点分辨率改善了 35%。由于成像过程不包含直接透射电子束（被中空探测器过滤掉），所以这类利用衍射束成像的方法获得的是我们在电子显微术中所称的暗场像，与利用直接透射电子束所构成的明场像衬度相反。再具体点说，图 7-9 所示的成像模式应该称为环形暗场像（Annular Dark-Field Image，简称 ADF 像）。

克鲁小组用环形暗场扫描透射成像技术成功拍摄得到单原子像，使这种

新技术被世人认知。1970 年克鲁举办夏季研讨会，吸引了大批电子显微学界杰出人物参加，其中就有英国剑桥卡文迪什实验室来的豪威（Archie Howie）。豪威在电镜界声誉卓著，再加上卡文迪什实验室的名头，当真可算世界级顶尖电镜学者之一。他都亲自来参加克鲁办的研讨会，可见克鲁那时所做的工作有多轰动。克鲁在研讨会上作了一系列讲座，着重强调了他的观点，即未来电子显微学的发展方向应该是逐点扫描成像及同步逐点化学分析。这其中的同步化学分析除了可以从环形暗场像中像点的强度定性地判断原子量大小之外，再有就是在扫描透射电镜的底部安装的电子能量损失谱（EELS）装置，可以在原子尺寸量级的电子束斑对样品进行扫描的过程中逐点收取电子能量损失谱从而获知样品的化学信息，当然那时候用的还是老式的静电场式能谱仪。不仅如此，从图 7-9 还可以看到由于用来形成环形暗场像的高角散射电子束与用来形成电子能量损失谱的小角散射电子束互不干扰，两者可以同时被收集，所以可以进行逐点结构成像和同步的化学分析。至此我们已看到了克鲁在飞机上设计的扫描透射电镜的全貌，它包括了高亮度的冷场发射枪、一个四极低球差系数磁透镜物镜、明场像电子探头、环形暗场像电子探头以及电子能量损失谱。注意：扫描透射电镜由于采用的是扫描成像模式，所以不像透射电镜那样用底片照相（CCD 相机出现以前），而是采用电子探测器接收陆续而来的电子进行成像。

成功的故事说起来总是挺容易的，但当时要实现这个设计实际上可谓煞费功夫。就说冷场发射枪吧，好虽好，但需要的真空度太高，至少 $10^{-9}$ 托，属超高真空领域，比六硼化镧电子枪需要的真空度足足高了 3 个数量级。当时费了很大的劲儿才达到这个真空度。不过真空度并不稳定，所以必须前一天晚上就开始抽真空，第二天早上用电镜，每次能用上 15~20 分钟，灯丝就坏了。克鲁这人爱抽雪茄，走到哪儿抽到哪儿，在电镜室里也抽，派头大得很。但是因为这个电镜真空的问题，小组成员终于成功劝止了他在电镜室抽烟的习惯。在阿贡国家实验室干到 1967 年，克鲁感觉他的这个 1 埃分辨率电镜项目需要他集中精力全力以赴，因此辞去了阿贡国家实验室主任的职务，又搬回芝加哥大学当他的教授，同时也带走了他在阿贡研究组的全队人马以及那台已经搭建起来的电镜。图 7-10 是 1968 年从阿贡国家实验室搬到芝加哥大学的扫描透射电镜，电镜的左边可见到足有一面墙高的庞大控制面板，怎么瞧都不像我们常见的电镜操作面板。其实这个控制面板是完全根据克鲁的要求设计的，全套的加速器控制面板设计理念，所以与一般电镜的大不相同。克鲁的东西就是这么不一样！

搬回芝加哥大学后，克鲁的研究组又搭建了三套扫描透射电镜，有加速电压最高 45 千伏的，也有 100 千伏的。他们还进行了一系列的技术改进，比如说电子枪区域的真空度进一步提升到了 $10^{-10}$ 托，真空稳定性也提高了很多。另外大幅改进了机械和电子控制稳定性，镜筒外部增加了磁屏蔽，电镜上还使用了电影摄影机，配合扫描速度可以得到大约每秒 3 幅的摄影速度，这样可以补偿一些扫描过程中样品飘移的影响，同时还可以对动态变化进行追踪。物镜设计也重新来过，从原来的四极透镜改为近似圆形。经过这一番改进，最终他们得到了直径 2 埃的高亮度电子束 [90]。他们还通过计算肯定了在一定条件下，直径 2.4 埃的电子束应该足够对原子序数大于 30 的原子进行单原子成像，当然必须使用环形暗场扫描透射像模式，因为这种模式能够提供单原子成像所需的、比较突出的像衬度。原子序数越大，其像衬度越高。

从某种意义上说，克鲁等人发明的环形暗场扫描透射像模式是他们最终实现单原子成像的关键，因为这种成像模式是非相干成像，不包含波的干涉效应。与电镜设计和制造同时进行的是样品制备技术的研发，经过反复优化制备方案和程序，最终采用钛微栅上覆盖 0.7~2 纳米厚的碳膜作为衬底，再将

图 7-10

这张照片是克鲁亲自寄给埃杰顿（Ray Egerton）的，照片显示的是研究组 1968 年在芝加哥大学搭建的扫描透射电镜（图右）及其堪称庞大的控制板（图左）。左下角小插图为用此电镜拍照的单原子像，其中白色亮点对应单个原子。感谢埃杰顿教授赠予照片。

醋酸铀加苯酸混合稀释液或硝酸钍加苯酸混合稀释液分散在碳膜上，晾干后即形成成串的氧化铀或氧化钍分子，这些分子中所含的铀和钍都是分子数极高的元素（92 和 90）所以在环形暗场像中的像衬度应该很高。

功夫做到了这个份儿上焉有不成功之理。1970 年，克鲁等人在《科学》杂志上发表了两页半篇幅的短文，宣告单原子观察成功[76]。他们采用 30 千伏电子加速电压，成功地在人类历史上首次获得了单个重金属原子铀和钍的电子显微像（图 7-11）。当时芝加哥当地报纸以“Crewe wants 0.5”（译为“克鲁想要 0.5”）为标题，报道了克鲁等人的历史性突破。这个标题很有意思，它表明当时克鲁等人的超级扫描透射电镜虽然将电子显微镜分辨率首次提高到单原子量级，但克鲁等人认为进一步取得小于 1 埃的分辨率是可能的。用什么方法能够进一步提高分辨率呢？在本章的开头曾介绍了提高透射电镜分辨率的两条途径，那是由公式（7-1）来决定的，要么提高电子加速电压使得电子波长 $\lambda$ 变短从而提高分辨率，要么降

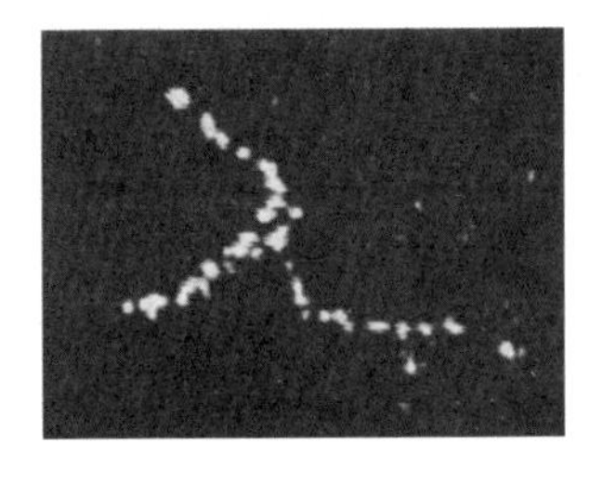

图 7-11

克鲁等人 1970 年发表的分散于碳膜上的重金属钍原子的环形暗场扫描透射电子显微像。

低物镜球差系数 $C_s$。对于扫描透射电镜而言，分辨率的近似式（7-3）给出的结论还是一样。这是物理，没人能改变。所以克鲁就在这两条途径上同时下手，双管齐下，可惜双双落空，到底是怎么回事呢？

首先说提高电子加速电压。这得先提一位当时在美国华盛顿工作的德国人蔡特勒（Elmar Zeitler），这位先生后来成为德国电镜界的一方霸主，现已退休。蔡特勒年轻时曾在美国工作，与克鲁相识于 1966 年的一次高电压电镜会议上。后来在 1968 年克鲁从阿贡国家实验室回归芝加哥大学以后，蔡特勒来到克鲁的实验室当了一年客座访问学者，参与了克鲁小组的很多扫描透射电镜设计和理论方面的工作。1970 年芝加哥大学正式聘请蔡特勒做教授，就此成为克鲁的同事。他们那时有个共识就是要建造一台超高电子加速电压的扫描透射电镜，为的是进一步提高成像分辨率。建这么个庞然大物是需要很多经费的，所以蔡特勒和克鲁商量后执笔写了个申请报告，向美国国立卫生研究院（NIH）申请经费支持建造一台 1000 千伏场发射枪扫描透射电镜。

为什么要向美国国立卫生研究院申请呢？因为那时克鲁以及芝加哥大学的其他教授们的主要兴趣都在生物研究方面，搞电镜为的是研究生物材料，比如说克鲁等人发明了用重金属原子与 DNA 相结合然后通过环形暗场扫描透射显微像为 DNA 测序，这些都与美国国立卫生研究院的支持项目比较对口。那时克鲁又因为刚刚发表的单原子成像工作而风头正劲，有了克鲁在申请报告中的强劲背书，经费很快就批准了。给了多少钱？按加速电压计算，每 2 伏 1 美金共合 50 万美金，这在半个世纪以前应该说是数目很大的资助了，项目计划 5 年。有克鲁小组一直帮忙承担大部分的电镜设计工作，所以项目从 1971 年开始后进展一直还挺顺利。可是到了关键的第 5 个年头，蔡特勒意外地收到来自德国的聘请，要他去接替退休的鲁斯卡担任马克斯普朗克柏林研究所的主任职务。收到邀请后他几乎立刻就答应了，根本没有经过什么深思熟虑，而是一种单纯的爱国冲动。用他自己的话说，那是一种只有“二战”后第一代移民才能体会的感情。蔡特勒之前一直都是芝加哥大学超高电压扫描透射电镜项目的主要负责人，眼看到了项目的最后一年，他却要离开了，工作上得有所安排。他自己认为由于克鲁小组一直是本项目电镜的主要设计者，所以即使他自己离开也应该是没有问题的。他找克鲁谈了他接受了柏林的邀请并准备马上回德国的打算，也交接了关于项目的工作。问题是经费。现在进入到项目的最后一年，经费还剩下大约9万美金，发发工资是够了，但不够完成整个项目，必须得马上申请增加经费，这事只能留给克鲁来做了。很可惜这次申请没被批准，项目就此终止。没被批准的原因是什么？待会儿看看克鲁给出的解释。

再看克鲁试图进一步提高电镜分辨率的另一条战线，球差校正。前面说过克鲁回到芝加哥大学后建了三套扫描透射电镜，其中有一台是100千伏电子加速电压的，这台电镜实际上就是为了开发球差校正器而建的。克鲁本人是粒子加速器行家，而粒子加速器中也会用到多极电磁透镜，所以他对于电磁透镜及其像差并不陌生。而且在此之前英国剑桥学派已经积累了20多年的球差校正研发经验，尽管没能最终成功，但克鲁从中借鉴了不少经验。他直接从剑桥的四极－八极组合透镜球差校正器的设计入手，在技术上和理论上都有进展。继而又借鉴粒子加速器的设计经验，设计了六极校正器和镜像校正器等。然而由于上一节中所说的种种客观原因，总之是时机未到，最终没能有所突破，所以也没能获得科研资金的持续支持，惜败。后来克里法奈在扫描透射电镜上成功实现像差校正已是自那时起27年之后的事了，克鲁已经退休，最终没能参与球差校正器问世的飨宴。

好了，看样子克鲁在20世纪70年代后期是相当的不走运，两个进一步提高扫描透射电镜分辨率的项目相继无果而终。原因都是同样的，科研经费中断。这个打击估计是很大的，克鲁对此相当的不解、不满、不服气，且看他后来牢骚满腹回忆当时经费中断的原因："我已经几次提到经费方面出现的问题但现在还想再说几句。首先我必须感谢美国能源部以及一些前辈在我们前些年的工作中给予的慷慨支持，但是后来我们遭遇到的困境是，没有一家美国政府的科研基金机构愿意资助纯粹的仪器开发。所有的机构都坚持认为任何仪器开发项目都必须有其特定的应用目的，普适的开发目标是不会被接受的。如果只说进一步提高分辨率总有它的价值并且自必有用，那种陈述不会被基金会接受。如果采用这个标准，伽利略就永远都别想获得资助，他在用望远镜观察到木星的卫星之前对那些行星一无所知。同样地，在生物学中有着非常重要发现、观察到细胞的胡克在他看到细胞之前也根本不知道它们的存在。当然新仪器开发以前必须要先明确其用途也不是不可以，至少听起来是合理的，但那样做存在一些问题。问题之一就是评审人员的专业知识背景。就我的经历来讲，我们的申请书都是由搞生物的人来评审的，他们一般来说都不是电镜设计方面的专家，也不会解二阶微分方程。事实上，我的两个很好的项目申请都是因为评审组里的一位评审员给出了负面评价而被拒的，这位评审人员总是这样说：我对这个领域不了解，但是……然后他的评语就证明他真的是不了解。这算哪门子的'同行'评审！"

克鲁发的这段牢骚显然带有一点情绪化，但说的也有一定的道理，所反映的也是实际情况。搞设备研发如果先有了应用定位，申请书就可能会被指定给该应用领域的专家进行评审。但这些专家肯定又不太懂仪器设计等专业知识，再碰上有些不懂装懂的，评审意见书文不对题的情况在所难免。但反过来说，从政府科研基金会的角度来说，也很难做到还不知道你要开发的这个东西有什么用就直接给钱，因为不仅风险性太大而且难保公平，毕竟这是纳税人的钱，花起来得有道理。所以这是个两难的局面。当然，也不是没有办法，一个可能的办法就是找私人或半私人基金会，就像 H. 罗斯他们当初做的那样。话说回来，尽管克鲁进一步逼近 1 埃分辨率的努力未克功成，但他因为开发现代扫描透射电镜和使人类首次获得单原子成像所竖立的丰碑以及球差校正方面的早期工作都在被世人怀念，他也因此被誉为“现代扫描透射电镜之父”。

自克鲁等人 20 世纪 70 年代在扫描透射电镜的设计方面取得突破性进步之后，扫描透射电镜逐渐成为电子显微学领域的又一新工具。专用的扫描透射电镜设备开始商业化，最早的英国 Vacuum Generators 公司（简称 VG）生产的的 HB 系列在当时最为有名。从名字就知道这家公司擅长真空装置，尤其精于超高真空技术。1970 年克鲁的冷场发射枪电镜一经曝光于世，就引起了这家真空设备公司的兴趣，立刻于 1971 年投入到专用扫描透射电镜生产领域。由于其超高真空技术功底深厚，当时生产出的 HB 系列电镜产品首先在英国打开了市场，然后又发展到美国及全球，在总共卖了大约 70 台后，1996 年停产。现在生产销售专用扫描透射电镜的只有两家公司，即日本的日立公司（HD 系列）和美国的 NION 公司。

有关环形暗场非相干成像原理也有许多人开始研究，例如恩格尔（A. Engel）等人在 1974 年从理论上证明环形暗场像中像点的衬度不会像一般透射电镜那样因改变物镜焦距或样品厚度而发生像点由黑变白 ( 或反之 ) 的衬度反转 [91]。更有意义的是，如果只利用高角散射电子成像，则每个像点的强度正比于 $Z$ 的平方，$Z$ 是样品中被扫描原子在元素周期表中的原子序数。这样就使得这种高角环形暗场像具备了一个奇妙的特点，即显微像上的每一个亮点不仅仅反映了原子的位置所在，而且也包含了该原子的化学信息。如果结构中有不同的原子，则原子序数较大的原子给出的像强度高于原子序数小的原子之像强度。因此理论上讲，使用这种环形暗场扫描透射成像技术不但比一般透射电镜更易获得超高分辨率，而且可同时获知像中原子的化学信息。正因为这种像点强度与原子序数 $Z$ 的正比关系，这种显微像现在也被普遍称为 $Z$ 衬度像（图 7-12）。

要实现真正的 $Z$ 衬度，样品下方的环形电子探测器的内环半径必须足够大，这一点是剑桥大学的豪威首先意识到并倡导的。咱们前面讲到过 1970 年豪威曾参加克鲁主办的研讨会，在听了克鲁的一系列讲座后，豪威对克鲁的远见深表赞同。在此之前，剑桥派一直都是在透射电镜上下功夫，关注的是衍射像衬度。豪威受了克鲁研讨会的启发，决定在剑桥大学推动逐点扫描式成像及同步化学分析。改弦更张对卡文迪什这类老牌实验室殊非易事，但豪威极力推动，使之逐渐转舵，现在的剑桥派已经基本是以扫描透射电子显微术为主要研究方向了。而豪威本人更是提出了在这个领域工作的人们熟知的高角环形暗场像（High-Angle Annular Dark-Field Image，简称 HAADF 像，又称 $Z$ 衬度像）。他在克鲁的环形暗场扫描透射成像技术基础上，进一步建议采用具有大直径中心孔的环形探测器来接收那些高角弹性散射电子用来成像，可以避免一些来自于晶体周围支持物等的非弹性散射电子的干扰[92]。这种高角环形探测器就成为日后扫描透射电镜突破原子分辨率晶格成像难关的必备因素。

其实，在 20 世纪 70 年代，一度曾有人怀疑扫描透射电镜尽管如克鲁所做的那样可以被用来进行单原子成像，但这种非相干成像可能永远也不能在晶体样品上取得原子分辨率显微像。不过，在采用了豪威建议的 HAADF 方案后，突破的曙光就来临了。潘尼库克应运而生，成为了第一位撕开突破口的前锋。

潘尼库克 1978 年在英国剑桥大学卡文迪什实验室获得物理学博士学位，他在卡文迪什实验室的工作主要是设计在电镜上使用的阴极荧光探测器。由于要使探测器尽可能接近样品的位置，而样品旁边是物镜，物镜有个中心孔以便让入射电子束通过，所以他就设计了一种环形的探测器来避开物镜的中心孔，这为他后来在环形暗场扫描透射成像方面的建树打下了基础，这又是一个成功来自于积累的例子。

另外，作为卡文迪什实验室的博士生及博士后，他有幸使用了当时 VG 公司根据克鲁等人的设计制造的商业扫描透射电镜 HB5，当时剑桥大学获得的是 VG 公司制造的第二台电镜。由于豪威的推动，剑桥在这台电镜上进行了 HAADF 方面的开发工作。带着这些宝贵经验和先进的知识，潘尼库克 1982 年来到位于美国田纳西州的著名的橡树岭国家实验室加入了电子显微研究组，打算用他从卡文迪什实验室带来的扫描透射电镜最新技术来研究掺杂半导体材料。当时他所使用的扫描透射电镜只能得到 5 纳米直径的电子束，但是仍然初步证明了 HAADF 像衬度对材料化学成分的敏感性，这给了他很大鼓舞。同时他感到如果能进一步缩小电子束斑尺寸，原子分辨率显微像是应该可以得到的。于是橡树岭国家实验室于 1988 年安装了一台 VG 公司制造的全新的 100 千伏 HB501UX 高分辨率扫描透射电镜。

在潘尼库克等人目标明确的努力下，就在这台新扫描透射电镜投入使用的当年，在半导体材料和超导材料上分别拍到了分辨率高达 2.2 埃的原子显

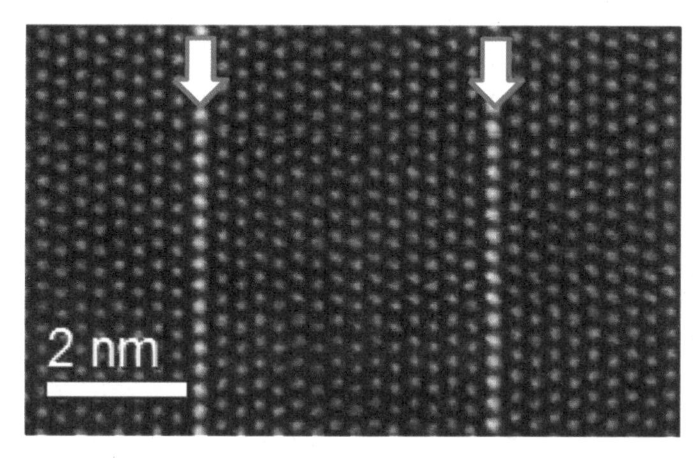


图 7–12

*Z* 衬度像。氧化锌原子点阵中插入氧化铟单层（箭头所指），由于铟原子的原子序数为 49，比锌原子的原子序数 30 大很多，所以氧化铟单层的像强度更高。

微像[93]，与之配套的晶体样品之非相干原子分辨像的理论也很快随之发表[94]。潘尼库克等人的工作也打破了一直以来存在的一个质疑，那就是原子分辨率的非相干成像只能拍照单原子（如克鲁等人所做）但不可能在厚晶体样品上获得的质疑。潘尼库克因为开发高分辨率扫描透射 Z 衬度像技术而获得 1992 年美国材料学会大奖和美国电镜学会的海因里希（Kurt J. Heinrich）奖。

1993 年橡树岭实验室再接再厉引入世界上第一台 300 千伏 VG HB603U 扫描透射电镜，使得点分辨率进一步达到了 1.26 埃。就在同年，芝加哥大学的勃朗宁（Nigile Browning）和潘尼库克合作进一步在新的扫描透射电镜的环形探测器下方加装了一个电子能量损失谱仪（EELS），可以利用穿过环形探测器中空孔的电子束来作 EELS 化学成分分析（图 7-10），成功地取得了与 Z 衬度像同步的原子列到原子列的化学分析能力[95]。2000 年，日本末永和知（Kazu Suenaga）等人利用扫描透射电镜配合 EELS 技术，成功地探测到了埋于纳米碳管中的钆（Gd）原子，使 EELS 的探测率和空间分辨率达到了单原子的水平[96]。

2002 年，扫描透射电镜研究再攀高峰。首先，美国贝尔实验室的沃利斯（Paul M. Voyles）等人在研究半导体硅中锑掺杂的分布时，注意到尽管从理论上讲 Z 衬度像能够将 Z=14 的硅与 Z=51 的锑的像点借助于亮度差别区分出来，但如果在电子束方向的原子柱有硅原子和锑原子混合出现的话，则不能定量判断出硅原子柱中到底有多少个锑掺杂原子。为此他们首先借助于计算机进行 Z 衬度像模拟，发现只有当样品厚度小于 5 纳米时，才能使含有一个锑原子的硅原子柱在 Z 衬度像中的像点比纯硅原子柱所对应的像点亮度高 25%。也就是说，如果样品厚度大于几个纳米的话，用 Z 衬度像方法很难精确分析出锑杂质在硅中的含量。有鉴于此，沃利斯等人舍弃传统的离子减薄制备电镜样品工艺，转而采用化学和机械抛光手段，并设法腐蚀掉样品表面的氧化层。

整个样品制备方法的改革就花了两年时间。然后在一台 200 千伏电镜中用直径小于 2 埃的电子束扫描成像。经过一定的图像处理并与像模拟相结合，最终达到了可以辨别出那些仅含一到两个锑掺杂原子的硅原子柱 [97]。亚利桑那州立大学的著名电子显微学家斯班塞（John Spence）教授把这一区分个别原子的技术称为当时电子显微学领域最新三大热点之一，与像差校正和三维成像技术并列。

2002 年的另一项引人注目的工作是由与美国贝尔实验室齐名的美国 IBM 公司的托马斯·沃森（Thomas J. Watson）研究中心的巴斯坦（Phil E. Baston）等人在《自然》杂志上刊登的文章，题为“通过球差校正电子光学达到小于 1 埃分辨率” [98]。文章的三位作者都是大名鼎鼎的像差校正技术专家，他们的合作能产生超过其他人的结果也就不足为奇了。在这项工作中，研究者们在一台 VG HB501 扫描透射电镜的光路中加装了一个由四极 – 八极电磁透镜组合构成的球差校正器，使得原本在 120 千伏下获得的 1.9 埃点分辨率大幅改善至 0.75 埃。这可是世界上首次在电子显微镜中（这里是扫描透射电镜）不使用超高压或是图像处理的情况下直接产生的、具有小于 1 埃点分辨率的、与晶体结构可直接对应的超高分辨原子像，意义自是非同小可。

文章的第一作者巴斯坦在解释这项超高分辨率最新成果的重要性时说道：“当半导体芯片中的绝缘层是 100 个原子那么厚的时候，有一两个原子偏离了位置可能无所谓。但是现在我们所用的绝缘层只有 20 个原子那么厚，在这种情况下，精确确定每个原子的位置就很重要了。将来我们在芯片中所用的绝缘层厚度可能会只有一个原子那么厚，那时我们更得保证对每一个原子的位置都了如指掌。”形势逼人！电子显微学工作者们还要马不停蹄，不断开拓创新，以配合时代的新要求。事实上，像差校正与扫描透射电镜相结合，充分利用二者本身的超高分辨优势，正成为迈向更高分辨率的主要方向之一。扫描透射电镜的超高分辨率潜力及超细电子束化学分析等优势尤其对于半导体工业界在向纳米电子技术挺进的过程中帮助巨大。因此仅 2001 年一年之中，全球半导体企业就购买了 60 多台扫描透射电镜，可见扫描透射电镜惊人的发展势头及市场潜力。

## 7.4 超高分辨率途径之三：系列变焦重构像

前文提到，1998 年海登等人在德国尤利希研究中心的一台 200 千伏飞利浦 CM200 透射电镜上加装球差校正器后，使该电镜的点分辨率从原有的 2.4 埃大幅改进到 1.4 埃。这虽然是首次借由改装仪器的硬件设备使 200 千伏电镜点分辨率达到 1.5 埃以下，但在利用 200 千伏电镜实现同等分辨率方面却并非首开纪录者。拔得头筹的实际是荷兰飞利浦公司的科内（Wim Coene）等人和比利时安特卫普（Antwerp）大学的狄克（Dirk van Dyck）教授领导的电子显微术小组（科内亦曾是狄克教授的学生）。狄克等人在 1992 年报道了他们利用飞利浦公司在荷兰埃德霍温（Eindhoven）本部研究室的一台 200 千伏 CM20-Super Twin 场发射枪透射电镜所取得的 1.4 埃点分辨率 [99,100]。他们所用的电镜原来的点分辨率为 2.4 埃，与海登等人 1998 年在尤利希研究中心所使用的、加装球差校正器的电镜同属 200 千伏飞利浦 CM 电镜系列，可说是孪生兄弟。两者经改进后所获点分辨率几乎一样。不过与加装球差校正器的硬件技术完全不同的是，科内等人采用的是软件技术，即采用数字处理软件对高分辨像进行信息提炼，去芜存菁，以达到提高分辨率的目的。

前面曾经介绍过，高分辨像的获得乃是经由两步成像过程而得到的。电子束首先透射过样品，出射电子束可互相干涉，再经过物镜后成像。在这一过程中物镜的像差严重妨碍了显微成像分辨率的提高。因此希斯基（P. Schiske）和撒克斯通（W. O. Saxton）分别于 1973 年和 1978 年提出了一种利用电脑数字化像处理来消除透镜像差从而提高分辨率的像重构（Image Reconstruction）概念 [101,102]。像重构的方法示意图见图 7-13，从样品出射后经过物镜聚焦的电子束直接由底片或 CCD 相机记录下来。实际工作中，需要记录一系列欠焦量不同的像。通过电脑的软件处理，可以将记录下来的原子像复原到样品的下表面，即电子出射面，这样就获得从样品的下表面出射的电子波之振幅和相位。有了这些数据，就可以重构出电子在样品中与原子是如何相互作用的，进而得知样品的原子结构，反映在实验结果上就是可重构出原子结构在电子束方向的高分辨率投影像。在电脑将相机记录像按电子光学原理傅里叶变换回复至样品下表面出射电子波的过程中，电脑软件可以按照程序设计消除电子波与物镜传递函数的卷积，所以从数学上排除了物镜像差的干扰。这就是所谓的数码消像差法。这种方法的实现除了需要相应的电脑软件外，CCD 相机照相系统的配备是非常重要的。实验上的关键则是获得系列欠焦像。

我们在本章第一节介绍过，当物镜处于谢雷兹欠焦时（最佳欠焦），可得最好的点分辨率。这时的像是与样品结构直接对应的。这主要是因为这时的物镜的像差虽然使通过物镜的电子波发生相位移动，但是在谢雷兹欠焦下，附加在很多散射电子波上的额外相位移动基本是恒定的 π/2，保证了这批散射电子束相对于直透射电子束的相位差总和为 π，所以多电子束可形成相干成像。本章第一节也已说过相干像反映的是原子排列结构在显微像平面上的

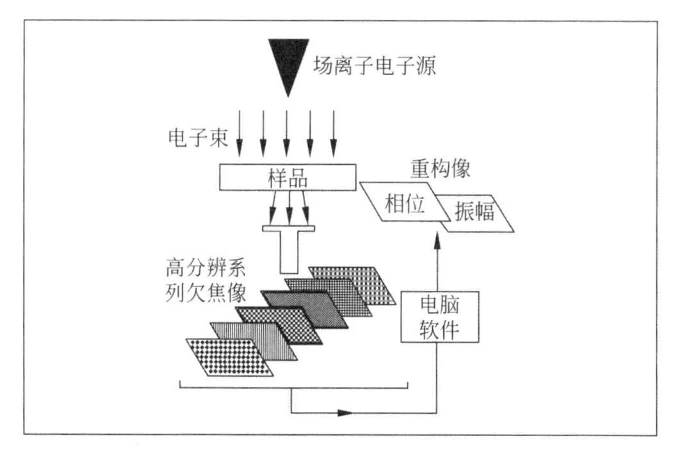


图 7-13

系列变焦像重构方法示意图。在某一个欠焦条件下拍摄显微像后改变电镜的物镜焦距再拍照，最后可得到一系列的显微像，每张像的欠焦值不同但按一定规律变化。经过算法处理可重构出原子结构投影像。

投影，所以显微像与晶体结构有直接对应关系。这种高分辨像因此被认为是可以直接解释的，不需要其他辅助工作。但是如果继续加大欠焦量，物镜的相位传递函数会出现高频振荡，使各散射电子束的综合相移出现大幅差异，造成非相干成像。这种透射电镜的非相干成像与样品结构并无一一对应关系，所以不能用来直接解析物质结构。但是由于物镜传递函数的高频振荡区一直延伸至电镜的极限分辨率（即信息分辨率）所要求的电子波范围，所以这类非相干像中包含了比透射电镜点分辨率好得多的分辨本领。因此，系列变焦重构法实际上就是利用不同欠焦量获取含有不同分辨率信息的显微像，经电脑软件做一番去除像差因素的整合后，最终获得一幅具有超越透射电镜固有点分辨率极限的重构像。这幅重构像虽然不是一蹴而就，但却如同谢雷兹欠焦显微像一样与样品的投影结构是一一对应的，而且分辨率肯定提高了很多。

读者们想来不难发现，这种方法有不需要硬件改装的好处，但随之而来的是软件开发的重要性。进行电子光学像重构的方法大体上分为两类，一类是以撒克斯通在 1978—1980 年间提出的方案为基础，经狄克等人进一步完善的称之为 PAM（Parabolid Method）的方法，有时也称为狄克法。另一类方法由科克兰德（E.J. Kirkland）于 1984 年提出并于 1985 年实验验证了其可行性，称为 MAL 法（Maximum Likelihood Method）[103,104]。两种方法各有千秋。PAM 法所需电脑处理较少，MAL 法精确度高，所以后来的做法是将二者结合起来发展出来 PAM-MAL 计算方法，以 PAM 法做起始粗算，再用 MAL 法做进一步精确计算。1992 年科内等人正是使用了 PAM-MAL 综合法，对高温超导材料 $YBa_2Cu_3O_8$ 进行研究，用 15~20 张在不同欠焦量拍摄的条纹像进行重构，最终在 200 千伏的电镜上获得 1.4 埃点分辨率的高分辨像。

系列变焦像重构法发展超高分辨率的开发工作基本是在荷兰、比利时和德国这个三角区进行的，主要参与者除了荷兰飞利浦公司、比利时安特卫普大学（狄克组）外，还有荷兰代尔夫特大学桑德伯根（Henny W. Zandbergen）教授的电子显微实验室及德国尤利希研究中心的部分协作。欧洲共同体专门为此成立了称为 BRITE-EURAM 的研究计划，由该计划资助的这方面的工作在 1996 年进行了一次总结，主要参与者均撰文登载于 *Ultramicroscopy* 杂志 1996 年 8 月刊第 64 卷上，有兴趣的读者可自行查阅，对于全面了解超高分辨率的概念、方法，特别是系列重构像法的历史、原理以及实验工作都会大有裨益，这里不一一列举。

飞利浦公司的科内在 1990—1993 年不断钻研，并在 1994 年后与尤利希研究中心的图斯特（Andreas Thust）合作开发出以 PAM-MAL 法为基础的飞利浦 Brite-Euram 系列变焦像重构软件[105,106]，并随飞利浦 CM 系列电镜一起销售，使用户可以方便地进行超高分辨率的电子显微研究。使用这套软件并配以一台 300 千伏、固有点分辨率 1.7 埃的飞利浦 CM300FEG/UT 透射电镜，美国劳伦斯伯克利国家实验室在 2001 年成功地将分辨率提升达 50%，一举打破 1 埃的堡垒，在金刚石薄膜中获得 0.89 埃的点分辨率及 0.78 埃的信息分辨率（图 7-14）。

以上我们扼要地介绍了三种最受关注的实现超高分辨率的方法、各自的发展简史以及所达到的分辨率水平。总结起来，使用透射电镜成像和使用扫

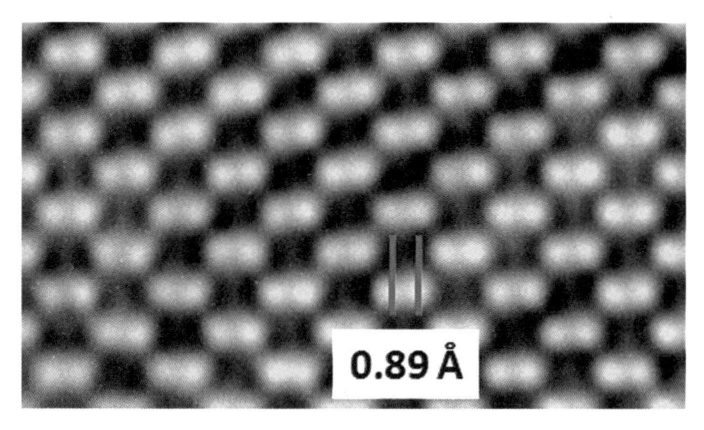


图 7-14

采用非球差校正 300 千伏加速电压透射电镜对 [110] 取向金刚石薄膜进行高分辨成像，使用系列变焦像重构方法获得 0.89 埃的点分辨率。

描透射电镜的 $Z$ 衬度成像现在都可以取得具有小于 1 埃的超高分辨率且与样品结构可以直接对应的高分辨显微像。三种方法各擅胜场。像差校正器可从电镜硬件上直接下手，因而原则上不需图像处理手段就可直接拍摄得超高分辨像。系列欠焦重构法则避免了在硬件改良过程中遇到的加工及调节精度问题，只使用比较便宜的现代常规电镜，就可借电脑进行数字化图像处理而取得超高分辨率。扫描透射电镜则另辟蹊径，使用非相干成像直接提高分辨率。尽管扫描成像模式在成像时需时较长且不方便，但其扫描模式却提供了与成像同步的逐点化学分析功能，也算一绝。

还需指出的是，其实这三种方法也并非孤立，而是可以互相借力，更上一层楼。例如，德国尤利希研究中心微结构研究所主任厄本教授就认为，尽管像差校正器可以有效地消除像差，但成像过程中散射电子束之间的线性干涉带来的假象仍然存在，另外物镜的相位传递函数也因物镜的设计问题而远未能达至最理想，这些遗留问题都可以靠配套系列欠焦重构法加以去除或改进。而对于扫描透射电镜来讲，研究证明在扫描透射电镜上加装像差校正器比在透射电镜上更为容易。我们也已经提到巴斯坦等人在扫描透射电镜上加装球差校正器所取得的突出成果。另外在扫描透射电镜上加装色差校正器，可以使电子束会聚于一个小于 1 埃的范围，对于原子尺度上的化学分析有极诱人的前景。

还有一点需要补充，高分辨电子显微术的发展，很大程度上也得力于计算机像模拟技术的发展。我们在此前一再强调“与样品结构直接对应”的高分辨像（有时称为谢雷兹像），原因在于如果改变欠焦量或样品厚度，我们也可以获得高分辨显微像，且有些像的分辨率远高于谢雷兹点分辨率，但是这些像在理论上被称为不可直接解释像，意思是说我们不能凭这些像而直观地复原出样品的晶体结构。历史上，为了解决这一显微像与晶体结构对应的问题，计算机像模拟技术应运而生。

早在 1929 年，德国原子物理学家贝特（Hans A. Bethe，1967 年诺贝尔物理学奖得主）就曾在《晶体中的电子衍射理论》一文中提到，从数学上讲，多束电子散射矩阵是处理电子与物质相互作用的基础[107]。贝特的理论在数学上固然正确，但要进行经常性的计算非常困难，因此很难用于模拟电子光学中电子穿过晶体后的成像过程。20 世纪 50 年代，澳大利亚学派发展出一套多层法用于像模拟。这一方法是在考利和穆迪（Alex Moodie）等人建立了晶体成像理论之后，进一步由考利和穆迪于 1957 年提出的[108]。相关的计算机计算原理则由古德曼（Peter Goodman）和穆迪在 1974 年发表[109]。

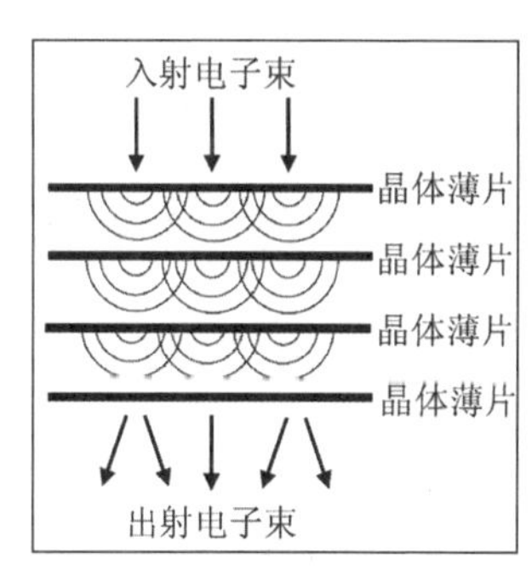


图 7-15

多层法像计算示意图。在计算时，把样品沿垂直于电子入射束方向分割成许多薄片，然后考虑电子束入射到第一个晶体薄片并与物质发生散射，出射的电子再进入下一薄层，这样一层一层计算下去，最后近似计算出多电子束通过全部薄片后总的相干成像。

这一方法简单地说，就是想象把晶体沿垂直于电子入射束方向分割成许多薄片，然后考虑电子束在一个薄层内与物质发生散射。由于是极薄晶体片，所以在数学上可以进行许多简化处理。出射的电子再进入下一薄层。这样一层一层计算下去，最后得到从晶体样品中出射的电子波的相位及振幅。这样就可最终通过计算机来近似计算多电子束的相干成像（图 7-15）。这种多层法像模拟技术目前被应用于大部分流行于世的高分辨电子显微像模拟软件中，考利和穆迪也因此荣获国际晶体学会在 1986 年颁发的第一届埃瓦尔德（Ewald）奖。

计算机模拟这一利器也帮助考利等人在 1960—1970 年发展高分辨电子显微术并在氧化物结构的研究中独占

鳌头，首开原子分辨显微像之先河。当然像模拟还有其他方法，如 1978 年滕本（F. Fujimoto）[110] 和 1982 年卡姆贝（K. Kambe）[111] 提出的布洛赫（Bloch）波高分辨模拟理论等，限于篇幅这里一笔带过。总之，高分辨像模拟方法的发展一直伴随着高分辨像实验技术的进步并为超高分辨率的追求做出了坚实的贡献。当然像模拟技术也还未臻完善，例如模拟像中像点的强度与实验像中像点的强度相差较远，可达三倍之多。显然利用已知结构的晶体来测定并校正像模拟理论仍是必修的功课。

## 7.5 超高分辨率途径之四：电子全息术

除了上面介绍的三个获得超高分辨率的途径之外其实还有很多其他的方法，例如 1948 年匈牙利裔英国物理学家盖博（Dennis Gabor，1900—1979，图 7-16）提出全息术（holography），旨在通过一种特殊的光学成像方式来克服电镜透镜像差对分辨率的限制[112]。第 3 章说过盖博 20 世纪 20 年代在柏林高工攻读博士学位，后来诺尔和鲁斯卡发明电镜实际就是因为接手盖博留下的阴极射线示波器的项目。诺尔和鲁斯卡 1931 年所造出的第一台透射电镜的分辨率其实还不及最好的光学显微镜，但 1933 年鲁斯卡设计制造的第二版电镜已经达到了 50 纳米分辨率，超出了光学显微镜 4 倍之多。光学显微镜分辨率不能进一步提高的原因在第 2 章已经介绍过，想必大家还记得。简单地说就是光学显微镜的分辨极限受制于照射光波的波长。

由于电子显微镜的成像原理与光学显微镜基本相同，所以电镜发明之初大家都挺乐观，认为电镜的分辨率可以一直提高，直到接近电子波长。电子波长是由电子加速电压来决定的。以 200 千伏加速电压为例，电子波长为 0.025 埃。而普通的 200 千伏加速电压的电镜信息分辨率一般在 1 埃左右，这个 1 埃离 0.025 埃还差着 40 倍，为什么电镜可达到的分辨率与电子波长相差这么远呢？原因就是电磁透镜的像差，例如球差、色差等，这一点前文已经屡次提及。所以自透射电镜问世不久，这个问题就一直阻碍着其分辨率的提高，也一直吸引了很多人大动脑筋想克服或绕过透镜的像差。前面讲的提高分辨率的三种途径无不为此而生。而盖博当年也一直在琢磨这件事。

盖博因第二次世界大战期间德国纳粹对犹太人的迫害而离开德国，来到英国后就职于 British Thomson-Houston（简称 BTH）公司。1947 年的复活节期间，盖博得空去打网球。人多需要排队，他就一边排队一边头脑风暴。风暴瞬间触发灵机，产生了一个新点子。正是当时盖博在网球场上激发出来的那个点子使他在退休以后获得了 1971 年的诺贝尔物理学奖。

图 7–16

发明全息术的匈牙利裔英国物理学家盖博。

一开始，盖博称这个方法为波前重构显微术，名字听着生涩，文绉绉的，其实，波就是光波或电子波的那个波。后来又改名为全息术，英文名称为“holography”，此词源于希腊文 holo 和 graphein，合起来有“包含全部信息的照像术”之意。就光学照像而言，所谓全部信息是指光波的振幅（或者说光强度）和相位所携带的来自被照物体的全部信息。为什么要强调“全部信息”这几个字呢？因为我们普通照相也好，电镜照相也好，底片接收的是被照射的物体转来的光波（或电子波，下同）振幅所携带的信息，也就是光的强度变化，在照片上留下像衬度，使眼睛能够分辨被照物体的投影形貌。但仅此而已，这张二维照片是无法完全还原被照原物的。比如说照片显示的是二维像，不含原物的立体信息，为什么会这样呢？那是因为成像过程丢失了光波相位所携带的原物信息。那又为什么照相时相位信息会被丢失呢？

如果各位不想看物理方程的话，简单的文字解释就是，波可以由波函数来描述，波函数的振幅就是光波的振幅，是个实数，而光波的相位在波函数中是个虚数。在相片上得到的像衬度来自于光波的振幅的平方，通常叫做光强度，光强度与相位这个虚数无关。本章第 1 节介绍过弱相位体相干成像，实际上就是利用波的干涉效应把相位信息转化为振幅信息，这样方能被人眼所见到，但这个办法只包含一些特定的电子波，是个特例。所以你去拍个写真集，得到的并非严格意义上的写真，照片上少了从你这里发给相机的光波相位的信息。那么相位信息有什么好处呢？因为从三维物体不同部位传出的光波的相位是有差别的，假如能够有办法把这些光波相位包含的信息也记录到像片里，那么就可以还原物体的三维原貌了。所以说句玩笑话，下次去照相馆拍写真集，记得一定要求全息照相，那才不枉了这“写真”二字。

既然知道了照相时没有记录下来相位信息，有什么办法解决这个问题呢？这是诺贝尔奖级别的问题了。既使不能直接摄下光波的相位信息，但是如果能够用某种办法给光波相位做上记号，相位拍不下来，但记号能够拍下来也行。将来只要凭记号就能识别相位信息了，这是给光波相位加码再解码的一个过程。怎么给光波相位做能够识别的记号呢？盖博的点子就是回答这个问题，还是要利用光的干涉性质，所以要涉及两组光波。从物体传往照相底片的光波我们将它称为物波，另外一个光波用来做记号，称为参照波。参照波不经过任何物体或不受物体影响，而是直接在物波到达底片之前与其相会，两组光波交汇产生光波干涉效应，得到的干涉条纹记录到底片上。干涉条纹的深浅正比于光波强度，干涉条纹之间的间距就是由光波相位决定的。所以记录下来的干涉条纹像储存了光波的振幅和相位两种信息，因此这种干涉条纹像就叫做全息图（hologram），可以理解为含有全部信息的图，也就是上面所说的加码过程。

用我们的眼睛来看全息图其实看不出什么名堂，不过就是一些条纹而已。如果想要还原被拍照的物体，还需要解码，也就是说把振幅和相位信息从全息图中提取出来复原物波的原貌，这个过程称为像重构。解码做起来并不复杂，就是用参照光波从底片的背面反向照射就可以了。这时，参照光与全息图产生衍射效应从而将物波还原出来，你就看到原物的像了，而且这样的像十分逼真，有三维信息。当然，现在是数码时代，早就不用底片了。上述这个加码—解码的过程也可以用数码相机和电脑程序来进行，道理是一样的。下面举个最简单的例子加以进一步说明。如图 7-17(a) 所示，假设物体是个点，物点 $O$，从此物点发出的波为球面波。另外还有一束平面参照波，两波相会发生干涉，干涉图案被记录在底片上，呈现黑白同心圆条纹，这就是物点 $O$ 的全息图，如图 7-17(a) 中的右图所示。图 7-17(b) 所示为像重构过程。使用与（a）中同样的平面参照波照射全息图，参照波遇到全息图而发生衍射，衍

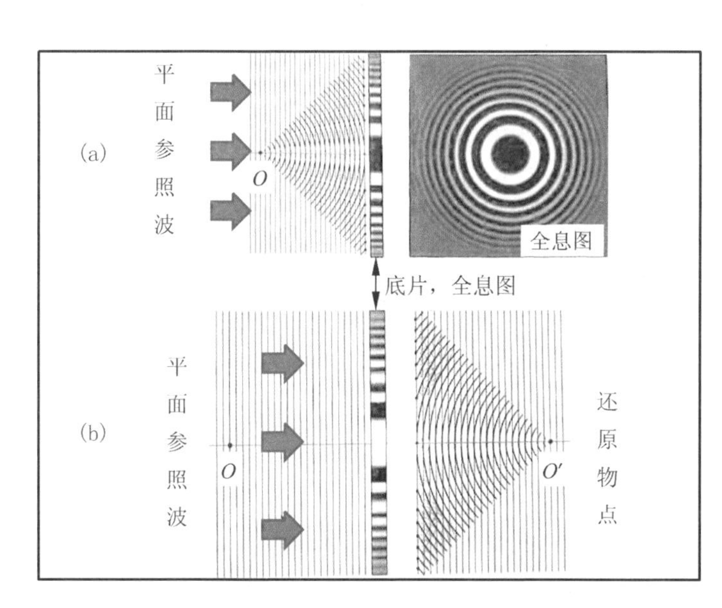


图 7-17

全息照相原理图。（a）从物点 $O$ 发出的球面波在快抵达照相底片时，一束平面参照波与其相会并发生干涉，干涉图案被记录在底片上，呈现黑白同心圆条纹，如（a）中的右图所示，这就是全息图。（b）全息像重构过程。使用与（a）中同样的平面参照波照射全息图，参照波遇到全息图而发生衍射，衍射波最终集于像点 $O'$，这就是物点 $O$ 所成的像。

射波最终集于像点 $O'$，这就是物点 $O$ 所成的像，像重构完成。

盖博排队等着打网球时想到的点子就是这样一种可以同时记录下来光波振幅和相位所携带全部信息并由此重构原物全息像的照相方法。盖博当时发明全息摄影是为了能够找个办法绕开电镜中的透镜像差从而提高分辨率，同时又能够获得所研究物质的全部结构信息。在光学显微镜中可以用凸—凹透镜组合来校正玻璃透镜的球差效应，但电镜中使用的圆形磁透镜只有凸透镜没有凹透镜所以无法仿效光学显微镜的设计。盖博的想法是先利用从样品下表面出射的电子波构成全息图，这样就可以在电镜之外采用光学手段提取全息图中的出射电子波振幅和相位信息，从而复原电镜样品的显微结构。在电镜之外从全息图提取信息和像重构的过程中，还可以人工对像差进行校正，这就绕开了电镜中透镜的球差影响。这项技术的一个关键点是照相过程中所用的那个参照光波必须具有极高的相干性，也就是说光波本身波长和相位唯一且不会仅仅因为在空间传播而产生变化，不然的话这种节外生枝的变化会导致非样品信息被掺入到全息图中，最终的像重构质量必然会受到严重影响甚至会发生错误。

光学全息摄影实际操作中最有效的办法是使用一个高相干性照明光源，然后利用某种分光装置比如说半透明半反光的镜子将光分为两束，一束用于照射样品形成物波，另一束则作为参照波。这类分光装置好办，难办的是要找到相干度极高的光源或电子发射源。那时电镜所用的电子发射源还是很粗的钨灯丝甚至是阴极射线管，电子波相干性自然很差。而盖博测试光学全息所做的实验用的是水银灯光源，其相干长度比后来出现的激光差了百万倍以上。所以尽管“全息术”想法出色，但当时的技术手段还远远跟不上，实现起来有困难。

盖博那时所在的英国 BTH 公司的母公司是英国 AEI（Associated Electrical

Industries）公司，这个 AEI 公司其实是 Metropolitan-Vickers 公司与 BTH 公司合并组成的。Metropolitan-Vickers 公司大家并不陌生，该公司是最早进入透射电镜商业领域的公司之一。AEI 公司成立后，成立了一个研究所，专门从事长期研究项目，电子显微镜肯定是研究项目之一，还制造了新的电镜供研究之用。盖博就提出要去这个研究所进一步研究在电镜上实现电子全息，但 BTH 公司不放行，所以没去成，只得遥控别人在研究所里做这项研究。电子全息概念新颖，当时甚至还吸引到英国政府投资。要知道那时英国政府基本不投资私有公司的科研项目，可见大家对实现全息照相术的期待。可惜干了几年，由于电子光源的相干性太差，虽然取得了一点成果，但却非常不理想。AEI 公司最后得出结论，以当时所具备的光源条件，光学全息很难实现，电子全息更难。基于这种认识，AEI 公司决定停止全息研发项目，政府的热情也随之消逝。盖博也没辙了，离开了 BTH 公司到伦敦帝国理工学院当教授去了，研究兴趣也逐渐转移到了其他方面。

电子全息虽然没有在电镜上立刻取得成功，但 1970 年克鲁在电镜上实现了场发射枪后，场发射电子源的高相干性使得电子全息再燃希望。经过日立公司外村彰（Akira Tonomura，1942—2012）等人的不懈努力，日立公司终于在 1978 年推出历史上第一台场发射枪透射电镜，电子全息最终修得正果。光学全息也是同样的故事，直到 1960 年高相干性的激光出现，才用激光作为光源实现了光学全息术，光学全息术也从此在各类技术和商业领域大放异彩并深入到我们日常生活的方方面面。

虽然电子全息终于取得了成功，但是在电镜上实现的方法与盖博当初提出的方法有所不同。盖博所提出的方法正如图 7-17(a) 所示，物波与参照波传播方向同轴平行。盖博当时提出此法的出发点是希望能够进行单原子成像，而单原子正是很理想的小物点。但是图 7-17(a) 也暴露了这种方法的一个显著缺点，那就是物体尺寸不能太大，否则会影响到同轴传播的参照光波，对最终的全息图造成干扰。另外还有其他技术问题，比如聚焦问题。还有个最大的问题是物—像重叠问题，即 *O* 点和 *O′* 点同轴，像重构时沿轴的方向投影会出现物—像同轴重叠。所以这种物波与参照波传播方向同轴传播并且会出现物—像同轴重叠的全息术被称为 In-Line Holography，可译为同轴全息术。为了克服这些缺点，有聪明人发明了改进的方法称为离轴全息术（Off-Axis Holography），这是美国密歇根大学利思（Emmett Leith）和厄普内克（Juris Upatniek）在 1967 年提出来的。

所谓离轴全息术也是采用物波和参照波相互干涉，但与图 7-17 所示的同轴全息术方法不同的是，从被拍摄物体传出的物波和从离开物体一定距离处发出的参照波在行进过程中彼此有一个夹角，也就是说两支波的传播方向不同轴，这两支波在到达底片或摄影媒介之前一刻相遇并发生干涉形成全息图。这个两波之间的夹角使得图 7-17(b) 所示的同轴全息图中的像点 *O′* 偏离开中间轴，好处是像重构之后避免了物—像同轴重叠的困扰。这个离轴光学全息原理一经实验验证成功，立刻引起了电镜界的注意。

也是 1967 年，日本日立公司的中央研究院在电镜上实现了同轴电子全息，并给出了金纳米颗粒的全息重构像，不过那时候还没有纳米颗粒这种叫法。日立公司电子全息项目主力队员是那时刚从东京大学毕业仅三年的外村彰（Akira Tonomura），他们用的是盖博提出的同轴全息法，这应该是有史以来第一次在电镜上真正实现电子全息，与盖博提出这个方法整整相隔了 20 年。但虽然实现，分辨率却不是很高，还有就是前面说过的同轴电子全息法的缺点，所以这项工作就暂时停顿了下来。紧接着德国蒂宾根大学曼伦斯德（Gottfried Möllenstedt，1912—1997，图 7-18）领导的团队 1968 年在电镜上实现了离轴电子全息术 [113]，因为此法不局限于点状样品而且也比较容易实施，像重构时又没有物—像重叠问题，所以直到现在电子全息的主流用的都是这种方法，有必要在这里简单地介绍一下。

前面刚说过离轴全息需要两束传播方向有一定夹角的光波，但由于电镜的光路包含了很多透镜，比较复杂，不易引入两个电子发射源。曼伦斯德团队因此想出了一个巧招，其中关键是利用到电子是带电粒子会受到电场影响而偏转行进方向这一特点。离轴电子全息的简要原理如图 7-19 所示，由于电子全息利用的是电子的波动性，所以我们这里都使用电子的波动性来描述整个过程。场发射电子枪发出的高度相干电子波一部分未经过样品的被用来作为参照波，图中标号为 1（蓝色），另一部分透射过样品产生物波，图中标号为 2（橘红色）。参照波因为只在电镜镜筒真空中传播，所以保持了其原本特征。但透射过样品的物波由于受到样品内部结构的影响，波的振幅和相位都发生了一定的变化。两束波沿镜筒而下，在接近最底部的底片位置之前要先经过一个产生电场的装置。这个装置中间是一根极细的、直径在微米量级的、表面镀金的玻璃丝或石英丝，这是阳极，阳极丝两边各加一个接地的阴极片，两片互相平行。当给阳极丝加上电压后，就会在阳极丝与两侧的阴极片之间产生方向相反的两个电场。图 7-19 中的参照波经过左边的电场，物波经过右边的电场，两个电子波会因为受到方向相反电场的作用而使各自的传播方向发生方向相反的偏折，总效果就是两波改变传播方向而向中轴方向会聚，最终

图 7-18

德国蒂宾根大学的曼伦斯德，电子全息术先驱。

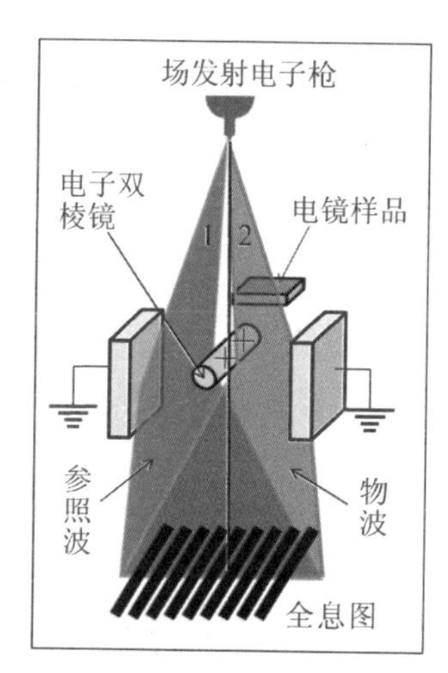

图 7-19

透射电子显微镜中实现离轴电子全息术的简化光路示意图。注意电镜样品位置不在以场发射枪为基准的光路中轴上（图中虚线）。给电子双棱镜加正电压，所产生的电场使物波（橘红色）和参照波（蓝色）向中心轴偏折，两波因此能够相遇并发生干涉产生全息图。

在中央区域相遇发生干涉，在底片上形成黑白相间的干涉条纹图，即电子全息图。

图中的这个电场装置使电子束行进方向发生偏折，效果类似于光学棱镜的折光效应，所以给它起名叫做电子双棱镜（Electron Biprism）。但这里可不能顾名思义，因为其实在电镜上并没有一个真正的双棱镜。曼伦斯德他们能够在获悉离轴光学全息术的发明后几个月内就率先搞成离轴电子全息术，成功的关键又是在于知识的积累。这个电子双棱镜本身就是曼伦斯德在 1955 年发明的，当时他发明了一个电子干涉仪，想用它来偏转电子束进行电子波的干涉实验，里面的关键部分就是这个电子双棱镜。由于那根在中间的阳极丝直径必须很小而且粗细均匀，制作起来相当讲究。曼伦斯德他们一开始没找到恰当的制作方法，就求助于大自然，跑到树丛中逮蜘蛛，用蜘蛛丝来充当阳极丝。可是后来发现蜘蛛每次吐丝粗细都不一样，所以这招不太灵，后来摸索出用拉玻璃丝的方法来制作阳极丝。曼伦斯德有关电子双棱镜的文章刚刚被发表，剑桥大学的惠兰就借用其原理设计过一个最早的能量过滤显微成像装置加装在一台西门子 Elmiskop 1A 透射电镜上了。

曼伦斯德他们的离轴电子全息术一经在电镜上被证实能够实现，立刻引起了日本日立公司外村彰的注意，并且很快就在日立公司自己的电镜上实现了。现在透射电镜有了，电子双棱镜和离轴电子全息可以实现了，最急需的就是高相干电子发射源。在外村彰的带领下，日立团队展开了技术攻关，首要目标就是场发射枪电镜。这一研发项目的开展与后来的成功使得日立公司于 1972 年和 1978 年分别在全球首次推出了场发射枪扫描电镜和场发射枪透射电镜，这些在第 4 章都已经讲过了。在这里重提，是想告诉读者日立公司的这些成功的根源除了研发顶级产品的宗旨外，也是与外村彰的电子全息事业直接相关的。

外村彰出生于1942年的日本广岛市，1945年美国在广岛投下一颗原子弹，能够幸存而且安然无恙的人可不多，外村彰能够幸免于难，其实是因为在扔原子弹的两个月前，3岁的他随家人举家迁离了，多么幸运的一家！东京大学毕业后，外村彰直接受聘于日立公司的中央研究院，开始了他毕生的电子全息征程。外村彰后来一直都是日立公司的王牌研究员，也是日本最有影响力的科学家之一。要说影响力到底有多大，举个例子可以说明。2010年他说服日本政府投资他的宏伟大计，成功获得日本电镜史上最大一笔技术研发单项投资，五千万美元，打造一台全世界最高分辨率的电子全息电镜。五千万美元打造一台电镜，听说过吗？现在买一台最顶级的、武装到牙齿的电镜花费最多六七百万美金。可惜就在打造工程刚刚完工之际，外村彰却于2012年5月去世，仅得年70。出师已捷人亦去，叹！

叹过之后话续前言，日立中央研究院团队在菰田孜（Tsutomu Komoda）的组织下，以外村彰为主的研究人员研发场发射枪电镜刚一开始就遭遇到很大的困难。问题的根本与之前的尝试者例如美国RCA公司所遇到的是一样的，那就是在电镜上实现超高真空度的问题。一开始尝试$10^{-6}$托真空度，场发射电子枪几乎不能工作，后来想方设法提高到$10^{-9}$托，场发射倒是能够实现，但是发射束流极其不稳定。好难啊！大家都挠头。恰逢此时，消息从美国传来，芝加哥大学的克鲁成功制造了冷场发射枪扫描透射电镜并宣告单原子观察成功。一开始好多人都不太相信，场发射枪电镜，单原子成像，太不可思议了吧。其实克鲁等人1970年首次在《科学》杂志上发表的那篇单原子成像的文章中用词还是极为谨慎的[76]，因为这结果确实有点让人觉得不可思议。可是克鲁等人后来陆续发表的数据以无可辩驳的事实证明一切都是真的。由于之前几年外村彰带领的日立团队一直都在研究场发射枪电镜，所以看到克鲁等人的成功之后非常高兴。日立公司马上与克鲁接洽，克鲁也很快接受了日立公司的聘请成为顾问，合力打造场发射枪电镜。有了这个强大的外援，日立公司立刻在工厂启动产品设计项目，使得场发射枪电镜的研发从基础研究进入到产品开发阶段。以日立公司本身已经积累的经验及出色的研发和电镜制造能力，与克鲁合作不出两年，全球首台场发射扫描电镜 HFS-2 就登上市场顶峰。难怪有人说没有日立公司做不出来的东西，就看它想不想做。参与完成大业的外村彰暂时松了一口气，借这个空档，他于 1973 年跑到德国蒂宾根大学曼伦斯德那里充电一年，别忘了曼伦斯德可是最著名的电子光学大师之一。

1974 年返回日本后，外村彰带领一个日立中央研究院的研发团队开始了场发射枪透射电镜的研发。首先是为了日立公司的产品，场发射枪扫描电镜有了，下面肯定顺理成章得继续开发场发射枪透射电镜。其次，也为了更好地实现外村彰的梦想——电子全息。这一干就又是 4 年。外村彰原来没想到会花这么长时间，他觉得场发射枪的扫描电镜版已经做出来了，透射电镜版也就快了吧，更何况早在 1972 年外村彰等人就已经试制过 50 千伏的场发射枪透射电镜。没想到事情远没有预期的那么简单，扫描电镜是要将电子束会聚成一点聚焦在样品表面上进行扫描，冷场发射枪的尖端部分本身就很细，直径小于 10 纳米，从这么细的尖端发出的电子束直径很小，所以在样品表面获得几个埃量级的束斑直径还不是个太困难的事。但透射电镜则不同，要的是扩散的平行电子束，要将原本很细的电子束扩展开，还要保证扩展电子束的每单位面积能有足够的电子数用于成像，这就要求电子发射枪本身有极高的亮度。另外，扫描电镜使用的电压只有几十千伏，但透射电镜需要至少 80~100 千伏或以上才好用，这也需要对电子枪进行相应的调整。

几经周折，花了两年的时间，外村彰团队在 1976 年造出了一台 80 千伏的场发射枪透射电镜样机，所有的设计都经过了精心的考虑和推敲，但最终的结果还是不理想。电子束的相干程度总是不够高，而且不稳定，会抖动。

那时候真是压力山大！外村彰明白，公司已经给了自己很大的财务和人力资源上的支持，如果再干两年还是不能成功，估计也就难以继续了。他们加快脚步，白天黑夜不休息。

那时最大的困扰是，尽管他们尽了最大的努力，逐项排除了所有可能造成干扰的因素，电子束斑还是不稳定，肉眼都可以看见束斑在荧光屏上抖动。最后，他想起一件事，派人爬上研究院的一座十二层大楼的楼顶，观察远处火车站的火车进出情况并通过电话向电镜室汇报，这边电镜室的人盯着电镜看，终于发现当晚上最后一班火车离站后电子束就稳定下来了，第二天一早第一班火车一进站，束斑就又开始抖动。原因终于找到了，解决的办法就好想了。就这么着又苦干了两年，可真算得“为伊消得人憔悴”了。

而“灯火阑珊”这一天就这么突然地来到了。1977 年接近年尾的时候，一位助手把新拍照的电子全息图底片拿给外村彰看。以前照的全息图由于电子束相干性差，全息图中的每根条纹一般都足有 20 微米粗，一张底片的面积上最多也就能挤下 300 根条纹左右，肉眼都能看到。可这一次拿来的底片上什么也看不到，这是怎么回事？当外村彰把底片对着荧光灯看时，神奇的现象出现了。透过底片可以看到一只荧光灯变成三只了，这是条纹光栅的作用，说明底片上有东西，但是条纹太细了，连用手持的放大镜都看不到。最后实在不行就拿到光学显微镜上看，好家伙，密密麻麻的，足有 3000 多根条纹，每条只有 7 微米粗细。这说明他们这次所得到的电子束比起以前的在亮度上至少提高了 100 倍，而且稳定性奇好。像重构的结果得到的电子全息显微像质量之高，首次可与透射电镜显微像直接媲美。

终于，史上第一台好用的场发射枪电子全息透射电镜就这样在 1978 年诞生了，而且盖博的电子全息设想在外村彰和他的日立公司同事们几年的艰苦努力下终于取得圆满成功。在这台 80 千伏场发射枪透射电镜的基础之上，日立公司 1978 年研制成功 125 千伏场发射枪透射电镜产品 HU-12A，在电子显微学和电镜产品领域再创辉煌。图 7-20 为外村彰与他的日立场发射枪电子全息透射电镜合影。论功行赏，外村彰的团队当然是首功一件，但是日立公司所给予他们的、长达数年的巨大财务、人力和资源的支持也是功不可没。若非如此，不仅我们大家都要晚好几年才能用上场发射枪透射电镜，而且盖博也将死不瞑目。盖博是 1979 年去世的，瞧瞧这个巧劲儿。外村彰后来自己回忆说："日立公司管理层一直都崇尚科学研究，甚至是基础科学研究。创始人小平浪平先生 1942 年亲自设立日立中央研究院，据说他非常希望有朝一日日立公司能够有人获得诺贝尔奖。"日立公司历任总裁里有好几位都曾是中央研究院的研究员，可见日立公司对于基础科研的重视程度之高。

1978 年场发射枪电子全息透射电镜研制成功使得外村彰的团队逐渐将工作重心转向对电子全息技术本身及其应用的探索。从那时起直到 2012 年去世的 34 年间，外村彰在这条道路上的奋斗和前进从未停止，做出了多项世界顶尖级成果，曾经获得多次大奖和数次诺贝尔奖提名。这里只大致介绍他的其中一项著名成果。不过先别着急，说成果之前还得先交代一件事，因为电子全息术后来的应用发展与此密切相关。

电子全息最终在电镜上是实现了，但并没有像盖博 1947 年提出此方法时所期望的那样取得单原子分辨率。问题不在于透镜像差，而是其他原因。比如说全息图的条纹像衬度还是不够高，需要更亮的电子发射源才能解决这个问题；还有样品厚度带来的影响。另外尽管对全息图进行重构的过程中可以人为校正像差，但所需考虑的参数之多使得整个计算过程十分繁复。现在有了球差校正器，电子全息加上球差校正器使得计算过程有了更好的起点。目前日立公司、德国和法国的一些大学都已经在这方面开展工作，有望得到超高分辨率的电子全息图。不过提高分辨率只是电子全息的一个方面，电子全息还有另一个独有的应用价值，那就是它可以给出纳米级或更高分辨率的电场或磁场的分布图，这是使用任何其他电镜技术都做不到的。所以在过去几十年里电子全息应用的主要方向就是研究那些内部有电场或磁场分布的样品。外村彰的 A-B 效应验证工作正是这样一个经典的例子。

A-B 效应的发现是量子力学发展过程中的大事之一。之所以这么说是因为这个效应如同量子力学的很多其他发现一样出人意料，而且一开始只有理论预测但很难实验证实。A-B 是个缩写，全称是阿哈罗诺夫 – 玻姆效应，理论预言由英国布里斯托尔（Bristol）大学的阿哈罗诺夫（Yakir Aharonov）和玻姆（David J. Bohm）在 1959 年共同作出。A-B 效应预言了什么东西那么值得大惊小怪呢？这个预言其实涉及很多最基本的物理问题，同时也是经典物理学所无法解释的。简单地说，A-B 效应预言了带电荷粒子在经过一个电场或者磁场附近时，即使所经之处完全没有电场或磁场的任何分布，即电或磁矢量为零，但带电粒子还是会受到这个电场或磁场的影响。如果从经典的电磁学理论看，带电粒子经过电场或磁场内部时肯定会受到一个力的影响，比如说磁场对运动电荷产生的洛仑兹力。但如果这个带电荷粒子不在这个电场或磁场的分布范围内，则应该不会受到任何影响。A-B 效应的预言超越了这个经典

图 7–20

世界级电子全息术名家、日本日立公司电子显微学家外村彰和日立公司根据他的发明专门为他打造的最先进电子全息透射电镜。

物理的认识，从理论上预测带电荷粒子仍然会受到影响。阿哈罗诺夫和玻姆对此的解释是，实际上还存在着一个物理势，称为矢量势，它应该是量子力学的基本量之一，是矢量势对带电荷粒子产生影响而不是电场或磁场本身。A-B 效应一经提出，在物理界引起了很大争论，甚至有人公开强烈质疑，比如说，认为这个所谓的矢量势无非只是为了数学处理方便而设立的，并没有物理意义，所以不是真实的“物理势”。论战在理论物理界甚为激烈，每年都有超过 50 篇文章发表，各说其理。由于看似违反常理并且涉及基本物理量的定位问题，英国《新科学家》杂志曾将其列为量子世界的七大奇观之一。

很多人开始想方设法做实验来证实或证非 A-B 效应，关键点是必须完全彻底地屏蔽电场或磁场后再让带电粒子从场的旁边经过，看看粒子有没有受影响。比如可以利用带电粒子的波动性，看粒子波的振幅或相位是否有改变。有些实验似乎证明 A-B 效应的确存在，但是却无法干净地排除电、磁场泄漏的可能性，所以无法说服反对派。外村彰的团队挟场发射枪电子全息透射电镜研发成功之威，也从 1980 年开始参与进这场争论的实验裁决，想利用电子全息可以得到波的全部信息这一特点，在电镜上验证 A-B 效应。过程进行得十分不易，反复改进实验设计，一共进行了六年之久。

实验设计的基本设想如图 7-21 所示，使用离轴电子全息术，但是在如图 7-19 所示的光路中，在电子双棱镜阳极丝的下面平行于它装了一个很长的导电直线圈。学过物理的人都知道，如果给一个导电线圈通上电流，会在线圈的中空区域产生一个磁场，但线圈外部却没有磁场，线圈两头开口处是有磁场的，但如果线圈的长度与电子束的尺寸相比近似于无穷大的话，处于无限远处的线圈开口处的磁场是不会有影响的。另外在这个实验中不需要样品，当从电子枪发射的电子波顺流而下到达电子双棱镜区域时就会如图 7-19 和图 7-21 所示地兵分两路，一路走电子双棱镜左边，一路走右边。当然这左、右两路电子波也都会从电子双棱镜下方的通电螺线圈外部经过。注意，因为本实验中没有样品，所以这左、右两路电子波应该是一模一样的，即电子波的振幅和位相都一样。如果一直保持这种一样的状态，两路电子波最后被电子双棱镜偏转后发生干涉在底片上留下的应该是等间距的黑白相间直条纹。但是，A-B 效应却预言这左、右两束电子波各自经过通电螺线圈外部时肯定会受到影响。虽然只在线圈内部有磁场，外部没有，但线圈外部却存在一个环绕线圈的矢量势，当电子波遇上这个矢量势时相位就会被改变。更由于这是一个环绕线圈的矢量势，所以左、右电子波所遭遇的矢量势的方向是相反的，因此左、右电子波的波相位改变是不一样的，这就形成了一个相位差（图 7-21）。根据 A-B 效应理论，这个相位差与螺线圈内部的磁场强度成正比，所以可以通过调节螺线圈的电流改变螺线圈中空芯区的磁场强度从而进一步达到调节左、右两电子波的相位差的目的。注意，关键就在这。如果 A-B 效应不存在，那么无论怎样调节通过螺线圈的电流，最后记录下来的干涉条纹图案都是一样的，就是等间距的直条纹，不会改变。反之，如果真有 A-B 效应，那么其所预言的左、右电子波的位相差就会在拍摄下来的电子相干图上显示

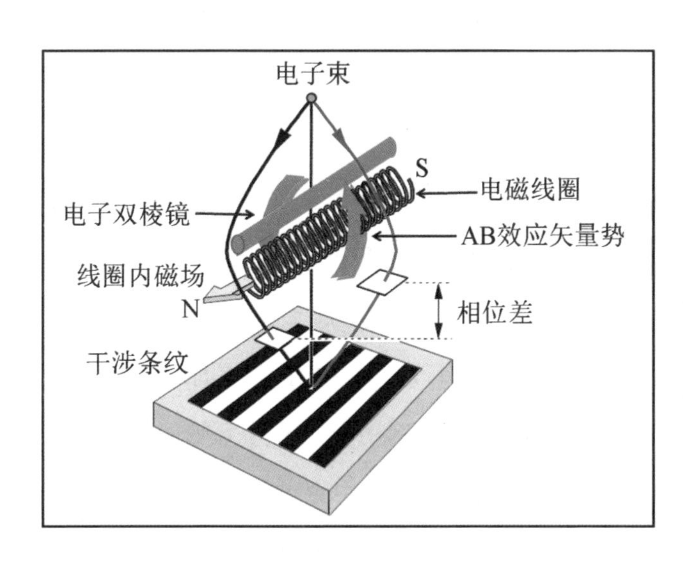


图 7-21

外村彰等人设计的、用来验证 A-B 效应的电子全息实验计划示意图。电磁线圈通电后中空芯区内产生磁场，外部却没有磁场。但如果真存在环绕线圈的矢量势（红色箭头），从线圈外部两侧经过的电子束（黑线、红线）所形成的干涉条纹图案会受影响。

出来，也就是说相干图的局部区域会产生条纹位置的错动，看起来像是条纹产生了弯曲，不再是直条纹。特别是当两电子波相位差为最大值 π 时，条纹的局部错动应该最为明显。

希望上面的简述能够使读者对于外村彰设想的验证 A-B 效应的实验方案有所了解。这个方案真的很漂亮，也是绝对可行的，但关键是如何避免前人实验结果所遭受的质疑，即怎样保证电子波所经之处确实完全没有泄漏出来的电磁场。还有个困难就是怎样制造那么小的线圈，线圈直径只有几个微米，看来只能用光刻（lithography）的办法。总之，预料这项工作的难度会是相当大，肯定需要调动日立公司的很多资源来支持。所以外村彰一开始时有点犹豫，考虑再三，最后决定写封信给当时在这方面有很多前期理论工作并一直活跃在此领域的美国普林斯顿大学的诺贝尔物理学奖得主杨振宁教授，咨询一下花大力气验证 A-B 效应在物理上是否很值得、很重要。

一个月后，从东京大学打来一个神秘电话找外村彰，接听之下当真是喜出望外，居然正是杨振宁亲自打来的。电话另一头的杨振宁告诉外村彰他刚刚到日本，希望能够拜访外村彰的实验室，同时探讨 A-B 效应的实验验证计划。完全可以想象杨振宁到访日立公司的中央研究院给予了外村彰及其团队怎样的鼓励，更给了日立公司极大的信心。外村彰深为杨振宁对物理的热情所感动，也十分敬佩他能够把复杂的物理问题用简单明白的方式给日立公司的这些外行们解释得清清楚楚。外村彰一直都认为后来他们开展的这项工作长达六年之久才获得完全成功，日立公司能够保障长时间全力支持与杨振宁的到访和鼓励有着直接的关系。自那时起两个人建立起了永远的友谊。

第一期实验实际开展后对实验设计稍有改变，采用的不是原先想好的微小直线圈而是换了一个比较容易制作的中间有个小孔的微小环形磁铁，形状类似中间有圆孔的古钱。道理是一样的，从内孔中穿过的电子波和从环外经过的电子波之间应该会产生一个相位差。实验结果出来了，电子干涉图确实显示了 A-B 效应的存在。但写出文章后投稿至美国的《物理评论快报》（*Physical Review Letter*）第一轮评审后却遭到否决，原因是编辑找了两位评审人，估计各占一派，结果评审报告一个是极尽夸赞，一个是严厉否决。经过反复与编辑沟通，最终还是获得刊登。这下在日本学界引起小轰动，还上了报纸。这对于外村彰和他的团队有着强烈的鼓舞作用，所以外村彰团队后来的很多好文章都是投稿到这个杂志发表的。

外村彰本以为万事大吉，20 年的争论就此打住，不料很快就有反对者提出质疑。有人在意大利的杂志上发表文章认为外村彰他们的这个实验根本就没有证明 A-B 效应的存在，挑的毛病还是老一套，你怎么证明电子束打在环形磁铁上就完全不会受到可能泄漏的磁场的影响呢？外村彰本想发篇文章反驳一下，但转念又一想还是用实验结果来说话比较好，得改进实验设计，必须让所有的人心服口服。恰好 1983 年的国际量子力学研讨会在日立公司的中央研究院举行，其间好友杨振宁教授给外村彰提了一个建议。如果把环形线圈用超导材料给裹起来的话，因为第 I 类超导材料（一般是金属材料）在超导状态时是完全抗磁的，即所谓的迈斯纳效应，能产生磁悬浮，会把环形磁铁中的磁场完完全全包个严实，肯定不会有任何外泄，这样就可以保证电子束经过磁铁外部时完全不受磁铁内部磁场的影响。外村彰认为杨振宁的这个建议很好，于是进入第二期实验的准备工作。

这回制造环形磁铁外包超导壳的难度就更大了，关键是这玩意儿太小了，外环直径不到 10 微米，内环直径两微米左右。包层选用的是铌金属材料，在磁铁上铺上 0.3 微米厚的一层。因为要把温度降到零下 268 摄氏度才能使铌金属包层转变成超导态，所以还需要设计液氦降温装置。在铌金属包层外边还要镀上一层金起到导电作用，以保证不会有静电荷积累而影响验证工作。所有这些最终都要装到电镜上，还不能引起任何影响，比如说震动。他们又苦干了4年，克服了重重困难，终于圆满成功。1986年，外村彰等人再次发表文章，以无可辩驳的实验设计和漂亮到堪称经典的电子干涉图证明了A-B效应不仅存在，而且理论上的预言与实验结果简直是分毫不差（图7-22）。当然，这回文章还是发表在美国《物理评论快报》上[114]，建议感兴趣的读者读一下这篇经典之作，尽情欣赏物理之美。

除了A-B效应的验证，外村彰和他的日立团队还在电子全息应用方面有很多其他漂亮的战绩，例如巧妙地实时显示电子的波粒二象性，以及1986年高温超导体（一般为陶瓷氧化物）问世后他们用了三年的时间终于在电镜中成功运用电子全息术拍照到这种第Ⅱ类超导材料中形成的磁通格子及其在磁场变化作用下产生的运动[69]，个个都是经典而又轰动一时的工作。应该说明的是，在电子全息的应用方面世界范围内顶级专家寥寥，与外村彰齐名的大概就算是德国的利希特（Hannes Lichte）了，他是蒂宾根大学曼伦斯德的学生，曼伦斯德退休后，就由利希特继承衣钵，一直活跃于电子全息领域数十年。电子全息的技术发展方面也一直都在推陈出新，前面说过的那位澳大利亚学派的领头人、美国亚利桑那大学的考利教授去世前就非常重视电子全息术的潜力并致力于这方面的理论研究。目前电子全息术的实验方法已经从当初盖博所建议的一种发展到二十余种，读者可参阅考利的总结文章[115]，以及 *Ultramicroscopy* 杂志1996年8月专刊第64卷。其他各种可能获取超高分辨率的方法亦可见考利撰写并发表于章效锋和张泽编著的 *Progress in Transmission Electron Microscopy* 中第1卷第2章的总结文章[116]，以及斯班塞的回顾文章[117]。

## 7.6 本章结语

算上本章及前面四章，我们一共用了五章的篇幅对电子显微镜的诞生、结构、工作原理、高超的分辨率以及贡献卓著的大师们相继作了介绍，看起来不论是在分辨率还是在化学分析方面电子显微镜都有明显独到之处。特别是原子结构的直接观察并伴之以电子衍射和能谱分析更是堪称一绝，在仪器设备及技术领域罕有对手。既然电子显微镜身怀如此绝技，长缨在手的它想来必能力缚苍龙，立下很多特殊功勋吧。如果你现在正是这么想的，就请继续阅读下一章，看看火眼金睛的电子显微镜到底帮助我们揭示了什么前所未见的秘密。

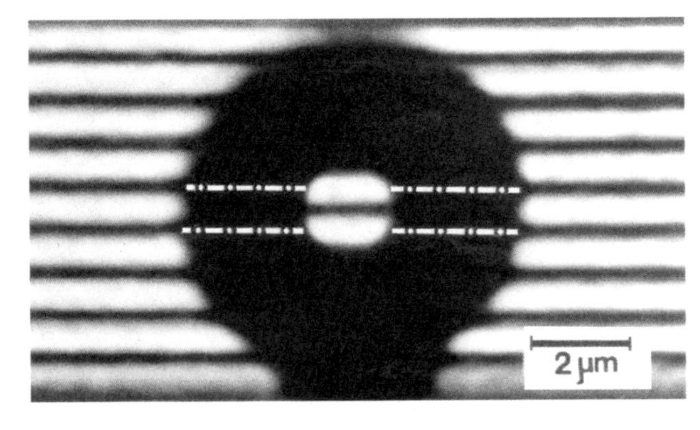


图7–22

外村彰等人所得电子全息干涉条纹图，黑色环形衬度来自环形磁铁。可见环形中心处（有磁场）的黑色水平条纹与环形外部（无磁场）的黑色水平条纹之间存在一个错动，这是由A–B效应引起的。图片取自外村彰代表日立公司所做的会议报告。

# 今日长缨在手
## 屡立奇功的电子显微镜

1955年10月，惠兰和杭内开始用新的电子显微镜对铝箔进行研究，观察到了一些在亚晶界附近的短线并猜测这些应该就是位错，因为这些线之间的距离与理论计算相符合。为了慎重起见，1956年5月3日，他们又重复了同一实验，这次他们使用了高分辨成像模式，并且抽去双聚光镜中的一个聚光镜光阑，好让更强电子束照射样品以使样品温度上升。温度的上升导致了这些短线发生移动，并且正如位错理论预期的那样是沿着铝箔的{111}面移动。这下，他们终于肯定这些短线所显示的正是“众里寻他千百度”的位错。

电子显微镜自1931年诞生至今已经大半个世纪，除了前面所介绍的理论、设计及功能方面的突飞猛进之外，在应用方面更可说是迭创佳绩，屡立奇功。要想全面叙述电子显微术应用的方方面面，可真有蜀道之难的感觉。在这里我们仅挑选几个典型的例子，来重现昔日完全靠电子显微镜而铸就的辉煌发现。让我们且按时间顺序一一道来。

## 8.1 看不见的病毒

电子显微镜的发明之初，人们对这个新式显微镜普遍寄予了三大厚望：清晰的成像，良好的像衬度和高分辨率，以及对活体的观察。这三大目标也曾经是光学显微术发展的动力。对于成像高分辨率的不懈追求，读者想必已从上一章获得了大体上的了解。而就活体观察而言，其实就是光学显微术对生物的研究在更高分辨率上的延续。这就不能不提到人类对于光学显微镜观察不到的病毒的艰苦查缉。

话说在18世纪，天花是一种可怕的致死传染病。其传播的广泛程度和预防及医治上的无能为力有点像现在的癌症。尤其是天花的主要攻击对象是婴儿和幼童，所以人们对这种传染病真是谈虎色变。幸好，一位世纪的宠儿和医学上的奇人凭借他近乎疯狂的大胆尝试和非凡的好运，竟然意外地发现了天花的死敌——牛痘，从而成功地铲除了天花传染病毒对人类的威胁，同时也开启了“病毒”这个潘多拉盒子。

詹纳医生（Edward Jenner，1749—1823，英国）就是上面所说的人类医学史上的奇人。他在伦敦接受医学教育后干了一阵子军医，转业后回乡在英国西部的格罗斯特（Gloucestershire）郡当了一名乡村医生，并逐渐开始对如何防治天花进行研究。那时候没有任何人知道天花是如何传染的，更谈不上预防。詹纳记得做学徒时曾听说一位挤牛奶的姑娘因感染过牛痘而幸免于天花之难，他决定在这方面试上一试。

牛痘源于奶牛乳房上的病患区，具有高度的传染性，可引起发烧、呕吐和皮肤化脓。詹纳当然知道牛痘的厉害，当1796年天花又卷土重来开始肆虐英国农村地区的时候，看到疫情严重，詹纳医生决定放手一搏。他的胆子也着实大得惊人，竟然决定在他的长子身上冒险做实验。他比照传说中的故事，先让他的儿子感染上牛痘，几天之后，再给儿子接种天花病源。说他胆子大，是因为从现代医学的角度看，在没有足够的研究基础和把握的情况下用人体直接进行致死性传染疾病研究的做法可算是极端鲁莽和不负责任的。但疫情形势严峻，情急之下冒险一试也情有可原。说他幸运，是因为他居然一战成功。他的儿子并未染上天花，而且从此对天花免疫。受初次实验成功的鼓舞，詹纳医生胆子更大，又使另外一个不是自家的小男孩同时感染上牛痘和天花这两种高度传染的病源物质，小男孩在经过了短短一段时间后康复如初。为了验证小男孩对天花的免疫能力，詹纳又一次给小男孩感染上天花病源，小男孩真的安然无恙，没有任何不适症状。这下詹纳完全肯定了他给人体接种牛痘的方法可以使人对天花产生彻底的免疫。虽然詹纳本人以及当时所有的人都不明白这其中的奥妙何在，但是奇迹就这样诞生了。詹纳，一个乡村医生，在1796年5月14日发明了人类历史上第一种疫苗。

在又做了很多其他的实验之后，詹纳医生把结果总结起来发表了一篇标题很长的文章：An inquiry into the causes and effects of the variolae vaccineae, a disease discovered in some of the western conties of England, particularly Gloucestershire, and known by the name of the cowpox by Edward Jenner, M.D.F.R.S.&C（对于一种被詹纳医生以流传于英国西部一些郡特别是格罗斯特郡的一种疾病命名的牛痘接种效果和原因的研究）。牛痘（或疫苗）接种这一概念就此产生。这篇文章在发表后的两年之间就被译成多种文字在世界上广泛流传，可见防治致命天花传染病在当时是个世界性的挑战和当务之急。

大约 50 年后的 1840 年，英国政府正式决定全面采用牛痘接种的方法来对抗天花而禁止了其他方法。1980 年，世界卫生组织正式宣布天花传染病已经被根除。人类在与病毒性传染病的战斗中打赢了漂亮的一仗，詹纳医生当然是居功至伟。他虽然至死也不知道病毒为何物，在他那个年代也没谁听说过这一概念，但是他的开创性发现揭开了人类有系统地对病毒的追踪和抵抗。就在詹纳医生 1823 年去世的前一年，另一位改变了人类对世界认识的人物诞生了，他就是巴斯德（Louis Pasteur，1822—1895，法国）。

巴斯德是一位法国化学家，也是一位微生物方面的行家。他在细菌方面的卓越研究世人皆知，著名的巴斯德消毒过程对酿酒业及制醋业贡献极大。就在詹纳医生第一次牛痘接种实验的 90 年后，巴斯德采用了同样的方法在预防致命疾病方面同样创造了奇迹。这一次，研究的对象当然不是天花，而是另一种当时很容易致人死命的疾病——狂犬病。与詹纳医生大胆冒进的做法不同，巴斯德先在动物身上进行了大量实验。他发现当一个染病的动物组织将病源传染给另一个动物组织后，新感染的动物组织的毒性和传染力有所下降。巴斯德因此假设如果把经过多次组织与组织之间传染后得到的较弱染病组织当作疫苗植入已被疯狗咬过的人体，应能使人体产生抗体而免于死亡。有了这些实验和分析基础，巴斯德才开始像詹纳医生做过的那样，在一个被疯狗严重咬伤的小男孩身上植入了这种疫苗，那是 1885 年。实验成功了，小男孩安渡险关并对狂犬病产生了免疫力，多么幸运的孩子！虽然踏着詹纳医生的足迹使得巴斯德更为清楚地意识到疫苗与“细菌”之间的关系，但与詹纳医生一样，巴斯德从来没能发现这类极具传染力的“细菌”到底在哪里。

我们现在已经知道这种“细菌”其实并非细菌，而是比细菌小得多的一种细胞寄生物——病毒。例如第 3 章的图 3-9 已经显示了牛痘病毒的直径为大约 0.3 微米。事实上，在调查 1897—1898 年爆发的口蹄疫灾情过程中，德国的莱夫勒（Friedrich Loeffler）和弗罗施（Paul Frosch）已经开始猜测在患病动物的胞囊液体中寄生着一种极微小的感染体，它们可以穿过生物体的细菌过滤网（淋巴）而导致牛和猪感染口蹄疫。所有这些在19世纪后期积累起来的蛛丝马迹的事实，开始让人觉得种种发生在动物和人类身上的传染病都应该与某种小元凶有关。巧合的是，同是在19世纪末期，另一拨人在前赴后继地对一种植物传染病的研究中也得出类似的结论，并使这种小元凶的本质慢慢显露出来。这种植物传染病就是著名的烟草镶嵌疾病。

烟草镶嵌疾病是在19世纪中期发现的，因发病的烟草植物叶子上出现大量镶嵌的斑块而得名。染病的叶子会枯黄坏死，妨碍植物生长，严重时可导致植物大面积死亡。1879年，荷兰瓦赫宁恩（Wageningen）农业试验站主任梅义尔（Adolf Mayer，1843—1942）开始系统地研究这种植物病的原因。实际上烟草镶嵌（Tobacco Mosaic）这一病名就是梅义尔起的。为了找出传染源，梅义尔做了很多实验，包括对健康及患病的植株做化学分析对比、土壤分析，以及温度、光照及施肥等方面的影响，试图找出某种真菌或寄生物元凶。结果他发现从患病植物中榨出的汁液可以将疾病传染给健康植株。这一令人振奋的发现促使他以极大的热情进一步在带毒汁液中仔细搜寻可作为传染源的原生体。可惜的是，经过一系列努力，他最终也没能找到明确的答案，只能根据他的实验结果猜测传染原生体是某种微生物，并进一步认为可能是某种细菌。他的细菌说虽然不准确，但他发起的对烟草镶嵌疾病的系统研究后继有人，并最终为人类破译元凶的努力带来了成功的曙光。

1892年，俄罗斯圣彼得堡的植物学家伊万诺夫斯基（Dmitrii Iwanowski，1864—1920）开始挑战梅义尔的结论。伊万诺夫斯基在实验中使用了一种细菌肯定不能通过的过滤器来过滤从患有烟草镶嵌病的植株中榨取的汁液。结果发现过滤器中并未截留下细菌，而且经过过滤的汁液仍然具有传染性。在排除了过滤器本身存在缺陷的可能性之后，他认为传染元凶很可能是某种隐匿于细菌体内的毒素。尽管还没有很明确的认知，伊万诺夫斯基还是正确地将这种看不见摸不着的元凶区别于当时已知的微生物，算是在概念上向前迈进了一步。

6年以后，荷兰代尔夫特技术学校微生物学教授贝杰林克（Martinus Beijerinck，1851—1931）独立地做了与伊万诺夫斯基做过的类似的实验。他当时并不知道伊万诺夫斯基的实验和结论，因为伊万诺夫斯基的实验结果发表在俄国的一本比较不起眼的刊物上。与伊万诺夫斯基一样，贝杰林克发现过滤器中没有任何“元凶”的踪迹且滤过的汁液仍具传染性，但利用光学显微镜仔细搜寻却未见滤过汁液中有微生物的踪迹。比伊万诺夫斯基更进一步的是，贝杰林克通过实验发现传染病源可在患病植株中自我复制，即使病株已干死，这种自我复制仍不停止，而且传染力不减。他还正确地推测出传染是通过植物的韧皮部传播的。更有意义的是，贝杰林克通过系统的植株传染实验证明滤过的汁液中残留的毒素也不可能是传染的元凶。

难道是细菌中的孢子吗？它们倒是可以穿过细菌过滤器的。贝杰林克于是将滤过的汁液加热，发现加热到90摄氏度可以使汁液突然不再具有传染性。这倒是个新发现，但也令人失望地否决了孢子是感染元凶的假设，因为孢子要到100摄氏度才会被杀死。研究做到这个程度也算是能想的都想了，在当时的条件下该做的也都做了。至此，贝杰林克开始坚信传染元凶应该是一种完全不知道的、不同于微生物的东西。他把它们形容为是一种“具有传染性的有生命的液体”。这种液体后来被命名为病毒，英文为virus，取意拉丁文的“poison”（毒）。

对于烟草镶嵌疾病传染元凶的彻底认知是20世纪30年代以后的事了。事实上，正如我们已经多次提及的，元凶乃是一种病毒，称为烟草镶嵌病毒。

它是由 2130 个亚单胞组成的一种螺旋棒状结构，总体长度大约 300 纳米，直径仅大约 18 纳米（图 8-1）。这么小的尺寸令当时已达 0.3 微米（300 纳米）分辨率的光学显微镜都无法捕捉到它们的身影。其他大部分病毒的大小也多在 20 ~ 400 纳米范围。正如 19 世纪末科学家们所猜测的那样，病毒是一种细胞寄生物。它们自己无法进行自我复制，靠侵入细胞并利用细胞本身的复制系统进行复制，狡猾而又歹毒。正因为如此，所以病毒很难被杀死，细菌的死敌抗生素对病毒完全不起作用。与病毒有关的人类传染病典型的有流行性感冒、天花、艾滋病等。目前所知的对付病毒性疾病的最有效的方法还是接种疫苗。

总之，虽然在 19 世纪末到 20 世纪初生物学家和植物学家们为试图解开不同的传染病源谜团而猜测到了一种比细菌还要小的有机物（病毒）的存在，并且种种分析表明它们寄生于细菌体内并可以自我复制，也能穿过动植物的细菌防护网而导致许多疾病，但那时光学显微镜在分辨率上的无能为力，使得生物学家们在缉捕病毒的道路上像在黑暗中仅凭感觉向前摸索，眼见为实的缺乏成为真正的痛苦。所以生物界热切盼望能有更高分辨率的显微镜向他们伸出援手。正因为如此，对病毒以及其他生物的研究自然而然地就成了电子显微镜问世之初的最主要的应用课题。

生物研究占据主导地位的另一原因是在电镜开发初期，电镜样品制备技术还未受重视。当时制样普遍采用的是复型技术，这其实类似于冶金上的铸造技术。即将某种加热固化的化学材料如聚苯乙烯涂在要研究的材料表面，加热固化后剥离，剥离的薄片上复制了样品表面的细微结构，再将其放入电镜中进行观察，这就是我们在第 6 章所提到过的橡皮图章法。当然，这类样品很难复制样品的精细内部结构并且化学信息全部丧失。因此，在电镜发明后的十多年里，在冶金材料方面的研究成果十分有限。由于生物样品主要由轻元素组成，所以易被电子束穿透，自然也就成为电子显微镜的绝好研究对象。

我们知道，好的电镜生物样品必须不含水分或其他易挥发物质，以便能在电镜的真空室内保持结构上有相当的稳定性，还要能对电子束照射有一定的承受力，能够既有透光区域也有不透光区域，最后还必须具备足够大的尺寸以供电镜研究。早在20世纪30年代，就有很多人在生物样品制备方面下过功夫。如1934—1936年，比利时的马顿就采用重金属原子“染色”生物样品的方法来增加生物样品的像衬度。马顿也在1934年首度尝试对活体样品进行电镜研究[33]，还是此人在1937年又发表了首张细菌的电子显微照片[118]。

鲁斯卡的弟弟小鲁斯卡（Helmut Ruska、1908—1973）也是当时利用电镜进行生物研究的热心推动者之一，对生物样品的制备颇下功夫。1937年，当哥哥鲁斯卡负责筹建西门子公司电子光学实验室时，弟弟小鲁斯卡便积极参与并大力推动电子显微镜在生物及医学方面的应用。可能是近水楼台的缘故，小鲁斯卡还仅是柏林大学查瑞特（Charité）医学院一名实习生时，就在1938年联同妹夫鲍里斯和哥哥鲁斯卡共同发表了人类历史上首例完整病毒结构的研究报告[119]。

1939年，小鲁斯卡对马顿的一些样品制备方法进行了改进，成功地发明了生物颗粒的载体，并采用重金属原子“染色”法增强生物体像衬度[120]。1940年，小鲁斯卡和其西门子实验室的同事普凡库克（Edgar Pfankuch）等

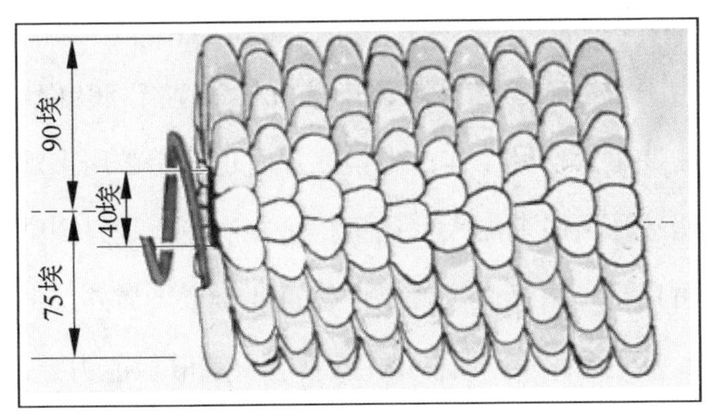


图 8-1

烟草镶嵌病毒的螺旋棒状结构示意图，外围直径大约为18纳米（1纳米=10埃）。这么小的尺寸令当时已达0.3微米（300纳米）分辨率的光学显微镜都无法捕捉到它们的身影。

人在历史上首次观察到包在细菌身上的小小的圆形物质，直径在60纳米左右[121,122]。这些小家伙其实就是我们现在早就知道的噬菌体（编号T7），可是在没有电镜的年代，这些60纳米的“侏儒”是不可能被看到的。所有这些研究都对比细菌还小很多的生物体病毒的存在提供了强有力的直接证据，而且还更进一步对病毒的结构也有了初步的认识。19世纪末至20世纪初生物学家和植物学家们苦苦搜索无果最后只能靠猜想的、比细菌还要小的、有毒的狠角色，在电子显微镜的火眼金睛下终于显出了原形，病毒，原来是你！

到1943年，小鲁斯卡报告了观察到的至少4种形态的噬菌体并且按照形态给它们分了类。他所研究的这些种类的病毒成为20世纪40—70年代生物学界的重要研究对象。应该说小鲁斯卡的成就是他与哥哥及西门子实验室的同事们在电子显微镜的发明和发展过程中互相促进、互相激励的结果。比小鲁斯卡及其德国同事们最早的病毒电子显微研究工作稍晚一些，北美及欧洲其他国家也都开展了这方面的研究。小鲁斯卡1952年作为微观病理学家和生物电镜专家转到美国纽约工作（图8-2），6年后返回德国。

生物学方面的另一个重要领域——基因的研究也始于那个年代。所有这些研究都为现代病毒学和分子基因学奠定了基础。现代电子显微学继续保持着对生物医学方面的杰出贡献。例如对于生物大分子的三维结构研究，现在已经达到了可分辨4埃以下结构细节的高分辨水平。可以说1952—1962年是生物电镜应用的一个黄金十年，原因是多方面的。

首先1948年发明的超薄切片生物电镜样品制备技术在在20世纪50年代初期已经成熟，大大促进了生物电镜研究工作。电镜在那时也开始被用来观察比较复杂的生物结构。经历过那段时期的人都还记得首次清楚地观察到染色体时的激动情景，那阵子可以说一幅显微像就是一篇重要文章。另外，由于组成生物样品的主要是碳、氢、氧、氮等轻元素，对电子束散射能力差，所以电子显微像衬度差而且难以提高分辨率。这种困扰在 1959 年被彻底解决，英国剑桥大学的布伦纳（S. Brenner）和杭内（R.W. Horne）发明了著名的负染法（Negative Staining），用酸性染料将病毒、细菌等生物样品周围染色使得在电镜中生物样本周围变暗从而突出了生物体本身，这一方法的使用使病毒等生物样品的显微成像达到了前所未有的清晰度[123]。

如果说电镜问世之初在发现病毒以及生物医药学方面的贡献是初出茅庐第一功的话，那么晶体中位错的确认则是令电子显微镜在材料学界功成名就的开山名作。

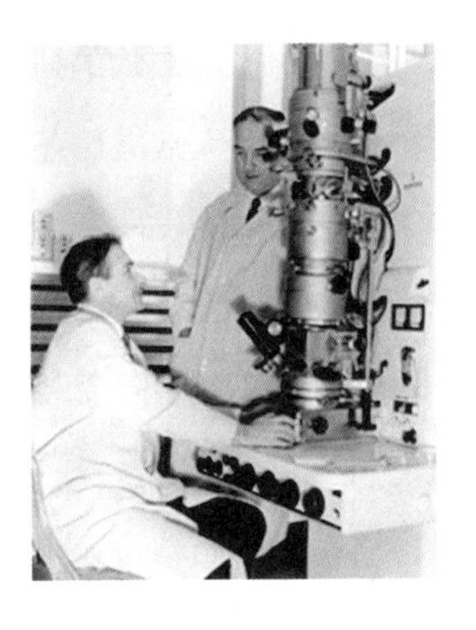

图 8-2

小鲁斯卡 1952—1958 年间在美国纽约工作期间留影。照片中站立者为小鲁斯卡，旁边是德国西门子公司出产的 Elmiskop I 透射电镜。

## 8.2 猜出来的位错

在 1931 年电镜发明之前，大量的研究引发了动植物界关于病毒的猜测，导致了电镜问世之后第一轮应用方面的热潮和生物研究发展的黄金十年。无独有偶，就在电镜设计和功能不断改善的同时，1934 年金属物理学中关于晶体中位错的猜想，直接引发了利用电镜对位错的寻找，直至 20 世纪 50 年代才宣告胜利。对于晶体中位错的研究自那时起成为电子显微学领域的经典课题。

话说 1861 年，英国科学家、冶金学家索尔比（Henry Clifton Sorby，1826—1908）开始用光学显微镜系统地研究金属特别是钢铁材料，使得金属的组织结构研究开始纳入冶金学范畴。而 1879 年苏格兰的泰河（River Tay）大桥倒塌灾难一下子使人们对冶金学开始格外关注。以熟铁（锻铁）建造的泰河大桥横跨在苏格兰邓迪（Dundee）

的泰河之上，1878 年 5 月 31 日正式通车。这是一座单轨铁路桥，全长两英里多，是当时世界上最长的单跨桥。然而好景不长，仅 19 个月后，这座当时世界之最的铁路桥就在 1879 年 12 月 28 日晚遭到飓风的袭击轰然塌落泰河之中，随之一同跌入河中的火车上共有 75 人丧生，酿成英国建筑史上最有名的一次惨痛悲剧。

泰河大桥塌方事故引起了冶金学家、工业界以及各界人士的广泛关注，冶金工程学开始成为科学研究和教学中的正式项目。自那以后，人们对于钢铁的内部结构的研究有了长足进展，金相学也从那时起逐步得以创立。第一次世界大战之后蓬勃兴起的金属力学性能研究，主要得益于新兴技术如 X 射线衍射的发明和金属单晶体生长技术的发展，配之以金相显微镜和金属拉伸应力测量仪器的广泛使用。其中金属单晶体在研究中的广泛使用更使传统的冶金工程学向金属物理学迈出了重要的一步。

当时金属力学研究的一个热点就是金属中的塑性变形。从日常生活经验中，我们知道如果用力拉一个弹簧，弹簧会伸长并产生弹性应力。这种应力与拉力成正比。当松开弹簧时，弹簧中的应力能使弹簧恢复原状，这就是物理上著名的胡克定律所描述的现象。但是当拉力加大到一定程度时，弹簧会被拉直，即使此后拉力消失，弹簧也不再能恢复原有形状。在金属力学中有同样现象，当加载于一根金属棒上的拉力大到一定程度时，会使金属棒发生永久性形变，称为塑性变形。

在 20 世纪初期，人们对于金属的塑性变形做了大量的 X 射线结构研究，发现塑性变形的金属在基本原子结构上并未有所改变，但结构内存在很多由外力引起的原子面之间的相对滑移，有时也有孪晶面形成。然而直到 20 世纪 30 年代初，金属塑性变形机制仍未被完全理解。其中最令人疑惑不解的是实际测量所得的金属塑性变形所需受力（拉伸强度）仅为理论计算的 1/1000~1/10，而当时的理论计算是以完美晶体为模型进行的。

从眼见为实的科学态度出发，人们意识到以完美晶体为理论模型应该是产生误差的最大根源。显然，在金属发生塑性变形时，其结构已不再完美，而是可能存在着某种畸变。这种变形金属晶格中存在畸变的观点在1920年左右即已形成共识，然而这种畸变的本质是什么还未露出庐山真面目。当时颇有影响的一种见解是由英国航空工程师格里菲斯（Alan Arnold Griffith，1893—1963）在1920年提出的。格里菲斯认为固体中存在许多微小的裂纹，在形变过程中裂纹增长使得理论上不需要原来认为那么大的力量即可使固体发生断裂[124]。他的理论后来被实践证明非常正确地描述了脆性材料如陶瓷的断裂力学过程，但对金属材料仍不适用。

在同期还有许多其他有关金属中畸变机制的假设，例如认为金属中存在孔洞和杂质、镶嵌组织、镶嵌亚晶界结构等。这些理论都或多或少地解释了金属塑性变形的一些事实，但也都存在相当程度的缺点。这种摸索状态到1934年豁然而解。在这一年中，匈牙利、德国以及英国的三位科学家不约而同地各自发表文章，对晶体中微观缺陷给出了与实验吻合的理论分析，阐明了微观缺陷的物理概念。在这3篇文章中，作者都以不同的方式提出了晶格中存在位错的猜想，标志着晶体位错理论的诞生。

首先是英国剑桥大学泰勒（Geoffrey Ingram Taylor）教授撰文，认为晶体中晶面的滑移可能不是由滑移面上所有的原子共同滑移产生的，而是由局部滑移开始，在有限的时间里一个原子一个原子地将滑移传递出去的[125]。图8-3

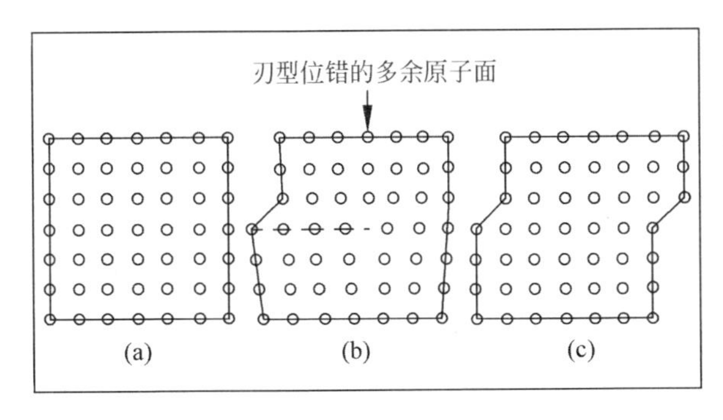


图8-3

泰勒提出的位错产生机制示意图。（a）完整晶格中的原子排列。（b）水平虚线上部的原子面从左边开始向右方发生滑移，黑色箭头指出滑移到晶格中部时造成的虚线上部相对于下部的多余原子面，即为刃型位错。（c）多余原子面（或刃型位错）滑移自左至右贯穿后的晶格形状。

就是泰勒在 1934 年发表的文章中提出的晶格畸变设想。当晶体上半部晶格受一个横向力作用并在水平虚线所标的滑移面上向右滑移时，滑移是从最左边的晶格起始的，晶格最右边尚未受到影响 ( 图 8-3(b))。但是在这一过程中，晶格的上半部与下半部不再像图 8-3(a) 中那样吻合良好，而是相互产生错动，并导致在上半部晶格中出现一个多余的原子面如图 8-3(b) 中箭头所指。继续施力，滑移最终使得晶格上半部整体向右错动（图 8-3(c)）。图 8-3(b) 中箭头所指多余原子面因为是由原子面错动偏离原来的位置（location）之后产生的，故此英文上称之为 dislocation。一般认为泰勒的位错理论颇得益于 1914 年前后他与格里菲斯同事期间对格里菲斯的裂纹理论的熟悉并由此延伸而来。

1934 年发表的另一篇关于位错概念的文章是德国柏林高工的匈牙利学生奥罗万（Egon Orowan）在导师贝克（R. Becker）指导下所做的学位论文工作 [126]。奥罗万在论文中提出了与泰勒类似的位错概念及位错对于塑性变形的影响。在文章中他还特别提到他所提出的晶格位错概念与 1934 年同年另一位匈牙利人博兰尼（Michael Polanyi）发表的文章中所提概念完全相同。实际上也在柏林工作的博兰尼与奥罗万相互认识，博兰尼是一位从事 X 射线晶体学研究的固体物理学家，他在对圆柱形锌和锡单晶的塑性变形进行研究的过程中发现英国格里菲斯提出的微裂纹理论完全不能解释实验现象，并由此逐渐产生了金属中位错的概念。

根据博兰尼的回忆，位错理论在他头脑中成形是 1932 年 4 月，而当他与奥罗万交谈此事时，奥罗万告诉博兰尼他自己也已有了这方面的理论并且已经写在学位论文中准备递交了。当时奥罗万希望博兰尼不要受学位论文的影响，可以独立发表关于位错的文章。奥罗万的美意得到了博兰尼的谦逊回应，博兰尼希望等到奥罗万的成果发表之后再发表自己的工作。以后奥罗万又多次致信博兰尼表示可以一起发表共同署名的文章，但博兰尼仍坚持认为奥罗万应该以他自己的名义发表文章。就这样，在 1934 年奥罗万和博兰尼一前一后接连在德国的《物理》杂志上刊登了各自的位错理论。博兰尼的理论更加注重的是位错理论的数学描述和对金属加工硬化现象的解释[127]，因此与泰勒和奥罗万两文中注重塑性变形方面的现象有所不同。

一个小插曲是，在固体力学理论中首次引入 dislocation 一词的是洛夫 (A. E. H. Love)，在其名著 *Treatise on the Methematical Theory of Elastricity* 之 1920 年第三版的第八、第九两章，洛夫将意大利语中用于描绘弹性介质中多变量位移的 disorsione 翻译成英文的 dislocation。而这一用词的中文翻译则始于中国老一辈物理学家钱临照和柯俊。柯俊自英国留学返回中国时，已经提前结束留学并由英国返回中国的钱临照先生闻讯去北京前门一旅舍探访。二人谈到当时方兴未艾的对晶体中 dislocation 的研究，都觉得应对此新学拟一中文译名以便在中国展开推广及交流工作。二人遂详细推敲 dislocation 的词意、理论由来和物理概念等，一致认为可试译为“位错”。对比“dislocation”和“位错”两个词，并参考前面介绍的位错概念，使人不得不佩服这一翻译拿捏之精准传神。老钱家另一个神来之译是“激光”一词，英文为“laser”，1964 年钱学森建议翻译为激光，此乃意译，即受激发生的光。

位错理论虽经提出，却并未马上获得广泛的接受。理论虽好，但毕竟只是猜想，查无实据。由图 8-3 可以看到，晶格中的位错并无周期性，而是随机出现的，其宽度也仅局限于原子间距的水平，因此在当时不存在任何显微镜能够直接看到它。电子显微镜刚诞生三年多，分辨率还在数十纳米，尚不足以分辨出位错的存在。科学家们便寄望于 X 射线衍射的研究。但因位错的非周期性排列方式，所以 X 射线衍射所得的研究成果也非常有限，这种困顿局面一直持续到 1945 年第二次世界大战结束，大批科学家从战争中解放出来，可以继续他们的科学探索。关于位错理论及实验的工作仍以英国为中心开展起来。到 20 世纪 50 年代中期，各种位错理论相继问世，除了泰勒所描述的刃型位错外，其他如螺型位错、不全位错、扩展位错、络玛位错（Lomer-Contrell）等位错形态相继被提出。然而实验的脚步仍然跟不上理论的进展，确凿的位错存在证据仍处在引颈期盼当中。据老一辈科学家回忆，那时在北美大学课程中教授们要很够胆量才会介绍位错，这都是因为缺乏眼见为实的直接证据。

在众多的实验工作中特别值得一提的是 1953 年美国贝尔实验室的沃格尔（F. L. Vogel）和他的同事们采用晶体表面化学腐蚀方法成功地在锗 (100) 及 (111) 表面上看到锥形腐蚀坑连成的线，并认为这些线对应于附有一系列平行刃型位错的倾转晶界[128]。这一工作首次提供了位错存在的间接证据，而且沃格尔等人所用的方法也成为首例有效观察位错的实验技术。在此实验之后，又有许多类似的关于位错存在的间接证据出现，例如采用缀饰方法来观察合金中位错等。到 20 世纪 50 年代中期，已无人怀疑位错的确存在于晶体之中，只是仍有待最直接而有说服力的证据出现。第一位登顶者是英国剑桥大学的赫什（Peter B. Hirsch）和学生惠兰（Michael J. Whelan），及其后加入小组的杭内（R.W. Horne）。

赫什于 1946—1948 年在英国剑桥大学卡文迪什实验室做学生期间的研究课题曾是根据老师小布拉格（Lawrence Bragg）的点子发展微束 X 射线衍射技术，用于研究冷锻晶体中的镶嵌结构。但由于微束 X 射线很弱，拍一张照片要 500 小时，故进展缓慢。直到 1954 年，已经留任卡文迪什实验室工作的他才决定把研究重心转向电子显微镜对位错的观察。赫什由于身处剑桥大学，所以对于剑桥大学泰勒教授等人 20 年前发表的晶体中的位错理论自是耳熟能详。他开始带领学生发展电镜样品减薄技术，并且利用他对电子衍射理论的知识判断出位错应该可以在电镜中观察到。他的学生里面最为人知的是惠兰和豪威（Archie Howie），其中惠兰动手能力很强，豪威学弟则更擅长理论。就在这样一个万事俱备的时候，剑桥大学及时助以东风，购进一台最新的西门子 Elmiskop 1 电子显微镜。

我们在第 5 章已经介绍过，这是由鲁斯卡主持设计，西门子公司在第二次世界大战结束后重建并于 1954 年推出的第一款商业电镜产品，具有当时最高的分辨率。惠兰还把它进行了改造，使得可以同机进行成像及选区衍射工作。另外，惠兰还不断钻研各种样品减薄技术，最后选中化学腐蚀法来制备金属的透射电镜样品（我们现在简称为双喷法）。有了丰富的电子衍衬成像及电子衍射的工作经验，有了主导实验的位错理论，有了当时绝对一流的电子显微镜，再加上行动目标明确，晶体中的位错终于千呼万唤而不再“犹抱琵琶半遮面”了。

有备而发的实验开始于 1955 年 10 月，惠兰和杭内开始用新电镜对电解减薄的铝箔及锤打的金箔进行研究，观察到了一些在亚晶界附近的短线并猜测这些应该就是位错，因为这些线之间的距离与理论计算相符合。为了慎重起见，1956 年 5 月 3 日，他们又重复了同一实验，这次使用了高分辨成像模式，并且抽去双聚光镜中的一个聚光镜的光阑好让更强电子束照射样品以使样品温度上升。温度的上升导致了这些短线发生移动，并且正如位错理论预期的那样是沿着铝箔的 {111} 面移动。这下他们终于肯定这些短线对应的正是“众里寻他千百度”的位错[129]。

卡文迪什实验室主任穆特（Nevill Mott，固体物理学家，获 1977 年诺贝尔物理学奖）以及位错之父之一的泰勒马上就欣闻此事而鼓掌称庆。眼见为实，即使是最持保留态度的冶金学家也都相信了晶体中位错的存在。师徒几人再接再厉，次年又发表不锈钢中层错和位错的观察，为已经迅速加温的位错观察领域再添一把柴。图 8-4 所示为晶体中位错的电子显微照片实例。

赫什等人的工作在全球冶金及电子显微学界造成了不小的轰动，赫什、豪威和惠兰后来还发明了沿用至今的利用 g.b 判定位错柏格斯矢量的方法 [130]，晶体缺陷的电镜研究成为当时的大热门。在这里还要提到的是关于晶体塑性形变的电子显微学研究在中国实际上起步也是很早的，这又得说起我国著名物理学家钱临照先生。

在第 2 章中，我们曾提到钱临照先生对中国光学显微镜制造技术的发展做出的推动和贡献。钱临照先生也可说是中国电子显微学事业的引路人。早在 1939 年位错理论刚刚面世不到 5 年，钱临照先生就把它引入中国，并首次在昆明举行的中国物理学术报告会上做了题为《晶体的范性与位错理论》的报告，详细介绍了 1935 年泰勒等人发表的位错理论。

此外，1949 年新中国成立后，新政府在接收南京交通部广播电台时意外地发现了一个尚未开封的大集装箱，打开一看是一台崭新的仪器，但无人能识此为何物。钱临照先生闻讯派人赶往查看，一看之下大喜过望，原来是一台英国 Metropolitan-Vickers 公司制造的 EM2/1M 型电子显微镜。这台电镜便成为新中国拥有的第一台透射电子显微镜。20 世纪 50 年代初，当时的民主德国（东德）总统又送了一台蔡司公司制造的 C 型电子显微镜给中国的国家主席，两台电镜的分辨率都在 10 纳米左右，全部归入中国科学院物理所。

钱临照等人随即充分利用仪器上的优势及对晶体塑性形变方面国际研究趋势的了解，展开了晶体塑性形变的研究，于 1955 年发表《铝单晶体滑移的电子显微镜观察》一文 [131]。1959 年，钱临照开始在物理所编写讲义，系统讲授位错理论，以后还与同事合写了约 10 万字的"晶体位错理论基础"和"晶体中位错的观察"等文，收入《晶体缺陷和金属强度》一书。钱临照先生的这些工作不仅使位错理论在中国早早扎根，也推动了电子显微学在中国的萌芽与成长。

比较赫什和钱临照等人的这些早期贡献，可以发现两点共性。首先，两人皆对当时的研究热点知之甚详且对所要研究的对象之理论背景了解得很清楚，因此在实验中有意识地以理论为指导而又不囿于现有的理论框架。赫什的研究心得是："跟随研究潮流，但开放你的思想，你将会做出发明。发明并非偶然，尽管有时出乎你的意料。有时发明人好像是偶然地发现新的事物，但只有以发明人的知识和已有理论为背景才能使人正确意识到所看到的新事物[132]。"钱临照先生推崇的两句话是："格物以致知"，意为研究事物的目的在于明白它的道理，和"万物皆备于我"，即明白了事物的道理就要使它为我所用[133]。话虽简明，但与赫什的信条是多么相似！两者各自在电子显微学工作中做出开创性工作的另一个共同基础就是仪器方面的领先地位。赫什等人使用的是最新款 Elmiskop 1 电镜。赫什曾谦虚地说，如果海丹瑞希（Bob Heidenreich）在 1949 年的工作中能够用上 Elmiskop 1 电镜的话，可能他在那时就已经观察到了位错。而钱临照先生使用的电镜也是当时全新的电镜。可见在现代科学特别是实践研究中，高精尖的设备具有举足轻重的地位。正所谓"手巧不如家什妙"。

总之，晶体中的位错在理论上提出来之后 20 多年，终于由电子显微镜验明正身，成就了电子显微镜在材料研究应用领域的一项经典贡献。值得提及

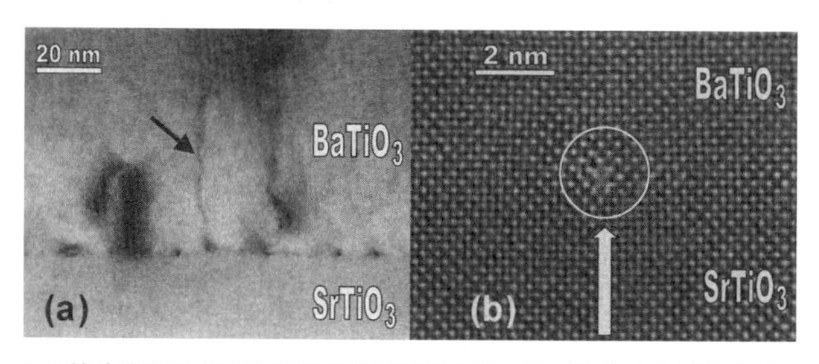


（a）箭头所指为钛酸钡薄膜与钛酸锶衬底之界面处产生的刃型位错。
（b）图 (a) 中刃型位错的高分辨率原子像。

图 8-4

晶体中位错的电子显微照片。倾斜纸面从图 (b) 的下方往上看，较易看清白色箭头所指的多余原子面，与图 8-3(b) 的刃型位错模型相似。感谢米少波和贾春林提供照片。

的是，赫什关于在研究中应保持开放态度的信条也正是准晶结构被发现的基础，电子显微镜则再一次为准晶的发现做出了独一无二的贡献。

## 8.3 不寻常的准晶

什么叫准晶？准晶直译自英文词 quasicrystal，是 quasiperiodic crystal（准周期性晶体）的合并词，由词意可想而知它一定是与晶体（crystal）一词相对应。所以要了解什么是准晶，先要知道关于晶体的定义。

自 17 世纪开始，有关晶体的微观结构的一些想法已经出现在很多科学家发表的工作论著中。例如德国著名科学家开普勒（Johannes Kepler，1571—1630）就曾在 1611 年研究蜂窝结构时对用同等大小刚性球密集堆积而得到的结构给出了数学描述。英国科学家胡克，就是我们在第 2 章介绍的那位光学显微镜先驱之一的大科学家，也对晶体的微观结构多有贡献。而晶体学的真正形成一般认为是在 19 世纪。法国晶体专家、矿物学家阿于（René Just Haüy，1743—1822）是晶体学理论形成的功臣。20 世纪初 X 射线衍射的发明和用其进行的大量的晶体结构研究使得晶体学理论得到实验上的广泛支持，因而确立了其在固体物理学中的重要地位。

传统晶体学理论中的一个最基本的要点是：晶体就是那些在微观上结构有序的固体。这里所说的结构有序是指结构具有平移周期性。换句话说，就是整个晶体结构可以通过重复平移一个结构单元而获得。就好比家居装修的瓷砖墙壁，整个墙壁由同样的方形或六角形瓷砖铺满。可以说一块瓷砖就是一个结构单元，重复平移这一块瓷砖就可覆盖整面墙的每一寸面积。蜂窝结构也如是，每一个六角孔可被视为一个结构单元，重复平移之即可得整个蜂窝构造。而晶体的这种周期性也导致了其结构单元的旋转对称性。例如上述瓷砖和蜂窝的结构单元分别具有四重旋转和六重旋转对称性。传统的晶体学认为，结构单元只能有二重、三重、四重及六重旋转对称性，五重和大于六重的旋转对称性在晶体结构中是不存在的。打个比方，我们不可能用正五角形瓷砖铺满整个墙壁平面而不留下任何空隙，读者感兴趣的话可以动手试验一下。这就是准晶出现之前人们所普遍接受的关于晶体结构的定义。读者不妨自行通过图 7-3 和图 8-4(b) 所示的高分辨原子像验证上述晶体结构的传统定义。一切看来都是完美无缺的，真是大自然的鬼斧神工。然而 1984 年发表的一篇文章却突然打破了晶体学中这一切的和谐。

故事得从 1982 年说起，以色列工学院材料科学系的谢赫特曼（Daniel Shechtman）教授在美国国家标准局进行访问研究期间，为了发展高强度铝合金，采用急冷凝固的工艺以增加元素锰在铝中的固溶含量。凝固时，钢液的冷却速度高达每秒 10 万摄氏度。1982 年 4 月 8 日，谢赫特曼在用电子显微镜研究急冷铝 – 锰合金时，拍摄到了一张颇出他意料的电子衍射谱。这张电子衍射谱很像图 8-5 右下角所示的衍射谱。令谢赫特曼感到讶异的是，他看到一套明锐的衍射点，以中心斑点为中心呈旋转对称排列，每一圈上有 10 个衍射点。考虑到电子衍射谱中固有的中心对称性，谢赫特曼意识到这种衍射谱所对应的是五重旋转对称性结构单元，即结构单元每旋转 72 度角可得到等效的结构单元。谢赫特曼当然对传统的晶体学定义了然于胸，知道五重旋转对称性在传统晶体学中是不被允许的。他为了寻找对这种五重旋转对称性的解释，曾

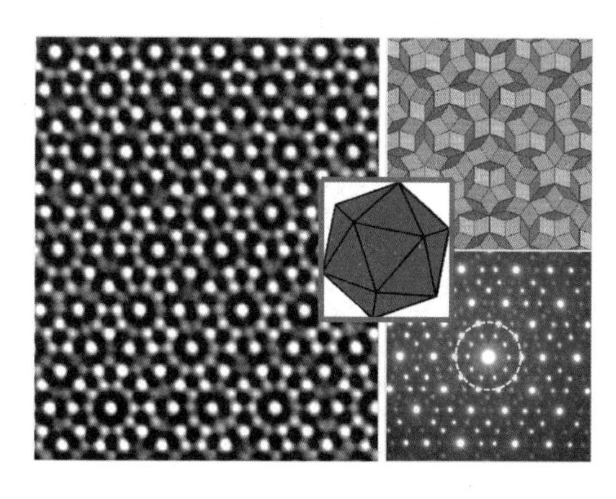

图 8-5

左图为 $Y_8Mg_{42}Zn_{50}$ 准晶的沿 5 重对称轴的高分辨电子显微像。右上图显示如何用两种形状的彭罗斯拼块布满整个二维平面。右下图为准晶的沿五重对称轴的电子衍射谱，注意环绕中心点的每圈 10 个明锐衍射点构成的 5 重对称性。中间小插图显示一个二十面体对称性结构。

请教过同在美国国家标准局的冶金学权威卡恩（John W. Cahn），得到的解释是这种电子衍射谱图案有可能是由一种五重孪晶结构给出的。

关于孪晶结构，这里不做更深解释，读者只需知道的是孪晶结构是晶体结构的一种组合方式，但并未超出传统的晶体学框架。根据卡恩的回忆，当他看到谢赫特曼的衍射照片时，第一句话就是："算了吧，这是孪晶造成的，可不是什么新鲜事儿[134]。"然而谢赫特曼对此种解释并不满意，他对该铝-锰合金样品不同的地方所做的电子衍射一再显示他所看到的是一种由20个正三角面围成的、具有二十面体对称性的原子结构单元。二十面体的示意图可见图8-5中间的小插图，这是一种具有6个五重旋转对称轴、10个三重旋转对称轴和15个二重旋转对称轴的闭合多面体。当然，如果晶体是由二十面体结构单元构成，则不可能形成传统晶体概念中的严格平移周期性。换句话说，不可能用二十面体结构单元周期性平移来铺满三维空间而不留下空隙。这种具有五重旋转对称性和准平移周期结构的晶体就是我们现在谈论的准晶。谢赫特曼当时虽然也有了模糊的准晶概念，但并不能使人们相信他所认为的非周期结构是确实存在的。卡恩的五重孪晶解释实际上代表了几乎所有当时知道此事的人的看法。

美国著名结构化学家、1954年诺贝尔化学奖得主鲍林（Linus Carl Pauling，1901—1994）就曾坚信这种孪晶解释，并顽固地认为准晶之说纯属无稽之谈。他甚至公开讥讽说："没有准晶，只有准科学家。"听听这话够多损。谢赫特曼当时位低人轻，对这种话也只能忍一时之气。谢赫特曼显然没有因别人的怀疑态度而放弃自己的观点，他认为假如是五重孪晶在作怪的话，那么，如果在很小的区域内做电子衍射，当选择来做电子衍射的区域小到不能将五块孪晶都包含在区域之内时，电子衍射中的五重旋转对称性将消失。而他在仅为10纳米直径、只有若干原子层厚度的区域所做的电子衍射仍然忠实地给出了同样的五重旋转对称性，基本上排除了孪晶的可能性。就在谢赫特曼和美国国家标准局的同事们为解释这种奇异结构煞费苦心的大约同时期，美国宾夕法尼亚大学的斯坦哈德（Paul J. Steinhardt）正带领他的研究生列文（Dov Levine）开展对玻璃晶体性质的研究。在计算机模拟由球形原子构成的理想液相急冷过程中，他们发现理论上可以得到由二十面体原子排列组成的原子团并认为具有五重旋转对称性的准晶的确有可能存在。斯坦哈德等人继而又研究如何能将整个空间用非周期性的结构单元填满的问题，并最终引入了彭罗斯拼块（Penrose Tiling）方案。这一理论与实验的吻合，终于促使谢赫特曼等人最终下决心公布他们的新发现。

其实，研究如何能用非周期性结构单元来布满整个二维平面的问题早在20世纪60年代就开始了。例如1966年美国哈佛大学的伯格（Robert Berger）就曾展示两类拼图块，其中一类包含2万多种形式，而另一类则有104种。英国牛津大学数学家彭罗斯（Roger Penrose）在1974年提出一个概念，就是至少用两种形状的拼块准周期性地排列方能覆盖整个二维平面[135]。注意，这里讨论的是如何用结构单元进行准周期性的排列来覆盖二维平面，特别注意是准周期性排列。当然二维平面是可以由具有二重、三重、四重或六重旋转对称性的结构单元周期性重复排列而全部覆盖，那就是晶体的情况。彭罗斯所提出的两种菱形拼块后来就称为彭罗斯拼块，见图8-5右上方示意图。英国晶体学家麦凯（Alan Mackay）于1981年进一步将彭罗斯拼块的概念延伸至三维空间，采用两种形状的菱面体进行准周期性的排列来覆盖三维空间。麦凯此后设计了许多二维和三维的准周期格点图案，并证明其傅里叶光学变换呈十重对称性。注意，电子衍射就是晶体点阵像的傅里叶变换。

我们在这里追溯有关彭罗斯拼块的发展历史是想让读者对于准周期性的概念有一个更清楚的了解。至1984年，这类结构虽多有纸上谈兵的理论讨论，但并未在实际材料中发现过。谢赫特曼在1982年获五重对称图案之后之所以压住结果未发表达整整两年半，就是为了慎重斟酌及反复认定他所认为的铝–锰合金中所存在的是一种由五重旋转对称的结构单元准周期排列而成的晶体结构。毕竟这是历史上第一例观察并且意识到的准周期晶体的实验结果，它的出现将会是对传统的晶体学理论的一个强烈挑战。终于，谢赫特曼和他的合作者们经过反复思索与实验上的认定，确切认为他们所观察到的是史无前例的新颖晶体结构，最终将结果发表在1984年11月的美国《物理评论快报》上[136]，在文中他们开宗明义地宣布："We report herein the existence of a metallic solid which diffracts electrons like a single crystal but has point group symmetry m35 (icosahedral) which is inconsistent with lattice translations." 这一陈述清晰地宣示了一种新晶体结构——准晶的存在，它的结构特征在传统晶体理论中是不被允许的。

这篇文章一经出现，很快得到了前面提到的列文和斯坦哈德在同一杂志上刊登的关于准晶结构与彭罗斯拼块的关系的理论文章的支持，"准晶"一词经此文首次亮相。读者如果比较图8-5左边的准晶原子像与右上方的彭罗斯拼块图，即可发现用彭罗斯拼块可以完全将原子像中所有亮点连接起来。准晶的概念不胫而走，当然也引起了很大的争论，到底是准晶还是孪晶的争论仍未停止。这时以著名材料科学家、晶体学家和电子显微学家郭可信院士领衔的中国准晶军团迅速崛起，从1985年起连续发表重要文章，不仅为准晶结构提供了强有力的实验支持，也使中国的准晶军团领一时之风骚，站在了世界固体物理学最前列。国际同行送给中国的准晶军团一个响亮的名字 Kuo Army，郭家军。谢赫特曼独得2011年诺贝尔化学奖，致词时晒出鲍林当年的讥讽酸词，也同时感谢中国郭可信团队的强力支持。表现出典型的黑白分明的个性。

郭可信（Guo Kexin，Kehsin Kuo，K.H.Kuo，1923—2006，图 8-6）1923 年 8 月 23 日生于北平（今北京），1946 年竞考获赠政府奖学金，以 23 岁之黄金年华远赴以生产高质钢闻名的瑞典，进入斯德哥尔摩皇家理工学院进修冶金学，他对合金及碳化物都颇感兴趣。因研究需要，还系统地学习了 X 射线晶体学。1953 年曾在 *Acta Metallurgica* 杂志上发表了 3 篇有关合金相的论文，这些合金相的晶体结构中都存在着众多稍微畸变了的二十面体原子团，被认为是 32 年后郭可信等人所发现的 $Ti_2Ni$ 二十面体准晶的前身。1955 年，郭可信转赴荷兰代尔夫特皇家工学院随柏格斯用 X 射线衍射法研究白锡向灰锡的转变过程。同年底，他在荷兰海牙读到新中国周恩来总理“向科学进军”的号召，深受感动之下，乃于次年“五一”国际劳动节前回到阔别 10 年的北京，并被安排在中国科学院沈阳金属研究所工作。

据郭可信先生回忆:“当时正值壮年，本应有所作为。但是生不逢时，前后赶上“大跃进”和“文化大革命”两次大动荡，我的基础研究一直没能在祖国大地扎根[137]。”在那段是非颠倒的岁月里，郭可信“清清白白地做人，认认真真地做学问”的信条倒成了他的罪状。但郭可信并没有被打倒，而是继续开办电子衍射学习班，同时坚持对合金相理论、晶体学理论、电子显微

图 8-6

郭可信先生（右，1923-2006）。中科院院士，中国电子显微学主要奠基人之一，所带领的中国研究团队为准晶的确认和发展作出了举世瞩目的贡献。图为 1996 年与钱临照先生探讨工作时的合影。

术理论等进行研究。这三个方面丰富的理论储备，成了他日后在准晶研究中左右逢源的基础，真是“天将降大任于斯人也，必先苦其心志，劳其筋骨”的现实写照。1980 年，郭先生听到中国科学院打算进口一两台电子显微镜的消息后，立刻从沈阳赶赴北京，不惜向当时的中科院秘书长立下军令状，保证在电镜安装后 3 年内做出出色成绩，终于争取到为金属所订购一台当时世界上分辨率最高的日本电子公司生产的 JEM 200CX 电子显微镜的指标。

有了硬件，还要有过硬的软件。金属所成立了以郭可信为首的固体原子像实验室，尽遣骨干人员分赴美国、比利时、日本、英国等电子显微学重地进修高分辨电子显微学。图 8-7 是一张 1980 年所摄的合影，记录的是美国亚利桑那州立大学电镜学者的一次聚会。后排右起为到访的郭可信教授和接待者考利教授，前排右起第一人为朱静，第三人叶恒强，第四人饭岛澄男（Sumio Iijima），都是风华正茂之年。当时饭岛是考利教授的研究助理，已经在亚利桑那州立大学工作了 10 年，早已因为与考利一起对高分辨电子显微术的开创性贡献闻名遐迩（见第 7 章）。饭岛回日本后又因为发现纳米碳管再登科学高峰（见本章下一节）。他从 1978 年参加日本电镜学会第一届访问中国代表团起（图 4-13）已经访问中国 16 次，并且一直致力于帮助中国培养电子显微杰出人才，现在为中国科学院外籍院士。叶恒强与朱静都是郭可信推荐到考利的高分辨电子显微术中心进修的，回国后挑起振兴中国电子显微事业的重任，现在都是成就斐然、德高望重的中科院院士。

以郭可信为首的中国电子显微团队，从 1980 年起在电子显微材料科学领域拉开了一条宽广的战线。1983 年新电镜安装就绪，战幕就此拉开。在各位骨干人员的带领下，郭可信团队利用高分辨电子显微术在合金相、非晶相、半导体、矿物和氧化物、催化剂、有机分子、高维分子学以及电子像模拟等方面开始了大范围的撒网式研究，以寻求同国际潮流接轨的突破口。研究人员可以说是日以继夜，电镜排班 24 小时 3 班轮换，实验室内通宵灯火，电镜旁边支有行军床，供夜班人员小憩之用。电镜的运转时间每年多达 5000 多个小时，平均每天工作十几个小时。

有心人苦寻的机会终于来了。1984 年夏天，叶恒强等人在镍基和铁基高温合金中发现了四面体密堆相的畴结构，进而又在该合金中发现一个新相，电子衍射中有 10 个五重旋转对称的斑点。经过对这一反常电子衍射谱的仔细推敲，郭可信等人认为是由合金相中取向差为 72 度角的五重孪晶造成的。继而又进一步发现从这种四方体密堆相的纳米畴而得到的电子衍射谱中所有斑点都具五重旋转对称性，而造成整体结构呈现准周期性。这一现象立刻受到高度重视，郭可信等人随即想到应该看看在急冷合金中是否会生成这类的纳米结构。经过讨论，他们决定从钛 – 镍（$Ti_2Ni$）和锆 – 镍（ZrNi）合金下手。由当时在读研究生张泽对急冷 $(Ti,V)_2Ni$ 合金进行研究，另一研究生做 ZrNi 急冷合金研究。

两位研究生很快就在 1984 年年底分别在各自的急冷合金中拍摄到了五重旋转对称的电子衍射谱。但经高分辨显微像对比验证得知 ZrNi 合金中存在的是五重旋转孪晶结构，而张泽在 $Ti_2Ni$ 合金中所得衍射谱因呈现准周期性，所

图 8–7

1980 年所摄合影，地点是美国亚利桑那州立大学，后排右起为郭可信和考利，前排右起第一人为朱静，第三人叶恒强，第四人饭岛澄男。

以准备在过完 1985 年春节后去上海硅酸盐研究所做大角度倾转电子衍射以从不同角度来搞清合金的三维结构。就在这时，谢赫特曼等人在 1984 年 11 月发表的铝－锰合金中准晶的文章传到了中国。郭可信等人马上意识到正在紧锣密鼓钻研之中的 $Ti_2Ni$ 合金中的准周期结构与谢赫特曼等人所报告的准晶结构可能是完全相同的。经过加班加点地实验验证，郭可信小组的两篇文章很快在 1985 年发表于同一期的 *Philos. Mag. A* 杂志上 [138,139]。两篇文章分别报告了 Ti-Ni 合金中的准晶结构和 Zr-Ni 合金中的五重孪晶结构，两种结构的高分辨显微像清晰地显示了二者的差别，证明了孪晶是孪晶，准晶是准晶，准晶结构的确是存在的。这两篇互相对照的文章，说服力极强，法国著名准晶学家、谢赫特曼文章的合作者格拉提亚斯（Denis Gratias）盛赞此工作意义重大，称郭可信等人发现的 Ti-Ni 准晶为中国相。而郭可信小组因完全独立但与谢赫特曼等人几乎同期的工作而被公认为确认准晶的功臣之一。

在准晶方面成功突破后，郭可信的准晶小组迅速壮大、再接再厉，在之后几年中又相继在世界上首次发现八重旋转对称、十二重旋转对称准晶等，使中国的准晶研究工作一直处于世界前列。郭可信领导的团队在准晶方面的研究成果也被列入电子显微史大事记中 [140]。这方面的工作也带动了电子显微术在中国的长足进步，从因“文化大革命”动荡造成停滞而落后世界主流几十年迅速追赶上来。当然这一切都是与郭可信自 1982 年接任钱临照成为第二任中国电子显微镜学会主席之后所做的大量的、国际领先的科研工作，以及大力推动中国电镜学界与国际同行的广泛交流分不开的。中国在电子显微学方面能取得今天的成就，郭可信居功至伟。郭可信的准晶团队也是人才辈出，叶恒强和张泽现在皆为中科院院士，当年的研究人员及学生大部分分散于全国及世界各地，成为教授、科研骨干及项目带头人。准晶工作更是在国内外获多项大奖，在这里不一一详述。读者可参阅文献 [137] 和郭可信先生专著《准晶研究》。

在 1984 年之后的几年时间里，准晶方面的研究工作在世界上可谓如火如荼，先后发现了 100 多个准晶合金体系，对准晶结构的理论解释也逐步发展。经过大量的积累，人们逐渐理清了准晶与传统晶体的异同点。相同点如两者皆可产生明锐的衍射斑点，两种晶体均为多面状且可长成大单晶；不同点包括，准晶具有非周期性平移结构，但仍有旋转对称性。由于准晶的出现，使得传统的晶体学理论中对于晶体的定义不再适用。就在谢赫特曼首次观察到准晶电子衍射谱 10 年之后的 1992 年，国际晶体学会终于决定对晶体的定义进行修改，晶体的新定义为“任何可以给出明确衍射谱的固体”，在这一定义中自然就包括了周期性和准周期结构晶体。放宽了的晶体定义反映了人们对晶体了解的进步，但也对于什么是有序结构的必要条件做了保留。这种保留态度乃是基于准晶的例子显示出了人类对于晶体学的认知是需要不断更新的。正如晶体学理论先驱阿于所言：“Crystallization is a curious and wonderful operation of nature’s geometry and therefore worthy of being investigated with all the genius of man and with the whole energy of the mind...”（结晶是令人好奇的神奇天然几何杰作，因此值得让各类天才人物用他们的全部能量对其进行研究）。准晶的发现历史正是这一智慧之言的最好印证。在绚丽多彩的晶体世界中，也许还有许多东西正等待着我们去发现。

无论是谢赫特曼等人还是郭可信等人的准晶发现过程都揭示了两点共性。第一就是二者皆抱持着一个开放的科学研究态度，不囿于传统理论的成见。这也是前面关于位错的故事中位错发现者赫什的信条。第二就是电子显微术的运用。要知道，当初在急冷合金中生成的准晶体尺寸仅数十纳米，再加上准晶的非周期性，使得其他结构测定手段如 X 射线衍射等均无法探测到准晶的存在。后来经调查发现，五重旋转对称准晶结构早在 1939 年布莱德利

（Albert J. Bradley）和古德施密特（V. M. Goldschmidt）用 X 射线衍射研究铝－铁－铜三元合金平衡相图中各化合物结构时就已经出现了。只不过 X 射线衍射谱过于复杂而无法标定。$Al_6Cu_3Li$ 准晶相也存在于 1952 年测定的铝－铜－锂三元合金相图中，当然由于同样原因也无法确知其结构。由此可以推知，准晶结构在过去长期的工业合金发展过程中早就广泛存在，只是由于颗粒细小且结构不寻常未能被识别出来[27]，而电子显微术也就时事造英雄地再一次担当起了发现重任。这段历史也说明了看见不等于发现这样一个道理，而这个道理也再一次体现在下面关于利用电子显微镜发现纳米碳管的历史中。

## 8.4 没想到的碳管

20 世纪 80 年代真可谓是材料科学罕见的幸运之年。继 1984 年第一篇发现准晶的文章引起轰动仅仅一年，英国苏塞克斯（Sussex）大学克鲁托（Harry Kroto）教授与美国莱斯（Rice）大学克尔（Robert F. Curl Jr.）教授和斯莫利（Richard Smalley，1943—2005）教授合作发现了一种全新的由碳原子组成的分子结构，称为碳 60（$C_{60}$）。他们的结果发表于 1985 年 11 月的《自然》杂志上[141]，三人因这一工作而获颁 1996 年诺贝尔化学奖。另一波的材料科学突破还在后面。1986 年，IBM 公司在瑞士苏黎世实验室的两位科学家 A. 穆勒（Alex Müller）和柏诺兹（Georg Bednorz）宣布发现钡－镧－铜－氧氧化物超导体，超导温度高达热力学温度 30K，也就是大约零下 243 摄氏度，一举打破超导温度最高纪录徘徊在近 20K 左右长达 30 多年的局面[142]。他们的发现如星火燎原般引发一场世界范围的提高超导温度大竞赛。新的消息从发表在杂志上，迅速扩展到报纸上，还嫌不够快，最后发展到以开记者招待会的方式宣布。超导转变温度一举突破 100K，最高达 130K 左右。这一新型的氧化物高温超导体的发现引发了大约 10 年的高温超导材料研究热潮，历史上只有 X 射线刚被发现时带来的研究热潮能与之相比。A. 穆勒和柏诺兹更是罕见地在宣布这一发现后的第二年就获得1987年诺贝尔物理学奖，杨振宁和李政道也是由于1956年发表关于宇称不守恒的文章而于第二年荣获诺贝尔物理学奖的。准晶、$C_{60}$和高温超导体的发现是材料科学史上的三大盛事，也着实让科学家们在20世纪的最后20年很激动地大忙特忙了好多年。而我们这里要讲的纳米碳管的发现则与$C_{60}$的问世有紧密关联，现在言归正传。

在1985年以前，已知的由碳原子构成的结构只有两极分化的两种。一为极柔的石墨结构，这是一种由碳原子堆垛而成的层状结构，故称为二维碳结构。在这种结构中，碳原子层与层之间的结合力很弱，所以容易造成层间分离或层与层间相对滑移，这就是石墨结构至柔的原因。我们所用铅笔之笔芯其实不是真正的铅制而是石墨所制，利用的就是石墨的这一特点。碳原子的另一种已知结构则为至刚的金刚石结构，由碳原子构成的四面体组成，称为三维碳结构。化学家们在各种实验中亦曾发现其他种类的碳原子团，例如由23个碳原子构成的$C_{23}$等，但均不构成完整的封闭结构。

1976—1980年，英国苏塞克斯大学化学系的克鲁托教授在研究宇宙星际碳尘的过程中，在实验室先后合成了$HC_nN$（$n$=5,7,9）分子，并试图将其微波波谱特征与星际碳尘的波谱特征相对照，从而对中星际所含碳尘的结构进行分析。为了拓宽寻找范围，克鲁托希望获得含更多碳原子组成的大分子，但他的实验室尚不具备相关的合成手段。1985年8月，克鲁托步出美国休斯敦国际机场，他此行的目的非常明确，就是与莱斯大学的克尔和斯莫利教授合作，利用激光束照射石墨靶，希望被激光束轰炸下来的碳原子能形成大分子。

9月4日，实验取得了突破，他们在利用飞行时间质谱仪对激光照射后产生的碳原子簇的分析中发现了很强的$C_{60}$峰，表明了由大量60个碳原子构成的大分子的存在。克鲁托和斯莫利各自经过一段时间的思考，借由不同的灵感最终达到相同的结论：这种由60个碳原子构成的大分子应该是一种球形全封闭结构，见图 8-8（a）。60 个碳原子分布于球形表面，构成由五边形及六边形相接而成的闭合球面，就好像一个足球的形状，但直径仅有 0.7 纳米左右。由于这种由六边形和五边形拼接而成的球面结构稳定而且易于构筑，美国著名的创新家富勒（Richard Buckminster Fuller）在 1951 年曾申请将这种结构用于建筑的专利，并极力推动球形建筑结构的应用。他曾因建议用这种方式搭建一个巨大的半球形帐篷将整个纽约市遮盖起来而引起轰动。克鲁托和斯莫利于是决定用这位创新家的名字来命名他们发现的 $C_{60}$ 分子，这就是他们在《自然》杂志上发表的文章标题中“C-60-Buckminsterfullerene”这一名称的由来。$C_{60}$ 诞生之初，理论意义大于材料的实际意义，盖因 $C_{60}$ 结构可被看作是由碳原子构成的零维结构，与二维的石墨结构和三维的金刚石结构同宗同族。

与准晶和高温超导体的例子不同的是，$C_{60}$ 问世之后，并未立刻引发广泛的研究。主要原因是当时合成的 $C_{60}$ 还只是以分子团的形式存在，看不见也摸不着。而且缺乏有效地制备大单晶的手段也是制约一种材料发展的重要因素。不过天无绝人之路，1990 年，德国马普学会海德堡核物理研究所的克拉茨奇默（Wolfgang Krätschmer）与美国亚利桑那大学的霍夫曼（Donald R. Huffman）合作，成功地用苯对石墨碳棒电弧放电产生的炭黑进行萃取，获得了 $C_{60}$ 纯粉末。经过进一步用电子显微术及 X 射线衍射对粉末进行研究，发现 $C_{60}$ 大分子有规律地堆垛而形成一种晶体结构（图 8-8（b））。他们制成的这种全新的、由 $C_{60}$ 分子组建而成的碳原子结构，以及方便的 $C_{60}$ 粉末萃取方法发表于 1990 年 9 月的《自然》杂志上 [143]。此文一出，$C_{60}$ 研究的困顿局面立刻来了一个 180 度大转变，世界各国科学家们纷纷跟进。克拉茨奇默的文章仅在 1990—1996 年期间就被各国科学家引用高达近 2800 次，可见影响之广泛。他们所采用的给两个石墨电极通电蒸发出炭黑，然后再用苯萃取的方法被广泛采用。远在日本 NEC 公司的饭岛澄男在看到该文章后也开始了他独自的研究，继而依靠电子显微术掀开了碳结构研究的又一历史新篇章。

饭岛其人，想必读者还记忆犹新，我们在第 7 章介绍高分辨电子显微术的发展时曾讲到饭岛首开记录取得第一张原子分辨率电子显微像（图 7-3）的那段历史。饭岛于 1982 年离开工作了 12 年的亚利桑那州立大学返回日本，后来在 1987 年加入日本 NEC 公司任研究员。自 20 世纪 80 年代起他开始对碳纤维产生兴趣。碳纤维实际上是由石墨碳原子层如卷地毯般卷起而构成的，最早的实用碳纤维是美国发明家爱迪生（Thomas A. Edison，1847—1931）制成的。1879 年的新年之夜，爱迪生在家中向友人们展示了他制作的电灯，这个发光的白炽灯的灯丝就是爱迪生用碳纤维制成的。第二次世界大战之后，航空航天工业的发展急需一种又轻又结实的纤维来制造轻且高强度的复合材料，对碳纤维的研究因而兴起。至 20 世纪 50 年代，R. 培根（R. Bacon，1926—2007）将两石墨棒分开一定间距，然后给两石墨棒通电使两电极之间产生电弧放电，这种电弧放电能在局部产生高达 2000~3000 摄氏度的高温，可使从石墨棒上激发下来的石墨片发生卷曲而形成碳纤维，用这种方法产生的碳纤维直径仅在微米量级（1 微米 =1000 纳米）。

饭岛在 20 世纪 80 年代由于对碳纤维感兴趣，曾对石墨电弧放电产生的炭黑中所含物质进行过电子显微分析，积累了不少这方面的经验。当他看到克拉茨奇默等人 1990 年的文章后，马上想到克拉茨奇默等人的方法中是将两

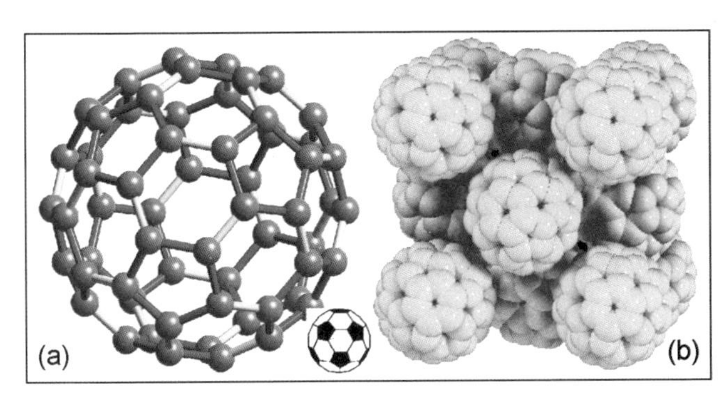


图 8-8

（a）60 个碳原子在球面上排列构成的 $C_{60}$ 分子结构图，这种分子结构与足球形状相仿，见右下角足球图片。
（b）由 $C_{60}$ 分子组成的面心立方晶体结构。

石墨棒相接触再通电使温度上升来蒸发出炭黑，那么如果采用将石墨棒头对头分开一定距离再通电产生电弧的方法，可能会更有效地产生炭黑。饭岛驾轻就熟，很快就将上述想法付诸实验。然后以他丰富的高分辨电子显微术和碳纤维方面的知识为背景，在黑暗的电镜室里坐在电镜前开始了对新收集炭黑粉末的潜心研究。没用很长时间他就发现在阴极石墨棒上沉积的碳黑中并无 $C_{60}$ 的踪影，但却发现一些非常细小的纤维。他马上针对这种意外出现的物质进行了仔细的电子显微研究，发现这些细小的纤维实际上是由石墨碳面卷成的中空无缝的碳管。这种碳管的直径仅数纳米，长度可从几十纳米到数微米不等。他认为电场及电弧放电产生的 2000~3000 摄氏度高温是形成这种纳米碳管的关键因素。

饭岛动作超快，这种没想到的纳米碳管很快就在 1991 年的《自然》杂志上报道出来[144]。图 8-9 中左方三个纳米碳管的高分辨像正是饭岛发表的纳米碳管第一篇文章中所用照片之一。由图可见这种纳米粗细的碳管分别是由 5 层、2 层和 7 层同轴无缝管套插而成的，因此称为多壁碳管。壁的数量并无限制，可以达几十层。每一层的结构都如图 8-9 之右侧示意图所示，是由含有六角碳环的石墨单层面卷曲后与两个最外沿的边线对接而成。这种结构实际上就像是一种由 $C_{60}$ 分子球延伸出来的大富勒（Fulleren）分子，因此可被视作一维碳结构，正好填补了零维的 $C_{60}$ 分子、二维的石墨以及三维的金刚石这一碳结构链上独缺的一环。大自然的巧夺天工真正令人叹服！

饭岛的工作发表之际，正是全球因克拉茨奇默等人 1990 年发明 $C_{60}$ 晶体萃取方法而掀起 $C_{60}$ 研究热潮之时。但以 NEC 公司为主力的纳米碳管研究热潮也像旋风一般横扫各国材料科学界，使得研究风向立转。在很短的时间内《自然》和《科学》杂志上刊登的关于纳米碳管方面的文章数量暴增，单壁碳管、碳管中填充金属以及大幅度提高碳管产量的方法相继问世。不过最使人怦然心动的还属在碳管的物理性质方面的研究。经过理论计算，发现这种纤细的纳米管拉伸强度之高竟然比同样质量的钢筋的强度高出 100 倍，而同时它们又具有极好的柔韧性，能够大角度百弯而不折。纳米碳管的热导率比它的同宗兄弟金刚石和石墨都要高。在极低温度下，纳米碳管也具超导性，例如直径 5 埃的单壁管在低于热力学温度 5K 的温度时具有超导性。然而最为令人倾倒的是纳米碳管的奇异电子结构特征。理论计算表明，纳米碳管既可以具有完全导电的金属性，也可具有半导体性，奥秘在于石墨层如何卷法。这种奇异的电子特性后来亦为实验所证实。

纳米碳管这些超酷的物理性质当然具有高度的实用和商业潜力，使得当时许多正在研究 $C_{60}$ 的科学家迅速转变到纳米碳管的研究方向上来。这其中甚至包括了 $C_{60}$ 的发明者克鲁托和斯莫利。斯莫利风趣地说："未来也许可以利用纳米碳管来实现科幻小说家克拉克（Arthur C. Clarke）所提出的一个宏伟设想，就是建造一个大气空间站，用强力纤维将其固定在地球上，这样就可通过纤维电梯将物资运送到空间站了。"显然现在我们离这项跨越时代的幻想还路途遥远，不过在与这项向外部空间伸展的项目相反的方向上，科学家

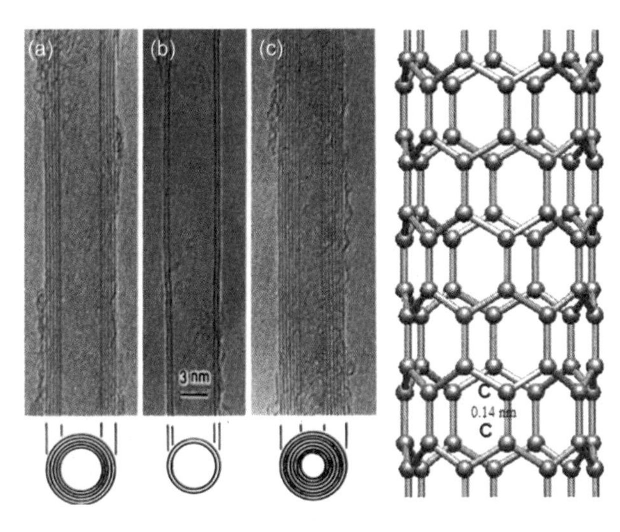


图 8-9

饭岛于 1991 年首次发表的纳米碳管的高分辨电子显微像，(a)(b)(c) 分别显示了由 5 层、2 层和 7 层同心中空卷曲密封石墨面构成的纳米碳管。右图为由一层石墨面构成的纳米碳管的原子结构示意图。碳 – 碳原子间距为 0.14 纳米。

们却已在利用纳米碳管制造纳米器件方面做出了可喜的成绩。由纳米碳管组成的纳米逻辑电路和三极管业已问世，纳米碳管也已被用来制作电子发射枪，在不同电性纳米碳管相接而构成的电子器件方面的制作方法和理论研究也都成果颇丰，纳米碳管俨然已成为纳米科学和技术潮流中的超级明星。有人甚至认为 1991 年纳米碳管的发现可以被看作是纳米技术的开端。

说到 $C_{60}$ 和纳米碳管的发现，还曾短暂存在过一些小小的争议。就在 1985 年关于发现 $C_{60}$ 的文章发表后，饭岛凭借多年浸淫于炭黑研究的丰富经验立刻想到了他在 1980 年的一篇文章中发表的直径为 0.8~1 纳米的石墨球应该就是 $C_{60}$ 分子簇。因此他于 1987 年撰文表示"60-C 簇曾被发现过"[145]。该文并未引起多大的反响，毕竟看见事物与认识事物是完全不同的两码事。有趣的是，饭岛在 1991 年宣布发现纳米碳管之后，也有多人宣称这种纤小的碳管早就在他们的研究工作中看到过。这话可能不假，因为石墨电弧放电是一种被长期广泛应用的制造炭黑的方法，纳米碳管很可能早就存在于许多人所收集的炭黑之中，被人偶尔看到完全有可能。不过还是那句话，看到并不等于认识到。因此饭岛被公认为纳米碳管的发现第一人。可惜 1996 年诺贝尔化学奖只颁给了 $C_{60}$ 的 3 位发现者，纳米碳管落选。不过单论纳米碳管的发现过程而言，于电子显微镜又是大功一件。整个故事与准晶的发现过程颇具历史巧合之处。

说到"看见不等于认识"，还有个类似的情况就是"差点看见不等于看见"。2010 年的诺贝尔物理学奖授予发现石墨烯的两位科学家。石墨烯实际就是碳单原子层材料，把它们摞在一起就得到石墨结构。反之，把石墨结构沿着 *c*-轴持续分解下去，最后就能得到单层碳石墨烯结构。单层碳，这听起来好像很难做，其实不然，如果深挖一下获奖者最初是如何得到单层石墨烯的，其实就是把石墨材料先粘在胶带纸上，然后上面再覆盖胶带纸，胶面对粘，这

就形成了胶带纸 / 石墨 / 胶带纸的夹心构造。用两手分别捏住两层胶带纸将它们撕开，石墨就会沿着 *c*- 轴被解理开来。就这样对粘—撕开地重复下去，最后就得到了单层碳石墨烯。这种方法笔者读研究生和博士生时就用过，凡是片状、易解理的材料都可通过这种方法方便地制备电镜样品。记得当时老师还特别叮嘱，不要撕太多次，否则样品过薄，不适合一些电镜工作（如会聚束电子衍射）。那是 1990 年以前的事，比石墨烯的发现早至少 20 年。所以当看到最初发现的石墨烯就是用这种土办法制作出来的，心里难免想入非非，想当初要是不听老师的，拿个材料往死里撕，搞不好早就有点什么发现了吧，唉，就差这么一点。可惜有时差一点就等于没有，是零和一的差别。

回顾起来，在本章提到的材料科学发展过程中（不包括生物研究），电子显微镜立下了三件首功，其中位错的发现是凭借电子衍衬像，准晶则是靠电子衍射首先揭示出来的，而高分辨电子显微术则成功地将纳米碳管首次展现在我们面前。电子显微镜的这三大看家本领风骚独领，各立奇功，也算一段科学史上的佳话了。

## 8.5　电子显微镜结语

从第 3 章到第 8 章，我们一共用了 6 章的篇幅对电子显微镜的诞生及发展历史作了个回顾，也对电子显微镜的构造和应用作了基本介绍。经过大半个世纪的努力，电子显微镜发展至今早已非昔日可比。关于电子显微镜、显微术及其应用的大事年表，读者可参阅哈久诺（F. Haguenau）等人编撰的电子显微学历史大事记 [140]。现代电子显微镜不仅突破了纳米分辨率，并且更上一层楼，获得了人类梦寐以求的超高原子分辨率，更可以同时探测小至单一原子的化学成分。身怀绝技的电子显微镜集成像、衍射、原子分辨率，以及化学分析于一身，可谓功能齐备，身手不凡，在现代材料科学研究中已成为不可替代的工具。有人做过统计，在当前各类学术期刊上所发表的自然科学研究论文中，超过 50% 的研究工作都使用到电子显微术。电子显微术在材料研究中的独特地位也表现在它在某些方面的不可替代性，例如对于材料中的缺陷、畸变、界面、多相混合区以及纳米结构特征的研究等。

值得关注的是，随着电镜本领的大幅提高，其价格也是扶摇直上。美国密歇根大学退休教授比格罗（Wilbur Biglow）博士曾告诉笔者，他 1963 年购买了一台日本电子公司出产的100千伏加速电压的JEM-6A透射电镜，价格是3.5万美元，再看如今同类电镜产品的价格已经暴涨了十几倍了，当然这得将货币贬值以及产品质量和性能的因素考虑进去。图 8-10 是参考 *Physics Today* 杂志上发表的一篇文章中的常规电镜价格所做的示意图 [146]。由图可见商业透射电镜的价格自 20 世纪 70 年代开始呈现指数增长趋势，自 2000 年起的常规透射电子显微镜价格已高达 100 万 ~200 万美元，现在流行的球差校正电镜和生物冷冻电镜价格更是动辄 400 万美元以上，有的甚至高达 600 多万美元。尽管高科技的发展通常有降低产品价格的作用，但对于电镜这类大型精密仪器来说，不断改进的性能和不断增加的功能却正在促进价格的不断上涨。人类在享受着观察原子的超级能力的同时，也逐渐开始感受到了令人咋舌的价格所带来的经济负担。显然，现代顶级电子显微术的研究与发展所需要的人力和财力已非一个学校或一个研究所能够独立肩负。鲁斯卡在 20 世纪 30 年代靠父母资助而单枪匹马研发电镜的情况放在现在绝对是不可思议的。为了凝聚人力和物力以寻找新的突破，近年来世界上相继成立了许多国家级电子显微术研究中心，目标是以集中的财力和人力来跟踪和发展最先进的电子显微技术以及做好准备迎接未来的进一步发展。那么现代科学对未来的电镜抱有什么样的期望呢？

回答是，期望极高！所谓“欲穷千里目，更上一层楼”。

首先球差及色差校正器以及各类能量过滤装置将成为一种标准配置，可以校正大部分近光轴及远光轴像差以及像散；在 200~300 千伏电子加速电压的电镜中，0.5 埃的点分辨率将唾手可得；样品室具有比当今设计大一倍的空间，可进行各种原位测量及观察，并在大角倾转条件下获得二维和三维的原子分辨率显微像；超高真空镜筒不仅使成像及化学分析过程中样品污染大幅减小，而且也可以进行电镜内原位制样并即时对结构及化学信息进行分析；电子枪亮度应该是现在的 100 倍，直径小于 1 埃但仍具有高电流密度的电子束斑将很普及，可对小至单个原子方便地进行成像和化学分析；能谱化学分析的能量分辨率将可达到 10~100 毫伏的极限，收谱速度随着探头的改良及电脑处理速度的提高将会达到甚至超过每秒百万幅；电源的不稳定性也将大幅降低至现代标准的 1/4~1/5；电脑智能控制将全面发展，不仅可对操纵电镜各附属设备所用的电脑语言进行统一，并且将打破当前使用者无法接触电脑程序的局限，令使用者可以根据需要随意更改电脑程序，开发新的应用功能；电脑操控的高度发展不仅使未来的电镜操作变得非常简单易行全自动，而且配合互联网技术的发展，远程电镜操控技术会完全普及，使得坐在北京家中的使用者可以通过电脑来操纵使用全球任何实验室的电子显微镜设备；原子分辨率水平的三维结构拓扑研究 (Eletron tomorgraphy，电子拓扑 ) 在未来将更为普及，这对测

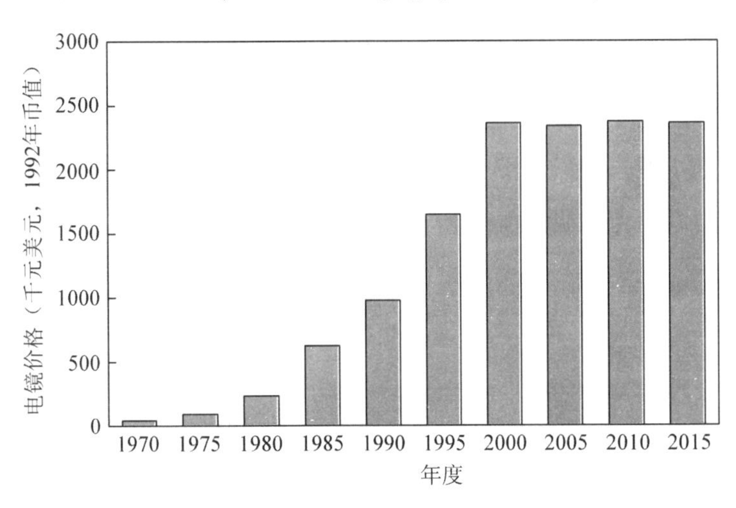


图 8-10

透射电子显微镜历年价格表，显示节节攀升的透射电子显微镜价格，这一价格不包括像差校正透射电镜的价格。

定生物大分子结构及纳米物质等将尤有吸引力；当然，对生物材料研究来说，可进行低温下高分辨率电子显微学研究也是必要的。在动态电子显微研究方面，时间分辨率将获得大幅度提高。现代相机记录速度可达每毫秒 1 幅左右，但动态显微镜的发展能将此速度提高 10 亿倍以研究在瞬息间发生的原子位移、化学反应、单电子效应以及电子自旋等很多现象。所有这些期望，有些已经部分实现或接近实现，有些已纳入了研发计划。目标虽然很高，任务虽然艰巨，但是只须假以时日不断努力，总有实现的那一天。正如有人所指出的那样：我们不必为期望过高而焦虑，只要一次一小口，积少成多（small bite a time，less is more），终会达至目标。

透射电子显微镜身高体阔，价格动辄数以百万美元计，可谓价高位显。成像分辨率傲视群雄的它，其实也面临着一种看得见摸不着的尴尬。原子们在电镜的目光注视之下虽然无所遁形，但还是了无羁绊，可以随性而动、随遇而安。你电子显微镜有眼无手，目光虽利，却怎奈我何？这好像不太符合人类总想统治一切的本性。要知道所谓纳米科技的一个主要目标，或者说纳米科技的精髓就是要通过人为操纵原子来根据需要组建物质结构，这就是所谓的自下而上（bottom-up）的材料设计理念，有别于传统的由上而下（top-down）的材料制备方式。看见、接触并能操纵原子正是纳米科技中关键的一环。这个挑战可不小，人类能够做到吗？谁有那么大的本事可以摸到原子呢，中学物理不及格的小子怎么获得了诺贝尔奖，一个巴掌大的小仪器为何能与身高两米的电镜大叔有同样的分辨率，IBM 公司是如何制成风趣的原子小人动画片的？这一系列的问号，咱们将在下一章且聊且回答。

# 第9章 无限风光在险峰

## 可移动原子的扫描隧道显微镜

宾尼希决定将此发明向低温物理国际会议投稿。现在隧道电流已经不成问题，成问题的是对表面结构的记录时有时无。宾尼希虽然着急但并不灰心，他一小时接一小时地盯牢记录仪并不断调整各种控制参数。有一天，在努力了整整 12 个小时之后，忽然间有点莫名其妙地，记录仪上终于出现了完美的表面结构图，并且分辨率达到了 4.5 纳米。宾尼希太激动了，他回忆道："我简直就不能够停止不看这些图像，好像是个全新的世界一般。对我来说，这就是我科学生涯中再也不可能跨越的最高点"。一直到几个月后，他们才终于搞明白了记录图像时有时无和分辨率时好时坏的原因是不同元件的热膨胀系数不同在作怪。

鲁斯卡因发明电子显微镜而荣获 1986 年诺贝尔物理学奖。实际上当年有 3 人共享此项大奖，另外两位与鲁斯卡一起名垂青史的是扫描隧道显微镜的发明人宾尼希（Gerd Binnig）和罗雷尔（Heinrich Rohrer）。如果说鲁斯卡的发明使人类最终直接面对原子成为现实，为人类开启了探究原子世界的窗口，那么扫描隧道显微镜的发明使人类能更进一步亲手操纵原子来建设想象中的纳米世界，原子世界终于彻底向人类敞开了大门。

## 9.1 费曼的梦想

美国著名物理学家费曼（Richard Feynman）在 1959 年美国物理学会年会上一次题为“在底部还有很大的空间”（There is plenty of room at the bottom）[147] 的演讲中提出了一个超越时代的设想，他认为：从石器时代磨尖箭头，到当代光刻芯片等人类所采用的所有技术，几乎都与一次性地削掉或者聚集数以亿计原子的物质而制成有用的物体形态有关。费曼因此提出一个问题：“为什么我们不可以向另外一个方向出发，从单个分子甚至原子开始进行组装，以达到我们的要求呢？”这种设想是否可行，费曼提出了他的观点：“依我看来，物理学的规律并不排除一个原子一个原子地调配物质的可行性。这并不违反任何定律，原则上这事是可行的，但实际上却还做不到，至少还没能做到，因为我们(的尺寸)太大了。”这真是一个绝妙的思想，闪烁着人类智慧的火花，这番话打破了人类传统制造工艺由大而小的习惯思维流程，改而建议通过调动原子并像堆砌一砖一瓦而盖成高楼一样地自下而上（bottom-up）建筑所要得到的物质形态。事实上这种自下而上的概念与由大而小（top-down）的方法一样，成为 21 世纪纳米科技的两大基本工艺体系。

其实费曼这番讲话最为惊世骇俗之处是搬运原子的概念。试想在讲这番话的 1959 年，人类虽已拥有了电子显微镜，但当时的分辨率尚不足以看到原子。就在人们发奋攻关以图达到目击原子的梦想之际，费曼却已开始了调动单个原子的思想漫游。自那以后半个世纪的科技发展，一再证明了费曼的先知先觉。可以说费曼的这番讲话正确地指明了人类向原子世界进军的必经之路。

当然，在费曼的年代，没有人能够想象得出怎么样才能调动单个原子。用手指拨弄一粒沙子乃至一粒灰尘虽然是可以做到的，但要将它们排列起来就已经困难多了。而即使是最尖细的针，对单个原子而言还是大如泰山，更遑论当时还根本看不到的原子！因此费曼的这番睿智的思想游戏，在当时并没有引起很多共鸣。27 年后，一位专门以展望未来为职业的科学“巫师”德雷克斯勒（K. Eric Drexler）在 1986 年出版《创造的发动机》一书，其中运用通俗的描述，将费曼的梦想勾勒成一幅幅生动的画面。

书中说道：“我们为什么不制造出成群的、肉眼看不到的微型机器人，让它们在地毯或书架上爬行，把灰尘分解成原子，再将这些原子组装成餐巾、电视机呢？这些微型机器人不仅是一些只懂得搬运原子的建筑工人，而且还具有绝妙的自我复制和自我维修能力。由于它们数量庞大又同时工作，因此完成工作的速度很快而且十分廉价。”书中描述的这种场面单是想象一下就够神的了，更刺激的是这种描述很快就被证明可能并非仅仅是幻想而已，人类按照自己的意愿来调动原子在 1990 年竟然梦想成真了。那一年，美国 IBM 公司加利福尼亚州阿玛丹（Almaden）研究中心的埃格勒（Donald Eigler）和他的同事们成功地操纵镍金属表面上的 35 个氙原子使之精确地排列出“IBM”字样 (图 9-1)，他们的成果发表于 1990 年 4 月的《自然》杂志上，题为“用扫描隧道显微镜布置单个原子”[148]。

虽然埃格勒等人用了整整一天的时间来调动这区区的 35 个原子排列成字，但这却是人类有史以来第一幅将原子按照人类的意愿调动所排成的图案，是人类创造的又一伟大奇迹。读者可能已经从埃格勒等人的文章标题中注意到了扫描隧道显微镜这一新事物，它是原子排字奇迹的直接缔造工具。那么扫描隧道显微镜究竟是何方神圣？它是怎样诞生的？它与前面几章所介绍的电子显微镜有何不同？原子又是如何被移动的呢？让我们在下面各节慢慢道来。

## 9.2 神奇的隧道

扫描隧道显微镜的英文名称为 Scanning Tunneling Microscope（STM）。顾名思义，它是通过扫描和隧道效应共同作用来进行工作的。什么是隧道效应？这里说的是量子隧道效应，它是一种量子力学中非常奇特的物理现象。我们知道，在宏观世界中无论是人或是其他任何宏观物体都不可能在不毁坏一堵墙的情况下穿墙而过（图 9-2）。当然如果墙够薄，而物体冲击的劲够大，是可以穿墙通过的，但是墙或穿墙物体必然会遭到破坏，蒲松龄在《聊斋志异》中描写的崂山道士潇洒穿墙于无形的神奇本领只不过是挑灯夜话的戏说而已。

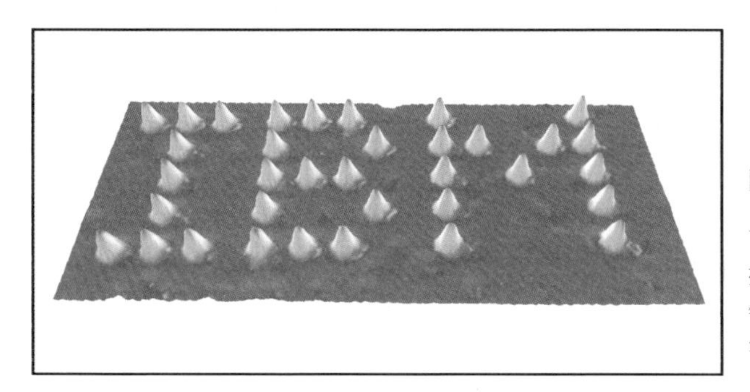

图 9-1

首例人工排列原子图案，利用扫描隧道显微镜将 35 个氙原子在镍金属（110）表面上排出“IBM”字样，照片由 IBM 公司提供。

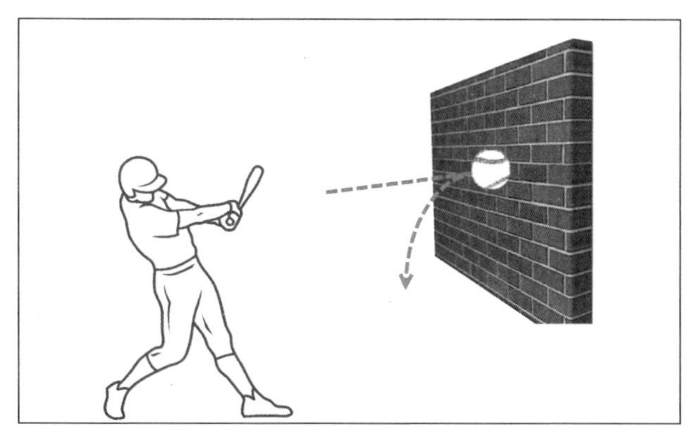

图 9-2

棒球击墙，在不破坏墙体的情况下无法洞穿而过，但量子世界的微观粒子在运动过程中遭遇一堵“墙”时，却有一定的可能性隧穿而过，这种现象被称为量子隧道效应。

然而，在量子世界中，微观粒子在运动过程中遭遇一堵“墙”时，却有可能穿墙而过且毫发无损。当然，这里所说的“墙”只是一种形象的比喻，在物理学中，这堵“墙”可以是任何对微观粒子运动有阻挡作用的能量体，称为势垒。例如两片金属中间的绝缘夹层就属于一种可以阻挡电子从一片金属流动到另一片金属的势垒。然而当这层绝缘物质薄到一定程度时，能量不高的电子却有可能穿“墙”而过，这就是美国通用电气公司的加埃沃（Ivar Giaever）1960 年首次用实验证实的单电子隧道效应。实际上，电子隧道效应的提出比加埃沃的实验还要早 30 年左右，不过当时涉及的是电子穿越两个固体之间的真空势垒的问题，而加埃沃的实验则首次实现了电子穿越固体势垒。

加埃沃，1929 年 4 月 5 日出生于挪威，在获得机械工程学士学位之后数年，于 1956 年迁至美国。1958 年加入通用电气公司的同时，还在纽约伦斯勒理工学院（Rensselaer Polytechnic Institute）兼读物理学博士学位。加埃沃在通用电气公司所接受的研究课题是利用薄膜绝缘层隔开的金属来验证量子力学预言的电子隧道效应。在接受这个任务时，他实际上并不相信量子隧道效应的存在。他回忆道:“微观粒子能够穿过势垒的概念对我来说真是很奇怪……对于一个工程师来讲，这种对着墙扔网球很多次后，网球会有机会穿墙而去而且不会损坏墙或球的事儿听起来实在不太现实。”不过，不信归不信，加埃沃还是认认真真地进行了大量的实验工作，并且发现可以采用金属镀膜再氧化的方法制成样品，绝缘的氧化层就成了金属膜间一层厚度不超过 5 纳米的完美绝缘层。在经过无数次尝试之后，他终于在 1959 年 4 月成功地观察到了电子从一片金属穿越绝缘氧化物势垒而进入另一片金属的电子隧道效应。为了解释实验现象，加埃沃还反复求解薛定谔方程以证明电子的确可以具有波动性。

说到这里，不妨先解答一些读者心中的疑问，为什么微观粒子可以穿越能量比它更高的势垒呢？答案就是我们在第 3 章开始时所提到过的量子力学中微观粒子的波粒二象性。仍用小球撞墙的例子，小球虽不能无损地穿墙而过，但水波或声波都有可能做到。这个宏观的例子虽不能完全与量子力学中所描述的微观情景相比拟，但可以明白的是具有波动性的物质可以穿过固体物质所无法穿越的壁垒，因此微观粒子例如电子所具有的波动性就使它们具备了这种非凡的“穿墙”本领。

话说加埃沃在1959年观察到两金属间绝缘层中发生的电子隧道效应之后自然是非常高兴，他在通用电气公司内部作了一次学术报告，但他的实验结果却遭到了公司内部许多物理学家的质疑。物理学家们的问题再明白不过了，那就是加埃沃怎样证明他所观察到的电子穿越绝缘层的现象是真正的隧道效应，而不是漏电或短路造成的呢？加埃沃因此开始苦思答案。有一天他在学院里听固体物理课，当时教授讲到超导电性问题，加埃沃对此又不相信了。他回忆道：“我可不相信导体的电阻能够真正降为零，不过超导中的能隙倒是引起了我的注意。如果超导理论和我的电子隧道效应实验都是可信的，那么二者的结合应该会产生一些十分有趣的现象，这是再明显不过了。”

加埃沃很欣赏他本人的新想法，但是他在通用电气公司的同事们还是不怎么感兴趣。加埃沃于是又开始自己动手边学边干，用超导体来进行低温电子隧道效应实验。其间又是几经反复，他制成了铝－氧化铝－铅的隧道结，选用铅是因为铅在零下266摄氏度以下会变为超导体。经过多次的技术改良，他终于在1960年5月2日以一种全新而又简单的方式获得了量子隧道电流，并准确地测出了超导体的能隙。通用电气公司上下欢腾。在一片赞扬声中，加埃沃也第一次感到自己像一位真正的物理学家了。

加埃沃因为成功地通过实验验证了单电子隧道效应而荣获1973年诺贝尔物理学奖。在获奖消息传出后，他的故乡挪威的一家报纸在头版发布了报道，标题为“物理学几乎不及格的台球和桥牌高手荣获诺贝尔奖”。加埃沃看到报道后风趣地承认“这个标题是指我的学生时代，所言基本准确……其实我那时数学也差点不及格。”不过加埃沃对此并不介意，他的一番道理倒也颇耐人寻味，他说：“我个人深信在科学发明的道路上没有什么捷径可循，但也并不一定需要了不起的专业知识。实际上，我认为在一个领域中新手经常具有很大的优势，因为他是个外行，不知道为何不应尝试某一实验的各种复杂理由。但是在需要的时候，能够得到各学科专家的建议和帮助是十分必需的。对我来说，取得成功的最重要的原因是我在适当的地点和适当的时机获得了通用电气公司内外的许多朋友的无私帮助。”

值得一提的是，紧随加埃沃证实单电子隧道效应之后，英国年轻的物理天才约瑟夫森（Brian D. Josephson）于 1962 年经理论演算大胆地预言了双电子（电子对）的量子隧道效应以及由此引发的超导体电流穿越固体势垒时发生的一系列匪夷所思的物理现象，当时的约瑟夫森还只是英国剑桥大学的一名博士生。约瑟夫森的大胆预言很快就被一系列实验结果所证实，现在在超导研究领域这些效应被统称为约瑟夫森效应。约瑟夫森也因为 1962 年的这一篇短论文，而于 1973 年荣获诺贝尔物理学奖，与加埃沃及江崎玲於奈（Leo Esaki，日本，与加埃沃分别证实单电子隧道效应）共享殊荣，约瑟夫森时年 33 岁，着实令人惊羡。约瑟夫森理论的问世是物理学中为数不多的理论指导实践的经典例子之一，近代物理中其他类似的例子还有爱因斯坦的相对论理论，杨振宁和李政道的宇称不守恒理论，以及前几章提到过的德布罗意预言的电子波粒二象性，具有磁通格子的第二类超导体，带电荷粒子经过电磁场附近时的 A-B 效应等，个个都是神来之笔，可望而不可及。

量子力学无疑是 20 世纪问世的最伟大的物理学理论之一。量子力学中的两大重要概念，即粒子的波粒二象性和量子隧道效应，分别导致了 1931 年透射电子显微镜和半个世纪后扫描隧道显微镜的诞生。这两项一起荣获诺贝尔奖的发明也堪称 20 世纪显微技术革命的基石之一。

## 9.3 迫近的脚步

在本章开始时我们虽然着重强调了扫描隧道显微镜具有的移动原子的功能，但其实这种显微镜之所以称为显微镜最初还是为了放大并研究物体表面结构而发明的。

以“泡利不相容原理”而闻名的美籍奥地利裔著名量子物理学家、1945 年诺贝尔物理学奖得主泡利（Wolfgang Pauli，1900—1958）曾风趣地把物质表面形容为魔鬼的杰作（the surface was invented by the devil）。泡利之所以这样形容乃是因为物质表面结构和物理性质的复杂性经常令他倍感困惑。我们知道物质的表面实际上是将物质内部与外部世界分开的一道界面。在物质内部，每一个原子总是被其他原子完全包围着，但是在物质表面的原子则面对外部世界。为了减小表面能，表面上的原子会以一种与物质内部不同的方式进行排列，因此使得物质表面的结构往往比内部结构更为复杂和难以预料。而且，研究物质表面的原子结构曾经也是一个非常棘手的课题，因为没有合适的显微工具。

不错，我们可以用光学显微镜来观察物质表面，可惜局限于分辨率而达不到观察原子结构的水平。用扫描电子显微镜也可以研究物质表面结构，但在日立公司 2009 年用 200 千伏电子加速电压的球差校正 HD-2700 电镜成功获得扫描电镜原子分辨率之前，传统的扫描电镜分辨率一般都在 1 纳米甚至几十纳米，完全不足以胜任物质表面原子结构的研究。透射电镜的分辨率倒是足以达到原子分辨率水平，但是因为电子束穿透物质而成显微像，所以“看”到的实际上是物质的内部结构而非表面结构。因此在 1981 年以前，科学家们可谓是绞尽脑汁来设计各种间接的实验以确定各种物质的表面原子结构。

1951 年，德国科学家 E.W. 穆勒（Erwin W. Müller，1911—1977）首先发力，发明了一种称之为场离子显微镜的仪器用来研究物质的表面结构 [149]。研究的样品被做成尖顶直径近1纳米到上百纳米的针状，在针尖处加上高电压可以使尖顶部分的原子被离子化并在外电场的作用下最终脱离样品表面飞射而出。被发射出来的离子由一个探测器接收（图9-3），在探测器上所记录下来的某离子的位置与该离子脱离样品前在样品表面所处的位置一一对应，通过分析探测器接收到的各离子的位置，就可以精确推算出样品表面的原子结构，其分辨率可达原子量级。这一技术后来被进一步改进并在1968年制成所谓的原子探针（Atom Probe）[150]，应用于表面结构、晶界结构及成分以及三维原子分布等方面的研究。利用场离子显微镜既可研究物质表面结构又可取得原子水平的分辨率，感觉好像还不错。不过这种技术要求样品必须首先被制作成纳米直径的尖形，且必须在高电场作用下保持很高的机械稳定性，这些挑剔的要求大大限制了场离子显微镜在表面结构研究上大展宏图的机会。

同是在20世纪50年代，当时任职于美国军用地图业务部门的奥基夫（John A. O'Keefe，1916—2000）于1956年提出了另一种显微镜的构思。他设想在显微镜中让一束光穿过不透明板上的一个极小孔后照到样品上，样品后方是一个屏幕。平移样品可以使光束在样品表面近距离来回扫描，同时透射过样品的光及被样品反射回来的光都可以被照相记录下来，形成样品表面结构的显微像。奥基夫指出，这种“近场扫描光学显微镜”（Near-field Scanning Optical Microscope，NSOM）的分辨率应该不受所用光源波长的限制，而只与小孔的直径有关。这其实是一个非常天才的设想，巧妙地绕过了阿贝理论中光学显微镜分辨率必受光源波长制约的事实。可惜主意虽好，但奥基夫也承认在当时的技术条件下高度精确地移动及定位样品是无法实现的。不过他的设计原理倒是在1972年被英国的阿什（Eric Ash）所验证了。阿什采用了3厘米波长的微波通过一个小孔后对样品进行近距离扫描，所得显微像的分辨率比入射微波波长小了60倍。而阿贝分辨率极限对应的分辨率应该大约是入射波波长的一半，所以近场扫描光学显微镜的分辨率最终确实绕过了阿贝极限。这种近场显微术是本书第 2 章 2.6 节所讲的超高分辨荧光显微术出现之前最普及的能够绕过阿贝分辨率极限的显微技术。

奥基夫提出的这种新颖的扫描成像模式除了能够提高分辨率，同时还给出了一个很好的启发，那就是通过对物质表面采取某种形式的扫描成像，应该可以获知表面结构。用来执行扫描任务的固体物质的尺寸，是决定表面结构显微像分辨率的关键因素。打个比方，如果你闭上眼睛，用一根手指触摸一个人的面部，当你的手指尖紧贴着面部滑动时，你会感知到哪里是鼻子、眼眶及脸颊，这是因为你的手指在滑动时会随着面部凹凸而上下起伏，并通过神经系统将信息送到大脑，大脑经过信息处理就可以指挥你保持手指紧贴面部移动并同时经由手指触摸得到的信息，判断出面部的结构特征。可以想象的是，手指尖越细，越能感知尺寸更小的凹凸变化，从而使你对面部结构更细微的变化有所了解。

至此，科学家及工程师们的任务已经比较明确了，那就是要寻找这样一种极细的“手指”，使之与电脑配合，通过对样品表面的“触摸”式扫描来侦知物质的表面结构。当然这里面有两个要求：第一，这种扫描必须不破坏物质表面的结构；第二，“手指”要细，越细越好，移动步幅要小而精确，这样才

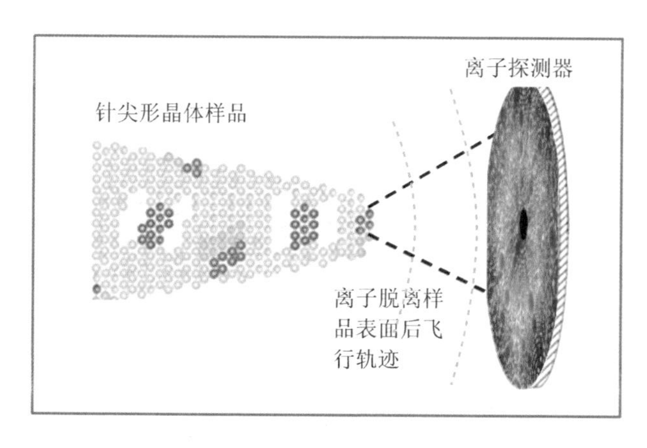


图 9–3

场离子显微镜工作原理示意图。被研究的样品被做成针状，在针尖处加上高电压可以使尖顶部分的原子被离子化，并在外电场的作用下脱离样品表面飞向探测器。

能保证达到所需要的原子分辨率物质表面成像。

1972年，美国国家标准局的物理学家R. 杨（Russel Young）想出了一个好主意。R. 杨曾是前面提到的场离子显微镜的发明人E.W. 穆勒的学生，这一背景使R. 杨想到可以利用一下场离子发射的概念。具体地说，可以制作一个探针并使它与样品表面保持一定的距离，当在针尖和样品表面之间加上足够高的电压后，就会在针尖和样品表面之间形成场发射电流，这个电流的大小取决于针尖与样品表面的距离。在移动针尖使之扫描过样品表面时，可以通过监测电流的变化，用机械手段保持针尖与样品表面的距离恒定，这样针尖不直接接触样品表面，所以不会对表面造成机械损坏。由于针尖在扫描过程中与样品表面距离恒定，所以在遇到凹凸不平之处时，针尖会上下起伏。通过对针尖运动轨迹的记录，就可以勾勒出物质表面的结构了，所得表面结构像的分辨率则完全由电流束直径直接决定。

R. 杨根据这一设想制造了一台仪器，针尖与样品表面距离为20纳米。因为距离较大，使得达至样品表面的电流束直径也较大，当时取得的横向分辨率为400纳米，远远达不到原子分辨率，十分不理想。为了提高分辨率，R. 杨进一步想到如果可将原子粗细的探针尖与样品表面的距离缩小到小于1纳米的水平，应当可能产生量子隧道电流，电流束的直径可以小到几分之一纳米的水平，这样不就可以得到原子分辨率的物质表面结构显微像了吗？只可惜主意虽好，但当时由于设计上有很大困难，R. 杨终于没能将这一改进思想变成现实，从而与一项划时代的发明失之交臂。但是，所有这些早期的努力却使得一项伟大的发明日益迫近了。

## 9.4 攀登的足迹

R. 杨等人在想利用量子隧道电流效应提高物质表面扫描分辨率的过程中所遇到的一大难题是如何精确地保证探针尖与样品表面维持小于1纳米的极

小距离，以及如何使探针尖在样品表面的移动得到精确而稳定的控制并且扫描步幅必须可以保持在原子间距的水平。另外，有效地隔绝声、热和机械振动等外界干扰也是极为重要的。克服这些困难的确是对机械控制系统的一个十分棘手的挑战。但是 R. 杨等人的工作已经给出了正确的设计方向，剩下的大多是技术难题，而人类在克服技术难题上向来是不缺乏耐心和智慧的。攻克 R. 杨等人所遇到的技术堡垒，仅用了不到 10 年时间，这些技术上的成功令人预期地导致了 20 世纪继电子显微镜之后又一项划时代的发明——扫描隧道显微镜，1982 年华丽亮相。

1982 年 4 月，美国加利福尼亚州斯坦福大学的电机工程师奎特（Calvin F. Quate）搭上了一架飞往英国伦敦的航班去参加一个国际会议。飞机升空后，闲不住的他拿出当月的 *Physics Today*（《今日物理》）杂志开始浏览。没过多久，他的目光就被刊登在第 21 页上的一条消息所吸引，标题是“Microscopy By Vacuum Tunneling”（真空隧道显微术）。消息称瑞士苏黎世 IBM 实验室的一个小组开发出一种新型的显微镜，利用真空隧道电流扫描样品表面，可以获得 5~20 埃原子分辨率的物质表面结构像。

奎特在此前几个月都在一直思考他们的显微术研究组未来的研究方向，看到这则消息，奎特立刻来了精神，原定的会议也不想参加了。一到伦敦，他马上就转搭飞机直飞苏黎世，想亲自会一会消息中的主角罗雷尔和宾尼希。用奎特自己的话说，他的这一行动从此改变了他今后的科研生涯。到了位于苏黎世的 IBM 实验中心，这位“举目无亲”的美国人颇费了一番力气才终于联络到了讲话幽默的格伯（Christoph Gerber），此人是罗雷尔和宾尼希组里的技术员，负责仪器的设计和组装工作。通过他，奎特终于见到罗雷尔和宾尼希并获准阅览了 IBM 小组的工作笔记并参观了他们的第二代显微镜。奎特看后的反应是：“我感到绝对地震惊，并且意识到有些大事已经发生了。”令奎特吃惊的到底是什么呢？原来，他所看到的是一种设计精巧、被称作扫描隧道显微镜的新式设备，以及用它获得的首批金和其他金属的表面结构像，这些像都是由具有微小起伏的区域组成，横向分辨率可高达 4 埃，在有些区域还可以看到好像是一些金属表面原子似的图像特征。不过当时这台新仪器的缔造者宾尼希和罗雷尔对于这些显微像中显示的是否是单个原子还持相当审慎的态度。

就在奎特访问苏黎世后三个月，宾尼希和罗雷尔等人在 1982 年 7 月 5 日的《物理评论快报》期刊上发表文章，宣布了扫描隧道显微镜的正式面世。在这篇文章中宾尼希等人除了较详细地介绍了扫描隧道显微镜的工作原理、设计及实验条件外，也给出了他们对 $CaIrSn_4$ 及金的表面结构的研究成果，展示了三维原子分辨率 [151]。紧接着在 1983 年 1 月 10 日的同一期刊上再度出击，发表了他们对硅 (111) 表面的结构研究 [152]。他们这次一出手就澄清了一个 50 年未搞清楚的问题。

我们知道在晶体内部的任何一个原子都被若干其他原子包围，所以原子间的相对位置是固定的，形成了我们所熟知的晶体结构。但是处于物质表面的原子由于面对外部世界，所以其排列方式经常会与在晶体内部时不一样。对于硅的表面结构，科学家们很早就由一些实验观察间接推测出了一些不同的表面结构模型，但一直苦于观察工具的分辨率限制而无法明白确认哪种模型是正确的。早在 1957 年的时候，曾有人尝试利用当时方兴未艾的掠射电子衍射技术来确定硅的表面结构，但结果并不理想。宾尼希等人借助扫描隧道显微镜这一新式武器，获得了非常清晰的具有原子分辨率的硅 (111) 表面的结构像，他们凭此肯定了硅 (111) 表面的原子排列单胞边长是晶体内部 (111) 面上单胞边长的 7 倍，从而肯定了所谓 $7\times7$ 表面结构模型的正确性。扫描隧道显微镜初出茅庐第一功，一锤定音，解决了在这一问题上存在了几十年的争议，充分显示出了这种新式武器的威力。宾尼希这位扫描隧道显微镜的主要发明人是那样的激动，用他自己的话说是“It was a little too much to feel joy”（激动到都有点麻木了）。图 9-4 是 IBM 公司提供的扫描隧道显微镜发展初期所得到的硅表面和金表面的扫描隧道原子显微像。

图 9-4

（a）原子分辨率的硅表面扫描隧道显微像。(b) 金表面的扫描隧道显微像，可分辨出单一金原子列。照片中颜色是人工加上的，照片由 IBM 公司提供。

扫描隧道显微镜是那样的成功，以至于它刚刚问世便引起了极大的关注。别看它能耐挺神奇，个头可真不算大，核心部分直径才不过 50~100 毫米，和普通茶杯口大小相仿，高度也就40毫米左右，揣在裤袋里都没问题。与庞然大物的电子显微镜甚至是普通的光学显微镜比起来，算是超袖珍了。图 9-5 所示为世界上第一台扫描隧道显微镜和它的两位发明人，右边是宾尼希，左边是罗雷尔。

罗雷尔 1933 年 6 月 6 日出生于瑞士，是三胞胎中最小的一个，比两个孪生姐姐晚半小时降临人世。从小他

图 9-5

第一台扫描隧道显微镜及其发明人宾尼希（右）和罗雷尔（左），照片由 IBM 公司提供。扫描隧道显微镜的尺寸不大，核心部分只有手掌大小，但却可以对材料的表面结构进行原子分辨率显微成像，两位发明人因此获得 1986 年诺贝尔物理学奖。

对语言及自然科学有浓厚的兴趣。1949 年举家从家乡迁往苏黎世，在那里他进入瑞士联邦技术学院主修物理。在 1955 年 4 月开始的攻读博士学位期间，他的主要研究课题是磁致超导转变。对于超导体和磁场效应的学习和研究自那时起成为他科研生涯的主要部分，并为他日后对扫描隧道显微镜的研发打下了基础。1963 年，三十而立的罗雷尔接受刚刚成立的瑞士 IBM 研究中心的聘请加入了研究中心关于磁场中磁阻系统的研究项目。此后他又先后参与了很多与磁学、超导及相变有关的研究。

在这些领域工作了 15 年后，罗雷尔感到是做一些新的工作的时候了。他那时对量子隧道效应颇感兴趣，在这方面虽然还没有多少深入研究的经验，但 IBM 实验室的同事们苦苦思索解决约瑟夫森超导结（Josephson Junction）制作难题的情景使罗雷尔对于研究这种隧道结的制作及其神妙的电子特性产生了浓厚的兴趣。当时该研究中心物理方面的领导是 A. 穆勒（1986 年高温氧化物超导体的发现者，获 1987 年诺贝尔物理学奖），他批准罗雷尔可以招聘一名研究员作为合作者。罗雷尔于是想起 1987 年他在德国法兰克福与一位年轻人宾尼希相遇以及他们之间关于物质表面科学的讨论。当时，罗雷尔介绍了苏黎世 IBM 研究中心准备设立的表面科学项目。宾尼希，一名法兰克福大学的博士生，向他提出用真空隧道电流作为工具研究表面微区能谱的设想。罗雷尔于是决定向宾尼希发出工作邀请。宾尼希很快就接受了这一难得的工作机会，那时他刚过而立之年，风华正茂。

宾尼希 1947 年 7 月 20 日出生于德国法兰克福，那时第二次世界大战刚刚以德、意、日法西斯战败而告结束，被盟军战领的德国到处都是瓦砾废墟。然而小孩子们哪里懂得战争的创伤与苦难，宾尼希的童年就是在这些残砖剩瓦上快乐地玩耍中渡过的。10 岁左右时，宾尼希有点莫名其妙地决定自己长大了要当一名物理学家，其实小小年纪的他，那时候连物理是什么都还不知道呢。随着年龄的增长，他陆续在课堂上学到了一些物理知识，他后来自认颇为可笑的是，这些学习反倒使他觉得物理的技术性过强而且很死板，这种想法大大动摇了他想当物理学家的志向。在母亲的影响下，他开始喜欢较为自由的音乐，常与朋友们一起演奏，也学会自己作曲。宾尼希认为年轻时对音乐的爱好对他以后的人生发展之路有着非常重要的影响。当然，宾尼希仍在继续学习物理，而且终于在他进行学士学位研究工作期间开始取得了长足进步。他从研究中体会到做物理研究可比学习物理有意思多了。1978 年获得博士学位后，31 岁的他自称是作出了一个也许是他人生中最重要的决定，接受瑞士苏黎世 IBM 研究中心的邀请，加入罗雷尔领导的表面物理研究项目。在他着手为去 IBM 研究中心工作进行准备的 3 个月时间里，他又有机会与罗雷尔就未来的工作进行了深入探讨。在宾尼希的眼里，罗雷尔是一个对物理有着独到见解而又十分幽默并富有人情味的物理学家。而罗雷尔自是慧眼识人，挑选了年轻的宾尼希作为他的新课题的合作者，两人可谓英雄相惜，携手创出一片新天地。

话说宾尼希与罗雷尔进行的详谈涉及了物质表面的非均匀性及如何研究隧道结等方面，两个人都感觉到研究表面物理的实验工具十分缺乏，所以都在思考如何才能对物质表面上例如 10 纳米直径的微区进行诸如隧道能谱方面的研究，那时他们根本没想过要发明什么显微镜。用罗雷尔的话说：“我们俩可能算是幸运地都在超导方面有些底子，对于隧道现象和原子结构也有些了解，但对显微镜或是表面物理可不太在行。不过这也使我们有勇气并持有一颗平常心去做一些未经求证过的事。”这番体会与本章 9.2 节所介绍的单电子隧道效应的发现者加埃沃的经验可谓不谋而合。

宾尼希在与罗雷尔详细讨论之后，继续思索着有关物质表面结构表征的解决之策，真空隧道效应在他头脑中开始时常闪现。就在宾尼希与罗雷尔决定研究物质表面的隧道能谱技术不久，从时任 IBM 科研部技术审查委员会的 S. 开勒（Seymour Keller）那里，他们获知了 W.A. 汤普森（W.A. Thompson）和汉拉汉（S.F. Hanrahan）于 1976 年所做的关于用一个可移动针尖进行真空隧道实验的报道。在这一工作中，作者使用自行发明的热胀移动技术将一个铅制针尖指向一个铅膜，最后两者之间保持一个稳定的 1~2 纳米的间隔。用这套装置，他们成功地观测到了两个铅电极之间的真空隧道电流。这项结果给了宾尼希和罗雷尔一个很好的启发，使他们兴奋地意识到他们的想法从实验上是可行的。虽然是个挑战，但也可能开拓出一些新的研究领域。又经过了几个星期的钻研，他们忽然意识到这种隧道电流的扫描探针不但可令他们获得隧道谱，还可进一步得到表面的结构像。可以说，到这个时候扫描隧道显微镜的概念才开始逐渐成形。

他们的设想是用一个针尖扫描导体表面，但不使针尖直接与导体表面接触而是保留一个极小的、只有几个埃的间隙使得可以产生隧道电流，然后利用隧道电流的大小来监测间隙的大小使之在扫描过程中能保持恒定。这正是后来众所皆知的扫描隧道显微镜的工作原理，也是 1972 年美国国家标准局的 R. 杨等人想到但未能做到的。宾尼希和罗雷尔在 1978 年底萌发扫描隧道显微镜的概念时还不知道 R. 杨等人 7 年前的工作，他们是在又过了两年以后才获悉 R. 杨等人离发明扫描隧道显微镜只差一步之遥，但这一步再也没能向前迈出。所以罗雷尔说："They came closer than anyone else" [ 他们曾比任何人都更接近（成功）]，其实就是为 R. 杨等人未能达到更高的目标而感到遗憾。这也印证了上一章所说的，有时候差一点就等于没有，这就是零和一的差别。

1979 年 1 月中旬，宾尼希和罗雷尔在 IBM 研究中心的敦促下提交了第一份扫描隧道显微镜方面的专利申请，此后又陆续申请了其他国家如美国的专利（图 9-6）。不过，两人开始意识到光有好的主意还不行，还要能够将概念变成现实，要能制造出所需要的仪器。这方面他们俩可都是外行。于是罗雷尔开始说服跟了他12年的技术员格伯加入他们的研发行列。格伯是个能人，擅长把设计图纸及杂乱无章的事物组合而变成现实的仪器。在罗雷尔找他谈了此事后，他几乎一秒钟都没犹豫就答应了。一年之后，感到人手还是短缺的罗雷尔又把他的另一位技术员也从别的项目组调了过来，这当然也使罗雷尔不得不将他的那些无技术员支持的其他项目拱手让人。不过扫描隧道显微镜的研发队伍算是组建完备了。现在研发队伍所面对的是一张棘手问题的清单，列在这张清单上的问题包括：

（a）如何避免可造成针尖与样品表面不慎接触的机械振动？

（b）针尖与样品间的作用力有多大？

（c）如何使针尖扫描速度稳定而精确？

（d）如何在将样品表面移向针尖的过程中使样品稳定而精确地移动？

（e）如何避免因温度变化导致的样品和针尖的尺寸变化？

（f）针尖的形状应该是什么样子的？如何制作？

事实上，清单上的这些问题正是当年阻挠美国的R.杨等人登顶的拦路虎。不过苏黎世的精英们以极大的热情、耐心和智慧开始逐一克服这些困难。首先，他们设计将显微镜悬吊在一个超高真空室中来防止机械振动和噪声的干扰，超高真空还可以使样品表面保持清洁。另外一个关键性的设计是在探针

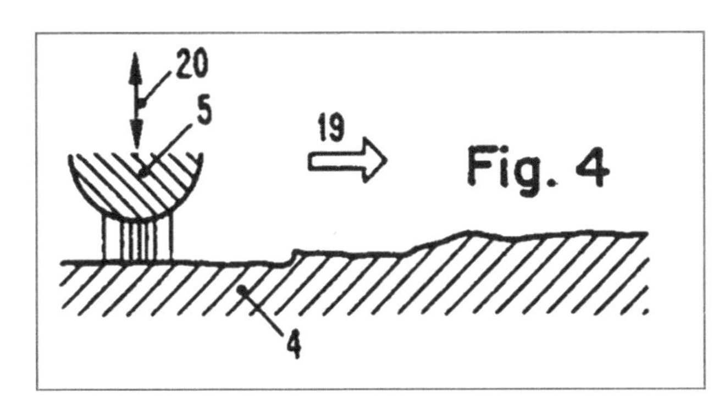


图9-6

IBM公司宾尼希和罗雷尔1980年递交的扫描隧道显微镜美国专利申请书中的图4，显示了扫描隧道显微镜的工作原理。这项美国专利申请于1982年获得批准，专利号US4343993A。

及样品的移动控制上全部采用压电元件。所谓压电元件是指用某种特定材料制成的控制器，这种材料具有的一个很特别的性质就是可以将所受的机械力转化为电流。反之，通电流也可使材料受力而产生应变如弯曲等。石英及一些陶瓷材料都具有这类性质，我们日常生活中所用的电子门铃及打火机等的核心部分就是这种压电元件。在仪器中将针尖及样品都固定在这种压电元件上，通过控制元件的加载电流就可使元件发生不同程度的机械弯曲，从而使样品及针尖移动。而移动的稳定性及精确度都远远高于任何其他机械移动手段。另外，宾尼希和罗雷尔因为一直设想将来要做超导材料的隧道谱，所以设计了低温装置。至于针尖的制作，其实那时颇为成熟的场离子显微镜的探针尖制作技术已相当完备，不过宾尼希和罗雷尔并不熟悉这些技术，而且也认为这些技术过于复杂。他们采用摸着石头过河的经验方法，经过反复的试验—观察—试验，采用磨制或化学腐蚀方法使钨制针尖越来越细。这些凭经验制作的针尖，有些在其最顶尖部分仅有一个或几个原子。

至此，所有的设计看来都很不错，他们于是开工制造。他们的第一台仪器的制造工程花了整整一年时间。但是这台仪器太过复杂，他们又决定进行改良。这回他们摒弃了原有的高真空和低温系统，转而采用普通实验室用的玻璃干燥瓶代替以前的真空室。为了防振，他们设计了将整个显微镜固定在一个超导磁悬浮系统上，超导的迈斯纳尔效应（Messner Effect）产生的磁悬浮力可使固体稳定悬空，磁悬浮列车即采用此原理。没有了复杂的超高真空和低温系统，第二代显微镜很快就自制出来了，当然“自制”也代表着到处可见的胶带封条。不过，形象是次要的，能不能工作才是重要的，整个小组现在最为迫切想要证实的，也是这种新式武器能否派上用场的关键之处就是，它是否能在针尖和样品之间产生量子隧道电流。

实验通常选择在晚上进行，所有的人都大气不喘，主要是为了减少震动干扰。1981 年 3 月 16 日午夜，一个值得纪念的时刻，他们终于首次记录到了非常清晰的隧道电流特征，即电流与针尖到样品表面的间距成指数对应关系。至此，自产生概念后经历了 27 个月的时间，扫描隧道显微镜终于诞生了。在这 27 个月的时间里，罗雷尔的研发团队精诚合作，挑战困难，纠正错误，终于使得人类以原子分辨率研究物质表面的梦想成真。1981 年 3 月底至 4 月初，世界上第一份关于扫描隧道显微镜的文件，以 IBM 内部报告的形式记入了史册。

3 月份的告捷在研究中心产生了兴奋作用，连研究中心的副主任都跑来问他们还需要什么支持？宾尼希当时决定将此发明向 1981 年 9 月在美国洛杉矶召开的低温物理国际会议投稿。当时距开会尚有 5 个月时间，罗雷尔也估计届时可以拿出很好的成果去宣讲。他们首先做的是对现有的这台显微镜进行了一些改良，包括更换压电元件的电源，去掉透明胶带封条以及将超导悬浮系统换成皮筋吊装并加装弹簧减震装置，这些工作花了约 3 个月的时间。然后开始研究 $CaIrSn_4$ 单晶的表面结构。后来出于在样品制备及分辨率方面的考虑，他们又进而转向研究金的 (110) 表面。现在隧道电流已经不成问题，成问题的是对表面结构的记录时有时无。宾尼希虽然着急但并不灰心，他一小时接一小时地盯牢记录仪并不断调整各种控制参数。有一天在努力了整整 12 个小时之后，忽然间有点莫名其妙地，记录仪上终于突然出现了完美的表面结构图，并且分辨率达到了 4.5 纳米。宾尼希太激动了，他回忆道：“我简直就不能够停止不看这些图像，好像是个全新的世界一般。对我来说这就是我科学生涯中再也不可能跨越的最高点。”一直到几个月后，他们才终于搞明白了记录像时有时无和分辨率时好时坏的原因是不同元件的热膨胀系数不同在作怪。

去洛杉矶开会的时间快要到了，罗雷尔为宾尼希安排了一个忙碌的报告之旅。不过就在启程前的 3 个星期左右，宾尼希的一位朋友劝他暂缓公布消息，恐怕消息一经公布，会立即有大批科学家进入这一研究领域而形成激烈竞争。宾尼希和罗雷尔在两次周末的登山休闲中认真地讨论了这个问题，结果一致认为现在是让扫描隧道显微镜面向大众的时候了。宾尼希在 1981 年 9 月的美国之行是相当成功的，大家对这一新工具反应良好，有两位高人还预测这项工作会获诺贝尔奖。不过那时扫描隧道显微镜还非常新奇，大多数人一时还不知道该如何参与进这方面的工作。

动作快的也有，前面所提到的闪电般访问苏黎世的那位斯坦福大学的奎特就是其中之一。他从苏黎世 IBM 研究中心返回后，向他的研究生们描述了他的此行见闻，并力劝其中一位学生埃尔罗德（Scott Elrod）放弃已进行一半的研究改而钻研这一新生事物。埃尔罗德只有奎特凭记忆画的一张草图，仅凭这张草图，这位聪明的学生就为斯坦福大学乃至美国自制出了第一台扫描隧道显微镜。而奎特领导的小组从此不断发展，成为这个领域在北美的基地之一。几年之后，扫描隧道显微镜最重要的变种，原子力显微镜，就是在这里诞生的，后面再讲。

尽管宾尼希的美国之行并未遭遇科学界对这种新式显微镜的明显质疑，不过正如电子显微镜诞生之初很多人持怀疑态度一样，扫描隧道显微镜被普遍接受也不是一两年的事。宾尼希和罗雷尔关于这种新式显微镜的首篇论文就曾被退稿。即使到了扫描隧道显微镜问世 3 年多以后，仍然未被广泛接受。苏黎世 IBM 研究中心的物理学家金兹威斯基（James K. Gimzewski）就曾亲自见证了这种情形。1985 年，金兹威斯基受罗雷尔的委托远赴澳大利亚在一个显微镜国际会议上做关于扫描隧道显微镜的讲演，“在场所有的显微学家们都在起哄般地摇头大笑，”金兹威斯基回忆道。当他讲到用这种新式的显微镜可以观察材料表面上的单个原子时，在场的所有研究物质表面的科学家们都“毫不掩饰地笑歪了。这是全新的事物，而他们就是不肯接受”。当时很多人怀疑苏黎世的原子分辨率表面结构像并非从实验中得来，而是纯粹的计算机模拟结果。这样的怀疑之所以产生是因为到 1985 年，世界上已经有不少其他地方开始拥有了自制的扫描隧道显微镜，但是除了宾尼希和罗雷尔的结果之外，还没有任何其他小组获得过原子分辨率的表面结构显微像。这跟第 2 章所讲的荷兰列文虎克用自制显微镜发现并报道微生物的故事是不是有点像？这其实从另一个角度反映了保持技术领先的威力，能人所不能，不亦乐乎？

不过 IBM 苏黎世实验室的先驱们对此倒也不十分理会，他们仍然专注于对他们的显微镜进行改良及对各类材料的研究。前面已提到过的对硅 (111) 表面的结构研究就是经典范例之一。好东西是迟早会被发扬光大的，自 1985 年初起，相继有多个小组发表论文显示了诸如半导体材料砷化镓及金属铂表面的原子结构像。在 1985 年 3 月的美国物理年会上，多幅用扫描隧道显微镜拍摄的石墨或硅表面的原子结构像被展示出来。当这些精彩的照片被呈现在观众面前时，会场鸦雀无声，没有地毯的话掉根针都能听到。原子分辨率的扫描隧道显微镜终于通过了考验。用罗雷尔的话说：“扫描隧道显微镜的学徒期已经结束了，基础已经打好，发展期开始了。”

可以想象的是，宾尼希和罗雷尔因为他们的这项伟大的发明而获得了无数的赞誉和褒奖，诺贝尔评奖委员会将这项发明与半个世纪前就已发明的透射电子显微镜相提并论。两位主要研究员宾尼希和罗雷尔于 1986 年被授予诺贝尔物理学奖，与他们共享殊荣的就是第 3 章的主角，透射电子显微镜的主要发明人中硕果仅存的鲁斯卡。

罗雷尔在他的诺贝尔奖个人履历中谈到经过多年的超导和磁学方面的研究之后转而从事扫描隧道显微镜开发并取得巨大成功时特别指出：“在 IBM 研究中心的这些年里，我要特别感激的是这里所给予我的追求个人研究兴趣的自由……”是啊，自由总是最可贵的，在科学研究中也不例外。大概每一位现在仍在科研领域中奋斗的人都愈发能体会到学术自由的可贵，往往获得科研经费的代价就是失去更多的追求个人研究兴趣的宝贵自由。从科研机构的角度来讲，如果能够在给予科研人员进行科研所需的设备和资金的同时保证一定的开放和学术自由的空气，就能够最大程度地激发科技人员的想象力和创造力，使新思想和新成果不断涌现。在这方面，大型公司往往做得更好些，比如之前说过的贝尔实验室、日立公司的中央研究所，以及这里讲到的 IBM 实验室等，毕竟钱是公司自己挣的，使用起来自由度比较大。

## 9.5 工作原理

从本章前面各节中，读者实际上已经陆陆续续地知晓扫描隧道显微镜的设计及工作原理。为了给读者一个更为清晰的了解，我们在本节中对这种新型显微镜的设计和原理的一些细节作个介绍。图 9-7 是扫描隧道显微镜的工作原理示意图，其核心部分是一个固定在压电元件上的针尖，针尖由压电元件控制，可在样品表面进行逐点扫描，同时针尖的运动轨迹被输入电脑，经重构得到样品表面结构显微像。电脑也同时监测针尖的运动并随时对压电元件的电流进行调整，使运动着的针尖能够保持与样品表面距离足够近而且恒定。所以说这是一种新颖的显微镜，既不需要任何光源，也不依赖任何透镜，与以前的光学或电子显微镜都截然不同。在整个工作过程中，针尖与样品表面不接触，而是靠量子隧道电流来进行沟通。原则上说，针尖与样品表面之间可以是真空势垒，也可以是其他势垒，如空气，甚至液体。所以从工作原理上来讲并不需要真空装置，但真空环境能避免样品表面被污染。为了产生量子隧道电流，针尖与样品表面必须足够接近。现在一般保持在 3 埃，这一间距的稳定精度可达 0.1 埃。当在针尖与样品表面之间加上一个 1~4 毫伏的电压时，可产生 0.01~1 纳安（1 纳安 $=10^{-9}$ 安）的隧道电流。因为电压很低，所以不会对材料表面造成损伤。隧道电流密度 $J$ 的表达式为

$$J = (e^2/h)(k_0/4\pi^2 s)Ve^{-2k_0 s} \tag{9-1}$$

式中 $k_0 = 0.513Q^{1/2}$，$Q$ 为势垒高度，与局部电荷有关，单位是伏；$s$ 为两导体间的隧道宽度，单位是埃；$V$ 是所加电压，单位是伏；$e^2/h = 2.44 \times 10^{-4}$ 欧 $^{-1}$。隧道电流密度一般为 $10^3$~$10^4$ 安 / 厘米 $^2$。由式 (9-1) 可见，隧道电流密度随着针尖与样品表面间隙的变化成指数改变。例如，间隙增大 1 埃可导致隧道电流密度降低达 10 倍。由此可见使针尖充分靠近样品并保持针尖距样品表面的间隙稳定性有多重要。假设针尖的尖端部分半径为 $R$，那么所发出的隧道电流在样品表面的覆盖范围为

$$\delta = 3\sqrt{R} \tag{9-2}$$

式中，$\delta$ 与 $R$ 的单位均为埃。实际上由于扫描隧道显微像的分辨率主要由隧道电流的覆盖范围决定，式 (9-2) 也因此被认为是这种显微镜的分辨率的表达式。估算一下，如果尖端半径为 100 埃，则分辨率大约为 30 埃。

在实际工作中，针尖由压电元件驱动在样品表面上进行扫描，扫描范围可以从 1 微米到 100 微米不等。在平面移动过程中的电压控制精度高达 2 埃 / 伏，移动步幅精确度 1 埃，高度方向移动步幅精度达 0.01 埃。就扫描模式来说，它可以分为两种。第一种称为恒定电流模式，也是最常用的模式。在这

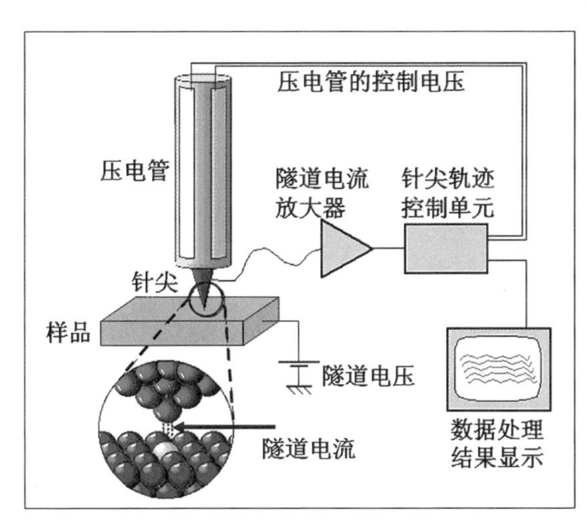


图 9–7

扫描隧道显微镜的工作原理示意图。由压电管控制的特制金属针尖在距离样品表面几个埃的高度对样品表面进行非接触扫描，根据导电样品表面与针尖之间所产生的隧道电流的变化，压电管及时作出针尖高度的调整，使得扫描凹凸结构时针尖与样品表面距离始终保持恒定。最终根据记录下来的针尖三维运动轨迹 就可勾勒出样品的表面结构。

种模式的扫描过程中，每一个扫描点处的隧道电流大小都会被一个电子监控系统传到电脑。当扫描至一个样品表面凹点处时，针尖与样品表面间隙拉大，相应地隧道电流变小。反之，如遇凸点则隧道电流增大。这种电流变化一旦被监测到，一个电子调节系统会立刻改变控制针尖高度的压电元件的电压，从而使针尖向下或向上移动以保证隧道电流为恒定值。换句话说，在扫描过程中，无论针尖是在平面上移动还是遇到凹凸不平之处，针尖与样品表面的间隙距离都会保持恒定，所以针尖本身在扫描移动过程中会上下起伏，而针尖的这种上下起伏轨迹经电脑重构后就能忠实再现物质表面的结构。事实上，样品表面 0.01~1 埃范围的起伏都能够被反映在显微像上。

成像是黑白的，样品表面凸出部分在显微像中对应为黑色，凹陷部分对应为白色。大多数情况下，为了使显微像好看并突出要点，会给图像实行人工着色。所以我们经常会看到彩色的扫描隧道显微像如图 9-4。另一种扫描模式为恒定高度扫描模式。针尖在扫描时维持固定高度不变，而通过收集到的隧道电流的变化来重构表面结构。这种模式省却了对压电元件的反馈调节过程，因此成像速度较快。但缺点是样品表面必须比较平坦，否则针尖可能触碰到样品，因此这种模式一般很少用。

由以上对工作原理的介绍可以看出扫描隧道显微像的质量高低依赖于稳定而精确的针尖三维空间定位。例如，研究金属表面时，如果表面很平，起伏度只有一个原子直径的百分之一到十分之一，那么要想获得原子分辨率，针尖与样品表面间距必须保持在原子直径的百分之一或更近的水平。殊为不易，却可以做到。除了压电元件的使用外，还要求摒除所有外界的震动及其他种类的干扰。外部振动的隔绝一般是通过振动隔绝系统，从第一代的超导磁悬浮，第二代的双重弹簧加电子减振系统，发展到现代的电子减振系统。而内部谐振的消除则通常是采用加强仪器材料及连接处的刚性，并使用电子低频过滤装置来达到。

与光学及电子显微镜一样，高分辨率也是扫描隧道显微镜从研发之初就一直列为头号的重要指标。具体点说，原子分辨率是最终目标。如果只能达到亚微米分辨率，我们只不过又多了一种与光学显微镜本领相仿的工具罢了，扫描隧道显微镜也就没什么可令人激动的了。由于扫描隧道显微镜的成像分辨率直接由针尖尖端的直径和稳定性来决定，所以除了上述的稳定系统设计外，超细针尖成为关键中的关键。

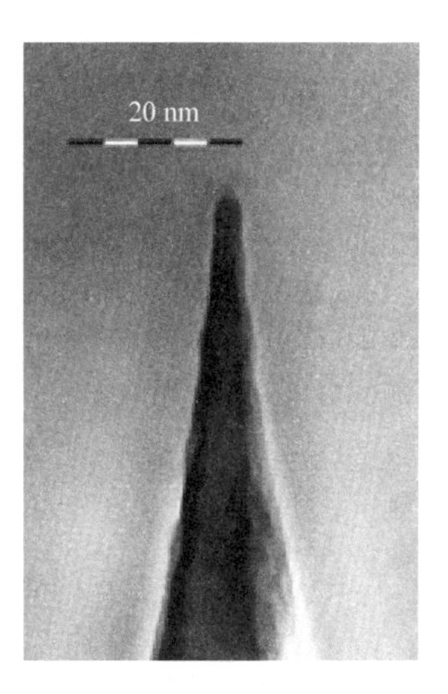


图 9-8

扫描隧道显微镜所用针尖的照片。

针尖可由钨丝、不锈钢丝、金或铱丝作原料，采用机械磨制或化学腐蚀的方法来制成。一般希望得到的最好情况是在制得的针尖的顶端处只有一两个原子。这种情形好比将一桶沙子倒在地板上做成一个小沙丘，如果你仔细观察，会发现大多数情况下只有一粒沙子处在沙丘上的最尖顶上，由数粒沙子形成的尖顶都很少见。如果将小沙丘比喻成扫描隧道显微镜中的针尖，则隧道电流只通过尖端上的单个原子发送出来，处于次尖端位置的原子所承载的电流极为有限。因此可以说样品表面是被针尖上单一原子所扫描，自然就能取得原子分辨率。图 9-8 是用扫描电镜拍摄的一个针尖的形貌。

扫描隧道显微像的原子分辨本领很快也激励了相关的成像及分辨率理论的研究。人们认识到对所得的表面结构原子像的解释并不是直截了当的，需要有理论知识的配合。但由于高精度的近距离扫描使得针尖与样品表面之间形成化学键，并且也使样品表面原子脱离了其基态位置，整个的物理过程变得非常复杂。科学家们因此发展出许多理论，采用不同的近似处理方法来模拟成像过程。有两种理论较有代表性，一种使用了变换哈密顿量（Transfer Hamiltonian）近似[153,154]，在另一种理论中则使用了直接传递（Direct Transmission）近似[155-157]。两种理论都对扫描隧道显微镜的成像原理有较好的解释并分别给出了分辨率的计算公式。有关分辨率的计算两者也互相符合，而且都证明分辨率与针尖半径、隧道间隙以及势垒高度相关。但是两者也都只适用于半径大于 7 埃的金属针尖。稍晚些，适用于 2 埃甚至更高分辨率的理论也相继出现[158-160]，这些理论的具体细节在这里就不详解，读者可自行查阅相关文献。

有一点需要强调的是，扫描隧道显微镜不仅可以对物体表面进行成像，也因这种成像与表面的电子密度态直接相关，所以扫描隧道显微镜的独特优点之一是可以用来研究物质表面的电学性质，这对了解微电子器件的原理及行为是非常重要的。另一个更为独特的优点就是前面已经提过、图 9-1 也显示过的移动原子的功能。增大加在针尖上的电压就可用针尖来推动或吸引原子或分子团使它们按我们的要求移动和排列。可以说扫描隧道显微镜是具有将单个原子从材料表面拽出来，再重新安排原子位置这样一种超级能力的仪器的始祖。一些由此种显微镜繁衍出来的仪器也具备这种功能，并由此发展出整个扫描探针显微镜家族。我们在下面两节里会进一步介绍。

有趣的是，扫描隧道显微镜涉及的物理内容相当深奥，但这种显微镜的制造原理却并不复杂。如果不考虑上面所说的诸如精致的减震系统等设计并且降低对成像分辨率的要求的话，用不到 100 美元的成本就可以自己制作一台这样的显微镜了。在美国，现在就有老师在大学课程中讲授怎样利用从电子零件商店购买的普通零件来自制扫描隧道显微镜。制作方法之所以简单主要是因为这种显微镜不像光学和电子显微镜那样需要透镜，这就省却了制作透镜所必需的高精度设备和加工经验。扫描隧道显微镜中的一个重要部件是灵敏的压电元件，制造商提供的专用元件需几百伏电压，售价200~800美元。但如果自制显微镜的话，可以使用从商店买的普通压电元件，才不过几美元而已，却可以达到好于1微米的移动控制精度。美国的一些普通高中甚至初中的教师和学生对扫描隧道显微镜的概念和制作原理都不陌生，纽约一个中学生就曾花了大约50美元在自己的卧室中每天工作一两个小时，共历时8个月自制了一台真正可以工作的扫描隧道显微镜。这位名叫科恩（Adam Ezra Cohen）的中学生总结他的经验时说："我并不认为做这事儿对任何人是多么困难的任务，关键是要有决心并愿意搭上很多时间。"当然了，这些自制的显微镜一般都不太可能达到原子分辨率，但是便宜的成本和不太难的制作过程使得每位有心人都可以放胆尝试，使自己有机会亲自制造并拥有能够观看和测量微观世界的武器。许多互联网站都提供了较为详细的制作方法，读者不妨参考一试。

## 9.6 变种的威力

扫描隧道显微镜自1982年问世，仅3年多的时间就风靡世界，1986年的诺贝尔奖更是将其推上科学的巅峰。不过美中不足的是这种显微镜的成像原理乃是依赖与样品表面不接触的针尖发出的隧道电流。相应地，被研究的物质表面就必须是导电的。对于不导电的物质表面则因不能充当电极引发隧道电流，扫描隧道显微镜立刻功力尽失。可见这种显微镜不能被用来研究非导电材料表面，特别是大部分生物材料。这个明显的缺点使发明人宾尼希深感美中不足的遗憾，并终日冥思苦想破解之策。

1985年，宾尼希与技术员格伯回访美国斯坦福大学的奎特并在该校及硅谷附近的IBM阿玛丹研究中心进行交流工作一段时间。在这段时间里，宾尼希的苦思终于激发出瞬间的思想火花。灵感来自于有一天当他独自一人仰坐在公寓的沙发上时，眼睛盯着凹凸不平的灰泥天花板陷入沉思，脑海中忽然开始想象用一个细细的针尖接触天花板并开始移动从而感觉到天花板上的起伏结构。“我于是赶快用铅笔勾勒出了一个设计方案”，宾尼希后来在聊起这个灵感的时候说道。在他的设计中，将扫描隧道显微镜中使用的隧道电流束换成了固体探针，将悬空扫描改为与样品表面的直接接触式扫描。具体点说，固体针尖本身被固定于一个极细的悬臂梁的一头，图 9-9（右图）的照片显示的就是这样一个固定于硅制悬臂梁上的针尖。当针尖受压接触到样品表面时，反弹力使得悬臂梁发生弯曲，就好像是我们常见的跳水比赛中的跳板受力而发生弹性弯曲一样。当针尖在样品上进行接触扫描时，所产生的极微小的反弹力、静电力还有其他原子或分子力等都会被悬臂梁感知，悬臂梁的弯曲程度由胡克定律决定并被电脑监测系统随时监测。电脑及时将反馈信号传给高度调节系统来调整悬臂梁的高度使得其受力弯曲程度保持恒定。这样一来，就如同扫描隧道显微镜成像原理一样，用针尖扫描样品表面时所产生的针尖运行高度的变化轨迹就直接反映了物质表面结构的起伏变化，这样就得到了物质表面结构显微像，见图 9-9（左图）。

宾尼希的设计草图一出笼，能干的技术员格伯再次大显身手，只用了几天时间就制造出样机。因为这种显微镜是依赖针尖与样品表面接触产生的原子作用力来成像，因此取名为原子力显微镜（Atomic Force Microscope, AFM）。正式发布消息的时间是 1986 年 3 月 3 日[161]，这一天标志着扫描隧道显微镜的第一个，也是最重要的一个变种，原子力显微镜的诞生。

在宾尼希等人发明的第一代原子力显微镜上采用的是一个固定在一个金箔制的悬臂梁上的金刚石尖头，金刚石的尖角即可作为“手指尖”来感触物质表面的凹凸结构。尖头悬臂梁和样品的移动都由压电元件控制，与在扫描

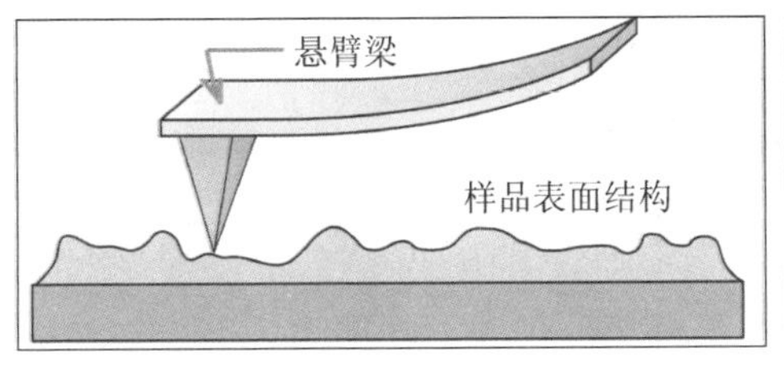

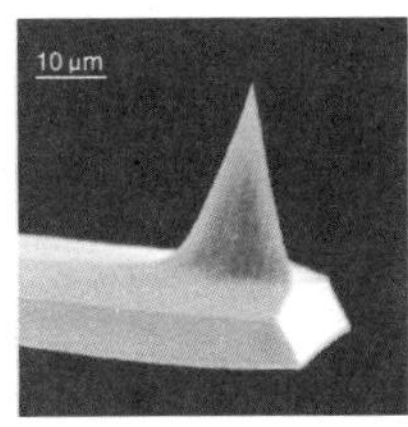


图 9–9

左图：宾尼希所设想的、悬臂梁针尖直接接触样品表面进行扫描的显微成像方法原理示意图。针尖所受来自样品表面的方作用力使悬臂梁发生弯曲，在扫描过程中针尖遇到样品表面凹凸结构时，系统的反馈系统会及时调整针尖高度来保持悬臂梁弯曲程度恒定，通过记录针尖在扫描区域的高低起伏变化就可勾勒出样品表面的凸凹结构。

右图：原子力显微镜的硅制针尖与悬臂的照片

隧道显微镜中一样。其他类似之处是减振系统等。整个显微镜系统不需要真空环境（图 9-10）。宾尼希等人给出了用原子力显微镜研究不导电的氧化铝表面结构的一些结果，表明原子像的横向分辨率可达到 3 纳米，主要由针尖的尺寸来决定，高度分辨率更高达 0.1 纳米。另外，他们还测量了针尖与样品表面的相互作用力，大小为 $3\times10^{-8}$ 牛。不过他们进一步指出，在最佳条件下，他们的原子力显微镜在室温时应当可感知 $10^{-15}$ 牛的作用力，低温如零下 272 摄氏度下更可感知 $10^{-18}$ 牛的作用力。这种对作用力的高敏感度使得原子力显微镜可被用来测量很多原子间作用力。例如具有离子键的原子间作用力大小在 $10^{-7}$ 牛左右，而分子力（范德瓦耳斯力）大小约为 $10^{-12}$~$10^{-9}$ 牛。现代原子力显微镜用的针尖一般为硅或氮化硅制成，呈锥形。氮化硅针尖很耐用，但有疏水性。硅尖耐用性稍差，但因为很尖且有亲水性，非常适用于对生物样品的研究。

以上介绍的原子力显微镜的工作模式称为接触式，即针尖与样品表面直接接触进行扫描。这种工作模式适用于不易损坏的刚性样品如陶瓷材料，并且可获得原子分辨像，工作效率也较高。对于较软或者是易损坏样品，

图 9–10

IBM 公司宾尼希发明的第一代原子力显微镜。

如聚合物、液体表面、生物样品等，还可使用另一种 1987 年出现的、称为非接触式的工作模式。顾名思义，在这种工作模式中，针尖与样品不直接接触，而是保持 10~100 纳米的距离。那么不接触样品表面，针尖如何能够“感知”样品表面的结构呢？奥妙在于当针尖在悬臂梁的带动下在样品表面上空扫描时，悬臂梁本身是上下振动的。当随悬臂梁振动的针尖迫近样品表面到足够近距离时，针尖与样品表面会产生分子吸引力，这一吸引力会使针尖及悬臂梁的振动频率降低，振幅减小。样品表面的凹凸当然会使振动频率和振幅随扫描点而不断变化，这种变化被传入电脑，电脑就会将反馈信号传至压电元件来调整悬臂梁的高度，以保证在扫描过程中悬臂梁具有恒定的上下振动频率和振幅。这样，针尖的上下起伏的扫描轨迹就被电脑收集并据此重构出反映物质表面结构的显微像。这种非接触工作模式对研究液体表面尤为适用，但通常要求疏水性液面。不过由于针尖与样品表面保有较大间距，所以影响到成像的分辨率。此外这种工作模式的扫描速率较低，因此工作效率不高。

为了克服非接触式扫描造成的显微像分辨率较低的缺点，1993 年又出现了一种新的介于接触式与非接触式之间的新工作模式，称为轻拍式（Tapping Mode）扫描。扫描时，悬臂梁上下振动，使固定其上的针尖周期性地点触样品表面。针尖点触到样品时振动频率和振幅都要下降，且振幅下降的程度与针尖到样品的平均间距成正比。通过电脑监测及反馈系统，可以调节针尖的平均高度，使得扫描过程中针尖及悬臂梁的振幅保持恒定（图 9-11）。自 1988 年起，对悬臂梁的弯曲程度的监测引入了激光反射系统，使精度进一步提高，而针尖的运动轨迹经电脑重构后就得到了样品表面结构像。这种轻拍模式有效地降低了接触模式中针尖与样品表面的摩擦力，因而减小了对样品表面的破坏程度，适用于聚合物等较易受损的样品。也由于是半接触式，使得成像分辨率和工作效率都高于完全接触式，横向分辨率可达 1~5 纳米。

第一台商业原子力显微镜是由 Park Scientific 公司于 1988 年推出的，公司是美国斯坦福大学的研究人员合开的。美国人非常热衷将研究成果商品化，既推广了应用价值，也创造了商业价值。由于原子力显微镜既适用于导电样品，也适用于绝缘样品，分辨率高，操作简单，且无需复杂的样品准备过程，因而使得人们可以轻易地对日常样品、工业样品及生物样品进行显微观察。还有就是原子力显微镜大都与一般的光学显微镜大小相仿，可放在一般的实验室工作台上。这些优点都成为原子力显微镜自 1986 年问世以来迅速走红的原因。

原子力显微镜的出现还引发了另一个现象，就是科学家们由此发现通过对扫描隧道显微镜及其后的原子力显微镜的改制，特别是在针尖部分添加不同的功能，如磁性镀层、疏水化学涂层等，使一台普通的显微镜不仅可以用来成像，也可以用来改变局部化学反应，测量磁性、电性乃至几乎所有的物理特性，而且这些测量都是在前所未有的纳米或原子尺度上进行的。这种诱人的前景，引发了一波改良和发明高潮，使扫描隧道显微镜后代绵延，形成了一个扫描探针显微镜（Scanning Probe Microscope）家族，简称 SPM 家族。

## 9.7 针尖上的实验室

原子力显微镜的诞生，开启了以针尖扫描为基础的、具有各种特殊功能的显微镜的发明竞赛。新思想、新事物层出不穷，使得扫描隧道显微镜不断繁衍，逐渐产生了一个庞大的 SPM 家族。这个家族的重要成员包括：扫描热

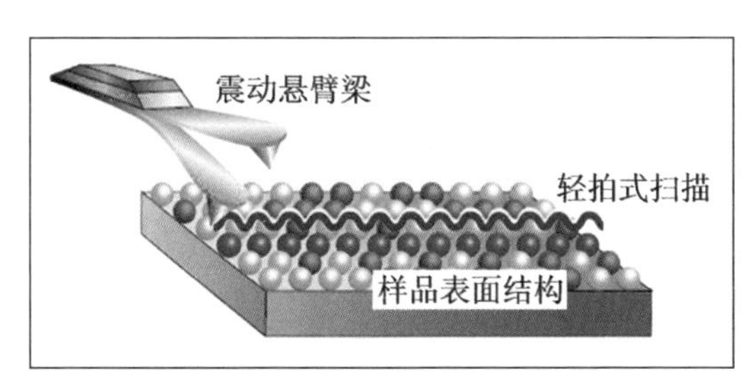


图 9-11

原子力显微镜轻拍式扫描工作模式示意图。针尖扫描样品表面时，悬臂梁上下震动使针尖周期性地点触样品。

显微镜（Scanning Thermal Microscope，1985）、原子力显微镜（1986）、磁力显微镜（1987）、摩擦力显微镜（1987）、静电力显微镜（1988）、扫描电化学显微镜又称扫描离子传导显微镜（Scanning Ion-Conductance Microscope，1989）、扫描磁振力显微镜（Scanning Magnetic Resonance Force Microscope，1991）、浸笔（Dip Pen，1999），以及近场扫描光学显微镜（Near-Field Scanning Optical Microscope，1984—1992）。下面对其中一些成员做一简要介绍。

一种比原子力显微镜出现还早的显微镜是扫描热显微镜。这种显微镜是1985年在IBM公司位于美国纽约的沃森（Thomas J. Watson）研究中心开始开发的。其工作原理是这样的：首先用直流电将针尖加热至比周围环境高出几度的一个稳定温度，然后将这个加热的针尖移动，使之靠近一个热导率大于空气热导率的样品表面，“冷”样品表面与“热”针尖之间的热交流使得针尖的温度下降。注意，在针尖靠近样品时，它是随悬臂梁上下振动的。在振动过程中，每当针尖更靠近样品表面时，针尖的温度下降会被一个测温用的热电偶显示出来。针尖与样品表面间隙越小，温度变化幅度越大，因此可通过反馈系统来调节针尖的高度以保证在扫描过程中针尖温度恒定。这样，针尖的扫描运动轨迹就再现了样品表面的形貌。这种显微镜的最佳用途是用来探测活细胞表面的温度差异，也可用来测量小股液流或气流的流速，用它来进行光热吸收谱的纳米范围研究也很有效。所谓光热吸收谱是利用了一种特殊现象，即某种材料对具有某一波长的光有特佳的吸收效果。测量这种光热吸收谱就可以顺藤摸瓜地得知材料的化学成分。所以当用一束激光照射样品表面并不断变换激光波长时，就可用扫描热显微镜来探知样品表面纳米范围的吸收光导致的温度升高，从而查知该区的化学成分。

磁力显微镜实际上是由原子力显微镜变种而来，也是通过上节介绍的轻拍方式进行扫描成像。与原子力显微镜不同的是，磁力显微镜中用来执行扫描任务的针尖是表面覆有铁磁性（如铁或镍）涂层的硅尖。当振动的针尖迫近磁性材料表面时，针尖与磁性表面间产生的磁力会改变针尖的振动频率和振幅。与原子力显微镜一样，在磁力显微镜中的电脑监控和信号反馈系统可以使针尖在扫描过程中不断上下调整高度以保证针尖的振动振幅恒定，因此针尖的三维空间扫描轨迹就勾画出了磁性材料表面结构，分辨率可达 20~200 纳米。所以，磁力显微镜是唯一可以提供高分辨率表面磁性结构成像的工具。如果采用非接触工作模式，则可获得物质表面磁性的数据。这种磁性测量可以在仅数十纳米的范围进行。磁力显微镜的具有纳米级分辨率的成像和磁性测量功能使它成为分析磁性记录传媒介质如磁带或磁头的好帮手，也经常被用来测量铁磁或超导材料的漏磁场。

摩擦力显微镜有人又称为横向力显微镜（Lateral Force Microscope, LFM），是原子力显微镜的另一变种。它的工作模式与原子力显微镜的接触式扫描完全相同，所不同的是在原子力显微镜中只注重监测针尖接触样品表面后悬臂梁在垂直于扫描面方向的纵向弯曲，而在摩擦力显微镜中又加入了对针尖接触式扫描时所受摩擦阻力导致的悬臂梁的横向畸变或扭动的监测。通过反馈系统的调节，可以使针尖在扫描时上下调节位置以维持恒定的摩擦力。这样针尖的三维运动轨迹就勾画出了物质表面与针尖之间摩擦力变化的分布图。可以想见，这种摩擦力显微镜最适用于对微小区域内摩擦和磨损行为的研究。现在通常用来检测那些具有不同化学成分区域但从形貌像上又无法区分开来的物质表面，尤其是当不同化学成分的区域耐磨性差别很大时就更为有效。后来由这种应用又进一步引申出一种化学力显微镜，在针尖上涂以某种化学涂层，用来检验针尖上的化学物质与物质表面不同化学成分区的黏附力的差异。

静电力显微镜也是从原子力显微镜变化而来，主要是用来研究物质表面电力场的分布情况。首先采用接触式扫描可以如原子力显微镜一样获得样品表面的结构形貌，进而再采用非接触扫描并使针尖与样品表面间保留恒定的间隙，同时使针尖接地（电势为零）或加上一个直流电压使针尖与样品表面间形成电容，因此这种显微镜有时又称为扫描电容显微镜。针尖所依附的悬臂梁是以固定的频率和振幅上下振动的，当针尖扫描时，样品表面与针尖之间的静电作用力的区域性变化导致悬臂梁的振动频率和振幅都随着变化，这样就再现了样品表面电场力的分布图。静电力显微镜对探测半导体及复合材料中电场分布及连贯性很有帮助，并可被用来研究电子器件在开和关之间转换时电子线路中静电场的分布等。

扫描电化学显微镜（Scanning Eletrochemical Microscope）或扫描离子传导显微镜成像不是利用金属、金刚石或硅等制成的针尖，而是用内部含有一个微小电极的玻璃管作为针尖。这个玻璃管针尖与样品同时被浸没在某种电解液如盐水里。当在玻璃管内的电极和样品表面之间加上一个电压后，我们知道会发生电解现象，形成从玻璃管到样品表面的离子流（图 9-12）。离子流的大小不仅与玻璃管的开口尺寸相关，而且玻璃管口越接近样品表面离子流越小。当玻璃管口接触到样品表面时，开口被完全堵塞，离子流也就消失了。因此当玻璃管在样品表面扫描时，通过监测离子流的大小，或者为维持离子流大小恒定而调整玻璃管高度，都可以勾勒出样品表面形貌，这种方法可获得 50~200 纳米显微像分辨率。这种显微镜的最大好处就是可用来研究活细胞的电学行为。比如说当细胞受到不同电信号刺激时会导致细胞壁上的离子通道张开以使得某种离子流穿过，用这种显微镜就可以探测这些细胞壁上离子通道的位置以及它们对电信号的反应行为。此外将这种显微镜稍加改制也可用来改变样品表面结构或形貌以及制作纳米尺度的图案等，方法是利用玻璃管制的针尖向样品表面输送化学试剂，可在样品表面极小区域内诱发化学反应。用类似的方法也可以在金属或半导体表面进行微区刻蚀，或在样品表面按预先设计的图案沉积金属或聚合物等。

上述这类以小范围刻蚀或物质沉积为基础的显微镜，在1999年被进一步改制成一种称为浸笔纳米刻蚀的仪器。可同时采用数个针头，每个针头都在与样品表面接触的时候将某种分子传输给被接触的表面，有点像过去的鹅毛笔浸墨水后在纸上写字，所以叫浸笔纳米刻蚀仪。所不同的是，这种纳米刻蚀笔的笔尖宽仅几纳米，各个笔尖还可以输运不同的分子给样品表面。用这种方法可以在半导体等材料表面进行效率较高的纳米尺度刻蚀，刻蚀线宽可小至几纳米，而线距可小至5纳米。

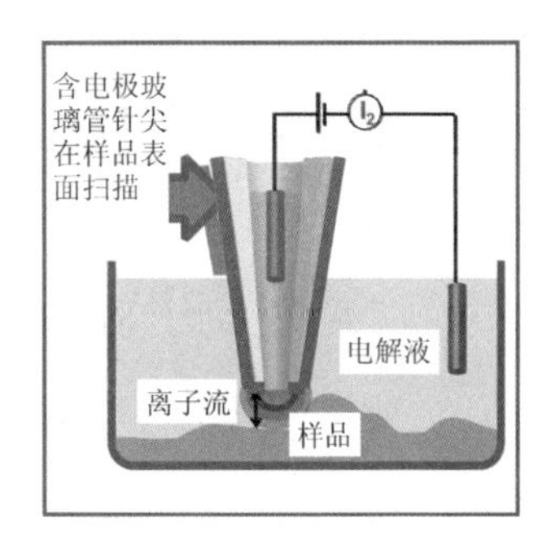


图9–12

扫描电化学显微镜工作原理示意图。使用了内部含有一个微小电极的玻璃管作为针尖，这个玻璃管针尖与样品同时被浸没在电解液里，当在玻璃管内的电极和样品表面之间加上一个电压后，可形成从玻璃管到样品表面的离子流。

最后还要介绍一下近场扫描光学显微镜。这种显微镜所使用的不是固体针尖而是光束，这种光束是从光源出射后再穿过一个比光源波长还要小的圆孔光阑而形成的。我们从第2章已经知道显微镜的分辨率与光源的波长直接相关，也就是说光学显微镜存在一个分辨率极限。一般可见光的波长范围在500纳米左右，用这种光源直接照射样品，所得显微像的最佳分辨率大约是光波长的一半，即250纳米左右。

为了提高分辨率，扫描近场显微镜中采用了一个光导纤维制的光柱，靠近样品表面的发光端直径仅有25~100纳米。这样小直径的一束光在样品表面进行非接触扫描照射，装在光导纤维另一端的光电二极管可接收到从样品表面反射并由光纤传导回来的信号，这一信号的强度是随发光端与样品表面的间距而变化的。如果通过反馈系统来控制光导纤维发光端的高度以保证在扫描过程中的反射光信号强度恒定，就可根据光导纤维的三维扫描轨迹重构出样品表面的样貌结构了。由于这种表面显微像的分辨率只受光导纤维发光端直径、也就是照射光束直径的影响而与光波长无关，所以可获得 50 纳米或更高的分辨率，比所用可见光的光波长小 10 倍之多。

光束距样品 5~50 纳米近距离扫描，这正是近场扫描光学显微镜名称的由来。这种显微镜特别适用于生物样品这类透明或有少许光吸收的样品。读者至此可能会想起本章 9.3 节中提到的奥基夫在 20 世纪 50 年代提出的克服光学显微镜波长对分辨率限制的方法，那正是近场扫描光学显微镜概念的源头。所以可以说这种显微镜的设计概念久已有之，远远早于扫描隧道显微镜的发明。不过这种显微镜真正达到实用的水平是在 1992 年光导纤维的使用之后，所以我们也可以把它归类于扫描隧道显微镜的后裔。

SPM 家族的不断壮大和技术的不断成熟也颇得益于全世界很多生产厂商不断涌入这一领域。由于 SPM 的高度商业化竞争，使得价格稳中有降，几万美元就可以买得到。这种普通学校甚至独立研究组都能负担得起的价格更加促进了多用途 SPM 的广泛应用。由于 SPM 家族的繁衍主要是在针尖上做文章，改变针尖的种类或性质就可以进行不同类型的实验，所以 IBM 苏黎世研究中心的物理学家金兹威斯基把 SPM 誉为“针尖上的实验室”（a laboratory on a tip），这真是再形象不过的概括了。IBM 的另一位著名扫描隧道显微镜专家埃格勒的一番话把针尖上的实验室进一步做了一个诠释，他说：“一般而言，宏观测量给出的是一种平均效应，你无法得知在极小尺度的空间内物理规律是怎样的。而现在研究人员可以具体地研究纳米世界中的成员，观察单个分子或原子，看看周围环境对它们有何影响。”细细想来，能够做到这个程度，本身就已经是个奇迹了，不是吗？

自 SPM 家族诞生以来，确实创造了许多奇迹，应用范围涉及整个无机、有机和生物材料领域，我们在此无法一一列举。概括地说，SPM 的应用可分为表面结构成像和表面结构改造两大类。正如读者已经明了的，表面结构成像是 SPM 始祖——扫描隧道显微镜研发之本意之一。前面介绍过的宾尼希等人对于 $CaIrSn_4$、金以及硅等表面结构的研究已使读者在无机材料显微成像方面有了一定的了解。此后从原子力显微镜开始的 SPM 家族显微镜的开发不仅把可研究物质种类从导电体推广至绝缘体，更使得物质不论软硬、有无磁性或电性、有无化学成分或温度变化，都可对其表面结构及物理或化学属性进行原子或纳米分辨率的显微研究。这一重要的演绎，尤其使对生物及大分子聚合物材料的结构研究获益良多。

实际上，自 1982 年扫描隧道显微镜诞生后，马上就有人尝试用它来观察生物分子。经过多年的探索及显微镜的繁衍及改变，终于自 1987 年起开始陆续出现关于酞化氰、类脂等材料中单一分子的结构像。至近年来，原子分辨率的 SPM 特别是原子力显微成像已被广泛应用于各类生物结构的研究。用经过改制的显微镜还可直接获知生物活细胞的三维结构。

为了研究生物或分子材料对周围环境因素的即时反应，科学家们还下了很多功夫来加快 SPM 的成像速度。例如优化用于制作悬臂梁的材料并将悬臂梁的尺寸进一步减小，这些都有助于提高悬臂梁对电子控制系统发出指令的反应速度。另外针尖扫描的速度也大大提高。这些努力使得有些 SPM 显微镜已经可以达到每秒钟多幅像的扫描速度。这种高速照相使得研究拍摄大分子松弛或聚合物晶化等过程的电影成为现实，也使科学家们可以从容分析很多化学反应在每一阶段所生成的化学产物。当然上面讲到的这类对生物或大分子材料的自然动态过程的研究能力也在无机材料研究中有普遍需求，尤其是在催化剂领域，用 SPM 研究催化剂原子在特定化学气氛中如何运动与如何反应已成为 SPM 动态表面成像的经典应用之一。SPM 的神奇功能还有许许多多，在此就不一一列举了。

## 9.8 谁动了原子

时至今日，人们已经拥有了五花八门的显微镜兼纳米科学研究工具 SPM，下面要做得的事情就是利用这些工具去观察、了解和改造纳米世界了。SPM 的高分辨率表面结构成像功能固然应用广泛，但 SPM 之所以成为纳米科技的重要工具最主要还是因为它的纳米结构制造和改造功能。利用 SPM 中各具功能的针尖去移动原子、改动表面结构和组建纳米器件的种种成功和更多的可能性，使 SPM 在某种程度上成为人类在现阶段改造纳米世界的重要工具。因此有人说扫描隧道显微镜的诞生，实际也标志着自下而上（bottom-up）纳米技术的开端。

首个在扫描隧道显微镜中对物质表面进行纳米尺度改造成功的例子是瑞士科学家英格尔（Markus Ringger）和他的同事们报道出来的。1985 年他们在 $10^{-8}$ 托的真空室中用钨制针尖对 $Pd_{81}Si_{19}$ 玻璃合金表面进行扫描。由于样品表面有一层极薄的碳氢 – 碳氧膜，在针尖发出的隧道电流扫描之下，这层薄膜发生聚合反应，在扫描轨迹上形成碳线，间距为 16 纳米 [162]。这一工作多少有点碰巧的运气，但是正如他们在文章中所指出的那样，他们的工作显示了用类似的高分辨率方法制作半导体或超导纳米器件的潜力。

紧随其后的是 1986 年美国斯坦福大学的皮斯（Fabian Pease）和他的学生麦科德（Mark McCord），他们利用一台改装扫描隧道显微镜中钨制针尖发出的隧道电流在 $3 \times 10^{-5}$ 托的真空室中刻蚀金膜和铝膜，得到在硅基体表面排布的金钱和铝线 [163]。自那时起，这种以 SPM 技术为基础的表面纳米刻蚀技术不断发展，成为与普通的光刻技术、离子刻蚀和电子刻蚀技术并行的纳米技术。

与表面刻蚀并行发展并在纳米科技领域乃至人类科技史上意义更为重大的则是移动原子能力的拓展。之所以说意义重大是因为当代人造分子系统已经延伸到了微电子及生物系统所需要的微小尺寸。有朝一日，自下而上（bottom-up）、从小到大的纳米制造技术将会与传统的由大及小（top-down）的技术方式一样在纳米科技领域获得广泛的普及。所谓由大及小的方式是指将大尺寸的材料通过诸如打磨、腐蚀及最终的刻蚀技术逐渐小型化和有序化，最终制成微小的器件和设备，这是人类自刀耕火种时期就学会的制造方法。

与之相反地，从小到大的纳米技术则是力图通过控制原子或分子的排列方式来自下而上地制成器件，这正是本章开篇介绍的费曼的梦想。当然这种技术的关键就在于首先必须能够按人类的意愿去移动单个的原子或分子。注意，人类能够看到单个原子自 1970 年至今已有几十年了，电子显微镜为我们提供了足够高的分辨率让我们对单个原子的行踪或者晶体中大量原子的排列形态早已洞察入微。但是纳米技术的核心不仅是要看到原子，更要能够移动和组装原子。SPM 在这里大显神威，成为移动原子的神奇之手。

人不可能一口吃成胖子，事物总是一步一步地发展的。在大规模移动和组装原子的能力实现以前，首先要做的就是实现有意识地移动单个原子以及将少量原子进行有计划的组合。SPM 针尖可以引导分子移动虽然在 1989 年就已经被注意到[164]，但是引起轰动的历史性突破还要数 1990 年。那一年，埃格勒和他的同事们在 IBM 位于美国加利福尼亚州硅谷的阿玛丹研究中心将扫描隧道显微镜内的样品区降温到零下 269 摄氏度，然后用 35 个氙原子排成了漂亮的“IBM”字样 ( 图 9-1)。此后这方面的发展一发而不可收。

1993 年，埃格勒等人更进一步，将 48 个铁原子在铜表面上排列成一个直径为 14.2 纳米的圆，制成所谓的“量子栅栏”（图 9-13）[165]，这项工作实际上首次展示了利用 SPM 制成的原子量级的功能元件。2013 年 IBM 阿玛丹研究中心甚至还发表了一个动态视频，名为《男孩和他的原子》（A boy and his atom，图 9-14），这部堪称是世界上最小的电影，制作起来真挺费劲。需要通过扫描隧道电镜移动分布在铜表面的、由碳和氧两个原子组成的一氧化碳分子，来拼成男孩与分子游戏的系列图案，再把系列图案排列起来联播形成视频。每幅图案的放大倍数为一亿倍，所以说这是世界上最小的电影。据说在用扫描隧道电镜的针尖移动一氧化碳分子的时候甚至可以听到分子移动的声音，多么神奇！以上这些移动原子的工作都是在使用液氦把样品区降到低温后才完成的，因为低温使原子的振动减少且活跃性降低，更易于操纵。而室温下操纵原子也在 1996 年实现 [166]。

除了这些平移原子的工作外，1998 年间还有人报道了利用扫描隧道显微镜来驱使氧分子在铂 (111) 表面上转动 [167]。SPM 可被用来当作“原子刀”，把一个分子中的原子之间的原子键切断，使得分子分解开来 [168]。2012 年澳大利亚科学家迈出关键的一步，利用扫描隧道显微镜精确移动磷原子制作成功由单原子和纳米线组成的可以工作的晶体管 [169]，标志着按照人类的意愿通过移动原子自下而上制造可应用器件的成功。就这样，在费曼 1959 年提出移动原子的梦想之后不到 40 年的时间里，“空中楼阁”借助于 SPM 的帮助变成了实实在在的现实。

这里需要指出的是，将实验室内取得的有限的小范围原子移动成果转化为真正有实用价值的、自下而上的大规模纳米制造技术现在仍然是一大挑战，这不仅仅需要可重复地组建纳米结构，还要能将它们联合起来并与外界的宏观控制单元相接，这样才能实现纳米器件功能化。如果这一技术难题不能得到解决，SPM 这类原子操纵工具只是纳米科学的一条“跛腿”。为了实现真正意义上的纳米科技，下一代仪器除了应当兼具数种仪器的功能之外，要达到的目标还有很多，比如，怎样才能有把握地抓取单一原子又不使原子与纳米机械手粘在一起，怎样用纳米器件来实施纳米尺度上的物体操纵等。人类似乎永远不满足于已经拥有的，用 IBM 公司的 SPM 专家埃格勒的话来说："新设备对你来说永远都不够用。有一次我在家里点算了一下，我家大概有 20 把不同的锯子，原因是有太多不同的事儿需要做。"

图 9–13

利用扫描隧道显微镜人工操纵将 48 个铁原子在铜表面上排列成直径为 14.2 纳米的圆形量子栅。照片由 IBM 公司提供。

## 9.9 扫描探针显微镜结语

1952 年，著名量子物理学家薛定谔曾说过用单个电子、原子或分子进行实验就像在动物园里养鱼龙那样是不可能的。时隔 30 年，显微镜的飞跃发展特别是扫描隧道显微镜的发明以及随后扫描探针显微镜（SPM）家族的繁衍使人类的认识与知识也都与时俱进，操纵单个原子的能力已经被掌握。可以说以扫描隧道显微镜为首的

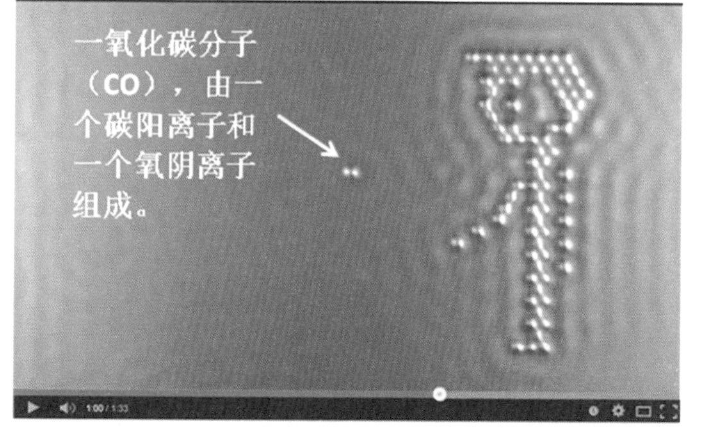


A Boy And His Atom: The World's Smallest Movie

图 9–14

IBM 公司 2013 年 4 月 30 日发表的视频"男孩和他的原子：世界上最小的电影"。使用扫描隧道电镜将铜表面上的一氧化碳分子（包含两个结合在一起的原子，或者说离子）移动至特定的位置从而拼出视频中的一幅幅图案，展示了一个男孩与一个分子互动的情节。视频来源网页 https://www.youtube.com/watch?v=oSCX78-8-q0，本图为该视频截图。

SPM 显微镜家族的出现，打开了人类通往原子世界的大门。这扇门后面可谓是风光无限，一个可以被人类观察并改造的、精彩的纳米世界终于呈现在眼前。由此兴起的 21 世纪纳米科技浪潮在未来能给人类带来什么样的惊喜，且让我们拭目以待吧！

# 结语

## 眼见为实和显微术的终极目标

本书讲述的是人类对“眼见为实”的孜孜以求和数千年来所取得的丰硕成果。从3500年前就已经开始的人类对光的传播所进行的探究，历经光的折射定律、放大现象、眼镜的发明、17世纪光学显微镜的发明和随后跨越300多年的完善过程、20世纪初突破原子分辨率的电子显微镜的诞生，一直到20世纪末全新概念的扫描隧道显微镜风行于世，纵横5000年，通过数以百计的大师们的带领及数不清的无名英雄的努力，终于使人类的视线从宏观领域延伸到神秘的微观王国又最终达至精彩的原子世界。在这期间的每一次重大突破，无不受“眼见为实”信条的激励。而科学史上曾有过的许许多多活生生的例子，也一再反映了人类在科学研究中对“眼见为实”的注重。本书第8章中讲到的关于20世纪对病毒的追缉和晶体中位错的确认就是很好的例子。还有更早的实例，例如100多年前关于原子和分子是否存在的争论。当时奥地利物理学家玻尔兹曼（Ludwig Eduard Boltzmann，1844—1906）与苏格兰物理学家麦克斯韦（James Clerk Maxwell，1831—1879）合作发表了气体运动学理论，预言了快速运动的分子的存在，但是他们的预言遭到了许多科学家的质疑。反对最力的是1909年诺贝尔化学奖得主、德籍俄裔化学家奥斯特瓦尔德（Wilhelm Ostwald， 1853—1932）和奥地利物理学家马赫（Ernst Mach，1836—1916），他们公开排斥这种理论预言。尽管在20世纪初皮尔因（Jean Perrin，1870—1942）和爱因斯坦在理论上对分子的布朗运动提出了支持，马赫仍然未被动摇。他的顽固观点是：谁看见过原子？如果没人看见过，就不能被认为是肯定存在的，至少认为它不存在也是有充分理由的。这虽然听起来有点儿强词夺理，但也不失为一种"眼见为实"的执拗精神。就在皮尔因和爱因斯坦提出理论工作不久的1911年，威尔逊在英国剑桥大学发明了使他荣获1927年诺贝尔物理学奖的著名的威尔逊云室，通过云室实验使带电离子的运动轨迹可以被亲眼观察到。可惜玻尔兹曼没有能看到这项令人鼓舞的实验支持，他于1906年自杀了。

上述这些历史事件表明，大部分的科学家在承认理论对实践的指导意义的同时，也都希望能够做到对所研究或猜测的物质的"眼见为实"。正是电子显微镜的发明使得"眼见为实"在不可思议的原子尺度上得以实现，而扫描隧道显微镜及其后代SPM家族的崛起又进一步使得操纵原子成为可能。既能看到原子，又能操纵原子，这算不算是显微术的终极目标呢？目光已经上达广袤宇宙下至单一原子的人类，没准有一天还能跳出尺度概念，通过现在方兴未艾的对量子纠缠态的研究发明个"显维镜"什么的来窥破三维空间的壁垒，看看外面的世界能有多精彩。我辈躬逢其盛，得以目睹这些千百年来发展至今的人类智慧的无限风光并且还能够贡献一份力量，幸哉此生。

# 后 记

写这本书十分耗费心力，盖因串科学史兼做科普实在不是一件容易的事，如果再追求原创，就更加费劲。史料浩渺，大师辈出，学问广博，只能尽己所能所知，择紧要处加以考证。所幸现在信息科技发达，获取或挖掘原始资料比起十几年前写《清晰的纳米世界》之时容易不知凡几。可能也是出于同样的原因，常常可以看到网上登出一些短文，搜集一些资料讲讲小故事，半真不假的，也挺有意思。但这些多半还只是停留在讲小故事的层次，而且演绎有余，严谨不足，谈不上是真正的科学史和科普作品。

要想比讲小故事进一步有所提高，个人认为要点有二。第一条关于科普，最吃功夫，得能够将博大的科学知识于要紧处以浅白和简洁的文字表达出来。自己懂得不深刻只能照本宣科，或人云亦云，或洋文照翻的话，讲出来的东西写出来的句式每每晦涩难懂，算不得好科普。如果再能够条理清晰而又语带幽默以增加阅读或聆听的趣味性那就更加可贵了。第二条关于历史，最耗心力。首先需要查阅大量的历史资料，将诸多历史事件及涉及人物反复对比，交叉参详，再以时间贯之，力求把零散的历史碎片按照历史时间顺序及前因后果钩挂连环加以复原，揭示各部分内在及外在的传承关系，如此方能纵横千年历史脉络，讲出真实故事，格局也自然显达。同时既然是说历史，则尽量避免演绎和八卦，力求取材严谨，努力求证原文、原话、原作，避免以讹传讹或别人翻译、理解有误时也原封照搬。捡名人的故事来说则是出于对前辈及大师们的景仰之情，算是有点英雄情结吧。总之这一切说起来挺容易，要兼顾还能做好实为不易。笔者自知限于各方面原因，绝难臻此佳境。更因知识所限，比如说生物电子显微镜的发展历史就有待以后补充，所以不是难免而是肯定挂一漏万。读者慧眼，还请多多指教。

最后还想就外文名称的中文翻译表达一下看法。本书及 2005 年出版的《清晰的纳米世界》一书中涉及的外国人物姓名和地点在写作过程中一律采用的是原名，相关的中译名则是清华大学出版社按照某些标准翻译得来。改成中译名称后，翻阅起来多少觉得有点别扭，曾就此事与出版社编辑探讨过。个人的观点是，现在的中国已经走向世界，在人名地名的写法上最好直接写原名。但是考虑到国家规定和读者的喜好而必须使用中译名称的话，至少也应该在中译名的后面跟一个括弧将原名一并列出 *。如果只写中译名而不写原名，缺点有二。第一，由于人名地名繁杂，各国的都有，翻译起来很难规范化。经常可见同一人物之姓名在不同中文书中翻译得不一样。比如说本书最后一章提到的 1973 年诺贝尔物理学奖获得者挪威人 Ivar Giaever，本书出版社将他的名字译为加埃沃，但科学出版社 2005 年出版的《神奇的超导体》一书中却

* 本书正文中的外文姓名一律放在中译名后的括号内，并用小号蓝色字区分，编辑注。

译为基埃佛。普通读者若非对此人的事迹很熟，很难意识到这两个名字实际上对应的是同一个人。第二，中译名看过多次后将会深植记忆之中，待到国际交流之时却必不能脱口说出其外文原名，看外文的文献或书籍时看到原名也必不能立即与自己记忆中的知识画等号。凡此种种，虽不能说是个大问题，但确实造成不便。在此呼吁有关单位予以关注。至少应该先考虑建立一个国家级的中译名词库，大家都从词库中调用，做到译名统一。

章效锋

2015 年 2 月

# 致谢

首先最要感谢的是2005年出版的《清晰的纳米世界》一书的广大读者们，正是读者们对那本书的深深喜爱和不断索求，才使我最终下定决心再起炉灶，历经无尽的肩酸背痛和眼花脑木终于得以完成本书，希望读者开卷有益。感谢清华大学出版社的宋成斌老师从不放弃的约稿精神、多年来对科普写作的共同探讨，还有极尽鼓动的力捧；不是这份盛情难却，谁愿意再吃二遍苦？感谢张泽师兄欣然作序，使得本书光彩倍增。不能忘记感谢我的父母、妻子蒋娟、女儿琬唯给我生活上的支持和带来的家庭欢乐与幸福，这些都是我做任何事情的动力源泉。感谢Emily Zhang对本书写作的持续关注及热心支持。最后深深感谢许多国际老朋友和老老朋友们包括Wilbur Biglow教授、Harald H. Rose教授、Ray Egerton教授、Hirotaro Mori教授、Sumio Iijima教授，还有Ondrej L. Krivanek博士为我的写作提供的十分宝贵的第一手历史资料和照片，有幸结识这些电子显微学前辈大师使我感觉万分荣幸。

作　者

2015年夏

# 参考文献

## A 主要参考资料


[1] 钱临照 . 释墨经中光学力学诸条 [M]// 朱清时 . 钱临照文集 . 合肥 : 安徽教育出版社 , 2001.

[2] Abbe E. Beiträge zur Theorie des Mikroskops und der mikroskopischen Wahrnehmung [J]. Archiv für mikroskopische Anatomie, 1873, 9(1): 413-468.

[3] 郭可信 . 金相学史话 (1): 金相学的兴起 [J]. 材料科学与工程 , 2000, 18(4): 2-9.

[4] Airy G B. On the diffraction of an object-glass with circular aperture [J]. Trans Cambridge Philos Soc, 1835, 5: 283-291.

[5] Rayleigh J W. On the manufacture and theory of diffraction-gratings [J]. Philos Mag, 1874, Ser 4, 47(310): 81-93.

[6] Deffke U. Outsmarting optical boundaries [J]. Max Planck Research Special, 2009: 75-81.

[7] Hell S W, Wichmann J. Breaking the diffraction resolution limit by stimulated emission: Stimulated-emission-depletion fluorescence microscopy [J]. Opt Lett, 1994, 19: 780-782.

[8] Klar T A, Jakobs S, Dyba M, et al. Fluorescence microscopy with diffraction resolution limit broken by stimulated emission [J]. Proc Natl Acad Sci USA, 2000, 97: 8206-8210.

[9] Westphal V, Kastrup L, Hell S W. Lateral resolution of 28 nm ( λ /25) in far-field fluorescence microscopy [J]. Appl Phys B, 2003, 77: 377-380.

[10] Eggeling C, Ringemann C, Medda R, et al. Direct observation of the nanoscale dynamics of membrane lipids in a living cell [J]. Nature, 2009, 457: 1159-1163.

[11] Betzig E. Proposed method for molecular optical imaging [J]. Opt Lett, 1995, 20: 237-239.

[12] Dickson R M, Cubitt A B, Tsien R Y, et al. On/off blinking and switching behaviour of singlemolecules of green fluorescent protein [J]. Nature, 1997, 388: 355-358.

[13] Betzig E, Patterson G H, Sougrat R, et al. Imaging intracellular fluorescent proteins at nanometer resolution [J]. Science, 2006, 313: 1642-1645.

[14] Chen B, Legant W R, Wang K, et al. Lattice light-sheet microscopy: Imaging molecules to embryos at high spatiotemporal resolution [J]. Science, 2014, 346: 439-451.

[15] Rust M J, Bates M, Zhuang X. Sub-diffraction-limit imaging by stochastic optical reconstruction microscopy (STORM). Nat Methods, 2006, 3: 793-795.

[16] Huang B, Jones S, Brandenburg B, et al. Whole cell 3D STORM reveals interactions between cellular structures with nanometer-scale resolution [J]. Nat Methods, 2008, 5: 1047-1052.

[17] Jones S A, Shim S H, He J, et al. Fast, three-dimensional super-resolution imaging of live cells [J]. Nat Methods, 2011, 8: 499-508.

[18] Röntgen W C. On a new kind of rays [J]. Nature, 1896, 53: 274-277.

[19] De Broglie L. Recherches Sur la théorie des quanta [J]. Ann Physique, 1925, 3: 22-128.

[20] Busch H. Über die wirkumgsweise der konzentrier ungsspule bei der Braunschen Röhre [J]. Arch Elektrotech, 1927, 18: 583-594.

[21] Davisson C J, Germer L H. The scattering of electrons by a single crystal of nickel [J]. Nature, 1927, 119: 558-560.

[22] Thomson G P. Experiments on the diffraction of cathode rays [J]. Proc Roy Soc London Ser A, 1928, 117: 600-609.

[23] Ruska E, Knoll M. Die Magnetische Sammelspule für Schnelle Elektronenstrahlen [J]. Z Tech Phys, 1931, 12: 389-400, 448.

[24] Brüche E. Elektronenmikroskop [J]. Naturwiss, 1932, 20: 49.

[25] Petersen W. Forschung und Technik [M]. Berlin: Springer, 1930.

[26] Rüdenberg G R. Elektronenmikroskop [J]. Naturwiss, 1932, 20: 522.

[27] 郭可信 . 金相史话 ( 六 ): 电子显微镜在材料科学中的应用 [J]. 材料科学与工程 , 2002, 20: 5-10.

[28] Brüche E, Scherzer O. Geometrische Elektronenoptik [M]. Berlin: Springer, 1934.

[29] Boersch H. Über das Primäre und Sekundäre Bild im Elektronenmikroskop [J]. Ann Phys, 1936, 26: 631-644, 27: 75-80.

[30] Von Ardenne M. Das Elektrounen-Rastermikroskop. Z Phys, 1938, 109: 553-572, and Z Techn Phys, 1938, 19: 407-416.

[31] Von Ardenne M. Elektrounen-Übermikroskopie [M]. Berlin: Springer, 1940.

[32] Ruska E. Über Fortschritte im Ball und in der Leistung des magnetischen Elekronenmikroskops [J]. Z Phys, 1934, 87: 580-602.

[33] Marton L. Electron microscopy of biological objects [J]. Nature, 1934, 133: 911.

[34] Martin L C, Whelpton R V, Parnum D H. A new electron microscope [J]. J Sci lnstr, 1937, 14: 14-24.

[35] McMillen J H, Scott C H. A magnetic electron microscope of simple design [J]. Rev Sci Instr, 1937, 8: 288-290.

[36] Cowley J M. The Lloyd Rees Legacy. Public Lecture. Australian Academy of Science, 1991.

[37] 谢书堪 . 中国透射式电子显微镜发展的历程 [J]. 物理 , 2012, 41(6): 401-406.

[38] Crewe A V, Wall J, Welter L M. [Title not known][J]. J Appl Phys, 1969, 30: 5861-5868.

[39] Zworykin V K, Hillier J, Snyder R L. A scanning electron microscope [J]. ASTM Bull, 1942, 117: 15-23.

[40] Zhu Y, Inada H, Nakamura K, et al. [Title not known][J]. Nat Mater, 2009, 8: 808-814.

[41] Marton L. La microscopie électronique des

objets biologiques [J]. Bull Acad Roy Belg, 1934, 20: 439-446.

[42] Reimer L. Transmission Electron Mieroscopy: Physics of Image Formation and Microanalysis [M]. 3rd ed. New York: Springer-Verlag.

[43] Glaser W. Zur geometrischen elektronenoptik des axialsymmetrischen elektromagnetischen feldes. Z Phys, 1933, 81: 647-686, and 1933, 83: 104-122.

[44] Ruska E. Über ein magnetisches objektiv für das Elektronenmikroskop [J]. Z Phys, 1934, 89: 90-128.

[45] Scherzer O. Über einige Fehler von Elektronenlinsen [J]. Z Phys, 1936, 101: 593-603.

[46] Scherzer O. Sphärische und chromatische korrektur von Elektronenlinsen [J]. Optik, 1947, 2: 114-132.

[47] Von Ardenne M. Die Grenzen für das Auflösungsvermögen des Elektronenmikroskops [J]. Z Phys, 1938, 108: 338-352.

[48] Hillier J, Ramberg E G. The magnetic electron microscope objectives [J]. J Appl Phys, 1947, 18: 48-71.

[49] Hillier J, Baker R F, Zworykin V K. A diffraction adapter for the electron microscope [J]. J Appl Phys, 1942, 13: 571.

[50] Le Poole J B. A new electron microscope with continuously variable magnification [J]. Philips Tec Rev, 1947, 9: 33-45.

[51] Ruthemann G. Diskrete Energieverluste Schneller Elektronen in Festkörpern [J]. Naturwissenschaften, 1941, 29: 298.

[52] Ruthemann G. Elektronenbremsung an Röntgenniveaus [J]. Naturwissenschaften, 1942, 30: 145.

[53] Hillier J. On microanalysis by electrons [J]. Phys Rev, 1943, 64: 318-319.

[54] Hillier J, Baker R F. Microanalysis by means of electrons [J]. J Appl Phys, 1944, 15: 663-675.

[55] Palucka T. Seeing serendipity: James Hillier's view on the invention of the electron microscope [J]. MRS Bulletin, 2002, 27: 995-999.

[56] Marton L. Electron microscopy [J]. Rept Prog Phys, 1946, 10: 205-252.

[57] Wittry D B. Addition of a post-column electron energy-loss spectrometer [J]. J Phys D, 1969, 2: 1757-1766.

[58] Wittry D B, Ferrier R P, Cosslett V E. Selected-area electron spectrometry in the transmission electron microscope [J]. Brit J Appl Phys (J Phys D), 1969, 2: 1767-1773.

[59] Compton A H, Allison S K. X-rays in theory and experiment [M]. New York: Van Nostrand, 1935.

[60] Castaing R. Application des sondes électroniques à une méthod d'analyse ponctuelle chimique et cristallographique [D]. University of Paris, 1951.

[61] Dolby R M. [Title not known][J]. Proc. Soc. London, 1959, 73: 81.

[62] Cliff G, Lorimer G W. The quantitative analysis of thin specimens [J]. J Microsc, 1975, 103: 203-207.

[63] Fitzgerald R, Keil K, Heinrich K F J. Solid state energy-dispersion spectrometer for electron-microprobe X-ray analysis [J]. Science, 1968, 159: 528.

[64] Fiori C E, Swyt C R. The use of theoretically generated spectra to estimate detectability

and limits and concentration variance in energy-dispersive X-ray microanalysis [C]//Russell P E. Proceedings of the 24th Annual Meeting of Microbeam Analysis Society. San Francisco: San Francisco Press, 1989: 236-238.

[65] Watanabe M, Williams D B. Atomic-level detection by X-ray microanalysis in the analytical electron microscope [J]. Ultramicroscopy, 1999, 78: 89-101.

[66] Boersch H. Uber die Kontraste von Atomen in Electronenmikroskop [J]. Z Naturforsch, 1947, 2a: 615-633.

[67] Marton L. Electron microscopy of biological objects Ⅲ [J]. Bull Acad R Belg C1 Sci, 1935, 21: 606-617.

[68] Ruska E. Beitrag zur übermikroskopischen Abbildung bei höheren Drucken [J]. Kolloid Z, 1942, 100: 212.

[69] Matsuda T, Kamimura O, 笠井完 H, et al. Oscillating rows of vortices in superconductors [J]. Science, 2001, 294: 2136-2138.

[70] Zhang X F. In situ transmission electron microscopy [M]//Ziegler A, Graafsma H, Zhang X F, et al. In-Situ Materials Characterization-Across Spatial and Temporal Scales. Berlin Heidelberg, Germany: Springer-Verlag, 2014: 59-109.

[71] Knoll M. Aufladepotentiel und Sekundäremission elektronenbestrahlter Körper [J]. Z Tech Phys, 1935, 16: 467-475.

[72] Von Ardenne M. Improvements in electron microscopes: Germany, GB 511204] 1937-02-18.

[73] Everhart T E, Thornley R F M. Wide-band detector for micro-microampere low-energy electron currents [J]. J Sci Instrum, 1960, 37: 246-248.

[74] Scherzer O. The theoretical resolution limit of the electron microscope [J]. J Appl Phys, 1949, 20: 20-29.

[75] Menter J. The direct study by electron microscopy of crystal lattices and their imperfections [J]. Proc Roy Soc A, 1956, 236: 119.

[76] Crewe A V, Well J, Langmore J. Visibility of single atoms [J]. Science, 1970, 168: 1338.

[77] Buseek P R, Cowley J M, Eyring L. High-resolution transmission electron microscopy and associated techniques [M]. New York: Oxford University Press, Inc., 1988.

[78] Crewe A V, Parker N W. [Title not known][J]. Optik, 1976, 46: 183.

[79] Koops H. [Title not known][M]//Sturgess J M. Electron Microscopy. Toromto: Microscory Society of Canada, Toromto, 1978, 3: 185.

[80] Rose H. [Title not known][J]. Optik, 1990, 85: 19-24; Ulamicroscopy, 1994, 56: 11.

[81] Haider M, Braunshausen G, Schwan E. [Title not known][J]. Optik, 1995, 99: 167-179.

[82] Krivanek O L, Dellby N, Spence A J, et al. [Title not known][C]//Bailey G W, Dimlich R V W, Alexander K G, et al. Microscopy and Analysis, 31: Suppl 2, Proc Microscopy and Analysis. Cleveland, Ohio: Springer-Verlag, 1997: 1171.

[83] Uhlemann S, Haider M. [Title not known][J]. Ultramicroscopy, 1998, 72: 109.

[84] Rose H. Historical aspects of aberration correction [J]. J Electron Microsc, 2009, 58(3): 77-85.

[85] Haider M, Uhlemann S, Kabius B, et al.

Electron microscopy image enhanced [J]. Nature, 1998, 392: 768-769.

[86] Krivanek O L, Dellby N, Murfitt M F. Aberration correction in electron microscopy [M]//Orloff J. Handbook of Charged Particle Optics. 2nd edn. Florida, USA: CRC Press, 2008: 601-640.

[87] Krivanek O L, Dellby N, Spence A J, et al. [Title not known][C]//Rodenburg J M. Electron Microscopy and Analysis. Proceedings of the Institute of Physics Electron Microscopy and Analysis Group Conference. Bristol: IOP, 1997.

[88] Rayleigh L. On the theory of optical images, with special reference to the microscope [J]. Philos Mag, 1896, 42: 167-195.

[89] Pennycook S J, Yan Y F. Z-contrast imaging in the scanning transmission electron microscope [M]//Zhang X F, Zhang Z. Progress in Transmission Electron Microscopy. 1. Concepts and Techniques. Springer-Verlag and Tsinghua University Press, 2001: 81-111.

[90] Isaacson M. Seeing single atoms [J]. Ultramicroscopy, 2012, 123: 3-12.

[91] Engel A, Wiggins J W, Woodruff D C. Comparison of calculated images generated by 6 modes of transmission electron microscopy [J]. J Appl Phys, 1974, 45: 2739-2747.

[92] Howie A. Image contrast and localized signal selections techniques [J]. J Micros, 1979, 17: 11-23.

[93] Pennycook S J, Boetner L A. Chemically sensitive structure imaging with a scanning transmission electron microscope [J]. Nature, 1988, 336: 565.

[94] Pennycook S J, Jesson D E. High-resolution incoherent imaging of crystals [J]. Phys Rev Lett, 1990, 64: 938.

[95] Browning N D, Pennycook S J. Atomic resolution spectroscopy for the microanalysis of materials [J]. Microbeam Analysis, 1993, 2: 81.

[96] Suenaga K K, Tencé M, Mory C, et al. Element-selective single atom imaging [J]. Science, 2000, 290: 2280-2282.

[97] Voyles P M, Muller D A, Grazul J L, et al. Atomic-scale imaging of individual dopant atoms and clusters in highly n-type bulk Si [J]. Nature, 2002, 416: 826.

[98] Baston P E, Dellby N, Krivanek O L. Sub-angstrom resolution using aberration corrected electron optics [J]. Nature, 2002, 481: 617-620.

[99] Coene W, Janssen G, op de Beeck M, et al. Phase retrieval through focus variation for ultra-resolution in field-emission transmission electron microscopy [J]. Phys Rev Lett, 1992, 69: 3744.

[100] Coene W, Janssen A J E M, op de Beeck M, et al. Improving HRTEM performance by digital processing of focal image series: Results from the CM20 FEG-Super Twin [J]. Philips Electron Optics Bulletin, 1992, 132: 15-28.

[101] Schiske P. [Title not known][M]//Hawkes P W. Image Processing and Computer Aided Design in Electron Optics. New York: Academic Press, 1973: 82.

[102] Saxton W O. [Title not known][M]//Marton L. Advances in Electronics and Electron Physics, Computer Techniques for Image Processing in Electron Microscopy. London:

Academic Press.

[103] Kirkland E J. [Title not known][J]. Ultramicroscopy, 1984, 15: 151.

[104] Kirkland E J, Siegel B M, Uyede N, et al. [Title not known][J]. Ultramicroscopy, 1985, 17: 87.

[105] Coene W M J, Thust A, op de Beeck M, et al. [Title not known][J]. Ultramicroscopy, 1996, 64: 109.

[106] Thust A, Coene W M J, op de Beeck M, et al. [Title not known][J]. Ultramicroscopy, 1996, 64: 211.

[107] Bethe H A. Splitting of terms in crystals [J]. Ann Physik, 1929, 3: 133-206.

[108] Cowley J M, Moodie A F. The scattering of electrons by atoms and crystals. I. A new theoretical approach [J]. Acta Cryst, 1957, 10: 609-619.

[109] Goodman P, Moodie A F. Numerical evaluation of N-beam wavefunction in electron scattering by the multi sclice method [J]. Acta Cryst A, 1974, 30: 280.

[110] Fujimoto F. [Title not known][J]. Phys Stat Sol (a), 1978, 45: 99.

[111] Kambe K. [Title not known][J]. Ultramicroscopy, 1982, 10: 223.

[112] Gabor D. A new microscopic principle [J]. Nature, 1948, 161: 777-778.

[113] Möllenstedt G, Wahl H. Elektronen-Holographie und Rekonstruktion mit Laserlicht [J]. Naturwiss, 1968, 55: 340-341.

[114] Tonomura A, Osakabe N, Matsuda T, et al. Evidence for Aharonov-Bohm effect with magnetic field completely shielded from electron wave [J]. Phys Rev Lett, 1986, 56: 792-795.

[115] Cowly J M. [Title not known][J]. Ultramicroscopy, 1992, 41: 355-348.

[116] Cowly J M. The quest for ultra-high resolution [M]//Zhang X F, Zhang Z. Progress in Transimission Electron Microscopy, I. Concepts and Techniques. Spring-Velag and Tsinghua University Press, 2001: 43.

[117] Spence J. Achieving Atomic Resolution [J]. Materialstoday, 2002, 3: 20-33.

[118] Marton L. La Microscopy Électronique des objects biologiques: V [J]. Bull Acad Roy Belg, 1937, 23: 672-675.

[119] Ruska H. Ubermikroskopische Untersuchungstechnik [J]. Naturwissenschaften, 1939, 27: 287-292.

[120] Ruska H, von Borries B, Ruska E. Die Bedeutung der Ubermikroskopie fur die Virusforschung [J]. Arch ges Virusforsch, 1940, 1: 155-169.

[121] Pfankuch E, Kausche G A. Ultramicroscopy examination of bacteriophages [J]. Naturwissenschaften, 1940, 28: 26.

[122] Ruska E. Demonstration of the bacteriophage lysis under the ultramicroscopy [J]. Naturwissenschaften, 1940, 28: 45; 1941, 29: 367.

[123] Brenner S, Horne R W. A negative staining method for high-resolution electron microscopy of viruses [J]. Biochim Biophys Acta, 1959, 34: 103-110.

[124] Griffith A A. The phenomena of rupture and flow in solids [J]. Philos Transac Roy Soc A, 1920, 221: 163-198.

[125] Taylor G I. The mechanism of plastic deformation of crystals [J]. Proc Roy Soc A, 1934, 145: 362-415.

[126] Orowan E. Zur Kristallplastizität [J]. Z Phys, 1934, 89: 605-659.

[127] Polanyi M. Über eine Art Gitterstörung, die einen Kristall Pplastisch Machen Könnte [J]. Z Phys, 1934, 89: 660-664.

[128] Vogel F L, Pfann W G, Corey H E, et al. Observations of dislocations in lineage boundaries in germanium [J]. Phys Rev, 1953, 90: 489-490.

[129] Hirsch P B, Horne R W, Whelan M J. Direct observations of the arrangement and motion of dislocations in aluminum [J]. Philo Mag, 1956, 1: 677-684.

[130] Hirsch P B, Howie A, Whelan M J. [Title not known][J]. Philos Trans Roy Soc Lond A, 1960, 252: 499-529.

[131] 钱临照，何寿安．铝单晶体滑移的电子显微镜观察 [J]. 物理学报，1955, 3.

[132] Braun E. Mechanical properties of solids [M]//Hoddeson L, Braun E, Teichmann J, et al. Out of the Crystal Maze-Chapters from the History of Solid-state Physics. New York: Oxford University Press, 1992.

[133] 钱临照．晶体学位错理论序 [M]// 朱清时．钱临照文集．合肥：安徽教育出版，2001.

[134] La Brecque M. Opening the door to forbidden symmetries [J]. Mosaic (Washington D.C.), 1987, 18: 2-13.

[135] Penrose R. The role of aesthetics in pure and applied mathematical research [J]. Bull lnst Math Appl, 1974, 10: 266-271.

[136] Shechtman D, Blech I, Gratias D, et al. Metallic phase with long-rang orientational order and no translational symmetry [J]. Phys Rev Lett, 1984, 53: 1951-1953.

[137] 叶恒强，王元明，郭桦．郭可信传 [M]. 北京：科学出版社，2014.

[138] Zhang Z, Ye H Q, Kuo K H. A new icosahedral phase with m35 symmetry [J]. Philos Mag A, 1985, 52: L49-L52.

[139] Jiang W J, He Z K, Guo Y X, et al. Ten fold twins in a repidly quenched NiZr alloy [J]. Philos Mag A, 1985, 52: L53-L57.

[140] Haguenau F, Hawkes P W, Hutchison J L, et al. Key events in the history of electron microscopy [J]. Microsc Microanal, 2003, 9: 96-138.

[141] Kroto H W, Heath J R, Obrien S C, et al. C-60-buckminsterfullerene [J]. Nature, 1985, 318: 162-163.

[142] Bednorz J G, Müller K A. Possible high TC superconductivity in the Ba-La-Cu-O system [J]. Z Phys B, 1986, 64: 189-193.

[143] Krätschmer W, Lamb L D, Fostiropoulos K, et al. Solid C60: A new form of carbon [J]. Nature, 1990, 347: 354-358.

[144] Iijima S. Helical microtubules of graphitic carbon [J]. Nature, 1991, 354: 56-58.

[145] Iijima S. The 60-carbon cluster has been revealed [J]. J Phys Chem, 1987, 91: 3466-3467.

[146] Birnbaum H K. A personal reflection on university research funding [J]. Phys Today, 2002, 3: 49-53.

[147] Feynman R P. There is plenty of room at the bottom. Talk at the annual meeting of the American Physical Society, California Institute of Technology. 1959.

[148] Eigler D M, Schweizer E K. Positioning single atoms with a scanning tunneling mi-

croscope [J]. Nature, 1990, 344: 524-526.

[149] Müller E W. Das Feldionen Mikroskop [J]. Zeitschrift für Physik, 1951, 131: 136-142.

[150] Müller E W, Panitz J A, Mclane S B. [Title not known][J]. Rev Sci Instrum, 1968, 39: 83.

[151] Binnig G, Rohrer H, Gerber Ch, et al. Surface studies by scanning tunneling microscopy [J]. Phys Rev Lett, 1982, 49: 57-61.

[152] Binnig G, Rohrer H, Gerber Ch, et al. 7 × 7 reconstruction on Si(111) resolved in real space [J]. Phys Rev Lett, 1983, 50: 120-123.

[153] Tersoff J, Hamann D R. Theory and application for the scanning tunneling microscope [J]. Phys Rev Lett, 1983, 50: 1998.

[154] Tersoff J, Hamann D R. Theory of the scanning tunneling microscope [J]. Phys Rev B, 1985, 31: 805.

[155] Stoll E, Baratoff A, Selloni A, et al. Current distribution in the scanning vacuum tunneling microscope: A free electron model [J]. J Phys C, 1984, 17: 3073.

[156] Garcia N, Ocal C, Flores F. Model theory for scanning tunneling microscopy: Application to Au(110)(1 × 2) [J]. Phys Rev Lett, 1983, 50: 2002.

[157] Garcia N, Flores F. Theoretical studies for scanning tunneling microscopy [J]. Physica B, 1984, 127: 137.

[158] Lang N. Vacuum tunneling current from an absorbed atom [J]. Phys Rev Lett, 1985, 55: 230.

[159] Lang N. Theory of single atom imaging in the scanning tunneling microscope [J]. Phys Rev Lett, 1986, 56: 1164.

[160] Hofer W A. Unraveling electron mysteries [J]. Materialstoday, 2002, 10: 24.

[161] Binnig G, Quate C F, Gerber Ch. Atomic force microscope [J]. Phys Rev Lett, 1986, 56: 930-934.

[162] Ringger M, Hidber H R, Schtögl R, et al. Nanometer lithography with the scanning tunneling microscope [J]. Appl Phys Lett 1985, 46: 832-834.

[163] McCord M A, Pease R F W. Lithography with the scanning tunneling microscope [J]. J Vac Sci Technol B, 1986, 4: 86-88.

[164] Gimzewski J K, Coombs J H, Möller R, et al. [Title not known][M]//Aviram A. Molecular Electronics. New York: United Engineering Trustees, 1989: 87.

[165] Crommie M F, Lutz C P, Eigler D M. Confinement of electrons to quantum corrals on a metal surface [J]. Science, 1993, 262: 218-220.

[166] Jung T A, Schlittler R R, Gimzewski J K, et al. Controlled room-temperature positioning of individual molecules: Molecular flexure and motion [J]. Science, 1996, 271: 181.

[167] Stipe B C, Rezaei M A, Ho W. Inducing and viewing the rotational motion of a single molecule [J]. Science, 1998, 279: 1907-1909.

[168] Dujardin G, Walkup R W, Avouris Ph. Dissociation of individual molecules with electron from the tip of a scanning tunneling microscope [J]. Science, 1992, 255: 1232-1235.

[169] Fuechsle M, Miwa J A, Mahapatra S, et al. A single-atom transistor [J]. Nat Nanotechnol, 2012, 7: 242-246.

## B 主要参考书目


[170] Turner G L' E. Collecting Microscopes [M]. New York City: Mayflower Books, 1981.

[171] Microscopes from Zeiss [M]. Jena: Carl Zeiss Jena GmbH, 1996.

[172] Marton L. Early History of the Electron Microscope [M]. San Francisco: San Francisco Press, Inc. 1968.

[173] Gabor D. The Electron Microscope-Its Development, Present Performance and Future Possibilities [M]. Brooklyn, New York: Chemical Publishing Co Inc, 1948.

[174] Hoddeson L, Braun E, Teichmann J, et al. Out of the Crystal Maze-Chapters from the History of Solid-State Physics [M]. New York: Oxford University Press, 1992.

[175] Buseck P R, Cowley J M, Eyring L. High-Resolution Transmission Electron Microscopy and Associated Techniques [M]. New York: Oxford University Press, 1988.

[176] Zhang X F, Zhang Z. Progress in Transmission Electron Microscopy—1, Concepts and Techniques [M]. Tsinghua University Press and Springer-Verlag, 2001.

[177] Nobel Lectures, Autobiographies, from Nobel e-Museum.

[178] Fujita H. History of Electron Microscopes [M]. Komiyama Printing Co. Ltd., Japan, 1986.

[179] Tonomura A. The Quantum World—Unveiled by Electron Waves [M]. Singapore: World Scientific Publishing Co. Pte. Ltd., 1998.

# 作者简介

章效锋，1986年毕业于中国科学技术大学物理系。1986年起在中科院沈阳金属研究所和北京电子显微镜实验室师从郭可信先生学习电子显微学并进行高温超导材料的结构研究，1989年在中科院金属研究所获硕士学位。1990年赴德国Jülich研究中心工作，1992年转赴比利时Antwerp大学物理系师从Gustaaf Van Tendeloo教授，1994年获博士学位。1995年至1998年先后在美国两个国家实验室工作，之后8年任职美国伯克利国家实验室研究员。从事的研究工作包括超导材料、高温结构材料、纳米材料，以及复合材料的电子显微学结构研究。自2006年起受聘担任日立高新技术公司电子显微镜资深产品研发经理及全球透射电镜产品经理。共发表学术论文过百篇，编写英文学术专著三部，及中文专著两本包括2005年出版的《清晰的纳米世界》。

电子邮箱：xfzhangglobal@gmail.com

# 译名索引

# C–F



# G–H

# J–L

## M–Q

# R–S



# T–W

王士祯 (Wang Shizhen)
威尔逊（Charles Thomson Rees Wilson）
威廉姆斯（David B. Williams）
威特里（D.B. Wittry）
韦尔斯（Oliver Wells）
维德特（Émile Verdet）
维尔普顿（R.V. Whelpton）
沃格尔（F.L. Vogel）
沃拉斯顿（W.H. Wollaston）
沃利斯（Paul M. Voyles）
沃森（Thomas J. Watson）
乌勒曼（Stephan Uhlemann）

## X–Z

西尔库克斯（John Silcox）
西林格尔（Robert Seelinger）
希利尔（James Hillier）
希斯基（P. Schiske）
肖特（Friedrich Otto Schott）
小平浪平（Namihei Odaira）
谢赫特曼（Daniel Shechtman）
谢雷兹（Otto Scherzer）
薛定谔（Erwin Schrödinger）
亚当斯（George Adams）
姚骏恩（Yao Junen）
严济慈（Yan Jici）
杨（Russel Young）
T. 杨（Thomas Young）
杨振宁（Chen–Ning Franklin Yang）
叶恒强（Ye Hengqiang）
伊万诺夫斯基（Dmitrii Iwanowski）
英格尔（Markus Ringger）
约瑟夫森（Brian D. Josephson）
泽尔尼克（Frits Zernike）
扎克（Joachim Zach）
詹纳（Edward Jenner）
詹森（Zacharias Jansen）
张福喜（Zhang Fuxi）
张学良（Zhang Xueliang）
张泽（Zhang Ze）
章立源（Zhang Liyuan）
章效锋（Zhang Xiaofeng）
昭和天皇（Emperor Showa）
郑复光（Zheng Fuguang）
只野文哉（Bunya Tadano）
志刚（Zhi Gang）
中村修二 (Shuji Nakamura)
中西宏明（Hiroaki Nakanish）
周恩来（Zhou Enlai）
朱棣文 (Steven Chu)
朱经武（Zhu Jingwu）
朱静（Zhu Jing）
庄小威（Zhuang Xiaowei）
庄子（Chuang-tzu）
兹沃尔金（V.K. Zworykin）

# 原序 *

自从古希腊哲学家在两千多年前提出原子学说以来，能看到原子一直是人们梦寐以求的。俗云“百闻不如一见”，西谚也有“Seeing is believing”（眼见为实），可见眼见为实是人类的天性。因此，两千多年来人们一直不遗余力地改善他们观察事物的能力。先是在 17 世纪借助光学显微镜看到细菌和细胞的微米世界。接着又在 20 世纪发明了电子显微镜、场离子显微镜、原子探针等，从而进入了病毒和纳晶的纳米世界，甚至能看到单个原子。近二十年来扫描隧道显微镜、原子力显微镜等又应运而生，不但使我们洞悉原子世界，还能通过操纵原子而改造世界，前景无限美好。本书就是从科普和科学史的角度沿着这三个层次展开的。

本书作者大学本科学的是理论物理，研究生阶段专攻电子显微学，后来又到国际上一些知名的电子显微学中心从事先进材料的研究，如德国尤利希（Jülich）研究中心，比利时安特卫普（Antwerpen）大学，美国洛斯阿拉莫斯（Los Alamos）国家实验室、劳伦斯·伯克利（Lawrence Berkeley）国家实验室，等等。因此他不但具有深厚的理论基础，又有高超的实验技能，从而能深入浅出地讲清楚各种显微镜的原理及关键技术。在科学史方面，作者从小就受

* 我的恩师郭可信先生曾经亲自提笔为我的旧作《清晰的纳米世界》一书做序。现在因为有了这本《显微传——清晰的纳米世界》，估计以后旧作也不会再版了。现将郭先生的序言原文附在这里，以表对先生的无限怀念。（作者注）

他外祖父钱临照先生（钱先生是中国科学史学会第一任理事长，也是中国电子显微镜学会第一任理事长）的教诲和熏陶，对显微镜的每一重大进展都要溯本求源。不仅要弄清来龙去脉，还要分析前因后果，一一娓娓道来，中间还夹有名人趣事。所以，有此爱好，本书写出来后，自然会令读者兴趣盎然，爱不释手。

显微镜是一种仪器，使用人往往只重视使用（即实验结果），而忽略仪器的特性，本书中有不少地方阐述实验技巧的重要性。例如图 2-4 所示的列文虎克（Leeuwenhoek）在 1673 年制造的只有钥匙大小的简式显微镜，分辨率竟高达 2 微米，可以看到一些他戏称的“小动物”（人的精子等），把理论上分辨率高而当时实际上只达到 5 微米的复式显微镜远远抛在后面。因为这种简式显微镜简单便宜，自己制造的已达数百个，每个都装上固定的标本进行反复的细致观察，有不少惊人的新发现，以致不少人误认为（包括一些书上误写）列文虎克是显微镜的发明人。又如作者在第 4 章中讲到的宾尼希（Binnig）和罗雷尔（Rohrer）是如何克服重重困难研制出扫描隧道显微镜的。我仍清楚地记得 1985 年我去澳大利亚参加该国的电子显微学会议时，宾尼希和罗雷尔的同事当场从裤兜里掏出一个只有巴掌大小的扫描隧道显微镜，所有在场的人无不瞠目结舌，谁也不敢相信就用这么一个结构简单、其貌不扬的玩意儿竟能看到原子！也正是由于仪器构造简单，才能在后来的十多年里发展成一个能测量多种物理和化学性能的扫描束显微镜家族（scanning probe microscopes，SPM）。

与 SPM 相比，透射电子显微镜则是价值上百万美元的庞然大物。它从 1931 年作为一个只有放大作用的简单仪器问世起，逐渐发展成不但能观察到原子，还能从标本的 X 射线和电子能谱得知其化学成分、从它的电子衍射图得知其晶体结构的全能仪器。这是纳米研究不可或缺的研究手段，也是本书中着墨最多的第 3 章。在该章之初，作者从伦琴（W.C. Röntgen）在 1895 年发现 X 射线和汤姆孙（J.J. Thomson）在 1897 年发现电子讲起，接着讲到劳厄（Laue）和布拉格（Bragg）父子在1912年发现晶体对X射线的衍射，电子的波动性［德布罗意（De Broglie），1925］，戴维森（Davisson）和汤姆孙（G.P. Thomson）在1927年分别发现电子衍射，以及贝特（Bethe）解薛定谔方程得出电子散射矩阵；中间还穿插着盖博（Gabor）一度研究过电子光学想造电子显微镜，终因顾虑电镜的机械稳定性达不到原子分辨要求而放弃了它，但他却在后来发明了全息成像。这一串近二十位诺贝尔物理学奖得主的贡献不但阐明了电子显微镜的理论基础，也是20世纪上半叶物理学史的回顾。

接着是一些电气工程师登场，仅凭着对在阴极射线管外边绕些线圈可以使电子束聚焦的理解，就真刀真枪地开始研制电子显微镜，其中关于发明权的争论最引人注目。这里边有西门子公司和德国的通用电气公司之争，有物理学家［鲁登伯格（Rüdenberg）抢先申请到电子显微镜的专利，但从未进行过研制］和电气工程师［鲁斯卡（E. Ruska］之争，有鲁斯卡和他的妹夫也是合作者鲍里斯（Von Borries）的亲属之争，从欧洲战争前争到欧洲战争后，甚至诉诸法庭，闹得不可开交。最后还是因为其他有争议权的人都陆续自然死亡，鲁斯卡才得以在1986年八十岁高龄之际，毫无争议地获得诺贝尔物理学奖。

作者在这一章的结尾详尽地介绍了近几年来几个电子光学和电子显微学中心如何携手解决电磁透镜的球差和色差，从而把电子显微镜的分辨率提高到接近0.1纳米的水平。这样的总结还是初次看到，可供对此有兴趣的读者参考。不过这种武装到牙齿的电镜价值连城，非三百万美元不能买下，对大多数人来说是可望而不可及的。

我认为这本小书会把读者带进科学殿堂，进入纳米世界，继续进行千年追求，永无止境。

中国电子显微学会理事长　郭可信<br>2005年清明

# 编后记

我和作者的合作始于十年前，他出版了《清晰的纳米世界》。那是一本当时很少见到的一类科普书，是讲显微镜的故事，我是书的责任编辑。现在回想当初那本书的出版过程，很多细节已经回忆不起来了。我只记得那时我正忙于一套科普丛书《院士科普书系》的出版，每天面对的都是科普的内容。虽然那套丛书都是名家大师的作品，但我对章效锋写的显微镜的故事印象更深，这不仅是因为我自己从小就喜欢显微镜却知之甚少，而且还因为作者的文笔非常有特点，平易中透着智慧，叙述中总会有出乎意料的转折，让你对故事有所期待。

十年后，显微领域又有了巨大的进步，更具特色的新方法、新手段和新设备让更多的科学家和研究人员从中受益。显微镜的故事一定也有了新的内容。所以，我这几年一直不时地“关心”这位会讲故事的人，期待他能给我们再讲一些显微镜的新故事。

去年初，我终于得到作者的承诺，愿意抽时间修订原书。所谓修订，原本想着就是增增补补，添加若干个故事就交差了。但后来发现我错了，作者做的不是修订，而是重新创作。从他的来信中，我可以猜测出他其实已经为之准备了很长时间，太多的新内容似乎都烂熟于胸，不仅新故事写得如行云流水，即使是那些老故事的再次讲述显然都经过了口头上的比较和拿捏，这才使得他能在短短几个月就高质量、高效率地完成了再创作。正因为如此，全书的内容更新鲜、更完整，更有看头。

因为是一本新书，就需要一个新的书名，而且要比较响亮。作者最初的方案是《“镜”然如此》，听着比原来的书名更有味道，还透着成语的精辟和智慧。但恰好那个时候，我们接到通知，出版界开始整顿书名中随意篡改、乱用成语的行为。为了避嫌，我们还是决定换一个书名，并最终选定了“显微传”。说实话，这是一个很大气的书名，符合新书内容给人的感觉，不同的主线相互交织，各种人物还相互关联，犹如显微科学中的一部宽银幕故事大片，我不由得为这个新书名暗自叫绝。更绝的是，原书名“清晰的纳米世界”可以非常恰当地作为新书名的副书名。一切如此贴合，得来又全不费功夫，这让我想起了一句歌词：“只是因为在人群中多看了你一眼，再也没能忘掉你容颜”。

“传”这个字对这本书非常贴切，为无声的显微镜立传，为众多的科学家立传，为探索微观世界的每一个传奇立传；无论每一次努力多么微不足道，毫无彰显，但无数个微小的努力可以汇聚成巨大的进步。显微世界就是这样一步一步地拓展，并开启了一道一道的奥秘之门。目前这本书的文字已经增加了近十万字，加上新增的照片和图片，篇幅几乎增加了一倍。细数下来，其中描写的人物竟然超过了三百多位，比较重要的人物也有几十位。而涉及到的公司、机构、组织和学校也有二百多个。很多细腻的描写，把这些人物、组织和发明发现的历史都串联了起来，通读全书，我仿佛看到了一个显微领域发明、发现和创新的知识宝库，这对现在的年轻人更是一件功德无量的好事。

书有终，“传”无尾，希望作者能永葆初心，日后再为显微的进步续传，为显微的英雄续传。如果美好能够继续，更希望这本书的故事能被一双慧眼相中，改编并制作出一部真正的科普纪录片，甚至传奇故事片。

宋成斌*

2015年秋

* 本书编辑，联系方式：823718431@qq.com。